高等职业教育土建类专业"十四五"规划教材

铁道建筑结构检测与加固技术

主编 王琴

四川大学出版社
SICHUAN UNIVERSITY PRESS

图书在版编目（CIP）数据

铁道建筑结构检测与加固技术 / 王琴主编. -- 成都：
四川大学出版社，2025.3. -- ISBN 978-7-5690-7590-8

Ⅰ. TU291

中国国家版本馆 CIP 数据核字第 2025TA1412 号

书　　名：铁道建筑结构检测与加固技术
　　　　　Tiedao Jianzhu Jiegou Jiance yu Jiagu Jishu
主　　编：王　琴
丛 书 名：高等职业教育土建类专业"十四五"规划教材

选题策划：王　睿
责任编辑：王　睿　周维彬
特约编辑：孙　丽
责任校对：蒋　玙
装帧设计：开动传媒
责任印制：李金兰

出版发行：四川大学出版社有限责任公司
　　　　　地址：成都市一环路南一段 24 号（610065）
　　　　　电话：（028）85408311（发行部）、85400276（总编室）
　　　　　电子邮箱：scupress@vip.163.com
　　　　　网址：https://press.scu.edu.cn
印前制作：湖北开动传媒科技有限公司
印刷装订：武汉乐生印刷有限公司

成品尺寸：185mm×260mm
印　　张：20
字　　数：479 千字

版　　次：2025 年 3 月 第 1 版
印　　次：2025 年 3 月 第 1 次印刷
定　　价：65.00 元

四川大学出版社
微信公众号

编 写 组

主　　编：王　琴

副 主 编：李　文　　　王学彦　　　谢黔江

参　　编：张同文　　　夏　彪　　　王　波（企）

　　　　　裴　磊（企）　李月峰（企）　付雪峰

　　　　　彭乐宁　　　刘卫成

编写单位：湖南高速铁路职业技术学院

　　　　　上海先科桥梁隧道检测加固工程技术有限公司

　　　　　湖南弘信力工程科技有限公司

　　　　　湖南铁科路匠工程技术有限公司

前　言

　　"兴路强国"战略是改善人民生活水平,促进国民经济持续健康发展,实现高质量"一带一路"建设目标的重要举措。在庞大的铁路网中,大量的桥梁、隧道和站房等结构是确保铁路有效运行和安全的重要设施,尤其高铁的桥隧比已达70%以上,未来铁路结构检运维工作任务非常严峻,对铁路建筑结构检测、病害维修、加固技能人才的需求将越来越多。

　　本书的编写旨在培养铁路桥梁、隧道、房屋结构全寿命周期的检测、维护、加固等技术应用的技能型人才,并结合专业方向和铁道新装备、新材料、新技术的应用情况,培养创新型人才。在铁路桥隧房结构建设中,由于施工方法、材料、工艺以及养护等诸多问题,结构可能存在先天性的缺陷或问题,或者由于环境侵蚀、疲劳破坏、荷载超限、年久失修等情况,致使结构耐久性降低、承载力不足、功能劣化等,影响结构安全。近几年国内外出现的大部分桥梁和房屋倒塌事故均存在检测不及时、维修保养不到位、未进行有效加固或加固措施不合理等问题,造成了严重的后果。

　　本书依据现行相关国家、行业标准和规范编写,全书共9章,内容包括:绪论;结构混凝土无损检测;结构加固材料及设备;混凝土结构加固技术;混凝土结构裂缝修补;铁路桥梁隧道检测技术;铁路桥梁隧道加固技术;建筑结构鉴定技术和建筑抗震加固。内容涵盖了新型智能检测技术的应用,各类建筑结构维护、维修、保养和加固技术及新材料、新设备的应用与开发等。结构完整、内容新颖、重点突出,充分体现科学性、技能性和可操作性,具有较强的指导作用和实用价值,适合有关工程技术人员和铁路、交通等高职院校桥隧房等专业师生阅读。

　　本书为校企合作成果,主要由湖南高速铁路职业技术学院联合上海先科桥梁隧道检测加固工程技术有限公司、湖南弘信力工程科技有限公司和湖南铁科路匠工程技术有限公司等单位共同开发,在技术资料积累和编写过程中得到了邹常进、王波、李月峰等企业高级专家的大力协助,特别是在第2章、第3章、第8章、第9章为编写组提供了大量珍贵的工程素材和先进的技能技术标准,极大地提升了本教材的实用性、前瞻性和科学性。

　　本书涉及较多专业领域,由于作者的水平有限,书中可能存在一些错误或漏洞,衷心希望读者能予以指正。另外,全球都在研究和倡导低碳建筑,检测加固对促进绿色建筑发展具有积极意义,希望读者能提供最新有关检测加固方向的各类研究成果和研究报告,作者会将有关意见、建议和研究进展在本书新的版本或后续有关书籍中予以体现。

编　者

2024 年 9 月

目　　录

第1章 绪 论

第一节 概 述

结构的设计基准期一般为 50 年,工程结构在规定的使用期内应能安全、有效地承受外部及内部形成的各种荷载,以满足功能和使用上的要求。但是建造阶段可能发生的设计疏忽和施工失误,以及老化阶段可能产生的各种损伤积累,会导致结构抗力降低,影响结构的耐久性和使用寿命。

经长期使用,结构会发生老化。随着结构服役时间的增长,受到气候条件、环境侵蚀、物理作用或其他外界因素的影响,结构性能发生退化,结构受到损伤,甚至遭到破坏。一般而言,工程材料自身特性和施工质量是决定结构耐久性的内因,而工程结构所处的环境条件和防护措施则是影响其耐久性的外因。

(1)混凝土结构。外部温度的变化会引起混凝土表面开裂和剥落,随着时间推移,混凝土碳化将使钢筋失去保护并产生腐蚀,钢筋的锈蚀膨胀会引起混凝土开裂和疏松;化学介质侵蚀也会造成混凝土结构开裂,使钢筋锈蚀,强度降低。

(2)砌体结构。风力和雨水冲刷会使砌体表面冻融循环,造成砌体风化、酥裂,承载力下降。

(3)钢结构。由于自然环境因素影响和外界有害介质侵蚀,钢材会发生腐蚀,锈蚀会引起构件有效截面减小,从而导致承载力下降,在外部环境恶劣、有害介质浓度高的情况下,钢材腐蚀速度加快。另外,在反复荷载作用下,裂缝扩展、损伤积累会引起疲劳和破坏结构的耐久性损伤,有时也会酿成重大事故。例如,柏林会议厅于 1957 年建成,屋盖为马鞍形壳顶,跨度约 30 m,从一对支座上伸出 2 条斜拱,形成受压环,斜拱之间是用悬索支承的薄壳屋面,混凝土板壳厚 65 mm。由于屋面拱与壳交接处出现裂缝,不断渗水,致使钢筋锈蚀,在建成 23 年后,1980 年 5 月的一天上午,悬索突然断裂,造成了房屋倒塌的重大事故。

结构加固是通过一些有效的措施,恢复受损结构原有的结构功能,或者在已有结构的基础上提高结构抗力,以满足新的使用条件下对结构的功能要求。结构加固涉及的内容十分广泛,它包含结构加固理论和加固技术、加固方案的选择与投资效益的优化等。为了保证结构的正常使用,延长结构的使用寿命,在一些发达国家,有的工程结构的维修费用和加固费用已达到或超过新建工程的投资。例如美国 20 世纪 90 年代初期用于旧建筑维修和加固的投资已占建设总投资的 50%,英国为 70%,而德国则达到 80%。世界发达国家的工程建设大都经历了三个阶段,即大规模新建阶段、新建与维修并重阶段、工程结构维修加固阶段。中华人民共和国成立以来,从"一五"开始至今,一直在进行大规模的工程建设,这些建设活动达到顶峰之后,结构的耐久性问题将更加突出。据统计,我国 20 世纪 60 年代以前建成的房屋约有 25 亿平方米,这些房屋已进入中老年阶段,需要对其进行结构检测和可靠性评估,以便实施维护和加固,延长使用寿命。

近十余年来,结构检测与加固改造技术在我国迅速发展并且初具规模,作为一门新的学科正在逐渐形成。这一方面是由于建筑业发展进入第二个时期,既有建筑的维护改造需求的驱动;另一方面是由于现代技术的发展提供了较好的技术条件。既有建筑的现代化改造是一项对已有建筑进行改造、扩充、挖潜和加固等,以在安全、可靠、经济合理的前提下满足新的功能和标准要求的综合性活动。它与新建建筑不同,由于涉及既有建筑和新建建筑两部分,结构体系复杂、影响因素多、技术难度大,所以,对既有建筑进行全面科学的检测,以及采取合理、可靠的加固措施是既有建筑现代化改造的关键。对既有建筑进行维修与改造,尽可能延长其寿命,符合可持续发展,因而有广阔的前景。

第二节　工程结构检测与加固

一、检测与加固的任务

工程结构检测包括检查、测量和判定三个基本过程。其中,检查与测量是工程结构检测最核心的内容;判定是目的,它是在检查与测量的基础上进行的。工程结构检测就是通过一定的设备、应用一定的技术、采集一定的数据,把所采集的数据按照一定的程序通过一定的方法进行处理,从而计算所检对象的某些特征值的过程。比如混凝土强度的检测可以理解为通过回弹仪等设备,应用回弹技术,按照《回弹法检测混凝土抗压强度技术规程》(JGJ/T 23—2011)所规定的方法,采集并处理回弹值以及碳化深度值,从而计算所检混凝土抗压强度的特征值。对于材料而言,强度是一个极其重要的特征值;对于构件而言,特征值就是该构件的承载能力;对于结构而言,特征值就是该结构的可靠性。结构加固就是根据检测结果,按照一定的技术要求,采取相应的技术措施来增加结构可靠性的过程。

二、检测与加固的分类

1. 结构检测分类

(1) 按分部工程来分,有地基工程检测、基础工程检测、主体工程检测、维护结构检测、粉刷工程检测、装修工程检测、防水工程检测、保温工程检测等。

(2) 按分项工程来分,有地基、基础、梁、板、柱、墙等分项的检测。

(3) 按结构的材料来分,有砌体结构检测、混凝土结构检测、钢结构检测、木结构检测等。

(4) 按结构用途来分,有民用结构检测、工程结构检测、桥梁结构检测等。

(5) 按检测内容来分,有几何量检测、物理力学性能检测、化学性能检测等。

（6）按检测技术来分，有无损检测、破损检测、半破损检测、综合法检测等。

无损检测技术在我国发展迅速，这种技术以不破坏结构见长，是工程质量检测的理想手段和首选技术，比如材料强度回弹检测、内部缺陷以及材料强度超声检测。红外成像无损检测、雷达无损检测是最直接的检测方式，目前在检测领域仍然占据主导地位。比如用混凝土试块来检测混凝土强度，单调加载的静力试验、伪静力试验和拟动力试验等。半破损检测也称为微破损检测，检测时对原结构的局部有一定程度的破坏。比如，钻芯法检测混凝土强度、拔出法检测混凝土强度以及在钢结构或木结构上截样的检测方法等。

2. 结构加固分类

（1）按受力特点来分，主要有抗剪能力加固（包括地基加固和框架梁柱节点加固）、抗弯能力加固等。

（2）按分部工程来分，有地基、基础、梁、板、柱、墙加固等。

（3）按结构用途来分，有民用结构加固、工业结构加固、桥梁结构加固等。

（4）按结构材料来分，有砌体结构加固、混凝土结构加固、钢结构加固、木结构加固。

（5）按加固所抵抗外力的性质来分，有抗良加固和非抗良加固。

三、现状调查

首先，应了解工程所在场地特征和周围环境情况，检查施工过程中各项原始记录和验收记录，掌握施工实际状况。其次，应审查图样资料，复核地质勘查报告与实际地基情况是否相符，检查结构方案是否合理，构造措施是否得当。最后，应调查工程结构使用情况，如使用过程中有无超载情况，结构构件是否受到人为损害，使用环境是否恶劣等。

调查时可根据结构实际情况或工程特点确定重点调查内容。例如：混凝土结构应着重检查混凝土强度等级、裂缝分布、钢筋位置；砌体结构应着重检查砌筑质量、裂缝走向、构造措施；钢结构应着重检查材料缺陷、节点连接、焊接质量。将结构基本情况调查清楚之后，再根据需要，利用相关仪器做进一步的检测。

四、检测的作用

（1）结构质量鉴定。对于已建的工程结构，不论是某一具体的结构构件还是结构整体，都应进行质量鉴定，以确定结构的安全性。检测是最直接的鉴定方式。

（2）为工程结构的改（扩）建及确定工程结构的安全性提供科学依据。在工程使用过程中经常需要对其采取一些措施，比如某大坝需要加高、某房屋需要加层、某大楼需要改造、某桥梁需要加固，为确定是否能采取这些措施，需要对工程进行检测。再比如，人们想要知道某房屋结构的情况，以及其能不能满足正常使用的安全要求，对其进行拆除还是加固等，也需要对工程进行检测。

五、检测的方法

工程结构的检测和鉴定应以国家及有关部门颁发的标准、规范或规程为依据，按照其规定的方法步骤进行检测和计算,在此基础上对结构的可靠性做出科学评判。我国已颁布了《民用建筑可靠性鉴定标准》(GB 50292—2015)、《工业建筑可靠性鉴定标准》(GB 50144—2019)、《危险房屋鉴定标准》(JGJ 125—2016)、《建筑抗震鉴定标准》(GB 50023—2009)、《回弹法检测混凝土抗压强度技术规程》(JGJ/T 23—2011)、《钻芯法检测混凝土强度技术规程》(CECS 03:2007)等一系列鉴定标准和技术规程,这是对大量结构物进行科学研究和工程实践所做出的总结,以此为依据进行工程结构检测与鉴定,有利于排除人为因素,统一检查标准,提高鉴定水平,在满足结构安全性和耐久性要求的前提下取得最大经济效益。

工程结构的检测与鉴定就是对现存结构的损伤情况进行诊断。为了正确分析结构损伤的原因,需要对事故现场和损伤结构进行实地调查,运用仪器对受损结构或构件进行检测。现存结构的鉴定与新建结构的设计是不同的,新建结构设计可以自由确定结构的形式,调整杆件断面,选择结构材料,而现存结构鉴定只能通过现场调查和检测获得结构有关参数。因此,现存结构的可靠性鉴定和耐久性评估,必须建立在现场调查和结构检测的基础上。利用仪器对结构进行现场检测可测定工程结构所用材料的实际性能,由于被测结构在试验后一般要求能够继续使用,所以现场检测必须以不破坏结构本身的使用性能为前提。

目前,多采用无损检测方法检测现存结构,涉及的检测内容和常用的检测手段有以下几种:

1. 混凝土强度检测

无损检测混凝土强度的方法是在不破坏混凝土的前提下,通过仪器测得混凝土的某些物理特性值,如测得硬化混凝土表面的回弹值或声速在混凝土内部的传播速度等,按照相关关系得出混凝土强度指标。目前,实际工程中应用较多的有回弹法、超声法、超声-回弹综合法,并已制定相应的技术规程。半破损检测混凝土强度的方法是在不影响结构构件承载力的前提下,在结构构件上直接进行局部微破坏试验,或者直接取样获取数据,推算出混凝土强度指标。目前使用较多的有钻芯取样法和拔出法,并已制定相应的技术规程。

利用超声仪还可以进行混凝土缺陷和损伤检测。混凝土结构在施工过程中会因浇捣不密实出现蜂窝、麻面甚至孔洞,在使用过程中会因温度变化和荷载作用产生裂缝。当混凝土内部存在缺陷和损伤时,超声脉冲通过缺陷时产生绕射,传播的声速发生改变,并在缺陷界面产生反射,引起波幅和频率的降低。根据声速、波幅和频率等参数的相对变化,可判断混凝土内部的缺陷状况和受损程度。

2. 混凝土碳化及钢筋锈蚀检测

混凝土结构暴露在空气中会产生碳化,当碳化深度到达钢筋时,破坏了钢筋表面起保护作用的钝化膜,钢筋就有锈蚀的风险。因此,评价现存混凝土结构的耐久性时,混凝土的碳化深度是重要依据之一。混凝土碳化深度可利用酚酞试剂检测,具体方法是在混凝土构件上钻孔或凿开断面,涂抹酚酞试剂,根据颜色变化情况即可确定。钢筋锈蚀会导致保护层胀裂剥落,削弱钢筋截面,直接影响结构承载能力和使用寿命。钢筋锈蚀是一个电化学过程,会在钢筋表面产生腐蚀电流,利用仪器可测得电位变化情况,根据钢筋锈蚀程度与测量电位之间的关系,可以判断钢筋是否锈蚀及锈蚀程度。

3. 砌体强度检测

砌体强度检测可采用实物取样试验,在墙体适当部位切割试件,将其运至实验室进行试压,确定砌体实际抗压强度。近些年,原位测定砌体强度技术有了较大发展,原位测定实际上是一种少破损或半破损的方法,试验后砌体稍加修补便可继续使用。例如:顶剪法,利用千斤顶对砖砌体做现场顶剪,测量顶剪过程中的压力和位移,即可求得砌体抗剪及抗压承剪力;扁顶法,采用一种专门用于检测砌体强度的扁式千斤顶,将其插入砖砌体灰缝中,对砌体施加压力直至造成破坏,根据加压的大小,确定砌体抗压强度。

4. 钢材强度确定及缺陷检测

为了了解已建钢结构钢材的力学性能,最理想的方法是在结构上截取试样进行拉压试验,但这样会损伤结构,需要补强。也可采用表面硬度法进行无损检测,由硬度计端部的钢球受压时在钢材表面留下的凹痕推断钢材的强度。钢材的焊缝缺陷可采用超声波法检测,其工作原理与检测混凝土内部缺陷相同。由于钢材密度比混凝土大得多,为了能够检测钢材或焊缝中较小的缺陷,要求选用较高的超声频率进行检测。

六、加固的意义

1. 提高结构可靠性

工程加固最突出的作用就是提高结构的可靠性,保障人们的生命和财产安全。随着人类文明的进步,人们对结构可靠性的要求不断提高,为了满足人们对结构可靠性的时代要求,对结构的加固是一条必然的途径。

2. 延长结构的寿命

材料在任何环境中均会受到腐蚀,在有些环境中材料腐蚀速度会很快。比如:砌体结构在室外地坪高度处的材料容易被腐蚀,导致结构局部受损;地基变形引起结构产生开裂或倾斜;结构在遭受自然灾害(如地震、火灾、风灾、水灾等)时受损。所有这些均会使结构寿命缩短。结构加固能在一定程度上延长结构的寿命。

3. 扩展结构的用途

随着时代的发展,有些结构在使用过程中会发生一些需求变化,比如办公大楼改为宿舍楼,教学楼改为图书室,仓库改为食堂,住宅楼的一层改为街道铺面等。结构的用途发生变化是表象,其实质是结构的荷载发生了变化,如果施工荷载由小变大,则在改用之前一定要先进行结构加固。

4. 保护和节约社会资源

服役期已满的结构,若仍需继续使用或因成为历史文物而需要受到保护,最佳的办法就是对原有结构进行加固。对于既有结构或可靠性不能满足使用要求的结构,处理的办法只有两个,要么加固使用,要么报废拆除。结构的拆除会产生副作用,比如产生大量垃圾、尘埃污染环境,产生噪声污染等。从一定意义上讲,拆除是对原有文化的毁坏,是对结构残余能力的彻底否定。相应的,结构加固能保护和节约社会资源。

七、加固的要求

工程结构应满足安全性、适用性、耐久性三项基本要求,当结构存在的缺陷和损伤使得其丧失某项或某几项功能时,就应进行补强或加固,补强与加固的目的就是提高结构及构件的强度、刚度、延性、稳定性和耐久性,满足安全要求,改善使用功能。结构补强和加固工作包括设计与施工两部分,主要内容如下:

在加固设计时,应充分研究现存结构的受力特点、损伤情况和使用要求,尽量保留和利用现存结构,避免不必要的拆除。应根据结构实际受力状况和构件实际尺寸确定其承载能力,结构承受荷载通过实际调查取值,构件截面面积采用扣除损伤后的有效面积,材料强度通过现场测试确定。加固部分属二次受力构件,结构承载力验算应考虑新增部分应力滞后现象,新旧结构不能同时达到应力峰值。

在加固施工时,受客观条件制约,往往需要在不停产或不中止使用的情况下加固,应在施工前尽可能卸除部分荷载或增加临时支撑,保证施工安全的同时减少原结构内力,有利于新增加部分的应力发挥;应注意新旧部分接合处连接质量,保证接合处应力传递,有利于新旧结构之间协同工作;对于腐蚀、冻融、震动、不良地基等原因造成结构损坏,加固时,必须同时采取消除、减少或抵御这些不利因素的有效措施,以免加固后结构继续受害。

八、加固的方法

1. 加大截面法

加大截面法是通过增加结构构件截面面积进行加固的一种方法,不仅可以提高加固构件的承载力,还可以增强截面刚度。这种加固方法广泛应用于加固混凝土结构梁、板、柱,钢结构中的梁柱及屋架,砌体结构的墙、柱等。但加大截面尺寸会减少使用空间,有时受到使用上的限制。

2. 外包钢加固法

外包钢加固法是在结构构件四周包以型钢的加固方法,这种方法可以在基本不增大构件截面尺寸的情况下增加构件承载力,提高构件刚度和延性。适用于混凝土结构、砌体结构的加固,但用钢量较大,加固费用较高。

3. 预应力加固法

预应力加固法采用外加预应力钢拉杆或撑杆对结构进行加固,这种方法不仅可以提高构件承载能力,减小构件挠度,增大构件抗裂度,还能消除和减缓后加杆件的应力滞后现象,使后加部分有效参与工作。预应力加固法广泛应用于混凝土梁、板等受弯构件以及混凝土柱的加固,还应用于钢梁和钢屋架的加固,是一种很有前景的加固方法。

4. 改变传力途径加固法

改变传力途径加固法是通过增设支点或采用托梁拔柱的方法改变结构受力体系的

一种加固方法。增设支点可以减小构件的承载力;托梁拔柱是在不拆或少拆上部结构的情况下,拆除或更换柱子的一种处理方法,适用于要求改变结构使用功能或增大空间的结构改造。

5. 粘钢加固法

粘钢加固法是一种用胶粘剂把钢板粘贴在结构外部进行加固的方法。这种加固方法施工周期短,粘钢所占空间小,几乎不改变结构外形,却能较大幅度提高结构的安全性。

6. 化学灌浆法

化学灌浆法是用压送设备将化学浆液灌入结构裂缝的一种修补方法。化学浆液能修复裂缝,防锈补强,提高构件的整体性和耐久性。

7. 地基加固与纠偏

对既有结构的地基和基础进行加固称为基础托换。基础托换方法可分为四类:加大基底面积的基础扩大技术,新做混凝土墩或砖墩加深基础的坑式托换技术,增设基桩支撑原基础的桩式托换技术,采用化学灌浆法固化地基土的灌浆托换技术。基础纠偏主要有两个途径:一是在基础沉降小的部位采取措施促沉;二是在基础沉降大的部位采取措施顶升。

工程结构的加固与补强应以国家及有关部门颁布的规范或规程为依据,按照规范或规程要求选择加固方案,进行加固设计和施工。我国已颁布了《混凝土结构加固设计规范》(GB 50367—2013)、《钢结构检测评定及加固技术规程》(YB 9257—1996)、《建筑抗震加固技术规程》(JGJ 116—2009)等一系列加固技术规范和规程。这些规范和规程是在总结大量工程经验的基础上,借鉴国内外有关科研成果编写而成的,对于统一加固标准、保证工程质量起到重要作用。

今日学习:_____

今日反省:_____

改进方法:_____

每日心态管理:以下每项做到评 10 分,未做到评 0 分。

爱国守法_____分　做事认真_____分　勤奋好学_____分　体育锻炼_____分

爱与奉献_____分　克服懒惰_____分　气质形象_____分　人格魅力_____分

乐观_____分　自信_____分

得分_____分　　　签名:_____

第2章 结构混凝土无损检测

 本章教学目标

● **重点知识目标**

1. 掌握结构混凝土无损检测的基本原理和方法,特别是超声波检测空洞尺寸估算的原理。

2. 理解混凝土结合面检测的重要性,以及如何通过超声波检测混凝土结合面的质量。

● **能力目标**

1. 能够运用超声波检测仪器对结构混凝土进行无损检测,准确测量声时、波幅和主频率等参数。

2. 能够根据超声波检测数据,利用相关公式和图表,估算混凝土空洞的尺寸。

3. 能够根据超声波检测数据,结合实际情况,判断混凝土结合面的质量,并给出相应的处理建议。

● **意识形态(素质培养)目标**

1. 教师理论教学和"现代学徒制"教学过程中要融入意识形态等素质教育,培养学生的社会责任感,让他们养成吃苦耐劳、乐于奉献的精神。

2. 通过学徒制教育,培养学生的动手能力和科研创新能力,发掘学生潜意识的自我思考和解决问题的能力。

3. 教师在"现代学徒制"教学和理论教学过程中采用校企角色互换和随机分组"双元制"教学方法,突出学生的主体地位,培养学生独立自主、团结合作的团队意识。

4. 通过学徒和实践教育,能够完成相关材料、结构检测,查阅资料,合理正确使用标准、规范的技能。

5. 在授课过程中结合专业内容、知识点、"现代学徒制"教学项目特点,将意识形态和素质教育的内容融合在教学环节中。

● **教学组织**

本课程教学组织分为理论教学部分和"现代学徒制"教学两部分,理论教学与学徒制教学课时比例为1∶3,教学过程相互穿插,场景互换,充分依托校企合作、产教对接的方式组织理论和实践教学,突出学生"双元制"学习的主导地位,学徒制教学过程中,教师根据学生个体、在团体中的特色和作用等因素改变教学方法和手段,充分挖掘和发挥个体创新、专业特长等技能的培养。

1. 理论教学部分:课堂内或在师徒教学现场、实训基地、施工现场等场景完成,完成铁路桥隧检测与加固基础知识理论内容的讲授,授课方式采用传统教学手段或其他信息化教学手段;以行动导向教学为主导,通过①规划→②组织→③任务→④实施→⑤检查→⑥反馈→⑦评价与考核七个环节进行课堂组织教学。

2."现代学徒制"教学部分:根据既有、新建铁路建设项目和各实训基地情况,将学生分组、分批派入教学现场,由专业师傅指导进行学徒教学,任课教师根据情况深入现场或通过信息平台进行理论指导、考核。

"现代学徒制"教学实施基本流程:①项目选择、任务分配→②规划、组织、准备→③实施→④检查→⑤反馈→⑥评价与考核。

"现代学徒制"教学实现的基本目标:

(1)学生要完成铁路桥隧检测与加固基础知识相关技能的训练。

(2)完成项目教学过程的相关记录,整理出完整的学习资料(总结、创新思路、成果、学习心得)等,通过实践能熟练掌握和理解铁路桥隧检测与加固基础知识的概念。

(3)意识形态等素质教育效果明显。

(4)技能考核合格。

3.理、实比例分配:理论教学 30%;"现代学徒制"教学 70%。

第一节　概　　述

桥隧混凝土结构、钢筋混凝土结构或预应力混凝土结构或构件的检验,依据交通运输部的有关标准,主要包括三个方面:一是施工阶段的质量控制,包括原材料的试验检测、混凝土浇筑前的检查等;二是外观质量检测,主要是在构件成型达到一定强度后检测结构实物的尺寸和位置偏差,混凝土表面的平整度、蜂窝、麻面、露筋及裂缝等;三是构件混凝土的强度等级,通常以立方体试件的抗压强度来反映,当对某方面的检验内容产生怀疑时,如构件的强度离散大、强度不足或振捣不密实时,通常还需用混凝土的无损检测技术来判定混凝土的强度和缺陷。

混凝土的无损检测技术,是在不影响结构构件受力性能或其使用功能的前提下,直接在构件上通过测定某些物理量,推定混凝土的强度、均匀性、连续性、耐久性等一系列性能的检测方法。

一、无损检测技术的特点

无损检测技术与常规的混凝土结构破坏试验相比,具有如下特点。

(1)不破坏被检测构件,不影响其使用功能,且简便快速。

(2)可以在构件上直接进行表层或内部的全面检测,对新建工程和既有结构都适用。

(3)能获得破坏试验不能获得的信息,如能检测混凝土内部空洞、疏松、开裂、不均匀性、表层烧伤、冻害及化学腐蚀等。

(4)可在同一构件上进行连续测试和重复测试,使检测结果有良好的可比性。

(5)测试快速方便,费用低廉。

(6)由于是间接检测,检测结果受到许多因素的影响,检测精度要差一些。

目前,混凝土无损检测技术主要用于既有构件的强度推定、施工质量检验、结构内部缺陷检测等方面。随着对混凝土制作全过程质量控制要求的不断提高,对既有结构维修养护的日益重视,无损检测技术在工程建设中会发挥越来越重要的作用。

二、常用无损检测方法

在我国的已有建筑物中,按设计龄期计算,已有不少建筑物进入了"中年"或"老年"时期,有不同程度的损伤或老化,或已不能满足当前的使用要求,要探明其安全性以及新建工程的质量,混凝土无损检测技术起着不可替代的重要作用。混凝土无损检测技术能较好地反映结构中混凝土的均匀性、连续性、强度和耐久性等质量指标。

本章主要介绍回弹法、超声法这两种无损检测方法,它们的特点是测试方便、费用低廉,这两种方法在我国已普遍应用于工程检测,我国已制定相应的技术规程。在强度检测方面,这两种方法主要用于工地上控制早期混凝土强度的发展水平,作为施工质量控制的手段。超声法还可用来检测结构的内部缺陷。同时,以采用超声回弹法来综合评定混凝土的质量,比单一物理量的无损检测方法具有更高的可靠度。

三、无损检测技术的适用范围

无损检测技术在结构混凝土检测中的应用主要有结构混凝土强度的检测、内部缺陷的检测以及其他性能的检测。

1. 结构混凝土强度的检测

用无损检测方法(如回弹法),直接在结构上检测,进而推定混凝土的实际强度,包括以下几种情况。

(1)由于施工控制不严,或在施工过程中发生某种意外事故可能影响混凝土的质量,以及发现预留试块的取样、制作、养护、抗压强度等不符合有关技术规程或标准,怀疑试样的强度不能代表结构混凝土的实际强度时,应采用无损检测方法来检测和推定结构中混凝土的强度,作为处理问题的依据。

(2)当需要了解混凝土在施工期间的强度增长情况,以满足结构或构件的拆模、养护、吊装、预应力筋张拉或放张,以及施工期间负荷对混凝土强度的要求时,可用无损检测方法连续监测结构混凝土强度的增长情况,以便及时调整施工进程。在确保质量的前提下加快施工进度,加速场地周转,降低能耗。

(3)对已建结构进行维修、加层、拆除等决策时,或已建结构受破坏性因素影响时,可用无损检测方法对原有混凝土进行强度推定,以便提供改建、加固设计时的基本强度参数和其他设计依据。

2. 结构混凝土内部缺陷的检测

混凝土工程常会出现一些病害、缺陷。即使整个结构或构件的混凝土的普遍强度已经达到设计要求,但这些缺陷的存在也使得结构或构件的整体承载能力严重下降,因此必须探明缺陷的部位、大小和性质,以便采取切实的修补措施或对策。

混凝土出现缺陷的成因甚为复杂,主要有以下几种情况。

(1)施工过程控制不好,混凝土没有捣实或模板漏浆,以及施工缝黏结不良等,造成局部疏松、蜂窝、孔洞、灌浆黏合不全等缺陷,需要检测缺陷的位置、范围和性质。

(2)对于施工过程中由温度变形及干燥收缩,以及早期施工超载所造成的早期裂缝,需检测其进展深度和走向。

（3）结构混凝土受到环境侵蚀或灾害性损害，产生由表及里的层状损伤，需要检测受损层的厚度与范围。

（4）混凝土承载后若受力损伤，形成裂缝，需检测裂缝的进展深度。

各种类型的病害缺陷需要与之相适应的检测手段。对混凝土工程的内部缺陷，如孔洞、缝隙、离析及软弱夹层等，可采用超声法进行探测，但需要由有经验的专业人员慎重检测评估。探查混凝土工程内部缺陷最直观、最有效的手段是钻取芯样，通过合理布置钻位从钻孔中取出芯样，直接观察芯样以判断整个工程的内部情况，再结合对芯样进行强度、容重、吸水率等检测，可更全面切实地评估病情病因或质量水平。

第二节　回弹法检测混凝土强度

一、回弹法的基本原理

回弹法是采用回弹仪进行混凝土强度测定，属于表面硬度法的一种。其原理是回弹仪中运动的重锤以一定冲击动能撞击顶在混凝土表面的冲击杆，测出重锤被反弹回来的距离，以回弹值（反弹距离与弹簧初始长度之比）作为与混凝土强度相关的指标，来推定混凝土强度。混凝土表面硬度是一个与混凝土强度有关的量，表面硬度随强度的增大而提高，采用具有一定动能的重锤冲击混凝土表面时，其回弹值与混凝土表面硬度也有相关关系。

二、主要术语

（1）测区：检测结构或构件混凝土抗压强度时的一个检测单元。

（2）测点：测区内的一个检测点。

（3）测区混凝土强度换算值：由测区的平均回弹值和碳化深度值通过测强曲线计算得到的该检测单元的现龄期混凝土抗压强度值。

（4）统一测强曲线：由全国有代表性的材料、成型养护工艺配制的混凝土试件，通过试验建立的曲线。

（5）地区测强曲线：由本地区常用的材料、成型养护工艺配制的混凝土试件，通过试验建立的曲线。

（6）专用测强曲线：由与结构或构件混凝土相同的材料、成型养护工艺配制的混凝土试件，通过试验建立的曲线。

三、回弹仪

回弹仪的类型比较多，有重型、中型、轻型和特轻型。一般工程使用最多的是中型回弹仪。回弹仪的构造见图 2-1。

1. 回弹仪的技术要求

（1）水平弹击时，弹击锤脱钩的瞬间，回弹仪的标准能量应为 2.207 J，其冲击能量可

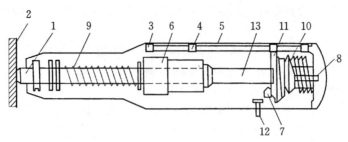

图 2-1 回弹仪构造

1—冲杆;2—试件;3—套筒;4—指针;5—标尺;6—冲锤;7—钩子;

8—调整螺丝;9—拉力弹簧;10—压力弹簧;11—导向圆板;12—按钮;13—导杆

由下式计算：

$$e = \frac{1}{2} E_s L^2 = 2.207 \ (J)$$

式中，E_s——弹击弹簧的刚度，0.784 N/mm；

L——弹击弹簧工作时的拉伸长度，75 mm。

（2）弹击锤与弹击杆碰撞的瞬间，弹击拉簧应处于自由状态，此时弹击锤起跳点应对应于指针指示刻度尺上的"0"处。

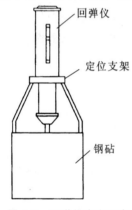

图 2-2 回弹仪率定示意图

（3）在洛氏硬度（HRC）为 60 ± 2 的钢砧上，回弹仪的率定值为 80 ± 2。

（4）回弹仪使用时的环境温度应为 $-4 \sim 40℃$。

2. 回弹仪的率定方法

在工程检测前后，应在钢砧上对回弹仪做率定试验，回弹仪率定示意图见图 2-2。

回弹仪率定试验宜在干燥、室温为 $5 \sim 35℃$ 的条件下进行。率定时，钢砧应稳固地平放在刚度大的物体上。测定回弹值时，取连续向下弹击 3 次的稳定回弹值的平均值。弹击杆应分 4 次旋转，每次旋转宜为 90"。弹击杆每旋转一次的率定平均值应为 80 ± 2。

3. 回弹仪的检定

回弹仪具有下列情况之一时，应由法定部门按照《回弹仪检定规程》（JJG 817—2011）的要求对回弹仪进行检定。

（1）新回弹仪启用前。

（2）超过检定有效期限（有效期为半年）。

（3）累计弹击次数超过 6000 次。

（4）经常规保养后钢砧率定值不合格。

（5）遭受严重撞击或其他损害。

4. 回弹仪的保养方法

当回弹仪的弹击次数超过 2000 次，或者对检测值有怀疑以及在钢砧上的率定值不合格时,应对回弹仪进行保养。常规保养应符合下列规定。

(1) 使弹击锤脱钩后取出机芯,然后卸下弹击杆,取出里面的缓冲压簧,并取出弹击锤、弹击拉簧和拉簧座。

(2) 清洗机芯各零部件,重点清洗中心导杆、弹击锤和弹击杆的内孔和冲击面,清洗后应在中心导杆上薄涂钟表油,其他零部件均不得抹油。

(3) 清理机壳内壁,卸下刻度尺,并应检查指针,其摩擦力应为 0.5～0.8 N。

(4) 不得旋转尾盖上已定位紧固的调零螺丝。

(5) 不得自制或更换零部件。

(6) 保养后应对回弹仪进行率定试验。

使用完毕后应使弹击杆伸出机壳,清除弹击杆、杆前端球面以及刻度尺表面和外壳上的污垢、尘土。不使用回弹仪时,应将弹击杆压入仪器内,经弹击后方可按下按钮锁住机芯,将回弹仪装入仪器箱,平放在干燥阴凉处。

四、检测方法

出现以下情况时,可以考虑用回弹法来检测:标准养护试件或同条件试件数量不足或未按规定制作试件;所制作的标准试件或同条件试件与所成型的构件在材料用量、配合比、水灰比等方面有较大差异,已不能代表构件的混凝土质量;标准试件或同条件试件的试压结果不符合现行标准、规范规定的对结构或构件的强度合格要求,并且对该结果持有怀疑。总之,当结构中混凝土实际强度有检测要求时,可以采用回弹法来检测,检测结果可作为评价混凝土质量的依据。其一般检测步骤如下。

1. 收集基本技术资料

(1) 工程名称及设计、施工、监理(或监督)和建设单位名称。

(2) 结构或构件名称、外形尺寸、数量及混凝土强度等级。

(3) 水泥品种、强度等级、安定性、厂名,砂石种类、粒径,外加剂或掺和料品种、掺量,混凝土配合比等。

(4) 施工时材料计量情况,模板、浇筑、养护情况及成型日期等。

(5) 必要的设计图纸和施工记录。

(6) 检测原因。

2. 选择符合规定的测区

(1) 每一结构或构件测区数不应少于 10 个,对某一方向尺寸小于 4.5 m 且另一方向尺寸小于 0.3 m 的构件,其测区数量可适当减少,但不应少于 5 个。

(2) 相邻两测区的间距应控制在 2 m 以内,测区离构件端部或施工缝边缘的距离不宜大于 0.5 m,且不宜小于 0.2 m。

(3) 测区应能使回弹仪处于水平方向以检测混凝土浇筑侧面。当不能满足这一要求时,可使回弹仪处于非水平方向检测混凝土浇筑侧面、表面或底面。

(4) 测区宜选在构件的两个对称可测面上,也可选在一个可测面上,且应均匀分布。必须在构件的重要部位及薄弱部位布置测区,并应避开预埋件。

（5）测区的面积不宜大于 0.04 m^2，测区尺寸宜为 0.2 m×0.2 m。

（6）测面应为混凝土表面，并应清洁、平整，不应有疏松层、浮浆、油垢、涂层以及蜂窝、麻面，必要时可用砂轮清除疏松层和杂物，且不应有残留的粉末或碎屑。

（7）对弹击时产生颤动的薄壁、小型构件应进行固定。

（8）结构或构件的测区应标有编号，必要时应在记录纸上描述测区布置示意图和外观质量情况。

3. 回弹值测量过程

将弹击杆顶住混凝土的表面，轻压仪器，松开按钮，弹击杆徐徐伸出。使仪器对混凝土表面缓慢、均匀施压，待弹击锤脱钩冲击弹击杆后即回弹，带动指针向后移动并停留在某一位置上，即可得到回弹值。继续顶住混凝土表面并在读取和记录回弹值后，逐渐对仪器减压，使弹击杆自仪器内伸出，重复上述操作，即可测得被测构件或结构的回弹值。操作中注意仪器的轴线应始终垂直于构件混凝土的检测面，缓慢施压，准确读数，快速复位。

测点宜在测区范围内均匀分布，相邻两测点的净距不宜小于 20 mm；测点距外露钢筋、预埋件的距离不宜小于 30 mm。测点不应在气孔或外露石子上，同一测点只应弹击一次。每一测区应记取 16 个回弹值，每一测点的回弹值读数精确至 1。

4. 碳化深度值测量

回弹值测量完毕后，应在有代表性的位置上测量碳化深度值。测点数不应少于构件测区数的 30%，取其平均值作为该构件每一测区的碳化深度值。当碳化深度值极差大于 2.0 mm 时，在每一测区测量碳化深度值。

采用适当的工具在测区表面形成直径约 15 mm 的孔洞，其深度应大于预估混凝土的碳化深度。孔洞中的粉末和碎屑应除净，不得用水擦洗。同时，将浓度为 1% 的酚酞酒精溶液滴在孔洞内壁的边缘处，垂直测量未变色部分的深度（未碳化部分呈玫瑰红），当已碳化与未碳化界线清楚时，再用深度测量工具测量已碳化与未碳化混凝土交界面到混凝土表面的垂直距离，测量不应少于 3 次，取其平均值。每次读数精确至 0.5 mm。

5. 回弹值计算和测区混凝土强度的确定

（1）计算测区平均回弹值，应从该测区的 16 个回弹值中剔除 3 个最大值和 3 个最小值，余下的 10 个回弹值按下式计算：

$$R_m = \frac{\sum_{i=1}^{10} R_i}{10}$$

式中，R_m——测区平均回弹值，精确至 0.1；

R_i——第 i 测点的回弹值。

（2）非水平方向检测混凝土浇筑侧面时，应按下式修正：

$$R_m = R_{ma} + R_{a\alpha}$$

式中，R_{ma}——非水平状态检测时测区的平均回弹值，精确至 0.1；

$R_{a\alpha}$——非水平状态检测时回弹值修正值，可由表 2-1 查取。

表 2-1　非水平状态检测时回弹值修正值

$R_{m\alpha}$	检测角度/(°)							
	+90	+60	+45	+30	−30	−45	−60	−90
20	−6.0	−5.0	−4.0	−3.0	+2.5	+3.0	+3.5	+4.0
30	−5.0	−4.0	−3.5	−2.5	+2.5	+3.0	+3.5	+4.0
40	−4.0	−3.5	−3.0	−2.0	+1.5	+2.0	+2.5	+3.0
50	−3.5	−3.0	−2.5	−1.5	+1.0	+1.5	+2.0	+2.5

（3）水平方向检测混凝土浇筑顶面或底面时,应按下列公式修正：

$$R_m = R_m^t + R_a^t$$
$$R_m = R_m^b + R_a^b$$

式中,R_m^t、R_m^b——水平方向检测混凝土浇筑顶面、底面时,测区的平均回弹值,精确至 0.1；

R_a^t、R_a^b——混凝土浇筑顶面、底面回弹值的修正值,可由表 2-2 查取。

表 2-2　不同浇筑面的回弹值修正值

R_m^t 或 R_m^b	顶面修正值 R_a^t	底面修正值 R_a^b	R_m^t 或 R_m^b	顶面修正值 R_a^t	底面修正值 R_a^b
20	+2.5	−3.0	40	+0.5	1.0
25	+2.0	−2.5	45	0	−0.5
30	+1.5	−2.0	50	0	0
35	+1.0	−1.5	—	—	—

注：1. R_m^t 或 R_m^b 小于 20 或大于 50 时,均分别按 20 或 50 查表。

2. 表中有关混凝土浇筑表面的修正系数,是一般原浆抹面的修正值。

3. 表中有关混凝土浇筑底面的修正系数,是构件底面与侧面采用同一类模板在正常情况下的修正值。

4. 表中未列入的对应 R_m^t 或 R_m^b 的 R_a^t 和 R_a^b 值,可用内插法求得,精确至 0.1。

当检测时回弹仪为非水平方向且测试面为非混凝土的浇筑侧面时,应先对回弹值进行角度修正,再对修正后的值进行浇筑面修正。

（4）测区混凝土强度值的确定。结构或构件第 i 个测区混凝土强度换算值,根据每一测区的回弹平均值及碳化深度值,查阅全国统一测强曲线得出。当有地区测强曲线或专用测强曲线时,混凝土强度换算值应按地区测强曲线或专用测强曲线换算得出。表中未列入的测区强度值可用内插法求得。对于泵送混凝土还应符合下列规定。

① 当碳化深度值不大于 2.0 mm 时,每一测区混凝土强度换算值应按表 2-3 修正。

表 2-3　泵送混凝土测区混凝土强度换算值的修正值

碳化深度值/mm	抗压强度值/MPa				
0.0、0.5、1.0	f_{cu}^c	≤40.0	45.0	50.0	55.0~60.0
	K	+4.5	+3.0	+1.5	0.0
1.5、2.0	f_{cu}^c	≤30.0	35.0	40.0~60.0	—
	K	+3.0	+1.5	0.0	—

② 当碳化深度大于 2.0 mm 时,可采用同条件试块或钻取混凝土芯样进行修正。

6. 混凝土强度计算

(1) 结构或构件的测区混凝土强度平均值可根据各测区的混凝土强度换算值计算。当测区数为 10 个及 10 个以上时,应计算强度标准差。平均值及标准差应按下列公式计算:

$$mf_{cu}^c = \frac{\sum_{i=1}^{n} f_{cu,i}^c}{n}$$

$$Sf_{cu}^c = \sqrt{\frac{\sum (f_{cu,i}^c)^2 - n(mf_{cu}^c)^2}{n-1}}$$

式中,mf_{cu}^c—— 结构或构件测区混凝土强度换算值的平均值,MPa,精确至 0.1 MPa。

$\quad$ n—— 对单个检测的构件,取一个构件的测区数;对批量检测的构件,取被抽检构件的测区数之和。

$\quad$ Sf_{cu}^c—— 结构或构件测区混凝土强度换算值的标准差,MPa,精确至 0.01 MPa。

(2) 结构或构件的混凝土强度推定值($f_{cu,e}$)应按下列公式确定。

① 当该结构或构件的测区数少于 10 个时:

$$f_{cu,e} = f_{cu,min}^e$$

式中,$f_{cu,min}^e$—— 构件中最小的测区混凝土强度换算值。

② 当该结构或构件的测区强度值中出现小于 10.0 MPa 的值时:

$$f_{cu,e} < 10.0 \text{ MPa}$$

③ 当该结构或构件的测区数不少于 10 个或批量检测时,应按下列公式计算:

$$f_{cu,e} = mf_{cu}^c - 1.645Sf_{cu}^c$$

④ 对批量检测的构件,当该批构件混凝土强度标准差出现下列情况之一时,则该批构件全部按单个构件检测。

a. 该批构件混凝土强度平均值小于 25 MPa 时:

$$Sf_{cu}^c > 4.5 \text{ MPa}$$

b. 该批构件混凝土强度平均值不小于 25 MPa 时:

$$Sf_{cu}^c > 5.5 \text{ MPa}$$

7. 注意事项

(1) 回弹法测强的误差比较大,因此对比较重要的构件或结构强度检测必须慎重使用。

(2) 符合下列条件的混凝土才能采用全国统一测强曲线进行测区混凝土强度换算:

① 普通混凝土采用的材料、拌和用水符合现行国家有关标准;② 不掺外加剂或仅掺非引气型外加剂;③ 采用普通成型工艺;④ 采用符合《混凝土结构工程施工质量验收规范》(GB 50204—2015)规定的钢模、木模及其他材料制作的模板;⑤ 自然养护或蒸汽养护出池后经自然养护 7 d 以上,且混凝土表层为干燥状态;⑥ 龄期为 14～1000 d;⑦ 抗压强度为 10～60 MPa。

(3) 当有下列情况之一时,测区混凝土强度值不得按全国统一测强曲线进行测区混凝土强度换算,但可制定专用测强曲线或通过试验进行修正。① 粗集料最大粒径大于 60 mm;② 特种成型工艺制作的混凝土;③ 检测部位曲率半径小于 250 mm;④ 潮湿或浸水混凝土。专用测强曲线的制定方法见《回弹法检测混凝土抗压强度技术规程》(JGJ/T 23—2011)。

(4) 当构件混凝土抗压强度大于 60 MPa 时,可采用标准能量大于 2.207 J 的混凝土回弹仪,并应另行制定检测方法及根据专用测强曲线进行检测。

(5) 批量检测的条件:在相同的生产工艺条件下,混凝土强度等级相同,原材料、配合比、成型工艺、养护条件基本一致且龄期相近的同类结构或构件。按批进行检测的构件,抽检数量不得少于同批构件总数的 30% 且构件数量不得少于 10 件。

8. 试验记录及结果整理

回弹法检测原始记录表见表 2-4,构件混凝土强度计算表见表 2-5。

表 2-4　回弹法检测原始记录表

编号		回弹值 R_i																碳化深度 d_i/mm
构件	测区	1	2	3	4	5	6	7	8	9	10	11	12	13	14	15	16	R_m	
	1																		
	2																		
	3																		
	4																		
	5																		
	6																		
	7																		
	8																		
	9																		
	10																		

侧面状态	侧面、表面、底面	干、潮湿	回弹仪	型号	回弹仪检定证号
				编号	测试人员资质证号
测试角度 α	水平、向上、向下			率定值	

测试:　　　　　记录:　　　　　计算:　　　　　测试日期:　　年　月　日

表 2-5　构件混凝土强度计算表

项目		测区									
		1	2	3	4	5	6	7	8	9	10
回弹值	测区平均值										
	角度修正值										
	角度修正后										
	浇灌面修正值										
	浇灌面修正后										
平均碳化深度 d_m/mm											
测区强度值 f_{cu}^c/MPa											
强度计算(MPa)$n=$		$mf_{cu}^c=$				$Sf_{cu}^c=$			$f_{cu,min}^c=$			
结构或构件的混凝土强度推定值 $f_{cu,e}^c=$											
使用测区强度换算表名称:　　规程　　地区　　专用						备注:					

测试:　　　　记录:　　　　计算:　　　　测试日期:　　年　月　日

第三节　超声法检测混凝土技术

超声检测法是混凝土无损检测技术中一项十分重要的检测方法,检测范围非常广泛,既可以检测混凝土的强度,又可以检测混凝土裂缝、混凝土均匀性、混凝土结合面质量、混凝土中不密实区和空洞、混凝土破坏层厚度和混凝土弹性参数等,其探测距离已达 20 m。

在混凝土结构的施工及使用过程中,往往会造成一些缺陷和损伤,造成这些缺陷和损伤的原因是多种多样的,一般而言,主要有四方面:①施工原因,例如振捣不足、钢筋网过密而骨料最大粒径选择不当、模板漏浆等,会造成内部孔洞、不密实区、蜂窝及保护层不足、钢筋外露等缺陷;②非外力作用,例如在大体积混凝土中水泥水化热积蓄过多,在凝固及散热过程中不均匀收缩,混凝土干缩及碳化收缩均会造成裂缝;③长期在腐蚀介质或冻融作用下由表及里的层状疏松;④外力作用,例如龄期不足就进行吊装时产生的吊装裂缝等。

这些缺陷和损伤往往会严重影响结构的承载能力和耐久性,因此在事故处理、施工验收、旧有建筑物安全性鉴定、维修和补强设计时必须进行检测,以确定混凝土内部缺陷的大小、位置和性质。

超声法检测混凝土缺陷依据以下原理,出现以下任一种情况,即可判定混凝土存在缺陷。①超声波在混凝土中遇到缺陷时产生绕射,可根据声时及声程的变化,判别缺陷的大小。②超声波在缺陷界面产生散射和反射,到达接收换能器的声波能量(波幅)显著减小,可根据波幅变化的程度来判断缺陷的性质和大小。③超声波中各频率成分在缺陷界面衰减程度不同,接收信号的频率明显降低,可根据接收信号主频或频率谱的变化分析缺陷情况。④超声波通过缺陷时,部分声波会产生路径和相位变化。不同路径或不同相位的声波叠加后,造成接收信号波形畸变,可参考畸变波形分析判断缺陷。

当混凝土的组成材料、工艺条件、内部质量及测试距离一定时,各测点超声波传播速度、首波幅度和接收信号主频率等声学参数一般无明显差异。如果某部分混凝土存在空洞、不密实或裂缝等缺陷,破坏了混凝土的整体性,通过该处的超声波与无缺陷混凝土相比,其声时明显偏长,波幅和频率明显降低。超声法检测混凝土缺陷,是根据这一基本原理,对同条件的混凝土进行声速、波幅和主频率测量值的比较,从而判断混凝土的缺陷情况。

一、测前准备

1. 有关资料
(1) 工程和结构名称。
(2) 混凝土原材料品种和规格。
(3) 混凝土浇筑和养护情况。
(4) 结构尺寸和配筋施工图或钢筋隐蔽图。
(5) 结构外观质量及存在的问题。

2. 对检测面的要求
测区混凝土表面应清洁、平整,必要时可用砂轮磨平或用高强度等级快凝砂浆抹平。换能器应通过耦合剂与结构表面接触,耦合层中不得夹杂泥沙或空气。

3. 测点间距
普测的测点间距宜为 200～500 m(平测法例外),对出现可疑数据的区域,应加密布点进行细测。

4. 换能器布置方式
由于混凝土的非匀质性,一般不能像金属探伤那样,利用脉冲波在缺陷界面的反射信号作为判别缺陷状态的依据,而是利用超声波透过混凝土的信号来判别缺陷状况。一般根据被测结构或构件的形状、尺寸及所处环境,确定具体的换能器布置方式。常用换能器布置方式大致分为以下几种。
(1) 对测法:发射换能器 T 和接收换能器 R 分别置于被测结构相互平行的两个表面,且两个换能器的轴线位于同一直线上,见图 2-3(a)。

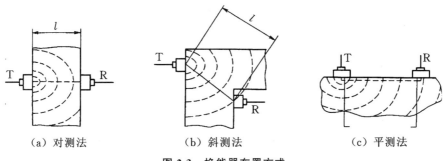

(a) 对测法　　　　　(b) 斜测法　　　　　(c) 平测法

图 2-3　换能器布置方式

（2）斜测法：一对发射和接收换能器分别置于被测结构的两个表面，但两个换能器的轴线不在同一直线上，见图 2-3（b）。

（3）平测法：一对发射和接收换能器置于被测结构同一个接收表面上，见图 2-3（c）。

（4）钻孔法：一对换能器分别置于两个对应钻孔中，采用孔中对测（两个换能器位于同一高度进行测试）、孔中斜测（一对换能器分别置于两个对应钻孔中，但不在同一高度，而是在保持一定高程差的条件下进行测试）和孔中平测（一对换能器置于同钻孔中，以一定的高程差同步移动进行测试）。

二、混凝土相对均匀性检测

1. 适用情况
适用于需了解结构混凝土各部位的相对均匀性时。

2. 检测要求
（1）被检测的部位应具有相互平行的测试面。

（2）测点应在被测部位上均匀布置，测点的间距一般为 200～500 mm。

（3）布置测点时，应避开与声波传播方向相一致的主钢筋。

3. 检测方法
（1）在检测部位的测试面上画间距为 200～500 mm 的网格并编号。

（2）用钢卷尺测量两个换能器之间的距离，测量误差不应大于 ±1%。

（3）逐点测量声时值 $t_1, t_2, t_3, \cdots, t_n$。

4. 数据处理及判定
（1）各测点的混凝土声速应按下式计算：

$$v_i = \frac{l_i}{t_{ci}}$$

式中，v_i——第 i 点混凝土声速值，km/s；

$\quad\quad l_i$——第 i 点测距值，mm；

$\quad\quad t_{ci}$——第 i 点混凝土声时值，mm。

（2）各测点混凝土声速的平均值 m_v 和标准差 S_v 及离差系数 c_v，应按下式分别计算：

$$m_v = \frac{1}{n} \sum_{i=1}^{n} v_i$$

$$S_v = \sqrt{\frac{\sum v_i^2 - n m_v^2}{n-1}}$$

$$c_v = \frac{S_v}{m_v}$$

式中，n——测点数。

（3）根据声速的标准值和离差系数的大小，可以比较相同测距的同类结构或各部位混凝土质量均匀性的优劣。

5．注意事项

（1）构件上各测点声速波动变化反映了混凝土质量的波动变化，因此声速的标准差 S_v 和离差系数 c_v 也反映了混凝土均匀性。但是，由于混凝土的声速与其强度之间并非线性关系，以声速统计的标准差和离差系数与现行施工验收规范中以标准试块强度值统计的标准差和离差系数不是同一标准，且以声速统计的标准差和离差系数的数值还随测试距离（构件尺寸）而变。因此，只能作同类结构、相同测距混凝土均匀性的相对比较，而不能用于均匀性等级的评定。

（2）当具有超声测强曲线时，可先计算出测点混凝土强度值，然后进行均匀性评价。

三、混凝土表面损伤层检测

1．适用情况

适用于需了解冻害、高温或化学腐蚀等所引起的混凝土表面损伤层厚度时。

2．检测要求

根据结构的损伤情况和外观质量选取有代表性的部位布置测区；结构被测表面应平整并处于自然干燥状态，且无接缝和饰面层；布置测点时应避免 T、R 换能器的连线方向与附近主钢筋的轴线平行。

3．检测方法

测试时 T 换能器应耦合好，保持不动，然后将 R 换能器依次耦合在测点 1、2、3、…位置上，见图 2-4，读取相应的声时值 t_1、t_2、t_3、…并测量每次 R、T 换能器之间的距离 l_1、l_2、l_3、…。

R 换能器每次移动的距离不宜大于 100 mm，每一测区的测点数不得少于 6 个。

4．数据处理及判定

（1）以各测点的声时值和相应测距值 l，绘制时-距坐标图，如图 2-5 所示。由图可得到声速改变所形成的拐点，并可按下式计算出该点前、后分别表示损伤和未损伤混凝土的 l 与 t 的相关直线。

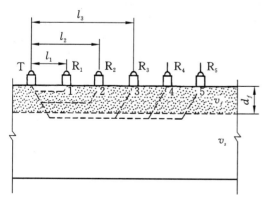

图 2-4　损伤层检测换能器布置

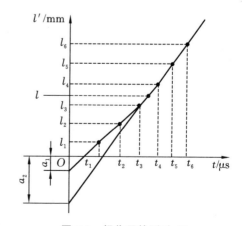

图 2-5　损伤层检测时-距

① 损伤混凝土：

$$l_f = a_1 + b_1 t_f$$

② 未损伤混凝土：

$$l_a = a_2 + b_2 t_a$$

式中，l_f——拐点前各测点的距离，mm，对应图 2-5 中的 l_1、l_2、l_3；

t_f——对应图 2-5 中的 l_1、l_2、l_3 的声时，μs；

l_a——拐点后各测点的距离，mm，对应图 2-5 中 l_4、l_5、l_6；

a_1、b_1、a_2、b_2——回归系数，即图 2-5 中损伤和未损伤混凝土直线的截距和斜率。

（2）损伤层厚度 l_0 应按下式计算：

$$l_0 = \frac{a_1 b_2 - a_2 b_1}{b_2 - b_1}$$

5. 注意事项

（1）表面损伤层检测宜选用频率较低的厚度振动式换能器。

（2）当结构的损伤厚度不均匀时，应适当增加测区数。

四、浅裂缝检测

1. 适用情况

适用于结构混凝土开裂深度不大于 500 mm 时。

2. 检测要求

（1）需要检测的裂缝中，不得充水或充泥浆。

（2）如有主钢筋穿过裂缝且与 T、R 换能器的连线大致平行，布置测点时应注意使 T、R 换能器连线至少与该钢筋轴线相距 1.5 倍的裂缝预计深度。

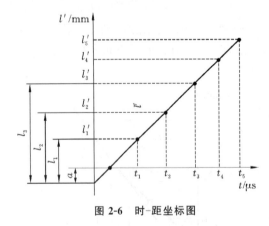

图 2-6 时-距坐标图

3. 检测方法

（1）平测法。

当结构的裂缝部位只有一个可测表面时，可采用平测法。平测时应在裂缝的被测部位以不同的测距同时按跨缝和不跨缝布置测点进行声时测量，其测量步骤如下。

① 不跨缝声时测量。将 T 和 R 换能器置于裂缝同一侧，以两个换能器内边缘间距（l'）等于 100 mm、150 mm、200 mm、250 mm、…分别读取声时值（t_i），绘制时-距坐标图（图 2-6）或用统计的方法求出两者的关系式。

$$l_i = a + b t_i$$

测点超声波实际传播距离 l_i 为

$$l_i = l' + |a|$$

式中，l_i——第 i 点的超声波实际传播距离，mm；

l'——第 i 点 R、T 换能器内边缘间距,mm;

a——时-距坐标图中 l' 轴的截距或回归直线方程的常数项,mm。

不跨缝平测的混凝土声速(km/s)为

$$v = \frac{l_n' - l_1'}{t_n' - t_1'}$$

或

$$v = b$$

式中,l_n'、l_1'——第 n 点和第 1 点的测距,mm;

t_n'、t_1'——第 n 点和第 1 点读取的声时值,μs;

b——回归系数。

② 跨缝声时测量。如图 2-7 所示,将 T、R 换能器分别置于以裂缝为轴线的对称两侧,两换能器中心连线垂直于裂缝走向,以 $l' = 100$ mm、150 mm、200 mm、250 mm、300 mm、…分别读取声时值 t_i^0,同时观察首波相位的变化。

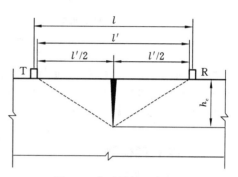

图 2-7 绕过裂缝示意图

③ 用平测法检测时,裂缝深度按下式计算:

$$h_{ci} = \frac{l_i}{2} \sqrt{(t_i^0 v / l_i)^2 - 1}$$

$$m_{bc} = \frac{1}{n} \sum_{i=1}^{n} h_{ci}$$

式中,l_i——不跨缝平测时第 i 点的超声波实际传播距离,mm;

h_{ci}——第 i 点的裂缝深度值,mm;

t_i^0——第 i 点跨缝平测的声时值,μs;

m_{bc}——各测点裂缝深度的平均值,mm;

n——测点数。

④ 裂缝深度的确定方法:跨缝测量中,当在某测距发现首波反相时,可用该测距及两个相邻测距的测量值计算 h_{ci} 值,取此三点 h_{ci} 的平均值作为该裂缝的深度值(h_c)。

跨缝测量中如难以发现首波反相,则以不同测距计算 h_{ci} 及其平均值 m_{bc}。将各测距 l_i' 与 m_{bc} 相比较,凡测距 l_i' 小于 m_{bc} 或大于 $3m_{bc}$,应剔除该组数据,然后取余下 h_{ci} 的平均值,作为该裂缝的深度值(h_c)。

(2)双面斜测法。

当结构的裂缝部位具有两个相互平行的测试表面时,可采用双面斜测法检测。测点布置如图 2-8 所示,将 T、R 换能器分别置于两测试表面对应测点 1、2、3、…的位置,读取相应声时、波幅及主频率。如 T、R 换能器的连线通过裂缝,则接收信号的波幅和主频率明显降低。根据波幅和主频率的突变,可以判定裂缝深度以及裂缝是否在平面方向贯通。

(3)注意事项。

当需要检测的裂缝中有水或泥浆时,不能使用上述检测方法。因为以声时推算浅裂缝深度,是假定裂缝中充满了气体,声波绕过裂缝末端传播。若裂缝有水或泥浆,则声波

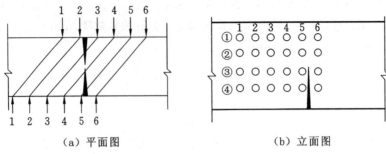

（a）平面图　　　　　　　　　（b）立面图

图 2-8　双面斜测裂缝测点布置示意图

经水介质耦合穿过裂缝，首波到达时间无法反映裂缝深度。采用双面斜测法时，必须在保持 T、R 换能器的连线通过裂缝和不通过裂缝的测试距离相等、倾斜角一致的条件下，读取相应的声时、波幅和主频率值。

五、深裂缝检测

1. 适用情况

适用于大体积混凝土，当预计开裂深度大于 500 mm 时。

2. 检测要求

（1）需要检测的裂缝中，不得充水或充泥浆。

（2）允许在裂缝两旁钻测试孔。

（3）测试孔孔径应比换能器直径大 5～10 mm。

（4）测试孔孔深应至少比裂缝预计深度深 700 mm，经测试如浅于裂缝深度，则应加深钻孔。

（5）对应的两个测试孔，必须始终位于裂缝两侧，其轴线应保持平行。

（6）两个对应测试孔的间距宜为 2000 mm，同一结构的各对应测孔间距应相同。

（7）测试孔中的粉末碎屑应清理干净。

（8）如图 2-9(a)所示，宜在裂缝一侧多钻一个较浅的孔，测试无缝混凝土的声学参数用于对比。

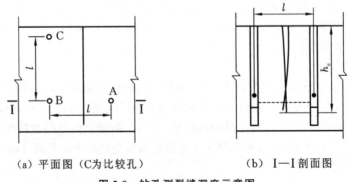

（a）平面图（C 为比较孔）　　　　（b）I—I 剖面图

图 2-9　钻孔测裂缝深度示意图

3. 检测方法

(1) 选用频率为 20～60 kHz 的径向振动式换能器,并在其连接线上作出等距离标志(一般间隔 100～400 mm)。

(2) 测试前应先向测试孔中注满清水,然后将 T、R 换能器分别置于裂缝两侧的对应孔中,以相同高程等间距从上至下同步移动,逐点读取声时、波幅和换能器所处的深度,见图 2-9(b)。

4. 裂缝深度判定

以换能器所处深度(h)与对应的波幅值(A)绘制 h-A 曲线图(如图 2-10 所示),随着换能器位置的下移,波幅逐渐增大,当换能器下移至某一位置后,波幅达到最大值并基本稳定,该位置所对应的深度便是裂缝深度 h_c。

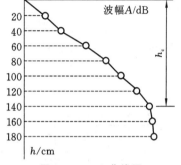

图 2-10　h-A 曲线图

5. 注意事项

(1) 向测试孔中灌的水必须是清水,无悬浮泥沙。

(2) 测点间隔宜为 20 cm 左右,深度大的裂缝测量间隔可适当大一些,换能器上下移动到位后,使其处于钻孔中心,为此换能器应先套上橡皮的"扶正器"再置于钻孔中使用。

(3) 当放置 T、R 换能器的测孔之间混凝土质量不均匀或者存在不密实和空洞时,将使 h-A 曲线偏离原来趋向,此时应注意识别和判断,以免产生误判。

(4) 由于大体积混凝土本身存在较大的体积变形,当温度升高,混凝土膨胀时,其裂缝变窄甚至完全闭合。在外力作用下,结构混凝土受压区的裂缝也会产生类似变化。在这种情况下进行超声检测,难以正确判断裂缝深度。因此,最好在气温较低的季节或结构卸荷状态下进行裂缝检测。

(5) 当有主钢筋穿过裂缝且靠近一对测孔,T、R 换能器又处于该钢筋的高度时,大部分超声波将沿钢筋传播到接收换能器,波幅测值难以反映裂缝的存在,检测时应注意判别。

(6) 当裂缝中充满水时,绝大部分超声波经水穿过裂缝传播到接收换能器,使得有无裂缝的波幅值无明显差异,难以判断裂缝深度。因此,检测时被测裂缝中不应填充水或泥浆。

六、不密实区和空洞检测

1. 适用情况

适用于结构混凝土因振捣不够、漏浆或石子架空等原因造成局部区域呈蜂窝状、空洞等缺陷时。

2. 检测要求

(1) 被测部位应具有一对(或两对)相互平行的测试面。

(2) 测试范围除应大于怀疑的区域外,还应有同条件的正常混凝土进行对比且对比测点数不应少于 20 个。

（3）在测区布置测点时，应避免 T、R 换能器的连线与附近的主钢筋轴线平行。

3. 检测方法

（1）根据被测结构实际情况，可按下列方法之一布置换能器。

① 当结构具有两对互相平行的测试面时可采用对测法，其测试方法如图 2-11 所示。在测区的两对平行的测试面上，分别画间距为 100～300 mm 的网格，然后编号、确定对应的测点位置。

② 当结构中只有一对相互平行的测试面时，可采用对测和斜测相结合的方法。即在测区的两个相互平行的测试面上，分别画出交叉测试的两组测点位置，如图 2-12 所示。

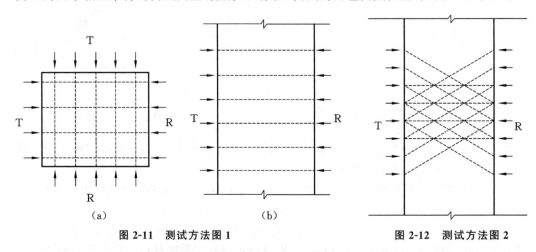

图 2-11　测试方法图 1　　　　　　　　图 2-12　测试方法图 2

③ 当测距较大时，可采用钻孔或预埋管测法。如图 2-13 所示，在测位预埋声测管或钻出竖向测试孔，预埋管内径或钻孔直径宜比换能器直径大 5～10 mm，预埋管或钻孔间距宜为 2～3 m，其深度可根据测试需要确定。检测时可将两个径向振动式换能器分别置于两测孔中进行测试，或用一个径向振动式与一个厚度振动式换能器，将其分别置于测孔中和平行于测孔的侧面进行测试。

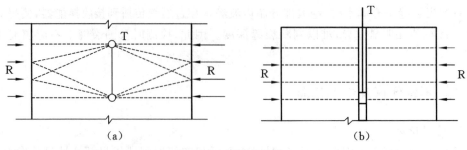

图 2-13　测试方法图 3

（2）按规定测量每一测点的声时、波幅、主频率和测距。

4. 数据处理及判定

（1）测区混凝土声时（或声速）、波幅、主频率测量值的平均值（m_x）和标准差（s_x）应按下式计算：

$$m_X = \frac{1}{n}\sum_{i=1}^{n} X_i$$

$$s_X = \sqrt{\frac{\sum X_i^2 - nm_X^2}{n-1}}$$

式中，X_i—— 第 i 点的声时（或声速）、波幅、主频率的测量值；

　　　n—— 测区参与统计的个数。

（2）测区中的异常数据可按以下方法判别。

① 如果测得测区各测点的波幅、主频率或（由声时计算的）声速，则将它们由大至小按顺序排列，即 $X_1 \geqslant X_2 \geqslant \cdots \geqslant X_n$，将排在后面明显小的数据视为可疑值，再用这些可疑值中最大的一个（假定为 X_n）以及其前面的数据计算出 m_X 及 s_X 值，并代入下式，计算出异常情况的判断值（X_0）。

$$X_0 = m_X - \lambda_1 s_X$$

式中，λ_1—— 异常值判定系数，应按表 2-6 取值。

表 2-6　统计数的个数 n 与对应的 λ_1、λ_2 和 λ_3 的值

n	20	22	24	26	28	30	32	34	36	38
λ_1	1.65	1.69	1.73	1.77	1.80	1.83	1.86	1.89	1.92	1.94
λ_2	1.25	1.27	1.29	1.31	1.33	1.34	1.36	1.37	1.38	1.39
λ_3	1.05	1.07	1.09	1.11	1.12	1.14	1.16	1.17	1.18	1.19
n	40	42	44	46	48	50	52	54	56	58
λ_1	1.96	1.98	2.00	2.02	2.04	2.05	2.07	2.09	2.10	2.12
λ_2	1.41	1.42	1.43	1.44	1.45	1.46	1.47	1.48	1.49	1.49
λ_3	1.20	1.22	1.23	1.25	1.26	1.27	1.28	1.29	1.30	1.31
n	60	62	64	66	68	70	72	74	76	78
λ_1	2.13	2.14	2.15	2.17	2.18	2.19	2.20	2.21	2.22	2.23
λ_2	1.50	1.51	1.52	1.53	1.53	1.54	1.55	1.56	1.56	1.57
λ_3	1.31	1.32	1.33	1.34	1.35	1.36	1.36	1.37	1.38	1.39
n	80	82	84	86	88	90	92	94	96	98
λ_1	2.24	2.25	2.26	2.27	2.28	2.29	2.30	2.30	2.31	2.31
λ_2	1.58	1.58	1.59	1.60	1.61	1.61	1.62	1.62	1.63	1.63
λ_3	1.39	1.40	1.41	1.42	1.42	1.43	1.44	1.45	1.45	1.45
n	100	105	110	115	120	125	130	140	150	160
λ_1	2.32	2.35	2.36	2.38	2.40	2.41	2.43	2.45	2.48	2.50
λ_2	1.64	1.65	1.66	1.67	1.68	1.69	1.71	1.73	1.75	1.77
λ_3	1.46	1.47	1.48	1.49	1.51	1.53	1.54	1.56	1.58	1.59

将判断值(X_0)与可疑数据最大值(X_n)相比较,如 $X_n \leqslant X_0$,则 X_n 及排列其后的各数据均为异常值;当 $X_n > X_0$ 时,应将 X_{n+1} 放进去重新进行统计计算和判别。

② 当测位中判出异常测点时,可根据异常测点的分布情况,按下式进一步判别其相邻测点是否异常。

$$X_0 = m_X - \lambda_2 s_X$$

或

$$X_0 = m_X - \lambda_3 s_X$$

式中,λ_2、λ_3 按表 2-6 取值。当测点布置为网格状时,取 λ_2;当单排布置测点时(如在声测孔中检测),取 λ_3。

(3) 当测区中某些测点的声时(或声速)、波幅(或频率)被判为异常值时,可结合异常测点的分布及波形状况确定混凝土内部存在不密实区和空洞的范围。

5. 空洞尺寸估算

当判定缺陷是空洞时,可采用以下方法估算空洞尺寸的大小。

如图 2-14 所示,设检测距离为 l,空洞中心(在另一对测试面上,声时最长的测点位置)距一个测试面的垂直距离为 l_h,声波在空洞附近无缺陷混凝土中传播的时间平均值为 m_{ta},绕空洞传播的时间(空洞处的最大声时)为 t_h,空洞半径为 r。

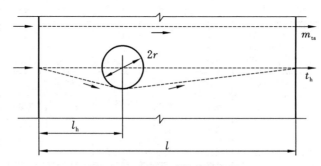

图 2-14 空洞尺寸估算原理图

根据 l_h/l 和 $(t_h - m_{ta})/m_{ta} \times 100\%$ 的值,可由表 2-7 查得空洞半径 r 与测距 l 的比值,再计算空洞的大致尺寸 r。如被测部位只有一对可供测试的表面,空洞尺寸可用下式计算:

$$r = \frac{l}{2} \sqrt{\left(\frac{t_h}{m_{ta}}\right)^2 - 1}$$

式中,r——空洞半径,mm;

l——T、R 换能器之间的距离,mm;

t_h——缺陷处的最大声时,μs;

m_{ta}——无缺陷处的平均声时,μs。

表 2-7　空洞半径 r 与测距 l 的比值 z

y	x												
	0.05	0.08	0.10	0.12	0.14	0.16	0.18	0.20	0.22	0.24	0.26	0.28	0.30
0.10(0.9)	1.42	3.77	6.26	—	—	—	—	—	—	—	—	—	—
0.15(0.85)	1.00	2.56	4.06	5.97	8.39	—	—	—	—	—	—	—	—
0.2(0.8)	0.78	2.03	3.18	4.62	6.36	8.44	10.9	13.9	—	—	—	—	—
0.25(0.75)	0.67	1.72	2.69	3.90	5.34	7.03	8.98	11.2	13.8	16.8	—	—	—
0.3(0.7)	0.60	1.53	2.40	3.46	4.73	6.21	7.91	9.38	12.0	14.4	17.1	20.1	23.6
0.35(0.65)	0.55	1.41	2.21	3.19	4.35	5.70	7.25	9.00	10.9	13.1	15.5	18.1	21.0
0.4(0.6)	0.52	1.34	2.09	3.02	4.12	5.39	6.84	8.48	10.3	12.3	14.5	16.9	19.8
0.45(0.55)	0.50	1.30	2.03	2.92	3.99	5.22	6.62	8.20	9.95	11.9	14.0	16.3	18.8
0.5	0.50	1.28	2.02	2.89	3.94	5.16	6.35	8.11	9.84	11.8	13.3	16.1	18.6

注：表中 $x = (t_h - m_{ta})/m_{ta} \times 100\%$，$y = l_n/l$，$z = r/l$。

6. 注意事项

(1) 一般情况下用波幅、主频率和声时的差异来判别不密实和空洞等缺陷较为有效。

(2) 若耦合条件保证不了测幅稳定，则波幅值不能作为判据。

(3) 有时由于一个构件的整体质量差，各测点的声速、波幅测量值的标准差较大，如按上述判别易产生漏判，此时，可利用一个同条件（混凝土的材料、龄期、配合比及配筋相同，测距一致）混凝土的声速、波幅的平均值和标准差来判别。

七、混凝土结合面检测

1. 适用情况

适用于需了解前后两次浇筑的混凝土之间接触面的质量的情况，如施工缝、修补加固等。

2. 检测要求

(1) 测试前应查明结合面的位置及走向，以正确确定被测部位及测点布置。

(2) 结构的被测部位应具有使声波垂直或斜穿结合面的一对平行测试面。

(3) 所布置的测点应避开平行声波传播方向的主钢筋或预埋管件。

3. 检测方法

混凝土结合面质量检测采用对测法或斜测法，按图 2-15(a)或图 2-15(b)布置测点，按布置好的测点分别测出各点的声时、波幅和主频率。

布置测点时应注意以下几点。

(1) 使测试范围覆盖全部结合面或怀疑的部位。

(2) 各对 T、R 换能器连线的倾斜角及测距应相等。

(3) 测点的间距视结构尺寸和结合面外观质量情况而定，一般控制在 100～300 mm。

4. 数据处理及判定

(1) 对某一测区各测点的声时、波幅或主频率分别进行统计和异常值判断。当通过

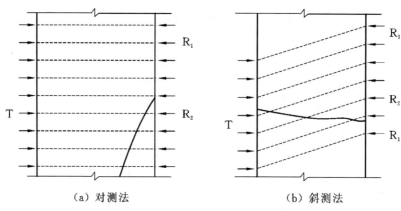

（a）对测法　　　　　　　　（b）斜测法

图 2-15　混凝土结合面质量检测示意图

结合面的某些测点的数据被判为异常，并查明无其他因素影响时，可判定混凝土结合面在该部位结合不良。

（2）当测点数过少时，可将 $T\text{-}R_2$ 的声速、波幅等声学参数与 $T\text{-}R_1$ 进行比较，若 $T\text{-}R_2$ 的声学参数比 $T\text{-}R_1$ 显著低时，则该点可被判定为异常测点。

5. **注意事项**

（1）利用超声波检测两次浇筑的混凝土结合面的质量，主要采用对比的方法，因此，在同一测区必须有通过结合面和不通过结合面的测点，为保证各测点具有一定的可比性，每一对测点都应保持倾斜度一致，且测距相等。

（2）如果发现声时明显偏长或波幅及主频率偏低的可疑点，则应查明测试表面是否平整、干净，并做必要的处理后再进行重测和细测。

今日学习：＿＿＿＿＿＿＿＿＿＿＿＿＿＿＿＿＿＿＿＿＿＿＿＿＿＿＿＿＿＿＿＿＿＿

今日反省：＿＿＿＿＿＿＿＿＿＿＿＿＿＿＿＿＿＿＿＿＿＿＿＿＿＿＿＿＿＿＿＿＿＿

改进方法：＿＿＿＿＿＿＿＿＿＿＿＿＿＿＿＿＿＿＿＿＿＿＿＿＿＿＿＿＿＿＿＿＿＿

每日心态管理：以下每项做到评 10 分，未做到评 0 分。

爱国守法＿＿＿＿＿分　　做事认真＿＿＿＿＿分　　勤奋好学＿＿＿＿＿分　　体育锻炼＿＿＿＿＿分

爱与奉献＿＿＿＿＿分　　克服懒惰＿＿＿＿＿分　　气质形象＿＿＿＿＿分　　人格魅力＿＿＿＿＿分

乐观＿＿＿＿＿分　　自信＿＿＿＿＿分

　　　　得分＿＿＿＿＿＿分　　　　　　　　　　　签名：＿＿＿＿＿＿

第3章 结构加固材料及设备

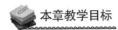 本章教学目标

● **重点知识目标**

1.掌握工程建设领域检测与加固的有关专业术语和基本知识。

2.了解结构加固材料、设备及方法。

3.掌握结构加固的加固方法适用性。

● **能力目标**

1.能够理解和运用建筑加固材料及设备。

2.能够正确运用相关专业技术规范对结构进行检测。

3.能够正确掌握建筑加固方法。

● **意识形态(素质培养)目标**

1.教师理论教学和"现代学徒制"教学过程中要融入意识形态等素质教育,培养学生的社会责任感,让他们养成吃苦耐劳、乐于奉献的精神。

2.通过学徒制教育,培养学生的动手能力和科研创新能力,发掘学生潜意识的自我思考和解决问题的能力。

3.教师在"现代学徒制"教学和理论教学过程中采用校企角色互换和随机分组"双元制"教学方法,突出学生的主体地位,培养学生独立自主、团结合作的团队意识。

4.通过学徒和实践教育,能够完成相关材料、结构检测,查阅资料,合理正确使用标准、规范的技能。

5.在授课过程中结合专业内容、知识点、"现代学徒制"教学项目特点,将意识形态和素质教育的内容融合在教学环节中。

● **教学组织**

本课程教学组织分为理论教学部分和"现代学徒制"教学两部分,理论教学与学徒制教学课时比例为1:3,教学过程相互穿插,场景互换,充分依托校企合作、产教对接的方式组织理论和实践教学,突出学生"双元制"学习的主导地位,学徒制教学过程中,教师根据学生个体、在团体中的特色和作用等因素改变教学方法和手段,充分挖掘和发挥个体创新、专业特长等技能的培养。

1.理论教学部分:课堂内或在师徒教学现场、实训基地、施工现场等场景完成,完成铁路桥隧检测与加固基础知识理论内容的讲授,授课方式采用传统教学手段或其他信息化教学手段;以行动导向教学为主导,通过①规划→②组织→③任务→④实施→⑤检查→⑥反馈→⑦评价与考核七个环节进行课堂组织教学。

2."现代学徒制"教学部分:根据既有、新建铁路建设项目和各实训基地情况,将学生分组、分批派入教学现场,由专业师傅指导进行学徒教学,任课教师根据情况深入现场或通过信息平台进行理论指导、考核。

"现代学徒制"教学实施基本流程:①项目选择、任务分配→②规划、组织、准备→

③实施→④检查→⑤反馈→⑥评价与考核。

"现代学徒制"教学实现的基本目标：

（1）学生要完成铁路桥隧检测与加固基础知识相关技能的训练。

（2）完成项目教学过程的相关记录，整理出完整的学习资料（总结、创新思路、成果、学习心得）等，通过实践能熟练掌握和理解铁路桥隧检测与加固基础知识的概念。

（3）意识形态等素质教育效果明显。

（4）技能考核合格。

3. 理、实比例分配：理论教学30%；"现代学徒制"教学70%。

第一节　结构加固材料

混凝土结构加固用的水泥，应采用强度等级不低于32.5级的硅酸盐水泥和普通硅酸盐水泥，也可采用矿渣硅酸盐水泥或火山灰质硅酸盐水泥，但其强度等级不应低于42.5级，必要时，还可采用快硬硅酸盐水泥。对混凝土结构有耐腐蚀、耐高温要求时，应采用相应的特种水泥。配制聚合物砂浆用的水泥，其强度等级不应低于42.5级。

一、通用硅酸盐水泥与特种水泥

1. 通用硅酸盐水泥

通用硅酸盐水泥按混合材料的品种和掺量分为硅酸盐水泥、普通硅酸盐水泥、矿渣硅酸盐水泥、火山灰质硅酸盐水泥、粉煤灰硅酸盐水泥和复合硅酸盐水泥。

2. 特种水泥

（1）低热微膨胀水泥。

低热微膨胀水泥具有低水化热和微膨胀的特性，主要适用于水化热要求较低和要求补偿收缩的混凝土、大体积混凝土，也适用于要求抗渗与抗硫酸盐侵蚀的工程。

（2）抗硫酸盐硅酸盐水泥。

抗硫酸盐硅酸盐水泥是以特定矿物组成的硅酸盐水泥熟料，是加入适量石膏，磨细制成的具有抵抗一定浓度硫酸根离子侵蚀能力的水硬性胶凝材料。

（3）钢渣硅酸盐水泥。

钢渣硅酸盐水泥适用于一般工业与民用建筑、地下工程与防水工程、大体积混凝土工程等。

（4）硫铝酸盐水泥。

硫铝酸盐水泥是具有水硬性的胶凝材料。

3. 水泥使用要求

结构加固工程用的水泥，进场时应对其品种、级别、包装或散装仓号、出厂日期等进行检查，并对其强度、安定性及其他必要的性能指标进行见证取样复验。其品种和强度等级必须符合《混凝土结构加固设计规范》（GB 50367—2013）及设计的规定；其质量必须符合《通用硅酸盐水泥》（GB 175—2023）的要求。加固用混凝土中严禁使用安定性不合格的水泥、含氯化物的水泥、过期水泥和受潮水泥。

二、混凝土

结构加固用的混凝土,其强度等级应比原结构、构件提高一级,且不得低于 C20 级。

1. 混凝土骨料的品种和质量要求

(1)粗骨料应选用坚硬、耐久性好的碎石或卵石,其最大粒径:对现场拌和混凝土,不应大于 20 mm;对喷射混凝土,不应大于 12 mm;对短纤维混凝土,不应大于 10 mm。粗骨料的质量应符合《普通混凝土用砂、石质量及检验方法标准》(JGJ 52—2006)的规定,不得使用含有活性二氧化硅的石料制成的粗骨料。

(2)细骨料应选用中、粗砂,对喷射混凝土,其细度模数不宜小于 2.5;细骨料的质量应符合《普通混凝土用砂、石质量及检验方法标准》(GJ 52—2006)的规定。

(3)混凝土拌和用水应采用饮用水或水质符合《混凝土用水标准》(JGJ 63—2006)的规定,结构加固用的混凝土,可使用商品混凝土,但所掺的粉煤灰应为Ⅰ级灰。

(4)当结构加固工程选用聚合物混凝土、微膨胀混凝土、钢纤维混凝土、合成短纤维混凝土或喷射混凝土时,应在施工前进行试配,经检验其性能符合设计要求后方可使用。

(5)不得使用铝粉作为混凝土的膨胀剂。

2. 混凝土强度要求

(1)混凝土强度等级应按立方体抗压强度标准值确定。立方体抗压强度标准值是按标准方法制作、养护的边长为 150 mm 的立方体试件,在 28 d 或设计规定龄期以标准试验方法测得的具有 95% 保证率的抗压强度值。

(2)素混凝土结构的混凝土强度等级不应低于 C15;钢筋混凝土结构的混凝土强度等级不应低于 C20;采用强度等级 400 MPa 及以上的钢筋时,混凝土强度等级不应低于 C25;承受重复荷载的钢筋混凝土构件,混凝土强度等级不应低于 C30;预应力混凝土结构的混凝土强度等级不应低于 C40,且不应低于 C30。

三、钢材

1. 钢材的一般规定

(1)混凝土结构加固用的钢筋,其品种、质量和性能应符合下列要求:①纵向受力普通钢筋宜采用 HRB400、HRB500、HRBF400、HRBF500 钢筋,也可采用 HPB300、HRB335、RRB400 钢筋。②梁、柱和斜撑构件的纵向受力普通钢筋应采用 HRB400、HRB500、HRBF400、HRBF500 钢筋。③箍筋宜采用 HPB300、HRB335、HRB400、HRBF400、HRB500、HRBF500 钢筋,也可采用 HRB335、HRBF335 钢筋。④预应力筋宜采用预应力钢丝、钢绞线和预应力螺纹钢筋。⑤钢筋的质量应符合《钢筋混凝土用钢 第 1 部分:热轧光圆钢筋》(GB 1499.1—2024)、《钢筋混凝土用钢 第 2 部分:热轧带肋钢筋》(GB 1499.2—2024)和《钢筋混凝土用余热处理钢筋》(GB/T 13014—2013)的规定。⑥钢筋的性能设计值应按《混凝土结构设计标准(2024 年版)》(GB/T 50010—2010)的规定采用。⑦不得使用无出厂合格证、无标志或未经进场检验的钢筋以及再生钢筋。⑧对受力钢筋,在任何情况下,均不得采用再生钢筋和钢号不明的钢筋。

(2)混凝土结构加固用的钢板、型钢、扁钢和钢管,其品种、质量和性能应符合下列要求：①应采用 Q235 级（3 号钢）或 Q345 级（16Mn 钢）钢材；对重要结构的焊接构件，若采用 Q235 级钢，应选用 Q235-B 级钢。②钢材质量应分别符合《碳素结构钢》(GB/T 700—2006)和《低合金高强度结构钢》(GB/T 1591—2018)的规定。③钢材的性能设计值应按现行国家标准的规定采用。④不得使用无出厂合格证、无标志或未经进场检验的钢材。

（3）当混凝土结构锚固件为植筋时，应使用热轧带肋钢筋，不得使用热轧光圆钢筋。

（4）当锚固件为钢螺杆时，应采用全螺纹的螺杆，不得采用锚入部位无螺纹的螺杆。螺杆的钢材等级应为 Q345 级或 Q235 级；其质量应分别符合《低合金高强度结构钢》(GB/T 1591—2018)和《碳素结构钢》(GB/T 700—2006)的规定。

2. 钢材强度要求

（1）钢筋的强度标准值应具有不小于 95% 的保证率。

普通钢筋的屈服强度标准值 f_{yk}、极限强度标准值 f_{stk} 应按表 3-1 采用；预应力钢丝、钢绞线和预应力螺纹钢筋的屈服强度标准值 f_{pyk}、极限强度标准值 f_{ptk} 应按表 3-2 采用。

表 3-1　普通钢筋强度标准值

牌号	符号	公称直径 d/(mm)	屈服强度标准值 f_{yk}/(N/mm^2)	极限强度标准值 f_{stk}/(N/mm^2)
HPB300	A	6～22	300	420
HRB335、HRBF335	B B^F	6～50	335	455
HRB400、HRBF400、RRB400	C C^F C^R	6～50	400	540
HRB500、HRBF500	D D^F	6～50	500	630

表 3-2　预应力筋强度标准值

种类		符号	公称直径 d/mm	屈服强度标准值 f_{pyk}/(N/mm^2)	极限强度标准值 f_{ptk}/(N/mm^2)
中强度预应力钢丝	光面 螺旋肋	A^{PM} A^{HM}	5、7、9	620	800
				780	970
				980	1270
预应力螺纹钢筋	螺纹	A^T	18、25、32、40、50	785	980
				930	1080
				1080	1230
消除应力钢丝	光面 螺旋肋	A^P A^H	5	—	1570
				—	1860
			7	—	1570
			9	—	1470
				—	1570

续表

种类		符号	公称直径 d/mm	屈服强度标准值 $f_{pyk}/(N/mm^2)$	极限强度标准值 $f_{ptk}/(N/mm^2)$
钢绞线	1×3 (三股)	A^s	8.6、	—	1570
			10.8、	—	1860
			12.9	—	1960
	1×7 (七股)		9.5、	—	1720
			12.7、	—	1860
			15.2、	—	1960
			17.8、		
			21.6	—	1860

（2）普通钢筋及预应力筋在最大力下的总伸长率 δ_{gt} 不应小于表 3-3 规定的数值。

表 3-3　普通钢筋及预应力筋在最大力下的总伸长率限值

钢筋品种	普通钢筋			预应力筋
	HPB300	HRB335、HRBF335、HRB400、 HRBF400、HRB500、HRBF500	RRB400	
$\delta_{gt}/\%$	10.0	7.5	5.0	3.5

（3）绕丝用的钢丝进场时,应按《一般用途低碳钢丝》(YB/T 5294—2009)中关于退火钢丝的力学性能指标进行复验。

（4）结构加固用的钢丝绳网片应根据设计规定选用高强度不锈钢钢丝绳或航空用镀锌碳素绳在工厂预制。制作网片的钢丝绳,其结构形式应为 6×7＋IWS 金属股芯右交互捻小直径不松散钢丝绳,或 1×19 单股左捻钢丝绳;其钢丝的公称强度不应低于《混凝土结构加固设计规范》(GB 50367—2013)的规定值。

（5）当承重结构的锚固件作为锚栓时,其钢材的抗拉性能指标必须符合表 3-4 或表 3-5的规定。

表 3-4　碳素钢及合金钢锚栓钢材抗拉性能指标

	性能等级	4.8	5.8	6.8	8.8
锚栓钢材 性能指标	抗拉强度标准值 f_{uk}/MPa	400	500	600	800
	屈服强度标准值 f_{yk}/MPa	320	400	480	640
	断后伸长率 $\delta_5/\%$	14	10	8	12

注:表中 4.8 表示 $f_{s1k}=400$ MPa,$f_{yk}/f_{s1k}=0.8$。其他性能等级依此类推。

表 3-5　不锈钢锚栓(奥氏体 A1、A2、A4、A5)的钢材抗拉性能指标

性能等级		50	70	80
螺纹公称直径/mm		≤39	≤24	≤24
锚栓钢材性能指标	抗拉强度标准值 f_{uk}/MPa	500	700	800
	屈服强度标准值 f_{yk} 或 $f_{s.0.2k}$/MPa	210	450	600
	伸长值 δ/mm	$0.6d$	$0.4d$	$0.3d$

锚栓分为扩孔型锚栓和膨胀型锚栓两种。

①扩孔型锚栓:通过锚孔底部扩孔与锚栓膨胀件之间的锁键形成锚固作用的锚栓,如图 3-1 所示。②膨胀型锚栓:利用膨胀件挤压锚孔孔壁形成锚固作用的锚栓,如图 3-2 所示。

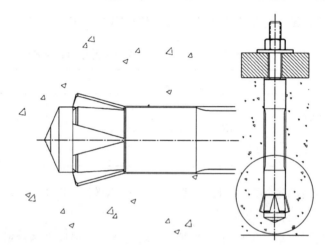

图 3-1　扩孔型锚栓

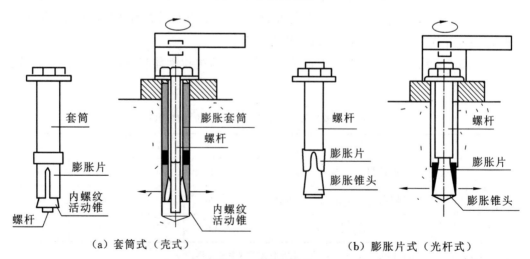

（a）套筒式（壳式）　　　　　　（b）膨胀片式（光杆式）

图 3-2　膨胀型锚栓

四、焊接材料

（1）结构加固用的焊接材料，其品种、规格、型号和性能应符合现行国家产品标准和设计要求。焊接材料进场时应按《非合金钢及细晶粒钢焊条》(GB/T 5117—2012)、《热强钢焊条》(GB/T 5118—2012)等的要求进行见证取样复验。复验不合格的焊接材料不得使用。

（2）焊条应无焊芯锈蚀、药皮脱落等影响焊条质量的损伤和缺陷，焊剂的含水率不得大于现行国家相应产品标准规定的允许值。

五、其他混凝土加固材料

1. 纤维和纤维复合材料

（1）承重结构加固用的碳纤维，必须选用聚丙烯腈基不大于 15K 的小丝束纤维。

（2）承重结构加固用的玻璃纤维，必须选用高强度玻璃纤维、耐碱玻璃纤维或碱金属氧化物含量低于 0.8% 的无碱玻璃纤维，严禁使用高碱的玻璃纤维和中碱的玻璃纤维。

（3）纤维材料的主要力学性能应符合表 3-6 的规定。

表 3-6　纤维材料的主要力学性能

纤维材料类型		抗拉强度标准值 f_{fk}/MPa	弹性模量 E_f/MPa	伸长率/%
碳纤维	高强度Ⅰ级	≥2500	≥2.1×10^5	≥1.3
	高强度Ⅱ级	≥3000	≥2.1×10^5	≥1.4
	高强度Ⅲ级	≥3500	≥2.3×10^5	≥1.5
碳纤维条形板	高强度Ⅰ级	≥2000	≥1.4×10^5	≥1.4
	高强度Ⅱ级	≥2400	≥1.6×10^5	≥1.6
芳纶	高强度Ⅰ级	≥1500	≥8.0×10^4	≥2.0
	高强度Ⅱ级	≥1800	≥1.1×10^5	≥2.4
芳纶条形板	高强度Ⅰ级	≥800	≥6.0×10^4	≥2.4
	高强度Ⅱ级	≥1200	≥6.5×10^4	≥2.8
S 玻璃纤维		≥2200	≥1.0×10^5	≥2.5
E 玻璃纤维		≥1500	≥7.2×10^4	≥1.8
玄武岩纤维		≥2000	≥9.0×10^4	≥2.0

注：1. 本表的分级方法及其性能指标仅适用于结构加固，与其他用途的等级划分无关。

2. 承重结构的现场粘贴加固，严禁使用单位面积质量大于 300 g/m^2 的碳纤维织物或预浸法生产的碳纤维织物。

3. 碳纤维织物（碳纤维布）、碳纤维预成型板以及玻璃纤维织物（玻璃纤维布）应按工程用量一次进场到位。纤维材料进场时，施工单位应同监理人员对其品种、级别、型号、规格、包装、中文标志、产品合格证和出厂检验报告等进行检查。

4. 结构加固使用的碳纤维，严禁用玄武岩纤维、大丝束碳纤维等替代。结构加固使用的 S 玻璃纤维（高强玻璃纤维）、E 玻璃纤维（无碱玻璃纤维），严禁用 A 玻璃纤维或 C 玻璃纤维替代。

5. 纤维复合材的纤维应连续、排列均匀；织物不得有皱褶、断丝、结扣等严重缺陷；板材不得有表面划痕、异物夹杂、层间裂纹和气泡等严重缺陷。

6. 纤维织物单位面积质量的检测结果，其允许偏差为 ±3%；板材纤维体积含量的检测结果，其允许偏差为 3%。

7. 碳纤维织物的缺纬、脱纬，每 100 m 长度不得多于 3 处；碳纤维织物的断经（包括单根和双根），每 100 m 长度不得多于 2 处；玻璃纤维织物的疵点数，应不超过相关标准的规定。

2．结构加固用胶粘剂

（1）加固工程使用的胶粘剂，应按工程用量一次进场到位。胶粘剂进场时，施工单位应会同监理人员对其品种、级别、批号、包装、中文标志、产品合格证、出厂日期、出厂检验报告等进行检查；同时，应对其钢-钢拉伸抗剪强度、钢-混凝土正拉黏结强度和耐湿热老化性能等 3 项重要性能指标以及该胶粘剂不挥发物含量进行见证取样复验。对抗震设防烈度为 7 度及 7 度以上地区建筑加固用的粘钢和粘贴纤维复合材料的结构胶粘剂，应进行抗冲击剥离能力的见证取样复验。

（2）加固工程中，严禁使用下列胶粘剂产品：

① 过期或出厂日期不明；

② 包装破损、批号涂毁或中文标志、产品使用说明书为复印件；

③ 有挥发性溶剂或非反应性稀释剂；

④ 固化剂主成分不明或固化剂主成分为乙二胺；

⑤ 游离甲醛含量超标；

⑥ 以"植筋-粘钢两用胶"命名。

（3）承重结构用的胶粘剂，宜按其基本性能分为 A 级胶和 B 级胶。对重要结构、悬挑构件、承受动力作用的结构、构件，应采用 A 级胶；对一般结构可采用 A 级胶或 B 级胶。

（4）承重结构用的胶粘剂，必须进行黏结抗剪强度检验。检验时，其黏结抗剪强度标准值，应根据置信水平为 0.90、保证率为 95% 的要求确定。

（5）承重结构加固工程中，严禁使用不饱和聚酯树脂和醇酸树脂作为胶粘剂。

（6）胶粘剂的主要工艺性能指标应符合表 3-7 的规定。

表 3-7　胶粘剂工艺性能要求

胶粘剂类别及其用途			工艺性能指标					
			混合后初黏度/(mPa·s)	触变指数	25℃下垂流度/mm	在各季节试验温度下测定的适用期/min		
						春秋用 23℃	夏用 30℃	冬用 10℃
适用于涂刷	底胶		≤600	—	—	≥60	≥30	60～180
	修补胶		—	≥3.0	≤2.0	≥50	≥35	50～180
	纤维复合材胶粘剂	织物 A级	≤4000	≥2.2	—	≥90	≥60	90～240
		织物 B级	≤6000	≥1.7	—	≥80	≥45	80～240
		板材 A级	—	≥4.0	≤2.0	≥50	≥40	50～180
	粘钢胶粘剂	A级	—	≥4.0	≤2.0	≥50	≥40	50～180
		B级	—	≥3.0	≤2.0	≥40	≥30	40～180

胶粘剂类别及其用途			工艺性能指标					
			混合后初黏度/(mPa·s)	触变指数	25℃下垂流度/mm	在各季节试验温度下测定的适用期/min		
						春秋用 23℃	夏用 30℃	冬用 10℃
适用于压力灌注	外粘型钢胶粘剂	A级	≤1000	—	—	≥40	≥30	40～210
	裂缝补强修复用胶粘剂 0.05≤ω≤0.2	A级	≤150	—	—	≥50	≥40	50～210
	0.2≤ω≤0.5		≤300	—	—	≥40	≥30	40～180
	0.5≤ω≤1.5		≤800	—	—	≥30	≥20	30～180
	植筋用快固型胶粘剂	A级	—	≥4.0	≤2.0	10～25	7～15	25～60
植筋用一般胶粘剂		A级	—	≥4.0	—	≥40	≥30	40～120
		B级	—	≥4.0	—	≥40	≥25	40～120
试验方法标准			GB 50550—2010 附录K	GB 50550—2010 附录L	GB/T 13477.6—2002	GB/T 7123.1—2015		

注:1. 表中的指标,除已注明外,均是在(23±0.5)℃试验温度条件下测定的。

2. 当表中仅给出A级胶的指标时,表明该用途不允许使用B级胶。

3. 符号 ω 为裂缝宽度,其单位为 mm。

4. 当外粘钢板采用压力灌注法施工时,其结构胶工艺性能指标应按"压注型粘钢胶粘剂"的规定值采用。

5. 对快固型植筋、锚栓用胶的适用期,本表根据不同型号产品的特性和工程的要求规定了范围。选用时,应由设计单位与厂家事先商定,且厂家应保证其产品在适用期内能良好地完成注胶作业。

6. 快固型植筋胶粘剂在锚孔深度大于 800 mm 的情况下使用时,厂家应提供气动或电动注胶器及全套配件,并派技术人员进行操作指导。

7. 当裂缝宽度 $\omega \geq 2.0$ mm 时,采用注浆料修补裂缝。

8. 当按本表所列试验方法标准测定胶液的垂流度(下垂度)时,其模具深度应改为 3 mm,且干燥箱内温度应调节到(25±2)℃。

3. 混凝土裂缝修补材料

(1) 混凝土及砌体裂缝修补用的注浆料进场时,应对其品验报告等进行检查;当有恢复截面整体性要求时,还应对其安全性能和工艺性能进行见证抽样复验,其复验结果应符合《混凝土结构加固设计规范》(GB 50367—2013)及表3-8的要求。

表 3-8　混凝土及砌体裂缝用注浆料工艺性能要求

检验项目	注浆料性能指标		试验方法标准
	改性环氧类	改性水泥基类	
密度/(g/cm³)	>1.0	—	GB/T 13354—1992
初始黏度/(mPa·s)	≤1500	—	GB 50550—2010 附录K

检验项目		注浆料性能指标		试验方法标准
		改性环氧类	改性水泥基类	
流动度（自流）	初始值/mm	—	≥380	GB/T 50448—2015
	30 min 保留率/%	—	≥90	
竖向膨胀率/%	3 h	—	≥0.10	GB/T 50448—2015 及 GB/T 50119—2013
	24 h 与 3 h 之差值	—	0.02～0.20	
23 ℃下 7 d 无约束线性收缩率/%		≤0.10	—	HG/T 2625—1994
泌水率/%		—	0	GB/T 50080—2016
25 ℃测定的可操作时间/min		≥60	≥90	GB/T 7123.1—2015
适合注浆的裂缝宽度 ω/mm		1.5<ω≤3.0	3.0<ω≤5.0 且符合产品说明书规定	—

（2）改性环氧类注浆料中不得含有挥发性溶剂和非反应性稀释剂；改性水泥基注浆料中氯离子含量不得大于胶凝材料质量的 0.05%，任何注浆料均不得对钢筋及金属锚固件和预埋件产生腐蚀作用。

4. 阻锈剂

（1）混凝土结构钢筋的防锈，宜采用喷涂型阻锈剂。承重构件应采用烷氧基类或氨基类喷涂型阻锈剂。

（2）喷涂型阻锈剂的质量应符合表 3-9 的规定。

表 3-9　喷涂型阻锈剂的质量

烷氧基类阻锈剂		氨基类阻锈剂	
检验项目	合格指标	检验项目	合格指标
外观	透明、琥珀色液体	外观	透明、微黄色液体
浓度	0.88 g/mL	密度（20 ℃时）	1.13 g/mL
pH 值	10～11	pH 值	10～12
黏度（20 ℃时）	0.95 mPa·s	黏度（20 ℃时）	0.25 mPa·s
烷氧基复合物含量	≥98.9%	氨基复合物含量	>15%
硅氧烷含量	≤0.3%	氯离子 Cl^- 含量	—
挥发性有机物含量	<400 g/L	挥发性有机物含量	<200 g/L

喷涂型阻锈剂的性能指标应符合表 3-10 的规定。

表 3-10 喷涂型阻锈剂的性能指标

检验项目	合格指标	检验方法标准
氯离子含量降低量	≥90%	JTJ 275—2000
盐水浸渍试验	无锈蚀,且电位为 0～−250 mV	YB/T 9231—2009
干湿冷热循环试验	60 次,无锈蚀	YB/T 9231—2009
电化学试验	电流应小于 150 μA,且破样检查无锈蚀	YBJ 222
现场锈蚀电流检测	喷涂 150 d 后现场测定的电流降低率≥80%	GB 50550—2010

注:对亲水性阻锈剂,宜在增喷附加涂层后测定其氯离子含量降低率。对掺加氯盐、使用除冰盐或海砂,以及受海水浸蚀的混凝土承重结构加固时,应采用喷涂型阻锈剂,并在构造上采取措施进行补救。对混凝土承重结构破损部位的修复,可在新浇的混凝土中使用掺入型阻锈剂;但不得使用以亚硝酸盐为主成分的阳极型阻锈剂。

5. 聚合物砂浆原材料

(1) 配制结构加固用聚合物砂浆(包括以复合砂浆命名的聚合物砂浆)的原材料,应按工程用量一次进场到位。聚合物原材料进场时,施工单位应会同监理单位对其品种、型号包装、中文标志、出厂日期、出厂检验合格报告等进行检查,同时还应对聚合物砂浆体的劈裂抗拉强度、抗折强度及聚合物砂浆与钢黏结的拉伸抗剪强度进行见证取样复验。其检查和复验结果必须符合《混凝土结构加固设计规范》(GB 50367—2013)的规定。

(2) 当采用镀锌钢丝绳(或钢绞线)作为聚合物砂浆外加层的配筋时,除应将保护层厚度增大 10 mm 并涂刷防碳化涂料外,还应在聚合物砂浆中掺入阻锈剂,但不得掺入以亚硝酸盐等为主成分的阻锈剂或含有氯化物的外加剂。

(3) 聚合物砂浆的用砂,应采用粒径不大于 2.5 mm 的石英砂配制的细度模数不小于 2.5 的中砂。其使用的技术条件,应按设计强度等级经试配确定。

6. 水泥基灌浆料

混凝土结构及砌体结构加固用的水泥基灌浆料进场时,应按下列规定进行检查和复验:①应检查灌浆料品种、型号、出厂日期、产品合格证及产品使用说明书的真实性。②应按表 3-11 规定的检验项目与合格指标,检查产品出厂检验合格报告,并见证取样复验其浆体流动度、抗压强度及其与混凝土正拉黏结强度等 3 个项目。若产品出厂报告中有漏检项目,也应在复验中予以补检。③若怀疑产品净重不足,应抽样复验。复验测定的净重不应少于产品合格证标示值的 99%。

表 3-11 结构加固用水泥基灌浆料安全性能及重要工艺性能要求

检验项目			龄期/d	技术指标	试验方法标准
重要工艺性能要求	最大骨料粒径/mm		—	≤4	JC/T 986—2018
	流动度	初始值/mm	—	≥300	GB/T 50448—2015
		30 min 保留率/%	—	≥90	
	竖向膨胀率/%	3 h	—	≥0.10	GB/T 50448—2015 及 GB/T 50119—2013
		24 h 与 3 h 之差	—	0.02～0.20	
	泌水率/%		—	0	GB/T 50448—2015

检验项目		龄期/d	技术指标	试验方法标准
浆体安全性能要求	抗压强度/MPa	7	≥40	JGJ 70—2009
		28	≥55	
	劈裂抗压强度/MPa	28	≥5.0	GB 50728—2011 附录 E
	抗折强度/MPa	28	≥10.0	GB 50728—2011 附录 S
	与 C30 混凝土正拉黏结强度/MPa	28	≥1.8,且为混凝土内聚破坏	GB 50728—2011 附录 G
	与热轧带肋钢筋黏结强度/MPa	≥12.0	≥12.0	DL/T 5150—2017
	对钢筋腐蚀作用	0(新拌浆料)	—	
	浆液中氯离子含量/%	0(新拌浆料)	不大于胶凝材料质量的 0.05	GB/T 8076—2008
				GB/T 8077—2023

注:表中各项目的性能检验,应以产品规定的最大用水量制作试样。

第二节　结构加固设备

一、高压灌浆机

高压灌浆机是各种建筑物与地下混凝土工程的裂缝、伸缩缝、施工缝、结构缝的化学灌浆堵漏、结构补强的专业施工机具,高压灌浆机堵漏免开槽,比手压泵压力大,可以背水面施工,效率高、质量好。

1. 特点

(1) 工作压力大:瞬间最高压力可达 10000 psi(700 kg/cm^2)(施工时最高工作压力为 500 kg,严禁超过 700 kg),流量为 0.74 L/min,可使化学浆进入 0.02 mm 以上发丝裂缝。

(2) 机械性能稳定:按规程操作,使用配套的注浆嘴,可保证、连续、高效、安全施工。

(3) 使用方便:体积小、重量轻,易于搬运、清洗、维修,只要有 220V 的电源接驳就可使用。

(4) 适用灌注材料多样:水溶性聚氨酯堵漏剂、油溶性聚氨酯堵漏剂、环氧树脂灌注料、丙烯酸树脂灌注料等无颗粒状、低黏度浆液。

注意,使用双组分灌浆液时,灌注前必须掌握好材料固化时间,防止浆液在机器内固化,否则灌浆部件将因不能清洗而报废。

(5) 一机多用:堵漏注浆、软地基固结注浆、结构体于干裂缝补强注浆。

2. 使用说明

(1) 使用守则。

① 正确接电:需使用 220 V 交流电,不可使用 380 V 交流电。

② 各部件保持正常:a.机具各部件螺丝务必锁紧,电钻必须完全插入固定座内,不得松动;b.高压管与机身主体及高压灌注机身连接处必须缠绕生料带后拧紧,防止漏浆;c.压力表需反应正常。施工时,如表针不能正常升降,需更换新表后施工。

③ 禁止事项:a.注浆时,严禁以点击方式开关电源;严禁在超过 200 kg 压力情况下二次启动;严禁在超过 700 kg 压力情况下继续注浆施工;连续注浆不宜超过 4 h,防止机器过热造成部件磨损。b.严禁灌注有颗粒成分的浆液,如树脂砂浆、水泥砂浆、无收缩水泥等。c.禁止用没有黏度的液体,如(水)测试工作压力;

注意,违反以上禁止事项操作,可能造成齿轮转动系统负载过大,发生部件断裂、高压管爆裂。

(2) 机具清洗。

停止注浆超过 30 min 或施工结束时应及时清洗机器,清洗时可用专用清洗剂。

清洗方法:先将置料桶和高压管内浆液全部泵回容器内,在置料桶内倒入 300 CC 清洗剂顶出高压管中的浆液。顶出全部浆液后,再倒入 300 CC 清洗剂,将灌注枪放入置料桶内循环清洗,清洗 2～3 min 后将清洗剂泵入容器内,再倒入适量机油循环,以保养润滑。

(3) 故障排除。

① 如机器无压力或不出浆时,先检查高压灌注枪前端牛油头内的密封垫是否变形。如已变形,需换新的密封垫(因机器工作压力大,密封垫需经常更换)。

② 牛油头内密封垫如没有问题,检查高压管与压力表下面的三通连接端口是否有污物。

③ 上面两项检查结束后,若机械仍无压力或不出浆,将压力表下的三通拧下,如清理干净,即可将泵浦内的弹簧和钢珠取出清洗,同时清洗泵浦腔内污物。

④ 各部件连接处如有漏浆,请用生料带缠紧后重新锁紧连接按顺序装回即可。

⑤ 置料桶下机器主体活塞处主轴与主轴螺帽内有铁氟龙垫圈,用于防漏,调整主轴即可止漏。

3. 施工工艺

(1) 前期施工步骤要求。

① 寻找裂缝:对于潮湿基层,先清扫明水,待基层全部清理干净、表面稍干时,仔细寻找裂缝,并清洗漏水裂缝处的污迹或结晶污垢,用色笔或粉笔沿裂缝做好标记;对于干燥基层,清理后可用气泵或吹风机吹除表面灰尘。

② 钻孔:按混凝土结构厚度,在距离裂缝约 150～350 mm 处,沿裂缝方向两侧交叉钻孔,应按现场实际情况而定,以两孔注浆后浆液在裂缝处能交汇为原则,一般刚开始时孔距应为 200 mm。孔与裂缝断面应成 45°～60°交叉,并交叉在底板的 1/3 范围内。

③ 埋设注浆嘴:注浆嘴为配套部件,是将浆液注入裂缝内的连接件。埋设时将橡胶部分塞入已钻出的孔内,用工具紧固,并尽可能使注浆嘴的橡胶部分及孔壁干燥,否则在紧固时容易引起打滑。

(2) 前期施工应注意的问题。

① 在寻找裂缝时,首先应对裂缝进行分析,并按裂缝不同宽度、长度分别取芯,摸清裂缝深度的发展规律,合理安排钻孔位置。如非贯穿裂缝且深度较浅,可不用取芯。

② 寻找裂缝是一项烦琐、细致的工作,如表面不易干燥,可以用喷灯烘干,裂缝处因

含水,可立即发现,能提高工作效率。每一施工区块必须确保无遗漏。

（3）灌注浆液。

① 灌注浆液应从第一格注浆嘴开始(结构立面由下往上灌注),当浆液从裂缝处冒出时应立即停止,移入第二格继续灌注,依次进行。在灌注过程中,如果浆液已满至相邻注浆嘴位置,则相邻注浆嘴可以跳过不注;如注浆后发现裂缝两端仍有裂缝延伸,或有裂缝与其交叉,应该在该位置补孔,重新注浆。这样,整条裂缝的第一次注浆才算结束。

② 为使裂缝完全灌满浆液,应进行二次注浆。第二次灌注应与第一次间隔一段时间,但必须在浆液凝固前完成。如二次灌注后,浆液仍未灌满,应在该位置重新钻孔注浆。

（4）注浆时应注意的事项。

① 当一格注浆嘴在灌注一小段时间(约 5 min)后,浆液仍未从裂缝内冒出,应停止灌注,间隔一段时间进行,如未灌满,应检查钻孔是否与裂缝交叉、底板是否因有孔洞造成跑浆等情况,等查明原因后再进行。

② 灌注时应严密注视灌注机的工作压力表,如超过额定压力(500 kg 以上),应停止注浆,待压力表回零后再继续注浆。如压力仍居高不下,应重新钻孔。

③ 堵塞注浆时,如裂缝和钻孔内没有水,待浆液灌注完成后,应从原注浆嘴向裂缝处补注清水(冬季或环境温度较低时应补注 30 ℃ 以上的清水)。

④ 聚氨酯堵漏剂是遇水膨胀的材料,工作时应穿戴好防护器具如手套、护目镜,如不慎溅入眼睛,应立即送往医院。

（5）表面清理及设备维护。

① 待浆液凝固后,应及时清理干净施工面固化浆液,清除注浆嘴后用水不漏抹平。

② 高压灌浆机连续使用最多不超过 4 h,如中途停止工作超过 30 min,应及时清洗机械,清洗结束后加注润滑油,高压灌浆机使用前应经常检查(齿轮箱应定期加注黄油),发现异常,立即予以检修,以防施工时发生故障。

二、等离子弧切割机

等离子弧切割机是借助等离子弧切割技术对金属材料进行加工的机械。等离子弧切割是利用高温等离子电弧的热量使工件切口处的金属部分或局部熔化(或蒸发),并借高速等离子的动量排除熔融金属以形成切口的一种加工方法。

1. 特点及适用情况

（1）等离子弧切割机速度快、精度高,尤其在切割普通碳素钢薄板时,速度可达氧切割法的 5～6 倍,切割面光洁、热变形小、几乎没有热影响区,切割时切口整齐、无掉渣现象。

（2）从水蒸气中获取等离子安全、简便、有效。对0.3 mm 以上厚度的金属进行热加工处理(切割、熔焊、钎焊、淬火、喷涂等)在金属加工工业史上属首创。

（3）经济实用。等离子弧切割机不需要压气机、变压器、气瓶等辅助器材,相对轻便,并配有焊工的单肩包,方便携带。

（4）适用于低碳钢板、铜板、铁板、铝板、镀锌板、钛金板等金属板材。

2. 操作规程

（1）使用前及切割时应注意以下事项。

①应检查并确认电源、气源、水源无漏电、漏气、漏水,接地或接零安全可靠。②小车、工件应放在适当位置,并应使工件和切割电路正极接通,切割工作面下应设熔渣坑。③应根据工件材质、种类和厚度选定喷嘴孔径,调整切割电源、气体流量和电极的内缩量。④自动切割小车应先经空车运转,并选定切割速度。⑤操作人员必须戴好防护面罩、电焊手套、帽子、滤膜防尘口罩和隔音耳罩。不戴防护镜的人员严禁直接观察等离子弧,裸露的皮肤严禁接近等离子弧。⑥切割时,操作人员应站在上风处操作。可从工作台下部抽风,并应缩小操作台上的敞开面积。⑦切割时,当空载电压过高时,应检查电器接地、接零和割炬手把绝缘情况,应将工作台与地面绝缘,或在电气控制系统上安装空载断路断电器。⑧高频发生器应设有屏蔽护罩,用高频引弧后,应立即切断高频电路。

(2) 切割操作及配合人员防护。

①现场使用的等离子弧切割机,应设有防雨、防潮、防晒的机棚,并应装设相应的消防器材。②高空切割时,必须系好安全带,切割周围和下方应采取防火措施,并应有专人监护。③当需切割受压容器、密封容器、油桶、管道、沾有可燃气体或溶液的工件时,应先消除容器及管道内压力,消除可燃气体和溶液,然后冲洗有毒、有害、易燃物质;对存有残余油脂的容器,应先用蒸汽、碱水冲洗,并打开盖口,确认容器清洗干净后,再灌满清水,方可进行切割。在容器内切割应采取防止触电、中毒和窒息的措施。切割密封容器应留出气孔,必要时在进、出气口处装通风设备;容器内照明电压不得超过 12 V,焊工与工件间应绝缘;容器外应设专人监护。严禁在已喷涂油漆和塑料的容器内切割。④严禁对承压状态的压力容器及管道、带电设备、承载结构的受力部位和装有易燃、易爆物品的容器进行切割。⑤雨天不得露天切割。在潮湿地带作业时,操作人员应站在铺有绝缘物品的地方,并应穿绝缘鞋。⑥作业后,应切断电源,关闭气源和水源。

3.操作程序

(1) 手动非接触式切割。

①将割炬滚轮接触工件,喷嘴与工件平面之间的距离调整至 3~5 mm。主机切割时将"切厚选择"开关置于高档。②开启割炬开关,引燃等离子弧,切透工件后,向切割方向匀速移动,以切穿为前提,切割速度宜快不宜慢。太慢将影响切口质量,甚至断弧。③切割完毕,关闭割炬开关,等离子弧熄灭,压缩空气延时喷出,以冷却割炬。数秒钟后,自动停止喷出。移开割炬,完成切割全过程。

(2) 手动接触式切割。

①将"切厚选择"开关置于低档,单机切割较薄板时使用。②将割炬喷嘴置于工件被切割起始点,开启割炬开关,引燃等离子弧,并切穿工件,然后沿切缝方向匀速移动即可。③切割完毕,关闭割炬开关,此时,压缩空气仍在喷出,数秒钟后,自动停喷。移开割炬,完成切割全过程。

(3) 自动切割。

自动切割主要适用于切割较厚的工件。

①选定"切厚选择"开关位置。②把割炬滚轮卸去后,割炬与半自动切割机连接坚固,随机附件中备有连接件。③连接好半自动切割机电源,根据工件形状,安装好导轨或半径杆(若为直线切割,用导轨;若切割圆或圆弧,则应该选择半径杆)。④将割炬开关插头拨下,换上遥控开关插头(随机附件中备有)。⑤根据工件厚度,调整合适的行走速度。

并将半自动切割机上的"倒""顺"开关置于切割方向。⑥将喷嘴与工件之间的距离调整至 3~8 mm,并将喷嘴中心位置调整至工件切缝的起始条上。⑦开启遥控开关,切穿工件后,开启半自动切割机电源开关,即可进行切割。在切割的初始阶段,应随时注意切缝情况,调整至合适的切割速度。并随时注意两机工作是否正常。⑧切割完毕,关闭遥控开关及半自动切割机电源开关。至此,完成切割全过程。

（4）手动割圆。

根据工件材质及厚度,选择单机或并机切割方式,并选择对应的切割方法,把随机附件中的横杆在割炬保持架上的螺孔中拧紧,若一根长度不够,可逐根连接至所需半径长度并紧固,然后,根据工件半径长度,调节顶尖至割炬喷嘴之间的距离(必须考虑割缝宽度的因素)。调好后,拧紧顶尖紧固螺钉,以防松动,放松保持架紧固滚花螺钉。至此,即可对工件进行割圆工作。

4. 切割规范

（1）空载电压和弧柱电压。

等离子弧切割电源必须具有足够高的空载电压,才能容易引弧和使等离子弧稳定燃烧。空载电压一般为 120~600 V,而弧柱电压一般为空载电压的一半。提高弧柱电压,能明显增加等离子弧的功率,因而能提高切割速度,切割更大厚度的金属板材。弧柱电压往往通过调节气体流量和加大电极内缩量来达到,但弧柱电压不能超过空载电压的65%,否则会使等离子弧不稳定。

（2）切割电流。

增加切割电流同样能提高等离子弧的功率,但应基于最大允许电流的限制,否则会使等离子弧柱变粗、割缝宽度增加、电极寿命缩短。

（3）气体流量。

增加气体流量既能提高弧柱电压,又能增强对弧柱的压缩作用而使等离子弧能量更加集中、喷射力更强,因而可提高切割速度和质量。但气体流量过大,反而会使弧柱变短,损失热量增加,使切割能力减弱,甚至导致切割过程不能正常进行。

（4）电极内缩量。

电极内缩量是电极到割嘴端面的距离,合适的距离可以使电弧在割嘴内得到良好的压缩,获得能量集中、温度高的等离子弧,从而进行有效的切割。距离过大或过小,均会使电极严重烧损、割嘴烧坏,削弱切割能力。内缩量一般取 8~11 mm。

（5）割嘴高度。

割嘴高度是割嘴端面至被割工件表面的距离。该距离一般为 4~10 mm。它与电极内缩量一样,距离合适才能充分发挥等离子弧的切割效率,否则会使切割效率和切割质量下降或使割嘴烧坏。

（6）切割速度。

以上各种因素直接影响等离子弧的压缩效应,也就是影响等离子弧的温度和能量密度,而等离子弧的温度、能量决定切割速度,所以以上各参数均与切割速度有关。在保证切割质量的前提下,应尽可能地提高切割速度。这不仅可以提高生产率,而且能减少被割零件的变形量和切缝区的热影响区域。若切割速度不理想,其效果相反,而且会使熔渣增加,切割质量下降。

5.保养

（1）正确装配割炬。

正确、仔细地安装割炬，确保所有零件配合良好，确保气体及冷却气流通。安装时将所有的部件放在干净的绒布上，避免脏物粘到部件上。在 O 形环上加适量的润滑油，以 O 形环变亮为准，不可多加。

（2）在消耗件完全损坏前及时更换。

不要等到消耗件完全损坏后再更换，因为严重磨损的电极、喷咀和涡流环将产生不可控制的等离子弧，极易造成割炬的严重损坏。所以当第一次发现切割质量下降时，就应该及时检查消耗件。

（3）清洗割炬的连接螺纹。

在更换消耗件或进行日常检查和维修时，一定要保证割炬内、外螺纹清洁，如有必要，应清洗或修复连接螺纹。

（4）清洗电极和喷咀的接触面。

在很多割炬中，喷咀和电极的接触面是带电的接触面，如果这些接触面有脏物，割炬则不能正常工作，应使用过氧化氢类清洗剂清洗。

（5）每天检查气体和冷却气。

每天检查气体和冷却气流的流动情况和压力，如果发现流动不充分或有泄漏，应立即停机排除故障。

（6）避免割炬碰撞损坏。

为了避免割炬碰撞损坏，应该编程以避免系统超限行走，安装防撞装置能有效避免碰撞时割炬的损坏。

（7）最常见的割炬损坏原因。

①割炬碰撞。②由于消耗件损坏造成破坏性的等离子弧。③脏物引起的破坏性等离子弧。④松动的零部件引起的破坏性等离子弧。

（8）注意事项。

①不要在割炬上涂油脂。②不要过度使用 O 形环的润滑油。③在保护套还留在割炬上时不要喷防溅化学剂。④不要将手动割炬当榔头使用。

6.故障现象、原因及排除方法

等离子弧切割机故障现象、原因及排除方法见表 3-12。

表 3-12　等离子弧切割机故障现象、原因及排除方法

故障现象	故障原因	排除方法
合上电源开关，电源指示灯不亮	供电电源开关中熔断器断开	更换
	电源箱后熔断器断开	检查更换
	控制变压器损坏	更换
	电源开关损坏	更换
	指示灯损坏	更换

故障现象	故障原因	排除方法
不能预调切割气体压力	气源未接上或气源无气	接通气源
	电源开关不在"通"位置	扳动
	减压阀损坏	修复或更换
	电磁阀接线不良	检查接线
	电磁阀损坏	更换
工作时按下割炬按钮后无气流	管路泄漏	修复泄漏部分
	电磁阀损坏	更换
导电嘴接触工件后按动割炬按钮，工作指示灯亮但未引弧切割	KT1损坏	更换
	高频变压器损坏	检查或更换
	火花棒表面氧化或间隙距离不当	打磨或调整
	高频电容器C7短路	更换
	气压太高	调低
	导电嘴损耗过短	更换
	整流桥整流元件开路或短路	检查更换
	割炬电缆接触不良或短路	修理或更换
	工件地线未接至工件	接至工件
	工件表面有厚漆层或厚污垢	清除使之导电
导电嘴接触工件后按下割炬按钮，切割指示灯不亮	热控开关损坏	待冷却或再工作
	割炬按钮开关损坏	更换
高频启动后控制熔断熔丝断	高频变压器损坏	检查更换
	控制变压器损坏	检查更换
	接触器线圈短路	更换
总电源开关熔丝断	整流元件短路	检查并更换
	主变压器故障	检查更换
	接触器线圈短路	检查更换

三、混凝土静力切割机

混凝土静力切割靠金刚石工具(绳、锯片、钻头)在高速运动的作用下，按指定位置对钢筋和混凝土进行磨削切割，从而将钢筋混凝土一分为二，这是世界上较为先进的无振动、无损伤切割拆除工法。混凝土静力切割拆除是将钢筋混凝土静力切割工法和吊装设备(吊车、卷扬机等)有机地结合起来完成拆除任务的方法。

1. 金刚石绳锯机

(1) 适用范围：桥梁切割拆除、码头切割拆除、大型基础切割拆除、水库大坝切割、结构柱切割等。

(2) 施工特点：可以进行任何方向的切割，切割不受被切割体大小、形状、切割深度的限制，广泛应用于大型钢筋混凝土构件的切割。

2. 金刚石圆盘锯

(1) 适用范围：安装不同规格的锯片可以完成 800 mm 以内厚度的钢筋混凝土切割。常切割钢筋混凝土构件有楼板、剪力墙、桥梁翼缘板、防撞护栏。

(2) 施工特点：金刚石圆盘锯（液压墙锯）的显著特点是施工截面整齐，切割速度快。

3. 金刚石薄壁钻（水钻）

(1) 适用范围：安装不同直径的钻头，可以实现钻 $\phi(32\sim500)$ 的单孔钻孔，钻孔深度可以达到 20 多延米。也可以对钢筋混凝土进行排孔切割，排孔切割时常用的钻头规格为 $\phi100$。

(2) 施工特点：适合切割基础底板、混凝土楼板、混凝土梁、剪力墙、砖墙等构件。

四、电焊机

1. 优缺点

(1) 优点：电焊机使用电能，将电能瞬间转换为热能。电焊机适合在干燥的环境下工作，因体积小巧、操作简单、使用方便、速度较快、焊接后焊缝结实等优点广泛用于各个领域，对要求强度很高的制件适用，可以瞬间将同种金属材料（也可将异种金属连接，只是焊接方法不同）永久性地连接，焊缝经热处理后，与母材具有同等强度，密封性很好，为气体和液体储存容器的制造解决了密封性和强度的问题。

(2) 缺点：在使用的过程中焊机的周围会产生一定的磁场，电弧燃烧时会向周围产生辐射，弧光中有红外线、紫外线等光种，还有金属蒸汽和烟尘等有害物质，所以操作时必须做好防护。焊接不适合于高碳钢的焊接，焊接焊缝金属结晶和偏析及氧化等过程，对于高碳钢来说焊接性能不良，焊后容易开裂，产生热裂纹和冷裂纹。低碳钢有良好的焊接性能，但过程中也要操作得当，除锈清洁方面较为烦琐，有时焊缝会出现夹渣、裂纹、气孔、咬边等缺陷，但操作得当会减少缺陷的产生。

2. 操作规程

(1) 焊接前的准备。

①电焊机应平稳放置在通风干燥处。②检查焊接面罩，其应无漏光、破损。焊接人员和辅助人员均应穿戴好劳保用品。③电焊机焊钳、电源线以及各接头部位要连接可靠、绝缘良好。不允许接线处发生过热现象，电源接线端头不得外露，应用电胶布包好。④电焊机与焊钳间导线长度不得超过 30 m，特殊情况下不得超过 50 m，导线有受潮、断股现象时应立即更换。⑤电焊线通过道路时，必须架高或穿入防护管内埋入地下，通过轨道时必须从轨道下面通过。⑥交流焊机初级、次级接线应准确无误，输入电流应符合设备要求。严禁接触初级线路带电部分。⑦次级抽头联结铜板必须压紧，接线柱应有线

圈。合闸前详细检查接点螺栓及其他元件,应无松动或损坏。

(2)焊接中的注意事项。

①应根据工作的技术条件,选择合理的焊接工艺,不允许超负载使用,不准采用大电流施焊,不准用电焊机进行金属切割作业。②在载荷施焊中焊机温升不应超过 A 级 60 ℃、B 级 80 ℃,否则应停机降温后再进行施焊。③电焊机工作场合应保持干燥,通风良好。移动电焊机时,应切断电源,不得用拖拉电源的方法移动电焊机。如焊接中突然停电,应切断电源。④在焊接中,不允许调节电流。必须在停焊时,使用调节手柄调节,不得过快、过猛,以免损坏调节器。⑤禁止在起重机运行工件下面进行焊接作业。⑥如在有起重机钢丝绳区域内施焊时,应注意不得使焊机地线误碰触吊运的钢丝绳,以免产生火花,导致事故。⑦若必须在潮湿区施工时,焊工必须站在绝缘的木板上工作,不准触摸焊机导线,不准用臂夹持带电焊钳。

(3)焊接后的注意事项。

①完成焊接作业后,应立即切断电源,关闭焊机开关,分别整理好焊钳电源和地线,以免合闸时造成短路。②焊接时如发现自动停点装置失效,应立即停机,断电检修。③清除焊缝焊渣时,要戴上眼镜。注意头部避开焊渣飞溅的方向,以免造成伤害。不能对着在场人员敲打焊渣。④完成露天作业后应将焊机遮盖好,以免雨淋。⑤不进行焊接(移动、修理、调整、工作间歇休息)时,应切断电源,以免发生事故。⑥每月检查一次电焊机是否接地可靠。电焊机辅助器具包括防止操作人员被焊接电弧或其他焊接能源产生的紫外线、红外线或其他射线伤害眼睛的气焊眼镜,焊接时保护焊工眼睛、面部和颈部的面罩,白色工作服,焊工手套和护脚等。

五、台式钻床

台式钻床简称台钻,是指可安放在作业台上,主轴竖直布置的小型钻床。台式钻床钻孔直径一般在 13 mm 以下,一般不超过 25 mm。其主轴变速一般通过改变三角带在塔形带轮上的位置来实现,主轴进给靠手动操作。

台式钻床安全操作规程如下。

(1)工作前必须穿好工作服,扎好袖口,不准戴围巾、手套,长发发辫应挽在帽子内。

(2)要检查设备上的防护、保险、信号装置。机械传动部分、电气部分要有可靠的防护装置。工、卡具须完好,否则不准开动。

(3)钻床的平台要紧固,工件要夹紧。钻小件时,应用专用工具夹持,防止被加工件带起旋转,不准用手拿着或按着钻孔。

(4)手动进刀一般按逐渐增压和减压的原则进行,以免用力过猛造成事故。

(5)调整钻床速度、行程、装夹工具和工件,以及擦拭钻床时要停车进行。

(6)钻床开动后,不准接触运动中的工件、刀具和传动部分。禁止隔着机床转动部分传递或拿取工具等物品。

(7)钻头上绕有长屑时,要停车清除,禁止用口吹、用手拉,应使用刷子或铁钩清除。

(8)凡两人或两人以上在同一台钻床工作时,必须有一人负责安全,防止发生事故。

(9)发现异常情况应立即停车,请有关人员进行检查。

(10)钻床运转时,不准离开工作岗位,因故离开时必须停车并切断电源。

（11）工作完后，关闭钻床总闸，擦净钻床，清扫工作地点。

（12）使用前要检查钻床各部件是否正常。

（13）钻头与工件必须装夹紧固，不能用手握住工件，以免钻头旋转造成伤人事故以及设备损坏事故。

（14）集中精力操作，锁紧摇臂和拖板后方可工作，装卸钻头时不可用手锤和其他工具物件敲打，也不可借助主轴上下往返撞击钻头，应用专用钥匙和扳手来装卸，钻夹头不得夹锥形柄钻头。

（15）钻薄板时需加垫木板，钻头快要钻透工件时，要轻施压力，以免折断钻头、损坏设备或发生意外事故。

（16）在钻头运转时，禁止用棉纱和毛巾擦拭钻床及清除铁屑。工作后钻床必须擦拭干净，切断电源，零件堆放及工作场地保持整齐、整洁，认真做好交接班工作。

六、角磨机

角磨机又称研磨机或盘磨机，是一种利用玻璃钢切削和打磨的手提式电动工具。

1. 用途

角磨机主要用于切割、研磨及刷磨金属与石材等。安装上砂轮片就是一台小型手提砂轮切割机，可切削打磨小型的金属部件，金属加工如制作不锈钢防盗窗、灯箱都少不了它。加工、安装石材时也必不可少，可安装云石切割片、抛光片、羊毛轮等进行切割、打磨、抛光。

2. 操作规程

（1）戴防护眼罩。

（2）打开开关之后，要等待 3～5 min，砂轮转动稳定后才能工作。

（3）长头发职工一定要先把头发扎起。

（4）切割方向不能向着人。

（5）连续工作半小时后要停机 15 min。

（6）不能用手抓住小零件使用角磨机进行加工。

（7）工作完成后自觉清洁工作环境。

3. 注意事项

不同品牌和型号的角磨机各有不同，在操作前务必查看说明书。需要说明的是，角磨机是设计用来打磨的，锯、割功能不是设计师的初衷。因为角磨机转速高，使用锯片、切割片时不能用力加压，不能切割厚度超过 20 mm 的硬质材料，否则一旦卡死，会造成锯片、切割片碎裂飞溅，或者机器弹开失控，轻则损坏物品，重则伤人。应选择 40 齿以上的优质锯片，并保持双手操作，做好防护措施。

七、高压风机

1. 用途

高压风机已经普遍应用于环保水处理，如对污水曝气，用以满足活性污泥中的好氧微生物所需的氧量以及污水与活性污泥充分接触混合的条件，从而降解水中的各类有机质,达到污水净化的目的。此外,在电镀槽液搅拌、水产养殖,还有印刷行业的折页机、压痕机、切纸机等机械中也可应用。

2. 特点

(1)具有吹、吸双功能,一机两用。

(2)少油或无油运转,输出的空气是干净的。

(3)相对于离心风机和中压风机来说,其压力高很多,往往是离心风机的十几倍以上。

(4)如果泵体是整体压铸,并且使用了防震安装脚座,那么它对安装基础的要求很低,甚至不用固定脚座即可正常运转,非常方便,也节省安装费用和缩短安装周期。

(5)相对同类风机,其运转的噪声较低。

(6)它的损耗件仅仅是两个轴承,在质保期之内,一般不需要维护。

(7)高压风机的机械磨损非常微小,因为除了轴承之外,没有其他的机械接触部分,所以使用寿命非常长,只要处于正常的使用条件下,使用 3~5 年是完全没有问题的。

八、电锤

1. 用途

电锤是电钻中的一类,主要用来在混凝土、楼板、砖墙和石材上钻孔。多功能电锤除用于在墙面、混凝土、石材上面进行打孔,调节到适当位置并配上适当钻头可以代替普通电钻、电镐。由于电锤的钻头在转动的同时还进行沿着电钻杆方向的快速往复运动(频繁冲击),所以可以在脆性大的水泥混凝土及石材等材料上快速打孔。高档电锤可以利用转换开关使电锤的钻头处于不同的工作状态(只转动不冲击、只冲击不转动、既冲击又转动)。

2. 特点

(1)良好的减震系统。可以使操作人员握持舒适,缓解疲劳,通过振动控制系统来实现;通过软胶把手增加握持舒适度。

(2)精准的调速开关。轻触开关时转速较低,可以帮助机器平稳起钻,例如在瓷砖等平滑的表面上起钻,不仅可以防止钻头打滑,也可以防止钻孔破裂。正常工作时可使用高速以提高工作效率。

(3)稳定、可靠的安全离合器。又称转矩限制离合器,避免在使用过程中将因钻头的卡滞而产生的大转矩反作用力传递给用户,这是对使用者的一种安全保护。这一特点还可防止齿轮装置和电机停止转动。

(4)全面的电机防护装置。在使用中不可避免会有颗粒状的硬物进入机器(尤其是对机器向上作业钻孔,如对墙顶钻孔),如果电机没有一定的防护,在高速旋转中极易被硬物碰断或刮伤漆包线,最终导致电机失效。

(5)正、反转功能。可使电锤应用范围更广,主要是通过开关或调整碳刷位置来实现的,通常均通过调整碳刷位置(旋转刷架)来实现,优点是操作方便,有效地抑制火花以保护换向器,延长电机使用寿命。

3. 优缺点

(1)优点:效率高,孔径大,钻进深度长。

(2)缺点:震动大,对周边构筑物有一定程度的破坏作用;对于混凝土结构内的钢筋,无法顺利穿过;由于工作范围要求,不能过于贴近建筑物。

4. 安全操作

(1)作业前的注意事项:①确认现场所接电源与电锤铭牌是否相符、是否接有漏电保护器。②钻头与夹持器应适配,并妥善安装。③钻凿墙壁、天花板、地板时,应先确认有无埋设电缆或管道等。④在高处作业时,要充分注意下方的物体和行人安全,必要时设警示标志。⑤确认电锤开关是否切断,若电源开关接通,则插头插入电源插座时电动工具将出其不意地立刻转动,从而可能导致人员伤害。⑥如作业场所在远离电源的地点,需延伸线缆时,应使用容量足够、安装合格的延伸线缆。延伸线缆如通过人行过道,应架高或做好防止线缆被碾压损坏的措施。

(2)使用电锤时的个人防护:①操作者要戴好防护眼镜,当面部朝上作业时,要戴上防护面罩。②长期作业时要塞好耳塞,以减轻噪声的影响。③长期作业后钻头处在灼热状态,在更换钻头时应注意防止灼伤皮肤。④作业时应使用侧柄,双手操作,防止堵转时反作用力扭伤胳膊。⑤站在梯子上工作或高处作业应做好防护措施,梯子应有地面人员扶持。

5. 使用注意事项

(1)作业前的检查应符合下列要求:①外壳、手柄不出现破损;②电缆软线及插头等完好无损,开关动作正常,保护接零连接正确、牢固可靠;③各种防护罩齐全牢固,电气保护装置可靠。

(2)机具启动后,应空载运转,应检查并确认机具联动灵活无阻。作业时,加力应平稳,不得用力过猛。

(3)作业时应掌握电钻或电锤手柄,打孔时先将钻头抵在异型铆钉工作表面,然后开动,要用力适度,避免晃动;转速如急剧下降,应减少用力,阻止电机过载,严禁用木棒加压。

(4)钻孔时,应注意避开混凝土中的钢筋。

(5)电锤为 40% 断续工作制,不得长时间连续使用。

(6)作业孔径在 25 mm 以上时,应有稳固的作业平台,周围应设护栏。

(7)严禁超载使用。作业中应注意声响及温升,发现异常应立即停机检查。在作业时间过长、机具温升超过 60 ℃时,应停机,自然冷却后再行作业。

(8)机具转动时,不得撒手不管。

(9)作业中,不得用手触摸电锤电锯刃具、模具和砂轮,发现其有磨钝、破损情况时,应立即停机修整或更换,然后再继续进行作业。

九、搅拌机

1. 混凝土搅拌机的种类

(1)自落式搅拌机:结构简单,一般以搅拌塑性混凝土为主。

（2）强制式搅拌机：主要适用于搅拌干硬性混凝土。

（3）连续式混凝土搅拌机：搅拌时间短、生产率高，其发展前景好。

2. 搅拌质量

为了确保混凝土的搅拌质量，要求混凝土混合料搅拌均匀、搅拌时间短、卸料快、残留量少、耗能低和污染少。影响混凝土搅拌机搅拌质量的主要因素：搅拌机的结构形式、搅拌机的加料容量与搅拌筒几何容积的比率、混合料的加料程序和加料位置、搅拌叶片的配置和排列的几何角度、搅拌速度、叶片衬板的磨损状况等。

3. 操作规程

（1）搅拌前应空车试运转。

（2）根据搅拌时间调整时间继电器定时，注意在断电情况下调整。

（3）用水湿润搅拌筒、叶片及场地。

（4）搅拌过程中如发生电器或机械故障，应卸出部分拌合料，减轻负荷，排除故障后再开车运转。

（5）操作使用时，应经常检查，防止发生触电和机械伤人等安全事故。

（6）试验完毕后，关闭电源，清理搅拌筒及场地，打扫卫生。

4. 注意事项

（1）操作注意事项：①混凝土搅拌机应设置在平坦的位置，用方木垫起前后轮轴，使轮胎搁高架空，以免使用时发生走动。②混凝土搅拌机应实施二级漏电保护，上班前接通电源后，必须仔细检查，经空车试转认为合格，方可使用。试运转时应检验搅拌筒转速是否合适，一般情况下，空车速度比重车装料后稍快2～3转，如相差较多，应调整主动轮与传动轮的比例。③搅拌筒的旋转主向应符合箭头指示方向，如不符合，应更正电机接线。④检查传动离合器和制动器是否灵活可靠，钢丝绳有无损坏，轨道滑轮是否良好，周围有无障碍及各部位的润滑情况等。⑤开机后，经常检查混凝土搅拌机各部件的运转是否正常。停机时，经常检查混凝土搅拌机叶片是否打弯，螺丝是否打落或松动。⑥当混凝土搅拌完毕或预计停歇1 h以上，除将余料除净外，还应将石子和清水倒入搅拌筒开机转动，把粘在搅拌筒上的砂浆冲洗干净后全部卸出。搅拌筒内不得有积水，以免搅拌筒和叶片生锈。同时还应清理搅拌筒外积灰，使机械保持清洁。⑦下班后及停机不用时，应拉闸断电，并锁好开关箱，以确保安全。

（2）清洗注意事项：①定期进行保养规程所规定项目的维护、保养作业，如清洗、润滑、加油等。②开动前要先检查各控制器是否良好，停工后将水和石子倒入搅拌筒内转动10～15 min进行清洗，再将水和石子清出。操作人员如需进入搅拌筒内清洗时，除切断电源和卸下熔断器外，必须锁好开关箱。③禁止用大锤敲打的方法清除积存在搅拌筒内的混凝土，只能用凿子清除。④在严寒季节，工作完毕后应用水清洗搅拌筒并将水泵、水箱、水管内积水放净，以免水泵、水箱、水管等冻坏。

5. 操作步骤

（1）将立柱上的功能切换开关拨到"自动"位置，按下控制器上的启动开关，整个运行程序将自动控制运行。

（2）全过程运行完毕后自动停止,在运行工程中如需中途停机,可按下停止按钮然后重新启动。

（3）按下启动按钮后,显示屏即开始显示时间,慢速、加砂、快速、停止、快速、运行指示灯按时闪亮。

（4）自动控制时,必须把手动功能的开关全部拨到停止的位置。

今日学习: _____

今日反省: _____

改进方法: _____

每日心态管理:以下每项做到评 10 分,未做到评 0 分。

爱国守法 _____分　做事认真 _____分　勤奋好学 _____分　体育锻炼 _____分

爱与奉献 _____分　克服懒惰 _____分　气质形象 _____分　人格魅力 _____分

乐观 _____分　自信 _____分

　　　　得分 _____分　　　　　　　　签名: _____

第4章 混凝土结构加固技术

 本章教学目标

● **重点知识目标**

1. 掌握工程建设领域检测与加固的有关专业术语和基本知识。

2. 了解铁路桥梁、隧道有关材料、构配件性能和检测(鉴定)方法。

3. 掌握结构加固技术的原理、施工工艺、施工方法的要点。

4. 掌握混凝土结构检测及混凝土结构裂缝的相关知识。

● **能力目标**

1. 掌握不同加固方法的原理、适用范围、优缺点。

2. 能够根据具体工程情况选择合适的加固方法。

3. 理解并能够执行各种加固方法的施工工艺流程。

4. 能够进行施工质量检验,确保加固效果达到设计要求。

5. 能够处理施工过程中可能出现的问题,如环境温度控制、材料选择、施工质量控制等。

6. 能够进行加固后的结构性能评估,确保加固后的结构安全可靠。

● **意识形态(素质培养)目标**

1. 教师理论教学和"现代学徒制"教学过程中要融入意识形态等素质教育,培养学生的社会责任感,让他们养成吃苦耐劳、乐于奉献的精神。

2. 通过学徒制教育,培养学生的动手能力和科研创新能力,发掘学生潜意识的自我思考和解决问题的能力。

3. 教师在"现代学徒制"教学和理论教学过程中采用校企角色互换和随机分组"双元制"教学方法,突出学生的主体地位,培养学生独立自主、团结合作的团队意识。

4. 通过学徒和实践教育,能够完成相关材料、结构检测,查阅资料,合理正确使用标准、规范的技能。

5. 在授课过程中结合专业内容、知识点、"现代学徒制"教学项目特点,将意识形态和素质教育的内容融合在教学环节中。

● **教学组织**

本课程教学组织分为理论教学部分和"现代学徒制"教学两部分,理论教学与学徒制教学课时比例为1:3,教学过程相互穿插,场景互换,充分依托校企合作、产教对接的方式组织理论和实践教学,突出学生"双元制"学习的主导地位,学徒制教学过程中,教师根据学生个体、在团体中的特色和作用等因素改变教学方法和手段,充分挖掘和发挥个体创新、专业特长等技能的培养。

1. 理论教学部分:课堂内或在师徒教学现场、实训基地、施工现场等场景完成,完成铁路桥隧检测与加固基础知识理论内容的讲授,授课方式采用传统教学手段或其他信息

化教学手段；以行动导向教学为主导，通过①规划→②组织→③任务→④实施→⑤检查→⑥反馈→⑦评价与考核七个环节进行课堂组织教学。

2. "现代学徒制"教学部分：根据既有、新建铁路建设项目和各实训基地情况，将学生分组、分批派入教学现场，由专业师傅指导进行学徒教学，任课教师根据情况深入现场或通过信息平台进行理论指导、考核。

"现代学徒制"教学实施基本流程：①项目选择、任务分配→②规划、组织、准备→③实施→④检查→⑤反馈→⑥评价与考核。

"现代学徒制"教学实现的基本目标：

（1）学生要完成铁路桥隧检测与加固基础知识相关技能的训练。

（2）完成项目教学过程的相关记录，整理出完整的学习资料（总结、创新思路、成果、学习心得）等，通过实践能熟练掌握和理解铁路桥隧检测与加固基础知识的概念。

（3）意识形态等素质教育效果明显。

（4）技能考核合格。

3. 理、实比例分配：理论教学 30%；"现代学徒制"教学 70%。

第一节　外包型钢加固法

一、概述

1. 原理

外包型钢加固法是以型钢（角钢、扁钢等）外包于混凝土构件的四角或两侧的加固方法，其中，型钢之间用缀板连接形成钢构架，与原混凝土构架共同受力。

外包型钢加固分湿式和干式两种情况。湿式外包型钢加固，外包型钢与构件之间采用乳胶水泥粘贴或采用环氧树脂化学灌浆等方法黏结，以使型钢架与原构件能整体工作，共同受力；干式外包型钢加固，型钢与原构件之间无任何黏结，有时虽填有水泥砂浆，但并不能确保结合面剪力和拉力的有效传递。干式外包型钢加固施工简单，但承载能力不如湿式外包型钢加固。

2. 适用范围

外包型钢加固适用于使用上不允许增大原构件截面尺寸，却又要求大幅度地提高截面承载能力的混凝土结构加固。

3. 优缺点

（1）优点：施工简便，现场工作量小，受力较为可靠。

（2）缺点：施工要求较高，外露钢件需进行防火、防腐处理。

二、施工工艺流程

外包型钢加固法施工工艺流程见图 4-1。

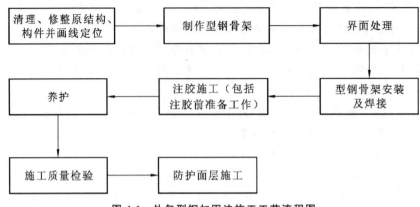

图 4-1 外包型钢加固法施工工艺流程图

三、施工方法

1. 准备工作及现场要求

(1) 操作场地应无粉尘,且不受日晒、雨淋和化学介质污染。

(2) 现场的温度若未做规定,应不低于 15 ℃,且干式外包型钢工程施工场地的气温不得低于 10 ℃。

(3) 严禁在雨季、大风天气条件下进行施工。

2. 界面处理

(1) 外包型钢的构件,其原混凝土界面(粘合面)应打毛,不应凿成沟槽。

(2) 钢骨架及钢套箍与混凝土的粘合面经修整除去锈皮及氧化膜后,还应进行糙化处理。糙化处理可采用砂轮打磨、喷砂或高压水射流等技术,但糙化程度应以喷砂效果为准。

(3) 干式外包型钢的构件,其混凝土表面应清理洁净,打磨平整,以能安装角钢肢为度。若钢材表面的锈皮、氧化膜对涂装有影响,也应予以除净。

(4) 原构件混凝土截面的棱角应进行圆化打磨,圆化半径应不小于 20 mm,磨圆的混凝土表面应无松动的骨料和粉尘。

(5) 外粘型钢时,其原构件混凝土表面的含水率不宜大于 4%,且不应大于 6%。若混凝土表面含水率无法降到 6%,应改用高潮湿面专用的结构胶进行黏合。

3. 型钢骨架制作

(1) 钢骨架及钢套箍的部件,宜在现场按被加固构件修整后的外围尺寸进行制作。当在钢部件上切口或预钻孔洞时,其位置、尺寸和数量应符合设计图纸的要求。

(2) 钢部件的加工、制作质量应符合《钢结构工程施工质量验收标准》(GB 50205—2020)的规定。

4. 型钢骨架安装及焊接

(1) 型钢骨架各肢的安装,应采用专门卡具以及钢楔、垫片等箍牢、顶紧。对外粘型钢骨架的安装,应在原构件找平的表面上,每隔一定距离粘贴小垫片,使钢骨架与原构件之间留有 2～3 mm 的缝隙,以备压注胶液;对干式外包型钢骨架的安装,该缝隙宜为 4～5 mm,以备填塞环氧胶泥或压入注浆料。

(2) 型钢骨架各肢安装好后,应与缀板、箍板以及其他连接件等进行焊接。焊缝应平直,焊波应均匀,无虚焊、漏焊。

(3) 外粘或外包型钢骨架全部杆件(含缀板、箍板等连接件)的缝隙边缘,应在注胶(或注浆)前用密封胶封缝。封缝时,应保持杆件与原构件混凝土之间注胶(或注浆)通道的畅通。同时,还应在设计规定的注胶(或注浆)位置钻孔,粘贴注胶嘴(或注浆嘴)底座,并在适当部位布置排气孔。待封缝胶固化后,进行通气试压。若发现有漏气处,应重新封堵。

5. 注胶(或注浆)施工

(1) 灌注用结构胶粘剂应经试配,并测定其初黏度;对结构构造复杂工程和夏期施工工程还应测定其适用期(可操作时间)。若初黏度超出相关规范及产品使用说明书规定的上限,应查明其原因;若属胶粘剂的质量问题,应予以更换,不得勉强使用。

(2) 对加压注胶(或注浆)全过程应进行实时控制。压力应保持稳定,且应始终处于设计规定的区间内。当排气孔冒出浆液时,应停止加压,并以环氧胶泥堵孔。然后再以较低压力维持 10 min,方可停止注胶(或注浆)。

(3) 注胶(或注浆)施工结束后,应静置 72 h 进行固化过程的养护。养护期间,被加固部位不得受到任何撞击和振动的影响。

四、施工质量检验

(1) 应在接触压条件下,静置养护 7 d,到期时进行胶粘强度现场检验与合格评定。
(2) 注胶饱满度应满足空鼓率不大于 5%。
(3) 干式外包型钢的注浆饱满度应满足空鼓率不大于 10%。

第二节　粘贴钢板加固法

一、概述

1. 原理

粘贴钢板加固法(粘钢法)是用胶粘剂把薄钢板粘贴在混凝土构件表面,使薄钢板与混凝土整体协同工作的一种加固方法。

2. 适用范围

粘贴钢板加固法主要应用于钢筋混凝土受弯、斜截面受剪、受拉及大偏心受压构件的加固。构件截面内里存在拉压变化时慎用。

3. 优缺点

(1) 优点:施工简便快速,原构件自重增加小,不改变结构外形,不影响建筑使用空间。
(2) 缺点:有机胶的耐久性和耐火性问题;钢板需进行防腐、防火处理。

二、施工工艺流程

粘贴钢板加固法施工工艺流程见图 4-2。

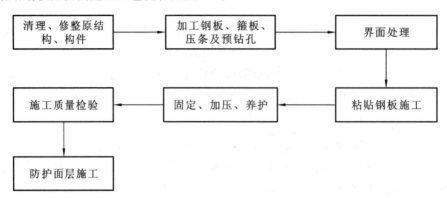

图 4-2 粘贴钢板加固法施工工艺流程图

三、施工方法

1. 准备工作

（1）采用压力注胶法粘钢时，应采用锚栓固定钢板，固定时，应加设钢垫片，使钢板与原构件表面之间留有约 2 mm 的畅通缝隙，以备压注胶液。

（2）固定钢板的锚栓，应采用化学锚栓，不得采用膨胀锚栓。锚栓直径不应大于 M10；锚栓埋深可取 60 mm；锚栓边距和间距应分别不小于 60 mm 和 250 mm。锚栓仅用于施工过程中固定钢板。在任何情况下，均不得考虑锚栓参与胶层的受力。

（3）外粘钢板的施工环境应符合下列要求。

① 现场的环境温度应符合胶粘剂产品使用说明书的规定。若未作具体规定，应按不低于 15 ℃ 进行控制。

② 作业场地应无粉尘，且不受日晒、雨淋和化学介质污染。

2. 界面处理

（1）外粘钢板部位的混凝土，其表层含水率不宜大于 4%，且不应大于 6%。对含水率超限的混凝土梁、柱、墙等，应改用高潮湿面专用的胶粘剂。对俯贴加固的混凝土板，若有条件，也可采用人工干燥处理。

（2）钢板粘贴前，应用工业丙酮将钢板和混凝土的粘合面擦拭一遍。若结构胶粘剂产品使用说明书要求涂刷底胶，应按规定进行涂刷。

3. 钢板粘贴施工

（1）拌和胶粘剂时，应采用低速搅拌机充分搅拌。拌好的胶液应色泽均匀、无气泡，应采取措施防止水、油、灰尘等杂质混入。严禁在室外和尘土飞扬的室内拌和胶液。胶液应在规定的时间内使用完毕。严禁使用超过规定适用期（可操作时间）的胶液。

（2）拌好的胶液应同时涂刷在钢板和混凝土粘合面上，经检查无漏刷后即可将钢板与原构件混凝土粘贴；粘贴后的胶层平均厚度应控制在 2～3 mm。俯贴时，胶层宜中间厚、边缘薄;竖贴时,胶层宜上厚下薄;仰贴时,胶液的垂流度不应大于 3 mm。

(3) 粘贴时钢板表面应平整,段差过渡应平滑,不得有折角。粘贴后应均匀布点加压固定。其加压顺序应为从钢板的一端向另一端逐点加压,或由钢板中间向两端逐点加压;不得由钢板两端向中间加压。

(4) 加压固定可选用夹具加压法、锚栓(或螺杆)加压法、支顶加压法等。加压点之间的距离不应大于 500 mm。加压时,应按控制胶缝厚度为 2～2.5 mm 进行调整。

(5) 外粘钢板中心位置与设计中心线位置的线偏差不应大于 5 mm,长度负偏差不应大于 10 mm。

(6) 混凝土与钢板黏结的养护温度不低于 15 ℃时,固化 24 h 后即可卸除加压夹具及支撑;72 h 后可进入下一工序。若养护温度低于 15 ℃,应按产品使用说明书的规定采取升温措施,或改用低温固化型结构胶粘剂。

四、施工质量检验

(1) 钢板与混凝土之间的黏结质量可用锤击法或其他有效探测法进行检查。按检查结果推定的有效粘贴面积不应小于总粘贴面积的 95%。

(2) 钢板与原构件混凝土间的正拉黏结强度应符合相关规范的要求。若不合格,应揭去重贴,并重新检查验收。

(3) 胶层应均匀,无局部过厚、过薄现象;胶层厚度应按(2.5±0.5) mm 控制。

第三节　粘贴纤维复合材加固法

一、概述

1. 原理

粘贴纤维复合材加固法是指采用高性能黏结剂(环氧树脂)将纤维布粘贴在结构构件表面,使两者共同工作,提高结构构件的(抗弯、抗剪)承载能力和延性的一种直接加固方法,由此达到对建筑物进行加固、补强的目的。

2. 适用范围

粘贴纤维复合材加固法适用于钢筋混凝土受弯、受压及受拉构件的加固。

3. 优缺点

(1) 优点:施工简便,可曲面或转折粘贴,加固后基本不增加原构件质量,不影响结构外形。

(2) 缺点:有机胶的耐久性和耐火性问题,纤维复合材的有效锚固问题。

粘贴纤维复合材加固法加固的难点在于,纤维复合材和混凝土是两种不同性质的材料,如何保证加固后的纤维材料能够和原构件协调受力。另外,纤维材料高强度、低弹性模量也是妨碍该方法发挥最大加固效果的一个因素。

二、施工工艺流程

粘贴纤维复合材加固法施工工艺流程如图4-3所示。

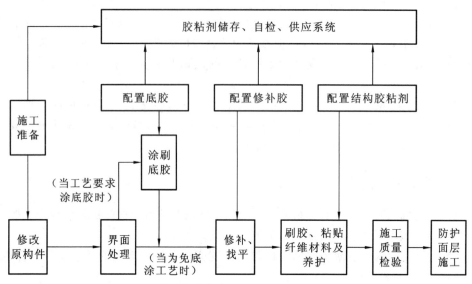

图 4-3 粘贴纤维复合材加固法施工工艺流程图

三、施工方法

1．准备工作及现场要求

（1）作业场地应无粉尘，且不受日晒、雨淋和化学介质污染。

（2）施工环境温度一般按不低于 15 ℃进行控制。

2．界面处理

（1）经修整露出骨料新面的混凝土加固粘贴部位，应按设计要求修复平整，并采用结构修补胶对较大孔洞、凹面、露筋等缺陷进行修补、复原；对有段差、内转角的部位，应抹成平滑的曲面；对构件截面的棱角，应打磨成圆弧半径不小于 25 mm 的圆角。在完成以上加工后，应将混凝土表面清理干净，并保持干燥。

（2）粘贴纤维材料部位的混凝土，其表层含水率不宜大于 4％，且不应大于 6％。对含水率超限的混凝土应进行人工干燥处理，或改用高潮湿面专用的结构胶粘贴。

（3）当粘贴纤维材料采用的黏结材料是配有底胶的结构胶时，不得擅自免去涂刷底胶的工序。

（4）底胶指干时，其表面若有凸起，应用细砂纸磨光，并应重刷一遍。底胶涂刷完毕静置至指干时，才能继续施工。

（5）若在底胶指干时，未能及时粘贴纤维材料，则应等待 12 h 后粘贴，且应在粘贴前用细软羊毛刷或洁净棉纱团沾工业丙酮擦拭一遍，以清除不洁残留物和新落的灰尘。

3．纤维材料粘贴施工

（1）对于浸渍、黏结专用的结构胶粘剂，拌和时应采用低速搅拌机充分搅拌；拌好的胶液色泽应均匀、无气泡;胶液注入盛胶容器后,应采取措施防止水、油、灰尘等杂质混入。

(2) 纤维织物粘贴步骤和要求。

① 按设计尺寸裁剪纤维织物,且严禁折叠;若纤维织物原件已有折痕,应裁去有折痕一段织物。

② 将配制好的浸渍、黏结专用的结构胶粘剂均匀涂抹于粘贴部位的混凝土表面。

③ 将裁剪好的纤维织物按照放线位置敷在涂好结构胶粘剂的混凝土表面。织物应充分展平,不得有皱褶。

④ 应使用特制滚筒沿纤维方向在已贴好纤维织物的面上多次滚压,使胶液充分浸渍纤维织物,并使织物的铺层均匀压实,无气泡发生。

⑤ 多层粘贴纤维织物时,应在纤维织物表面所浸渍的胶液达到指干状态时立即粘贴下一层。若延误时间超过 1 h,则等待 12 h 后,方可重复上述步骤继续进行粘贴,但粘贴前应重新将织物粘合面上的灰尘擦拭干净。

⑥ 最后一层纤维织物粘贴完毕后,还应在其表面均匀涂刷一道浸渍、黏结专用的结构胶。

(3) 预成型板粘贴步骤和要求。

① 按设计尺寸切割预成型板。切割时,应考虑现场检验的需要,由监理人员按取样规则,指定若干块板予以加长约 150 mm,以备检测人员粘贴标准钢块,作正拉黏结强度检验使用。

② 用工业丙酮擦拭纤维板材的粘贴面(贴一层板时为一面、贴多层板时为两面),至白布擦拭检查无碳微粒为止。

③ 立即将配制好的胶粘剂涂在纤维板材上。涂抹时,应使胶层在板宽方向呈中间厚、两边薄的形状,平均厚度为 1.5 ~2 mm。

④ 将涂好胶的预成型板贴在混凝土粘合面的放线位置上,用手轻压,然后用特制橡皮滚筒顺纤维方向均匀展平、压实,并应使胶液有少量从板材两侧边挤出。压实时,不得使板材滑移锚位。

⑤ 需粘贴两层预成型板时,应重复上述步骤连续粘贴;若不能立即粘贴,应在重新粘贴前,将上一工作班粘贴的纤维板材表面擦拭干净。

⑥ 按相同工艺要求,在邻近加固部位处,粘贴检验用的 150 mm×150 mm 的预成型板。

⑦ 织物裁剪的宽度不宜小于 100 mm。

⑧ 纤维复合材粘贴完毕后应静置固化,并按规定固化环境温度和固化时间进行养护。

四、施工质量检验

(1) 纤维复合材与混凝土之间的黏结质量可用锤击法或其他有效探测法进行检查。根据检查结果确认的总有效粘贴面积不应小于总粘贴面积的 95%。

探测时,应将粘贴的纤维复合材分区,逐区测定空鼓面积(即无效粘贴面积);若单个空鼓面积不大于 10000 mm²,允许采用注射法充胶修复;若单个空鼓面积大于或等于 10000 mm²,应割除修补,重新粘贴等量纤维复合材。粘贴时,其受力方向(顺纹方向)每端的搭接长度不应小于 200 mm;若粘贴层数超过 3 层,该搭接长度不应小于 300 mm;非受力方向(横纹方向)每端的搭接长度可取 100 mm。

（2）加固材料（包括纤维复合材）与基材混凝土的正拉黏结强度，必须进行见证抽样检验。其检验结果应符合表 4-1 的要求。若不合格，应揭去重贴，并重新检查验收。

表 4-1　现场检验加固材料与混凝土正拉黏结强度的合格指标

检验项目	原构件实测混凝土强度等级	检验合格指标		检验方法标准
正拉黏结强度及其破坏形式	C15～C20	≥1.5 MPa	且为混凝土内聚破坏	GB 50550—2010
	≥C45	≥2.5 MPa		

（3）纤维复合材胶层厚度（δ）应符合下列要求：
① 对纤维织物（布）：$\delta=(1.5\pm0.5)$ mm；
② 对预成型板：$\delta=(2.0\pm0.3)$ mm。
（4）纤维复合材粘贴位置与设计要求的位置相比，其中线偏差不应大于 10 mm；长度负偏差不应大于 15 mm。

第四节　混凝土构件加大截面加固法

一、混凝土构件加大截面加固法的应用

1. 概述
（1）原理。

混凝土构件加大截面加固法，又称外包混凝土加固法，是通过在原混凝土构件外叠浇新的钢筋混凝土，增大构件的截面面积和配筋，提高构件的承载力、刚度和稳定性，或改变自振频率的一种直接加固法。

（2）适用范围。

混凝土构件加大截面加固法用于梁、板、柱、墙等构件及一般构筑物的加固，特别是原截面尺寸显著偏小及轴压比明显偏高的构件加固。

（3）优缺点。
① 优点：工艺简单，适用面广。
② 缺点：湿作业，施工期长，构件尺寸的增大可能影响使用功能和其他构件的受力性能。

2. 施工工艺流程
混凝土构件加大截面加固法施工工艺流程见图 4-4。

3. 施工方法
（1）界面处理。
① 原构件混凝土界面（粘合面）经修整露出骨料新面后，还应采用花锤、砂轮机或高压水射流进行打毛；必要时，也可凿成沟槽。其做法应符合下列要求。a. 花锤打毛：宜用 1.5～2.5 kg 的尖头錾石花锤，在混凝土粘合面上錾出麻点，形成点深约 3 mm、点数为

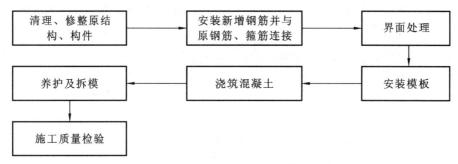

图 4-4　混凝土构件加大截面加固法施工工艺流程图

$600\sim800$ 点/m² 的均匀分布;也可錾成点深 $4\sim5$ mm、间距约 30 mm 的梅花形分布。b.砂轮机或高压水射流打毛:宜采用输出功率不小于 340 W 的粗砂轮机或压力符合规范要求的水射流,在混凝土粘合面上打出方向垂直于构件轴线、纹深为 $3\sim4$ mm、间距约 50 mm 的横向纹路。c.人工凿沟槽:宜用尖锐、锋利凿子,在坚实混凝土粘合面上凿出方向垂直于构件轴线、槽深约 6 mm、间距为 $100\sim150$ mm 的横向沟槽。

当采用三面或四面新浇混凝土层外包梁、柱时,还应在打毛的同时,凿除截面的棱角。

在完成上述加工后,应用钢丝刷等工具清除原构件混凝土表面松动的骨料、砂砾、浮渣和粉尘,并用清洁的压力水冲洗干净。若采用喷射混凝土加固,宜用压缩空气和水交替冲洗干净。

② 涂刷结构界面胶(剂)前,应对原构件表面界面处理质量进行复查,不得有漏剔除的松动石子、浮砂以及漏补的裂缝和漏清除的其他污垢等。

③ 对板类原构件,除涂刷界面胶(剂)外,还应锚入直径不小于 6 mm 的 Γ 形剪切销钉。销钉的锚固深度应取板厚的 2/3,其间距应不大于 300 mm,边距应不小于 70 mm。

(2) 新增截面施工。

① 新增受力钢筋、箍筋及各种锚固件、预埋件与原构件的连接和安装,除应符合《混凝土结构加固设计规范》(GB 50367—2013)的规定外,还应符合《混凝土结构工程施工质量验收规范》(GB 50204—2015)的规定。

② 新增混凝土的强度等级必须符合设计要求。取样与留置试块应符合下列规定:a.每拌制 50 盘(不足 50 盘,按 50 盘计)同一配合比的混凝土,取样不得少于一次;b.每次取样应至少留置一组标准养护试块;同条件养护试验的留置组数应根据混凝土工程量及其重要性确定,且不应少于 3 组。

③ 及时养护。

a. 在浇筑完毕后应及时对混凝土加塑料布覆盖,并在 12 h 以内开始浇水养护。

b. 采用塑料布覆盖养护的混凝土时,应严密覆盖其敞露的全部表面,并应保持塑料布内表面有凝结水。

c. 混凝土浇水养护的时间:对采用硅酸盐水泥、普通硅酸盐水泥或矿渣硅酸盐水泥拌制的混凝土,不得少于 7 d;对掺用缓凝剂或有抗渗要求的混凝土,不得少于 14 d。

d. 浇水次数应能保持混凝土处于湿润状态,混凝土养护用水的水质应与拌制用水相同。

e. 混凝土强度达到 1.2 MPa 前,不得在其上踩踏或安装模板及支架。应注意:当日平均气温低于 5 ℃时,不得浇水;当采用其他品种水泥时,混凝土的养护时间应根据所采用水泥或混合料的技术性能确定;混凝土的表面不便浇水或使用塑料布覆盖时,应涂刷养护剂。

4．施工质量检验

(1) 新增混凝土的浇筑质量缺陷,应按表 4-2 进行检查和评定。

表 4-2 新增混凝土浇筑质量缺陷表

名称	现象	严重缺陷	一般缺陷
露筋	构件内钢筋因未被混凝土包裹而外露	发生在纵向受力钢筋中	发生在其他钢筋中,且外露不多
蜂窝	混凝土表面缺少水泥砂浆致使石子外露	出现在构件主要受力部位	出现在其他部位,且范围小
孔洞	混凝土的孔洞深度和长度均超过保护层厚度	发生在构件主要受力部位	发生在其他部位,且为小孔洞
夹杂异物	混凝土中夹有异物且深度超过保护层厚度	出现在构件主要受力部位	出现在其他部位
内部疏松或分离	混凝土局部不密实或新旧混凝土之间分离	发生在构件主要受力部位	发生在其他部位,且范围小
新浇混凝土出现裂缝	缝隙从新增混凝土表面延伸至其内部	构件主要受力部位有影响结构性能或使用功能的裂缝	其他部位有少量不影响结构性能或使用功能的裂缝
连接部位缺陷	构件连接处混凝土有缺陷,连接钢筋、连接件、后锚固件有松动	连接部位有松动,或有影响结构传力性能的缺陷	连接部位有暂不影响结构传力性能的缺陷
表面缺陷	因材料或施工原因引起的构件表面起砂、掉皮	用刮板检查,其深度大于 5 mm	仅有深度不大于 5 mm 的局部凹陷

注:1. 当检查混凝土浇筑质量时,若发现有麻面、缺棱、掉角、棱角不直、翘曲不平等外形缺陷,应责令施工单位进行修补,然后重新检查验收。

2. 灌装料与细石混凝土拌制的混合料,其浇灌质量缺陷也应按表 4-2 检查和评定。

(2) 新增混凝土的浇筑质量不应有严重缺陷及影响结构性能和使用功能的尺寸偏差。

(3) 新旧混凝土结合面黏结质量应良好。锤击或超声波检测判定为结合不良的测点数不应超过总测点数的 10%,且不应集中出现在主要受力部位。

(4) 对结构加固截面纵向钢筋保护层厚度的允许偏差,应该按下列规定执行:

① 对梁类构件,为 +10 mm,−3 mm;

② 对板类构件,仅允许有 8 mm 的正偏差,无负偏差;

③ 对墙、柱类构件,底层仅允许有 10 mm 的正偏差,无负偏差;其他楼层按梁类构件的要求执行。

二、结构构件加大截面灌浆工程

1．基本规定

(1) 结构构件加大截面灌浆工程的施工程序及需按隐蔽工程验收的项目,应按本节"一、混凝土构件加大截面加固法的应用"的规定执行,并应符合下列规定。

① 在安装模板的工序中,应增加设置灌浆孔和排气孔的规定。

② 在灌浆施工的工序中,对第一次使用的灌浆料,应增加试灌的作业;当分段灌注时,还应增加快速封堵灌浆孔和排气孔的作业。

(2) 灌浆工程的施工组织设计和施工技术方案应结合结构的特点进行论证,并经审查批准。

2. 施工图安全复查

(1) 在结构加固工程中使用水泥基灌浆料时,应对施工图进行安全复查,其结果应符合下列规定:

① 对增大截面加固,仅允许用于原构件为普通混凝土或砌体的工程,不得用于原构件为高强混凝土的工程。

② 对外加型钢(角钢)骨架的加固,仅允许用于干式外包型钢工程,不得用于外粘型钢(角钢)工程。

(2) 当用于普通混凝土或砌体的增大截面工程时,还应遵守如下规定。

① 不得采用纯灌浆料,而应采用以 70% 灌浆料与 30% 细石混凝土混合而成的浆料(以下简称混合料),且细石混凝土粗骨料的最大粒径不应大于 12.5 mm。

② 混合料灌注的浆层厚度(即新增截面厚度)不应小于 60 mm,且不宜大于 80 mm;若有可靠的防裂措施,也不应大于 100 mm。

③ 采用混合料灌注的新增截面,其强度设计值应按细石混凝土强度等级采用。细石混凝土强度等级应比原构件混凝土提高一级,且不应低于 C25 级,也不应高于 C50 级。

注意:当构件新增截面尺寸较大时,宜改用普通混凝土或自密实混凝土。

④ 梁、柱的新增截面应分别采用三面围套和全围套的构造方式,不得采用仅在梁底或柱的相对两面加厚的做法。板的新增截面与旧混凝土之间应采取增强其黏结抗剪和抗拉能力的措施,且应设置防温度变形、收缩变形的构造钢筋。

(3) 当用于干式外包型钢工程时,不论采用何种品牌灌浆料,均仅作为充填角钢与原混凝土间的缝隙之用,不考虑其黏结能力。在任何情况下,均不得替代结构胶粘剂用于外粘型钢(角钢)工程。

3. 界面处理

原构件界面(即粘合面)处理应符合下列规定。

(1) 对混凝土构件,应采用人工、砂轮机或高压水射流充分打毛。打毛深度应达骨料新面,且应均匀、平整;在打毛的同时,应凿除原截面的棱角。

(2) 对一般砌体构件,仅需剔除勾缝砂浆、已风化的块材面层和抹灰层或其他装饰层。

(3) 对外观质地光滑,且强度等级高的砌体构件,应打毛块材表面;每块应至少打毛两处,且可打成点状或条状,其深度以 3~4 mm 为宜。在完成打毛工序后,应清除已松动的骨料、浮渣和粉尘,并用清洁的压力水冲洗干净。

(4) 对打毛的混凝土或砌体构件,应按设计选用的结构界面胶(剂)及其施工工艺进行涂刷。对楼板加固,除应涂刷结构界面胶(剂)外,还应种植剪切销钉。界面胶(剂)和锚固型结构胶粘剂进场时,应按相关规范的要求进行复验。

4. 灌浆施工

(1) 新增截面的受力钢筋、箍筋及其他连接件、锚固件、预埋件与原构件连接(焊接)

和安装的质量,应符合相关规范要求。

(2)灌浆工程的模板、紧箍件(卡具)及支架的设计与安装,除应遵守《混凝土结构工程施工质量验收规范》(GB 50204—2015)的规定外,还应符合下列要求。

① 当采用在模板对称位置上开灌浆孔和排气孔灌注时,其孔径不宜小于 100 mm,且不应小于 50 mm;间距不宜大于 800 mm。若模板上有设计预留的孔洞,则灌浆孔和排气孔应高于该孔洞最高点约 50 mm。

② 当采用在楼板的板面上凿孔对柱的加大截面部位进行灌浆时,应按一次性灌满的要求架设模板,并采用措施防止连接处漏浆。此时,柱高不宜大于 3 m,且不应大于 4 m。若用这种方法对梁的加大截面部位进行灌浆,则无须限制跨度,均可按一次性灌注完毕的要求架设模板。

梁、柱的灌浆孔和排气孔应对称布置,且分别凿在梁的边侧和柱与板交界边缘上。凿孔的尺寸一般为 60 mm×120 mm。

(3)新增灌浆料与细石混凝土的混合料,其强度等级必须符合设计要求。

(4)灌浆料启封配成浆液后,应直接与细石混凝土拌和使用,不得在现场再掺入其他外加剂和掺合料。将拌好的混合料灌入模板内时,允许用小工具轻轻敲击模板。

(5)日平均温度低于 5 ℃时,应按冬期施工要求,采取有效措施确保灌浆工艺安全可行。浆体拌和温度应控制在 50~65 ℃之间;基材温度和浆料入模温度应符合产品使用说明书的要求,且不应低于 10 ℃。

(6)混合料灌注完毕后,应按施工技术方案及时采取有效的养护措施,并应符合下列规定:①养护期间日平均温度不应低于 5 ℃;若低于 5 ℃,应按冬期施工要求,采取保暖升温措施;在任何情况下,均不得采用负温养护方法,以确保灌浆工程的养护质量。②灌注完毕应及时喷洒养护剂或覆盖塑料薄膜,然后加盖湿麻袋或湿草袋。在完成此道作业后,应按相关规范的规定进行养护,且不得少于 7 d。③在养护期间,应自始至终做好浆体的保湿工作;冬期施工时,还应做好浆体保温工作;保湿、保温工作的定期检查记录应留档备查。

5.施工质量检验

(1)以灌浆料与细石混凝土拌制的混合料,采用灌浆法灌注到新增截面时,其施工质量应符合相关规范的规定。

(2)在按《建筑结构加固工程施工质量验收规范》(GB 50550—2010)的规定检查混合料灌注的新增截面的构件使用前,应先对下列文件进行审查:①灌浆料出厂检验报告和进场复验报告;②拌制混合料现场取样作抗压强度检验的检验报告。

第五节　置换混凝土加固法

一、概述

1.原理

置换混凝土加固法是剔除原构件低强度或有缺陷区段的混凝土,同时浇筑同品种但强度等级较高的混凝土进行局部增强,使原构件的承载力得到恢复的一种直接加固法。

2. 适用范围

置换混凝土加固法适用于受压区混凝土强度偏低或有严重缺陷的梁、柱等承重构件的加固，使用中受损伤、高温、冻害、侵蚀的构件加固，由于施工差错引起局部混凝土强度不能满足设计要求的构件加固。

3. 优缺点

(1) 优点：结构加固后能恢复原貌，不改变使用空间。

(2) 缺点：新旧混凝土的黏结能力较差，剔凿易伤及原构件的混凝土和钢筋，湿作业期长。

二、施工方法

1. 卸载的实时控制

(1) 卸载时的力值测量可用千斤顶配置的压力表经校正后进行测读；卸载点的结构节点位移宜用百分表测读。卸载所用的压力表、百分表的精度不应低于 1.5 级，标定日期不应超过半年。

(2) 当需将千斤顶压力表的力值转移到支承结构上时，可采用螺旋式杆件和钢楔等进行传递，但在千斤顶的力值降为零时方可卸下千斤顶。力值过渡时，应用百分表进行卸载点的位移控制。

2. 混凝土局部剔除及界面处理

(1) 剔除被置换的混凝土时，应在到达缺陷边缘后，再向边缘外延伸清除一段不小于50 mm 长度的混凝土；对缺陷范围较小的构件，应从缺陷中心向四周扩展，逐步进行清除，其长度和宽度均不应小于 200 mm。剔除过程中不得损伤钢筋及无需置换的混凝土。

(2) 新老混凝土结合面不凿成沟槽。若用高压水射流打毛，应打磨成垂直于轴线方向的均匀纹路。

(3) 当对原构件混凝土粘合面涂刷结构界面胶(剂)时，其涂刷质量应均匀，无漏刷。

3. 置换混凝土施工

(1) 置换混凝土需补配钢筋或箍筋时，其安装位置及其与原钢筋的焊接方法，应符合设计规定；其焊接质量应符合《钢筋焊接及验收规程》(JGJ 18—2012)的要求。

(2) 置换混凝土的模板及支架拆除时，其混凝土强度应达到设计规定的强度等级。

(3) 混凝土浇筑完毕后，应按施工技术方案及时进行养护。

三、施工质量检验

(1) 新置换混凝土的浇筑质量不应有严重缺陷及影响结构性能或使用功能的尺寸偏差。

(2) 新旧混凝土结合面黏合质量应良好。

(3) 钢筋保护层厚度应合格。

第六节　改变传力途径加固法

一、概述

1. 原理

改变传力途径的加固方式有多种,目的都是降低构件的内力峰值,调整构件各截面的内力分布,从而提高结构的承载力。改变传力途径加固法主要指增设支点加固法。

2. 适用范围

改变传力途径加固法适用于对使用空间和外观效果要求不高的梁、板、桁架、网架等水平结构构件加固。

3. 优缺点

(1)优点:受力明确,简便可靠,易拆卸、复原,具有文物和历史建筑加固要求的可逆性。

(2)缺点:显著影响使用空间,原结构构件存在二次受力的影响。

二、支点加固方法

1. 刚性支点

支承结构变形很小,相对于被加固结构的变形可忽略不计,可按不动支点考虑,结构受力明确,内力计算大为简化。

2. 弹性支点

支承结构与被支承结构的变形属同一数量级,应按可动支点-弹性支点考虑,内力计算较为复杂,承载力提高不如刚性支点大,但弹性支点加固对结构的使用空间影响较小。

三、施工要求

(1)采用预应力增设支点加固时,除直接卸除原构件上的荷载外,预加支反力应采用测力计控制,若仅采用打入钢楔以变形控制,宜先进行试验,确定支反力与变位的关系后方可应用。

(2)增设支点若采用湿式连接,对于与后浇混凝土的接触面,应进行凿毛,清除浮渣,洒水湿润,一般以微膨胀混凝土浇筑为宜。若采用型钢箍套干式连接,原钢箍套与梁接触面间应用水泥砂浆坐浆,待型钢箍套与支柱焊接后,再用较干硬砂浆将全部接触缝隙塞紧填实;对于楔块顶升法,顶升完毕后,应将所有楔块焊接,再用环氧砂浆封闭。

第七节 混凝土构件绕丝加固法

一、概述

1. 原理

混凝土构件绕丝加固法是在构件表面按一定间距缠绕经退火后的钢丝,使混凝土受到约束,从而提高其承载力和延性的一种直接加固法。

2. 适用范围

钢筋混凝土柱延性的加固。

3. 优缺点

(1) 优点:构件加固后自重增加较少,基本不改变构件外形和使用空间。

(2) 缺点:工艺复杂,限制条件较多,对非圆形构件作用效果有限。

二、施工工艺流程

混凝土构件绕丝加固法施工工艺流程见图 4-5。

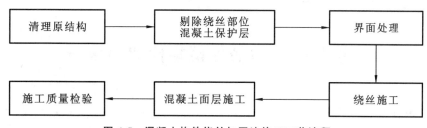

图 4-5 混凝土构件绕丝加固法施工工艺流程

三、施工方法

1. 界面处理

(1) 清理原结构构件后,应按设计的规定,凿除绕丝、焊接部位的混凝土保护层。凿除后,应清除已松动的骨料和粉尘,并錾去其尖锐、凸出部位,但应保持其粗糙状态。凿除保护层露出的钢筋,露出程度以能进行焊接作业为准;对方形截面构件,还应凿除其四周棱角并进行圆化加工;圆化半径不宜小于 40 mm,且不应小于 25 mm。然后将绕丝部位的混凝土表面用清洁压力水冲洗干净。

(2) 涂刷结构界面胶(剂)前,应对原构件表面处理质量进行复查,不得有松动的骨料、浮灰、粉尘和未清除干净的污染物。

2. 绕丝施工

(1) 绕丝前,应采用间歇点焊法将钢丝及构造钢筋的端部焊牢在原构件纵向钢筋上。若混凝土保护层较厚,焊接构造钢筋时,可在原纵向钢筋上加焊短钢筋作为过渡。

（2）绕丝应连续，间距应均匀；在施力绷紧绕丝的同时，应每隔一定距离以点焊加以固定；绕丝的末端也应与原钢筋焊牢。绕丝焊接固定完成后，应在钢丝与原构件表面之间的未绷紧部位打入钢片予以楔紧。

（3）混凝土面层的施工，可根据工程实际情况和施工单位经验选用人工浇筑法或喷射法。当采用人工浇筑法时，其施工过程控制应符合《混凝土结构工程施工质量验收规范》（GB 50204—2015）的规定，其检查数量及检验方法也应按该规范的规定执行；当采用喷射法时，其施工过程控制应符合有关喷射混凝土加固技术的规定。

（4）绕丝的净间距应符合设计规定，且仅允许有 3 mm 负偏差。

（5）混凝土面层模板的架设：当采用人工浇筑时，应符合《混凝土结构工程施工质量验收规范》（GB 50204—2015）的规定；当采用喷射法时，应符合有关喷射混凝土加固技术的规定。

（6）混凝土面层浇筑完毕后，应及时进行养护。

四、施工质量检验

（1）混凝土面层的施工质量不应有严重缺陷及影响结构性能或使用功能的尺寸偏差。

（2）钢丝的保护层厚度不应小于 30 mm，且仅允许有 3 mm 正偏差。

（3）混凝土面层拆模后的尺寸偏差应符合下列规定。

① 面层厚度：仅允许有 5 mm 正偏差，无负偏差；

② 表面平整度：不应大于 0.5%，且不应大于设计规定值。

第八节　植筋加植螺栓加固法

一、概述

1. 原理

化学植筋是在原有钢筋混凝土结构或构件上，根据工程要求需用带肋钢筋或全螺纹螺杆，以适当的孔径和深度，采用化学胶粘剂使新增的钢筋锚固于基材混凝土中，并以充分利用钢筋强度为目的，确定其抗拉设计荷载，使新增钢筋（通常称为植筋）发挥设计所期望的性能的一种连接锚固技术。作用在植筋上的拉力通过化学胶粘剂向混凝土传递。

2. 适用范围

广泛应用于结构加固、补强、新老结构连接、补埋钢筋及后埋钢构件等。

3. 特点

化学植筋工艺简单、锚固快捷、承载效果好、安全可靠、造价低廉，特别是在结构改造方面与先锚法相比具有不可替代的优势。

二、材料

钢筋选用Ⅱ级钢，植筋胶采用进口 HITHY150 或 HIT-RE150 植筋胶。

三、施工工艺流程

植筋工程施工工艺流程见图 4-6。

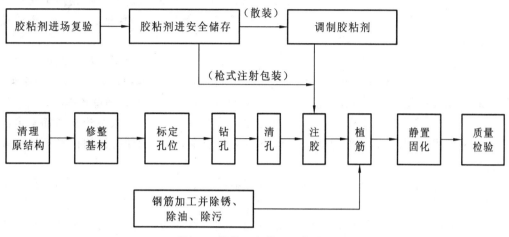

图 4-6　植筋工程施工工艺流程

四、施工方法

(1) 放线定位:根据设计图纸要求结合现场实际情况确定植筋位置,并做好标记。

(2) 钢筋探测:由于现场植筋位置是根据现有结构设计图纸放线定位确认,新植入钢筋存在与原有结构内部钢筋相交叉的情况。为避免钻孔时遇到原结构内钢筋形成废孔,对原结构产生破坏,影响施工工效,需要在钻孔前对现场原有结构内部钢筋进行探测,保证植筋钻孔工作顺利展开。

(3) 钻孔:根据孔径和孔深要求钻孔,钻孔工具采用电锤钻。具体植筋钢筋规格大小及植筋深度根据施工图纸要求确定。

(4) 清孔:清孔是植筋中最重要的一个环节,因为钻孔后孔内部会有很多混凝土灰渣垃圾,直接影响植筋的质量,所以孔洞应清理干净。其方法是:先用电气筒吹出孔内灰尘两次,再用钢丝刷清孔两次,然后再用电气筒吹出孔内灰尘两次,清至无粉尘逸出为止,采用专用毛刷清理孔内壁,并涂丙酮擦洗。

(5) 注胶:清孔完成后方可注胶,注胶时应根据现场环境温度确定树脂的每次拌和量,使用的机械应为低速搅拌器;搅拌好的胶液应色泽均匀、无结块、无气泡,在拌和和使用过程中,应防止灰尘、油、水等杂质混入,灌注方式应不妨碍孔洞中空气排出。锚固胶要选用合格的植筋专用胶水。注胶量要使钢筋植入后孔内胶液饱满,又不会使胶液大量外流,以少许胶粘剂外溢为宜。注胶时将安装好混合管的料罐置入注射枪,将混合管插入至孔底,植筋胶由孔底向孔口缓缓注入,注满孔深的 2/3 即可,注胶的同时均匀外移注射枪,如孔深超过 20 cm,应使用混合管延长器,保证从孔底开始注胶,以防内部胶体不实。不使用第一次从新的混合管中打出的胶体,因为此时可能没有混合均匀(可目测胶体颜色)。

（6）植筋：每一个植筋作业循环都要采用丙酮将植筋枪擦洗干净以防结垢,注入胶体后,应立即将钢筋(螺杆)慢慢加压并找同一方向旋转至孔底,保证胶体分布均匀,目视表面有少量胶体外溢,排出孔内空气,并根据事先做好的标记检测钢筋是否达到所需的锚固深度(植筋钢筋要求:钢筋应无油污,无严重锈蚀,如钢筋锈蚀较为严重,则用钢丝刷除锈。清理过的钢筋必须清楚标记锚固深度,孔壁可以潮湿,但必须保证无明水)。钢筋接入后应采用快速堵漏剂封堵孔口。

（7）静置固化：钢筋种植完毕后,24 h 之内严禁有任何扰动,以保证结构胶的正常固化。必须根据植筋胶性能中的固化时间对成品进行保护,静止养护,不得振动所植钢筋,防止在植筋胶固化时间内因工序交接或人为扰动对已种植完毕的钢筋造成影响。

（8）检测：待植筋胶完全固化后,进行无损性拉拔试验,检测的数量应是植筋总数的10%。检测中,测力计施加的力要小于钢筋的屈服强度,大于设计提供的植筋设计锚固力值。

（9）植筋工程的施工要求在基材表面温度不低于 15 ℃下进行。严禁在大风、雨雪天气进行露天作业。

（10）植筋焊接应在注胶前进行,若个别钢筋确需在注胶后焊接,除应采取断续施焊的降温措施外,还应要求施焊部位距注胶孔顶面的距离不应小于 15d,且不应小于200 mm,同时必须用冰水浸渍的多层湿巾包裹植筋外露的根部。

五、施工注意事项

用冲击钻钻孔,钻头直径应比钢筋直径大 4～8 mm,钢筋直径为 4～25 mm,钻头选用直径 32 mm 的合金钻头。钻孔深度参照《混凝土结构加固设计规范》(GB 50367—2013)中提供的植筋基本锚固长度。各孔要求与布孔面垂直且相互平行,钻孔时保证钻机、钻头与植入钢筋(螺杆)的受拉力方向一致,保证孔径与孔深尺寸准确。钻孔时,如果钻机突然停止或钻头不前进,应立即停止钻孔,检查是否碰到内部钢筋。对 15d 以上的超深孔钻孔时,除按标准操作对电锤不施加大的压力外,还应经常将钻头提起,让碎屑及时排出。还应注意以下事项：

（1）植筋施工前,应采用钢筋探测仪对原结构筋进行准确定位,确保钻孔避开原结构内钢筋,特别是预应力筋和主受力筋。

（2）对于梁柱节点等钢筋密集或不易准确探测的部位,建议根据原结构设计图纸的钢筋分布,并配合原混凝土界面处理(凿毛、粗糙化)的过程进行施工现场观察分析,对原结构钢筋进行定位。

（3）植筋注射剂应存放于阴凉、干燥的地方,避免受阳光直接照射。

（4）如果孔壁潮湿(不应有明水),可以进行注胶植筋,但固化时间应长于相关规范要求的固化时间。

（5）植筋孔壁应完整,不得有裂缝和其他局部损伤,植筋孔壁清理洁净后,若不立即种钢筋,应暂时封闭孔口,防止尘土、碎屑、油污和水分等落入孔中影响锚固质量,以防锚固失效。

（6）严格遵守安装时间与固化时间,待胶体完全固化方可承载,固化期间严禁扰动。

六、施工质量检验

（1）植筋的胶粘剂固化时间达到 7 d 的当日，应抽样进行现场锚固承载力检验。其检验方法及质量合格评定标准必须符合《建筑结构加固工程施工质量验收规范》（GB 50550—2010）的规定。

（2）植筋钻孔孔径的偏差应符合表 4-3 的规定。植筋钻孔深度、垂直度和位置的偏差应符合表 4-4 的规定。

表 4-3　植筋钻孔孔径允许偏差

钻孔直径/mm	孔径允许偏差/mm	钻孔直径/mm	孔径允许偏差/mm
＜14	≤＋1.0	22～32	≤＋2.0
14～20	≤＋1.5	34～40	≤＋2.5

表 4-4　植筋钻孔深度、垂直度和位置的允许偏差

植筋部位	钻孔深度/mm	垂直度/%	钻孔位置/mm
基础	＋20 0	±5	±10
上部构件	＋10 0	±3	±5
连接节点	＋5 0	±1	±3

七、植栓加固

1. 施工工艺流程

（1）清理、修整原结构、构件并画线定位；

（2）锚栓钻孔、清孔、预紧、安装和注胶；

（3）锚固质量检验。

2. 施工基本要求

（1）清理、修整原结构、构件后，应按设计图纸进行画线并确定锚栓位置；若构件内部配有钢筋，还应探测其对钻孔有无影响。若有影响，应立即通知设计单位处理。

（2）锚栓工程的施工环境应符合下列要求：

① 锚栓安装现场的气温不宜低于－5 ℃；

② 严禁在雨雪天气进行露天作业。

3. 锚栓安装施工

（1）锚栓钻孔。锚栓钻孔应按相关规范进行操作。

（2）基材表面及锚孔的清理。

基材表面及锚孔的清理应符合下列要求：

① 混凝土基材表面应进行清理、修整；

② 对于锚栓的锚孔，应使用压缩空气或手动气筒清除孔内粉屑；

③ 锚栓应无浮锈；锚板范围内的基材表面应光滑平整，无残留的粉尘、碎屑。

（3）锚栓安装。

① 自扩底锚栓的安装，应使用专门的安装工具并利用锚栓专制套筒上的切底钻头边旋转、边切底、边就位；同时通过目测位移，判断安装是否到位；若已到位，其套筒顶端应低于混凝土表面 1～3 mm；对穿透式自扩底锚栓，此距离是指套筒顶端低于被固定物的距离。

② 模扩底锚栓的安装应使用专门的模具式钻头切底，将锚栓套筒敲至柱锥体规定位置以实现正确就位；同时通过目测位移，判断安装是否到位；若已到位，其套筒顶端至混凝土表面的距离也应约为 1～3 mm。

③ 清理锚栓孔后，若未立即安装锚栓，应暂时封闭其孔口，防止尘土、碎屑、油污和水分等落入孔内影响锚固质量。

④ 锚栓固定件的表面应光洁、平整。

4. 施工质量验收

（1）锚栓安装、紧固或固化完毕后，应进行锚固承载力现场检验，其锚固质量必须符合锚固承载力现场检验的规定。

（2）钻孔偏差应符合下列规定：

① 垂直度偏差不应超过 2.0%；

② 直径偏差不应超过表 4-5 的规定值，且不应有负偏差；

③ 孔深偏差仅允许正偏差，且不应大于 5 mm；

④ 位置偏差应符合施工图规定；若无规定，应按不超过 5 mm 执行。

表 4-5　锚栓钻孔直径的允许偏差

钻孔直径/mm	允许偏差/mm	钻孔直径/mm	允许偏差/mm
≤14	≤+0.3	24～28	≤+0.5
16～22	≤+0.4	30～32	≤+0.6

第九节　预应力加固法

一、概述

1. 原理

预应力加固法是采用体外补加预应力拉杆或型钢撑杆，对结构或构件进行加固的一种间接加固法。

2. 适用范围

预应力加固法适用于原构件刚度偏小,改善正常使用性能,提供极限承载力的梁、板、柱和桁架的加固。

3. 特点

此方法施工简便,通过对后加的拉杆或型钢撑杆施加预应力,改变原结构内力分布,消除加固部分的应力滞后现象,使后加部分与原构件能较好地协调工作,提高原结构的承载力,减小挠曲变形,缩小裂缝宽度。预应力加固法具有加固、卸荷及改变原结构内力分布的效果。

二、施工工艺流程

预应力加固法施工工艺流程见图 4-7。

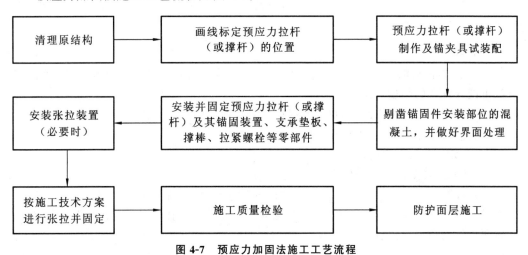

图 4-7　预应力加固法施工工艺流程

三、施工方法

1. 准备工作

(1) 当采用千斤顶张拉时,应定期标定其张拉机具及仪表。标定的有效期限不得超过半年。当千斤顶在使用过程中出现异常现象或经过检修,应重新标定。

(2) 在浇筑防护面层的水泥砂浆或细石混凝土前,应进行预应力隐蔽工程验收。其内容包括:

① 预应力拉杆(或撑杆)的品种、规格、数量、位置等;

② 预应力拉杆(或撑杆)的锚固件、撑棒、转向棒等的品种、规格、数量、位置等;

③ 当采用千斤顶张拉时,应验收锚具、夹具等的品种、规格、数量、位置等;

④ 锚固区局部加强构造及焊接或胶粘的质量。

2. 制作与安装

(1) 制作和安装预应力拉杆(或撑杆)时,必须复查其品种、级别、规格、数量和安装位置。复查结果必须符合设计要求。

(2) 预应力拉杆(或撑杆)锚固区的钢托套、传力预埋件、挡板、撑棒以及其他锚具、紧固件等的制作和安装质量必须符合设计要求。

(3) 施工过程中应避免电火花损伤预应力杆件或预应力筋;受损伤的预应力杆件或预应力筋应予以更换。

(4) 预应力拉杆(或撑杆)下料应符合下列要求:

① 应采用砂轮锯或切断机下料,不得采用电弧切割;

② 当预应力拉杆采用钢丝束,且以镦头锚具锚固时,同束(或同组)钢丝长度的极差不得大于钢丝长度的 1/5000,且不得大于 3 mm;

③ 钢丝镦头的强度不得低于钢丝强度标准值的 98%。

(5) 钢绞线压花锚成型时,其表面应洁净、无油污;梨形头尺寸及直线段长度尺寸应符合设计要求。

(6) 锚固区传力预埋件、挡板、承压板等的安装位置和方向应符合设计要求;其安装位置偏差不得大于 5 mm。

3. 张拉施工

(1) 若构件锚固区填充了混凝土,在张拉时,其同条件养护的立方体试件抗压强度不应低于设计规定的强度等级的 80%。

(2) 采用机张法张拉预应力拉杆(或撑杆)时,应注意以下几点:

① 应保证张拉施力同步,应力均匀一致;

② 应实时控制张拉量;

③ 应防止被张拉构件侧向失稳或发生扭转。

(3) 当采用横向张拉法张拉预应力拉杆(或撑杆)时,应遵守下列规定:

① 预应力拉杆(或撑杆)应在施工现场调直,然后与钢托套、锚具等部件进行装配。调直和装配的质量应符合设计要求。

② 预应力拉杆(或撑杆)锚具部位的细石混凝土填灌、钢托套与原构件间隙的填塞,拉杆端部与预埋件或钢托套连接处的焊缝等的施工质量应检查合格。

③ 横向张拉量的控制,可先适当拉紧螺栓,再逐渐放松,至拉杆仍基本平直、尚未松弛弯垂时停止放松;记录此时的读数,作为控制横向张拉量(ΔH)的起点。

④ 横向张拉分为一点张拉和两点张拉(图 4-8)。两点张拉时,应在拉杆中部焊一撑棒,使该处拉杆间距保持不变,并应用两个拉紧螺栓,以同规格的扳手同步拧紧。

⑤ 当横向张拉量达到要求后,宜用点焊将拉紧螺栓的螺母固定,并切除螺杆伸出螺母以外部分。

(4) 当采用横向张拉法张拉预应力拉杆(或撑杆)时,应符合下列规定:

① 宜在施工现场附近,先用缀板焊连两个角钢,形成组合杆肢,然后在组合杆肢中点处,将角钢的侧立肢切割出三角形缺口,弯折成所设计的形状;再将补强钢板弯好,焊在角钢的弯折肢面上(图 4-9)。

② 预应力拉杆(或撑杆)肢端部由抵承板(传力顶板)与承压板(承压角钢)组成传力构造(图 4-10)。承压板应采用结构胶加锚栓固定于梁底。传力焊缝的施焊质量应符合《钢结构焊接规范》(GB 50661—2011)的要求。经检查合格后,将撑杆两端用螺栓临时固定。

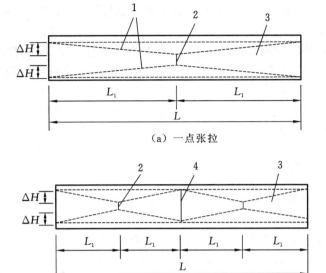

（a）一点张拉

（b）两点张拉

图 4-8　同步对称张拉示意图

1—水平拉杆；2—拉紧螺栓；3—被加固构件；4—撑棒

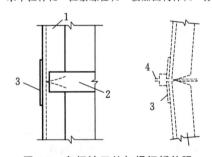

图 4-9　角钢缺口处加焊钢板补强

1—角钢撑杆；2—剖口处箍板；3—补强钢板；4—拉紧螺栓

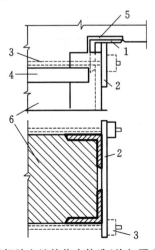

图 4-10　撑杆杆肢上端的传力构造（施加预应力并就位后）

1—角钢制承压板；2—传力顶板；3—安装用螺栓；4—箍板；5—胶缝；6—原柱

③ 预应力撑杆的横向张拉量应按设计值严格进行控制,可通过拉紧螺栓施加预应力(预顶力)。

④ 横向张拉完毕,对双侧加固,应用缀板焊连两个组合杆肢;对单侧加固,应用连接板将压杆肢焊连在被加固柱另一侧的短角钢上,以固定组合杆肢的位置。焊接连接板时,应防止预压应力因施焊受热而损失;可采取上下连接板轮流施焊或同一连接板分段施焊等措施以减少预应力损失。焊好连接板后,对于撑杆与被加固柱之间的缝隙,应用细石混凝土或砂浆填塞密实。

四、施工质量检验

(1) 预应力拉杆锚固后,其实际的预应力值与设计规定的检验值之间相对偏差不应超过±5%。

(2) 当采用钢丝束作为预应力筋时,其钢丝断裂、滑丝的数量不应超过每束1根。

(3) 预应力筋锚固后多余的外露部分应用机械方法切除,但其剩余的外露长度宜为25 mm。

今日学习:＿＿＿＿＿＿＿＿＿＿＿＿＿＿＿＿＿＿＿＿＿＿＿＿＿＿＿＿＿＿＿

今日反省:＿＿＿＿＿＿＿＿＿＿＿＿＿＿＿＿＿＿＿＿＿＿＿＿＿＿＿＿＿＿＿

改进方法:＿＿＿＿＿＿＿＿＿＿＿＿＿＿＿＿＿＿＿＿＿＿＿＿＿＿＿＿＿＿＿

每日心态管理:以下每项做到评10分,未做到评0分。

爱国守法＿＿＿分	做事认真＿＿＿分	勤奋好学＿＿＿分	体育锻炼＿＿＿分
爱与奉献＿＿＿分	克服懒惰＿＿＿分	气质形象＿＿＿分	人格魅力＿＿＿分
乐观＿＿＿＿分	自信＿＿＿分		

得分＿＿＿＿＿分   签名:＿＿＿＿＿＿

第5章　混凝土结构裂缝修补

 本章教学目标

● **重点知识目标**

1. 混凝土结构裂缝特征与分类：掌握混凝土结构裂缝的典型荷载和非典型荷载分类，以及它们的原因、特征和表现形式。

2. 裂缝检测与分析：了解裂缝检测的内容，包括寻找并标注裂缝、描绘裂缝形态、确定裂缝宽度和深度，以及监测裂缝稳定性。

3. 裂缝产生的危害与原因：理解混凝土结构裂缝产生的危害，以及大体积混凝土水化热、塑性收缩、塑性坍落、干缩、外界温度变化、结构基础不均匀沉陷和钢筋腐蚀等因素引起的裂缝原因。

4. 裂缝修补方法：学习混凝土结构裂缝修补的不同方法，包括表面封闭法、压力注浆法和填充密封法等。

● **能力目标**

1. 裂缝检测与分析能力：能够进行混凝土结构裂缝的检测，包括裂缝的寻找和标注、形态描绘、宽度和深度的确定，以及裂缝稳定性的监测。

2. 裂缝原因分析能力：能够分析混凝土结构裂缝产生的原因，包括各种荷载、温度变化、混凝土收缩、基础沉降等因素。

3. 裂缝修补技能：掌握使用不同材料和方法进行混凝土结构裂缝修补的技能，如表面涂抹、压力注浆、填充密封等。

4. 施工处理与检验能力：了解裂缝修补施工处理的步骤和检验要求，确保修补工作的质量和效果。

● **意识形态(素质培养)目标**

1. 教师理论教学和"现代学徒制"教学过程中要融入意识形态等素质教育，培养学生的社会责任感，让他们养成吃苦耐劳、乐于奉献的精神。

2. 通过学徒制教育，培养学生的动手能力和科研创新能力，发掘学生潜意识的自我思考和解决问题的能力。

3. 教师在"现代学徒制"教学和理论教学过程中采用校企角色互换和随机分组"双元制"教学方法，突出学生的主体地位，培养学生独立自主、团结合作的团队意识。

4. 通过学徒和实践教育，能够完成相关材料、结构检测，查阅资料，合理正确使用标准、规范的技能。

5. 在授课过程中结合专业内容、知识点、"现代学徒制"教学项目特点，将意识形态和素质教育的内容融合在教学环节中。

● 教学组织：

本课程教学组织分为理论教学部分和"现代学徒制"教学两部分,理论教学与学徒制教学课时比例为1∶3,教学过程相互穿插,场景互换,充分依托校企合作、产教对接的方式组织理论和实践教学,突出学生"双元制"学习的主导地位,学徒制教学过程中,教师根据学生个体、在团体中的特色和作用等因素改变教学方法和手段,充分挖掘和发挥个体创新、专业特长等技能的培养。

1.理论教学部分:课堂内或在师徒教学现场、实训基地、施工现场等场景完成,完成铁路桥隧检测与加固基础知识理论内容的讲授,授课方式采用传统教学手段或其他信息化教学手段;以行动导向教学为主导,通过①规划→②组织→③任务→④实施→⑤检查→⑥反馈→⑦评价与考核七个环节进行课堂组织教学。

2."现代学徒制"教学部分:根据既有、新建铁路建设项目和各实训基地情况,将学生分组、分批派入教学现场,由专业师傅指导进行学徒教学,任课教师根据情况深入现场或通过信息平台进行理论指导、考核。

"现代学徒制"教学实施基本流程:①项目选择、任务分配→②规划、组织、准备→③实施→④检查→⑤反馈→⑥评价与考核。

"现代学徒制"教学实现的基本目标:

(1)学生要完成铁路桥隧检测与加固基础知识相关技能的训练。

(2)完成项目教学过程的相关记录,整理出完整的学习资料(总结、创新思路、成果、学习心得)等,通过实践能熟练掌握和理解铁路桥隧检测与加固基础知识的概念。

(3)意识形态等素质教育效果明显。

(4)技能考核合格。

3.理、实比例分配:理论教学30%;"现代学徒制"教学70%。

第一节　混凝土结构典型裂缝特征、分类与检测

一、混凝土结构典型裂缝特征

混凝土结构典型裂缝分为典型荷载和非典型荷载。其原因、特征及表现见表5-1、表5-2。

表5-1　混凝土结构的典型荷载裂缝原因、特征及表现

原因	裂缝主要特征	裂缝表现
轴心受拉	裂缝贯穿结构全截面,大体等间距(垂直于裂缝方向);用带肋筋时,裂缝间出现位于钢筋附近的次裂缝	
轴心受压	沿构件出现短而密的平行于受力方向的裂缝	

原因	裂缝主要特征	裂缝表现
偏心受压	弯矩最大截面附近从受拉边缘开始出现横向裂缝,逐渐向中和轴发展;用带肋钢筋时,裂缝间可见短向次裂缝	
	沿构件出现短而密的平行于受力方向的裂缝,但发生在压力较大一侧,且较集中	
局部受压	在局部受压区出现大体与压力方向平行的多条短裂缝	
受弯	弯矩最大截面附近从受拉边缘开始出现横向裂缝,逐渐向中和轴发展,受压区混凝土压碎	
受剪	沿梁端中下部发生约 45°方向相互平行的斜裂缝	
	沿悬臂剪力墙支承端受力一侧中下部发生一条约 45°方向的斜裂缝	
受扭曲	某一面腹部先出现多条约 45°方向斜裂缝,向相邻面以螺旋方向展开	
受冲切	沿柱头板内四侧发生 45°方向的斜裂缝;沿柱下基础体内柱边四侧发生 45°方向斜裂缝	

表 5-2　混凝土结构的非典型荷载裂缝原因、特征及表现

序号	原因	裂缝主要特征	裂缝表现
1	框架结构一侧下沉过多	框架梁两端发生裂缝的方向相反(一端自上而下,另一端自下而上);下沉柱上的梁柱接头处可能发生细微水平裂缝	
2	梁的混凝土收缩和温度变形	沿梁长度方向的腹部出现大体等间距的横向裂缝,中间宽、两头尖,呈枣核形,至上下纵向钢筋处消失,有时出现整个截面裂通的情况	
3	混凝土内钢筋锈蚀膨胀引起混凝土表面出现胀裂	形成沿钢筋方向的通长裂缝	
4	板的混凝土收缩和温度变形	沿板长度方向出现与板跨度方向一致的大体等间距的平行裂缝,有时板角出现斜裂缝	
5	混凝土浇筑速度过快	浇筑1~2 h后在板与墙、梁,梁与柱连接部位出现纵向裂缝	
6	水泥安定性不合格或混凝土搅拌、运输时间过长,使水分蒸发,引起混凝土浇筑时坍落度过低,或阳光照射、养护不当	混凝土中出现不规则的网状裂缝	
7	混凝土初期养护时急骤干燥	混凝土与大气接触面上出现不规则的网状裂缝	同本表序号 6
8	泵送混凝土施工时,为了保证流动性,增加水和水泥用量,导致混凝土凝结硬化时收缩量增加	混凝土中出现不规则的网状裂缝	同本表序号 6

续表

序号	原因	裂缝主要特征	裂缝表现
9	木模板受潮膨胀上拱	混凝土板面产生上宽下窄的裂缝	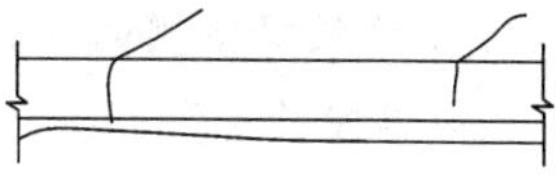
10	模板刚度不够,在刚浇筑混凝土的(侧向)压力作用下发生变形	混凝土构件出现模板变形导致的裂缝	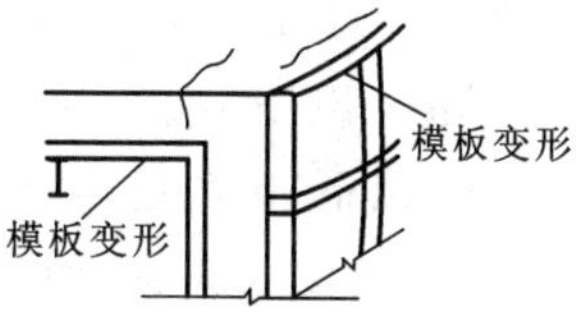 模板变形　模板变形
11	模板支撑下沉或局部失稳	已浇筑成型的构件产生相应部位的裂缝	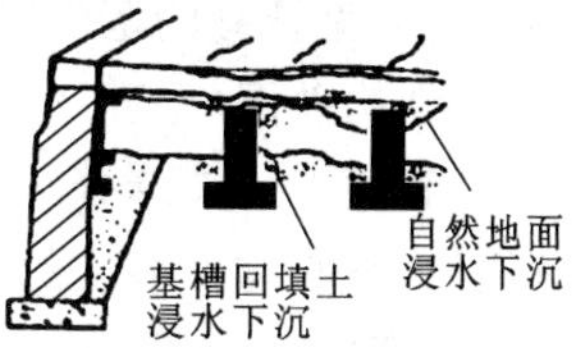 基槽回填土浸水下沉　自然地面浸水下沉

二、裂缝分类

1. 结构性裂缝

结构性裂缝是由各种外荷载引起的裂缝,也称荷载裂缝。它包括由外荷载的直接应力引起的裂缝和在外荷载作用下结构次应力引起的裂缝。

2. 非结构性裂缝

非结构性裂缝是除荷载裂缝以外的其他所有裂缝,主要表现为温度裂缝,收缩(图 5-1)、干缩、影胀和不均匀沉降(图 5-2)等因素引起的裂缝。

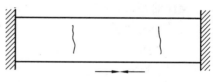

图 5-1　混凝土收缩引起的横向裂缝

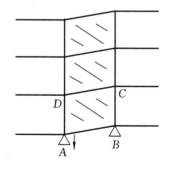

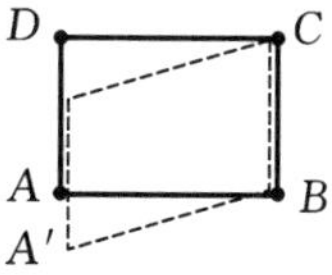

$$A、C节点间的伸长 = \frac{AA'}{\sqrt{2}}（=裂缝总宽度）$$

（a）墙板的开裂　　　　　（b）裂缝宽度

图 5-2　不均匀沉降产生的裂缝

三、裂缝检测

1. 结构裂缝检测的内容

（1）寻找并标注裂缝。

裂缝检测的第一步工作是寻找所有的可见裂缝。比较宽的可见裂缝（肉眼可见的裂缝宽度为 0.1～0.2 mm）可以通过直接观察发现，并用铅笔进行标注。较细的裂缝（宽度在 0.1 mm 以下）就必须贴近构件表面，仔细辨认才能发现。更细的裂缝（宽度在 0.05 mm 以下）肉眼已难以辨认，有时可以用水湿润构件表面后擦干，根据水印来辨认裂缝。当然，应该区别混凝土结构裂缝与表面抹灰层裂缝以及与其他结构和围护构件界面裂缝的不同，后两者不应算成是混凝土结构本身的裂缝。

确定可见裂缝的范围以后，将其按所在的构件（板、梁、墙、柱、屋盖、基础等）进行分类，并在结构总图（平面、立面）上标出其所在区域。有些裂缝与其所在结构体系中的位置有关，利用上述裂缝分布图，可以一目了然地判断裂缝的原因。

例如，垂直构件墙上的斜裂缝反映了基础沉降，并指示了相对沉降的部位。收缩裂缝一般在超长构件的中部，特别是凹角、瓶颈等薄弱部位，且垂直于收缩方向。而温度裂缝往往发生在屋盖、山墙等部位或大体积结构的表面。因此，作出裂缝分布图对于直观地判断裂缝原因及性质，具有重要的参考意义。

（2）描绘形态。

除了作出宏观的裂缝区域分布图以外，还需进一步描绘典型裂缝的形态。内容包括：裂缝在所处构件上的位置，裂缝的发展方向，裂缝宽度的变化，是否贯通截面等。由于混凝土裂缝都是垂直于主拉应力（或应变）方向，而基本是沿着主压应力（或应变）方向发展、延伸的，因此裂缝形态对于判断裂缝原因及性质至关重要。应该作出典型的裂缝形态图，还应统计裂缝的数量、类型并列表表达。

（3）确定裂缝宽度和深度。

绘出裂缝图以后，还应在图上标注典型裂缝的宽度，通常应该量测主要裂缝的最大宽度（ω_{max}）。可以使用刻度放大镜、裂缝宽度检验卡，也可用裂缝宽度检测仪量测。

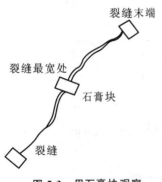

图 5-3　用石膏块观察裂缝的稳定性

有时还需检测裂缝的深度，或判断其是否贯通截面。可以用雷达仪检测混凝土内部，也可简单地用开凿或灌水的方法，观察其是否渗水。

（4）监测裂缝稳定性。

通常在裂缝端部和最宽处粘贴石膏块观测裂缝的稳定性（图 5-3）。如果在荷载作用下或经历一段时间后石膏块开裂，则可以通过量测裂缝的宽度来判断直接作用（荷载）的效应，或者间接作用（收缩、温差）的影响。如果经历较长的时期而仍未开裂，则证明裂缝发展已趋稳定。如果此时封闭裂缝，则可收事半功倍之效。否则，在裂缝稳定之前就匆忙封闭处理，其必然再度开裂而事倍功半。

2. 裂缝检测与处理程序

裂缝检测与处理程序见图 5-4。

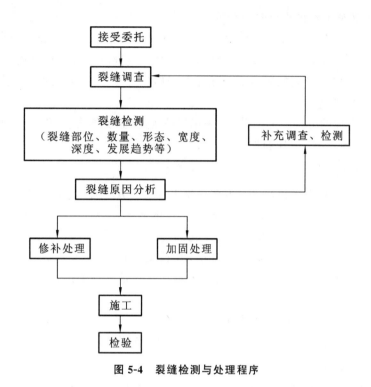

图 5-4　裂缝检测与处理程序

第二节　混凝土结构产生裂缝的危害、原因及措施

一、混凝土结构产生裂缝的危害

裂缝的出现给结构带来了一系列的劣化作用,具体如下:

(1) 贯穿性裂缝改变了结构的受力模式,降低了混凝土结构的整体稳定性,有可能使结构的承载能力受到威胁。

(2) 对于挡水结构及地下结构,贯穿性裂缝会引起渗漏,严重时影响结构的正常使用。非贯穿性裂缝会由于渗透水压力的作用而使得裂缝呈不稳定发展趋势,促使贯穿性裂缝的出现。此外,渗透水的冻融作用还会导致结构发生严重破坏。

(3) 裂缝的发展使结构在偶然荷载(地震)作用下易于破坏,降低结构的安全度。

(4) 过宽的裂缝会导致结构耐久性下降。

二、混凝土结构产生裂缝的原因及措施

1. 大体积混凝土水化热引起的裂缝

（1）产生原因：大体积混凝土凝结和硬化过程中，水泥与水产生化学反应，释放出大量的热量（水化热），水化热使混凝土块体温度升高。当混凝土块体内部的温度与外部环境温度相差很大，以致形成的温度应力或温度变形超过混凝土当时的抗拉强度或极限拉伸值时，就会产生裂缝。

（2）措施：合理的分层、分块、分缝，采用低热水泥，添加掺合料（例如粉煤灰），埋冷却水管，预冷骨料，预冷水，加强养护等。

2. 塑性收缩裂缝

（1）产生原因：塑性收缩裂缝发生在混凝土浇筑后数小时，混凝土仍处于塑性状态的时期。在混凝土初凝前因表面蒸发快，内部水分补充不上，出现表层混凝土干缩，生成网状裂缝。在炎热或大风天气以及混凝土水化热高的环境下，大面积的路面或楼板都容易产生这种裂缝，这类裂缝的宽度可大可小，其长度可由数厘米到数米，深度很少超过 5 cm，但是薄板也有可能被裂穿，裂缝分布的形状通常是不规则的，有时可能与板的长边正交。

（2）措施：尽量降低混凝土的水化热，控制水灰比，采用合适的搅拌时间和浇筑措施以及防止混凝土表面水分过快地蒸发（覆盖席棚或塑料布）等。

3. 塑性坍落裂缝

（1）产生原因：在大厚度的构件中，混凝土浇筑后半小时到数小时即可能发生混凝土塑性坍落引起的裂缝，其原因是混凝土的塑性坍落受到模板或顶部钢筋的抑制，或是在过分凸凹不平的基础上进行浇筑，或是模板沉陷、移动，以及斜面浇筑的混凝土向下流淌，使混凝土发生不均匀的坍落。

（2）措施：采用合适的混凝土配合比（特别要控制水灰比），防止模板沉陷，采用合适的振捣和养护措施等。在裂缝刚发生，坍落终止后，即将混凝土表面重新抹面压光，可使此类裂缝闭合。若发现较晚，混凝土已硬化，则需对这种顺筋裂缝采取措施，以防钢筋锈蚀。

4. 混凝土干缩引起的裂缝

（1）产生原因：普通混凝土在硬化过程中，由于干缩而引起体积变化。当这种体积变化受到约束时，例如两端固定梁，或是高配筋率的梁，或是浇筑在老混凝土上或坚硬岩基上的新混凝土，都可能产生这种裂缝，这种裂缝的宽度有时很大，甚至会贯穿整个结构。

（2）措施：改善水泥性能，合理减少水泥用量，降低水灰比，配筋率不要过高等，而加强潮湿养护尤为重要。

5. 碱-骨料反应引起的裂缝

碱-骨料反应形成的裂缝，在无筋或少筋混凝土中为网状（龟背状）裂缝。在钢筋混凝土结构中，碱-骨料反应受到钢筋或外力约束时，其膨胀力将垂直于约束力的方向，膨胀裂缝则平行于约束力的方向。

判断混凝土裂缝是否属于碱-骨料反应损伤,除由外观检查外,还应通过取芯检验,综合分析,作出评估和相应的建议。

碱-骨料反应裂缝与收缩裂缝的区别:碱-骨料裂缝出现较晚,多出现在施工后数年到一二十年。在受约束的情况下,碱-骨料反应膨胀裂缝平行于约束方向,而收缩裂缝则垂直于约束力方向。碱-骨料反应裂缝出现在同一工程的潮湿部位,湿度愈大,愈严重,而同一工程的干燥部位则无此种裂缝。碱-骨料反应产物碱硅凝胶有时可顺裂缝渗流出来,凝胶多为半透明的乳白色、黄褐色或黑色状物质。

6. 外界温度变化引起的裂缝

(1)产生原因:混凝土结构突然遇到短期内大幅度的降温,例如寒潮的袭击,会产生较大的内外温差,引起较大的温度应力而使混凝土开裂。海下石油储罐、混凝土烟囱、核反应堆容器等承受高温的结构,也会因温差产生裂缝。

(2)措施:对于突然降温,要注意天气预报,及时采取防寒措施;对于高温要采取隔热措施,或是合适的配筋及施加预应力等;对于长度大的墙式结构,则要与防止混凝土干缩裂缝一起考虑,设置温度-干缩构造缝。

7. 结构基础不均匀沉陷引起的裂缝

(1)产生原因:超静定结构的基础沉陷不均匀时,结构构件受到强迫变形,而使结构构件开裂,随着不均匀沉陷的进一步发展,裂缝会进一步扩大。

(2)措施:根据地基条件和结构形式,采取合理的构造措施,例如设置沉陷缝等。

8. 钢筋腐蚀引起的裂缝

钢筋混凝土构件处于不利环境如容易碳化或渗入氯离子和氧(溶于海水中)的海洋环境,易出现钢筋腐蚀引起的裂缝。当混凝土保护层过薄,特别是混凝土的密实性不良时,埋在混凝土中的钢筋将生锈产生氧化铁。氧化铁的体积比未锈蚀的金属大得多,铁锈体积膨胀,挤压周围混凝土,使其胀裂。这种裂缝通常是"先锈后裂",其走向沿钢筋方向,称为"顺筋裂缝",比较容易识别,"顺筋裂缝"发生后,更加速了钢筋腐蚀,最后导致混凝土保护层成片剥落,这种"顺筋裂缝"对耐久性的影响较大。

第三节　混凝土结构裂缝修补方法

一、表面封闭法修补

1. 表面涂抹水泥砂浆

将裂缝附近的混凝土表面凿毛,或沿裂缝(深进的)凿成深 15～20 mm,宽 150～200 mm 的凹槽,扫净并洒水湿润,先刷水泥净浆一遍,然后用 1：(1～2)水泥砂浆分 2～3 层涂抹,总厚度控制在 10～20 mm,并用铁抹压实抹光。有防水要求时,应用水泥净浆(厚 2 mm)和水泥砂浆(厚 4～5 mm)交替抹压 4～5 层刚性防水泥,涂抹 3～4 h 后进行覆盖,洒水养护,在水泥砂浆中掺入水泥质量 1‰～3‰ 的氯化铁防水剂,可以起到促凝和提高防水性能的效果。为使砂浆与混凝土表面结合良好,抹光后的砂浆面应覆盖塑料薄膜并用支撑模板顶紧加压。

2. 表面涂抹环氧胶泥或用环氧粘贴玻璃布

涂抹环氧胶泥前,先将裂缝附近 80～100 mm 宽度范围内的灰尘、浮渣用压缩空气吹净,或用钢丝刷、砂纸、毛刷清除干净,油污可用二甲苯或丙酮擦洗一遍。若表面潮湿,应用喷灯烘烤干燥、预热,以保证环氧胶泥与混凝土黏结良好;若基层难以干燥,则用环氧煤焦油胶泥(涂料)涂抹。较宽的裂缝应先用刮刀填塞环氧胶泥。涂抹时,用毛刷或刮板均匀蘸取胶泥,涂刮在裂缝表面;采用环氧粘贴玻璃布方法时,玻璃布使用前应在水中煮沸 30～60min,再用清水漂净并晾干,以除去油蜡,保证黏结性,一般贴 1～2 层玻璃布,第二层布的四条边应比下面一层宽 10～15 mm,以便压边。

3. 表面凿槽嵌补

沿混凝土裂缝凿一条深槽,其中 V 形槽用于一般裂缝的治理,U 形槽用于渗水裂缝的治理。槽内嵌水泥砂浆或环氧胶泥、聚氯乙烯胶泥、沥青油膏等,表面做砂浆保护层,具体构造处理如图 5-5 所示。

图 5-5 表面凿槽嵌补裂缝的构造处理

槽内混凝土表面应修理平整并清洗干净,不平处用水泥砂浆填补。保持槽内干燥,否则应先导渗、烘干,待槽内干燥后再行嵌补。环氧煤焦油胶泥可在潮湿情况下填补,但不能有淌水现象。嵌补前,先用素水泥浆或稀胶泥在基层刷一道,再用抹子或刮刀将砂浆(或环氧胶泥、聚氯乙烯胶泥)嵌入槽内压实,最后用水泥砂浆抹平压光。在侧面或顶面嵌填时,应使用封槽托板(做成凸字形表面钉薄钢板)逐段嵌托并压紧,待凝固后再将托板去掉。

二、压力注浆法修补

1. 水泥灌浆

水泥灌浆一般用于大体积构筑物裂缝的修补,主要工序如下:

(1)钻孔。采用风钻或打眼机钻孔,孔距 1～1.5 m,除浅孔采用骑缝孔外,一般钻孔轴线与裂缝呈 30°～45° 斜角,如图 5-6 所示。孔深应穿过裂缝面 0.5 m 以上。当有两排或两排以上的孔时,应交错或呈梅花形布置,但应注意防止沿裂缝钻孔。

(2)冲洗。每条裂缝钻孔完毕后,应进行冲洗,其顺序按竖向排列自上而下逐孔进行。

(3)止浆及堵漏。缝面冲洗干净后,在裂缝表面用 1:2～1:1 水泥砂浆,或用环氧胶泥涂抹。

（4）埋管。一般用直径 19～38 mm,长 1.5 m 的钢管作灌浆管（钢管上部加工丝扣）,安装前应在外壁裹上旧棉絮并用麻丝缠紧,然后旋入孔中,孔口管壁周围的孔隙可用旧棉絮或其他材料塞紧,并用水泥砂浆或硫磺砂浆封堵,以防冒浆或灌浆管从孔口脱出。

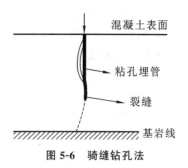

混凝土表面

粘孔埋管

裂缝

基岩线

图 5-6　骑缝钻孔法

（5）试水。用 0.1～0.2 MPa 压力水作渗水试验,采取灌浆孔压水、排气孔排水的方法,检查裂缝和管路畅通情况。然后关闭排气孔,检查止浆堵漏效果,并湿润缝面,以利黏结。

（6）灌浆。应采用普通水泥,细度要求经 6400 孔/cm² 筛孔,筛余量在 2% 以下,可使用 2∶1、1∶1 或 0.5∶1 等几种水灰比的水泥净浆或 1∶0.54∶0.3（水泥∶粉煤灰∶水）水泥粉煤灰浆,灌浆压力一般为 0.3～0.5 MPa。压完浆孔内应充满灰浆,并填入湿净砂,用棒捣实。每条裂缝应按压浆顺序依次进行。若出现大量渗漏情况,应立即停泵堵漏,然后再继续压浆。

2. 化学灌浆

化学灌浆与水泥灌浆相比,具有可灌性好、能控制凝结时间、有较高的黏结强度和稳定的弹性等优点,所以恢复结构整体性的效果较好,适用于各种情况下的裂缝修补及堵漏。防渗处理灌浆材料应根据裂缝的性质、缝宽和干燥情况选用。常用的灌浆材料有环氧树脂浆液（能修补缝宽 0.2 mm 以下的干燥裂缝）、甲凝（能灌缝宽 0.03～0.1 mm 的干燥细微裂缝）、丙凝（用于渗水裂缝的修补、堵水和止漏,能灌 0.1 mm 以下的细裂缝）等,环氧树脂浆液具有化学材料较单一、易于购买、施工操作方便、黏结强度高、成本低等优点,所以应用最广,也是当前国内修补裂缝的主要材料。甲凝、丙凝由于材料较复杂、资源获取困难且价格昂贵,因此使用较少,其灌浆工艺与环氧树脂浆液基本相同。

环氧树脂浆液由环氧树脂（胶粘剂）、邻苯二甲酸二丁酯（增塑剂）、二甲苯（稀释剂）、乙二胺（固化剂）及粉料（填充料）等配制而成。配制时,先将环氧树脂、邻苯二甲酸二丁酯、二甲苯按比例称量,放置在容器内,于 20～40 ℃ 条件下混合均匀,然后加入乙二胺搅拌均匀即可使用。

化学灌浆主要工序如下:

（1）表面处理。同环氧胶泥表面涂抹。

（2）布置灌浆嘴和试气。一般采取骑缝直接用灌浆嘴施灌,而不另钻孔,灌浆嘴用中薄钢管制成,一端带有钢丝扣以连接活接头,应选择在裂缝较宽处、纵横裂缝交错处以及裂缝端部设置,间距为 40～50 cm,灌浆嘴骑在裂缝中间。贯通裂缝应在两面交错设置,灌浆嘴用环氧腻子贴在裂缝压浆部位。腻子厚 1～2 mm,操作时要注意防止堵塞裂缝。裂缝表面可用环氧腻子（或胶泥）或早强砂浆进行封闭。待环氧腻子硬化后,即可进行试气,了解缝面通顺情况。试气时,气压保持在 0.2～0.4 MPa,垂直缝从下往上,水平缝从一端向另一端。在封闭带边上及灌浆嘴四周涂肥皂水检查,若发现泡沫,表示漏气,应再次封闭。

（3）灌浆及封孔。将配好的浆液注入压浆罐内，旋紧罐口，先将活头接在第一个灌浆嘴上，随后开动空压机(气压一般为 0.3～0.5 MPa)进行送气，即将环氧浆液压入裂缝中，待浆液依次从邻灌浆嘴喷出后，用小木塞将第一个灌浆孔封闭。然后按同样方法依次灌注其他嘴孔。为保持连续灌浆，应预备适量的未加硬化剂的浆液，以便随时加入乙二胺使用。

灌浆完毕，应及时用压缩空气将压浆罐和注浆管中残留的浆液吹净，并用丙酮冲洗管路及工具。环氧浆液一般在 20～25 ℃下，经 16～24 h 即可硬化。浆液硬化 12～24 h 后，可将灌浆嘴取下重复使用。灌浆时，操作人员要带防毒口罩，以防中毒。配制环氧浆液时，应根据气温控制材料温度和浆液的初凝时间，以免浪费材料。缺乏灌浆泵时，较宽的平、立面裂缝亦可用手压泵或用兽医用注射器进行操作。

三、填充密封法修补

填充密封法适用于修补中等宽度的混凝土裂缝，将裂缝表面凿成凹槽，然后用填充材料进行修补。对于稳定性裂缝，通常用普通水泥砂浆、膨胀砂浆或树脂砂浆等刚性材料填充；对于活动性裂缝则用弹性嵌缝材料填充。具体做法如下：

1. 刚性材料填充法施工要点

（1）沿裂缝方向凿槽，缝口宽不小于 6 mm；

（2）清除槽口油、污物、石屑、松动石子等，并冲洗干净；

（3）采用水泥砂浆填充(槽口湿水)或采用环氧胶泥、热焦油、聚酯胶、乙烯乳液砂浆填充(槽口应干燥)。

2. 弹性材料填充法施工要点

（1）沿裂缝方向凿一个矩形槽，槽口宽度至少为裂缝预计张开量的 4～6 倍以上，以免嵌缝料过分挤压而开裂。槽口两侧应凿毛，槽底平整光滑，并设隔离层，使弹性密封材料不直接与混凝土黏结，避免密封材料被撕裂。

（2）冲洗槽口，并使其干燥。

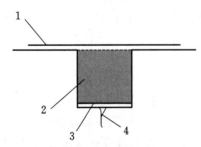

图 5-7　裂缝处开 U 形沟槽充填修补
1—封护材料；2—填充材料；
3—隔离层；4—裂缝

（3）嵌入聚乙烯片、蜡纸、油值、金属片等隔离层材料。

（4）填充丙烯酸树脂或硅酸酯、聚硫化物、合成橡胶等弹性密封材料。

刚、弹性材料填充法适用于裂缝处有内水压或外水压的情况，做法如图 5-7 所示，槽口深度等于砂浆填塞料与胶质填塞料厚度之和，胶质填塞料厚度通常为 640 mm，槽口厚度不小于 40 mm，槽口宽度为50～80 mm，封填槽口时必须清洁干燥。在相应裂缝位置的砂浆层上应做楔形松弛缝，以适应裂缝的张合运动。

第四节　混凝土结构裂缝施工处理与检验

1. 注射法

采用注射法施工时,应按下列要求进行处理及检验:①在裂缝两侧的结构构件表面应每隔一定距离粘接注射筒的底座,并沿裂缝的全长进行封缝;②封缝胶固化后方可进行注胶操作;③灌缝胶液可用注射器注入裂缝腔内;④灌缝胶液固化后,可撤除注射筒及底座并用砂轮磨平构件表面;⑤现场环境温度及构件温度不宜低于 U 形槽充填修补材料 12 ℃,且不应低于 5 ℃。此方法适用于宽度为 0.1～1.5 mm 的静态独立裂缝。

2. 压力注浆法

采用压力注浆法施工时,应按下列要求进行处理及检验:①进行压力注浆前应骑缝或斜向钻孔至裂缝深处,并埋设注浆管,注浆嘴应埋设在裂缝端部、交叉处和较宽处,间隔为 300～500 mm,对贯穿性深裂缝应每隔 1～2 m 加设一个注浆管;②封缝应使用专用的封缝胶,胶层应均匀,无气泡、砂眼,厚度大于 2 mm,与注浆嘴连接密封;③封缝胶固化后,应使用洁净无油的压缩空气试压,确认注浆通道是否通畅、密封无泄漏;④注浆应按由宽到细、由一端到另一端、由低到高的顺序依次进行;⑤缝隙全部注满后应继续稳定压力一定时间,待吸浆率小于 50 mL/h 后停止注浆,关闭注浆嘴。

3. 填充密封法

采用填充密封法施工时,应按下列要求进行处理及检验:①进行填充密封前应沿裂缝走向骑缝开凿 V 形槽或 U 形槽,并仔细检查凿槽质量;②当有钢筋锈胀裂缝时,凿出全部锈蚀部分,并进行除锈和防锈处理;③当需设置隔离层时,U 形槽的槽底应为光滑的平底,槽底铺设隔离层,隔离层应紧贴槽底,且不应吸潮膨胀,填充材料不应与基材相互反应;④向槽内灌注液态密封材料时,应灌至微溢并抹平;⑤静止的裂缝和锈蚀裂缝可采用封口胶或修补胶等进行填充,并用纤维织物或弹性涂料封护;活动裂缝可采用弹性和延性良好的密封材料进行填充封护。

今日学习:＿＿＿＿＿＿＿＿＿＿＿＿＿＿＿＿＿＿＿＿＿＿＿＿＿＿＿＿＿＿＿＿＿＿＿＿＿

今日反省:＿＿＿＿＿＿＿＿＿＿＿＿＿＿＿＿＿＿＿＿＿＿＿＿＿＿＿＿＿＿＿＿＿＿＿＿＿

改进方法:＿＿＿＿＿＿＿＿＿＿＿＿＿＿＿＿＿＿＿＿＿＿＿＿＿＿＿＿＿＿＿＿＿＿＿＿＿

每日心态管理:以下每项做到评 10 分,未做到评 0 分。

爱国守法＿＿＿分	做事认真＿＿＿分	勤奋好学＿＿＿分	体育锻炼＿＿＿分
爱与奉献＿＿＿分	克服懒惰＿＿＿分	气质形象＿＿＿分	人格魅力＿＿＿分
乐观＿＿＿＿＿分	自信＿＿＿＿＿分		

　　　得分＿＿＿＿＿＿分　　　　　　　　　　签名:＿＿＿＿＿＿＿

第6章　铁路桥梁隧道检测技术

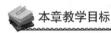 本章教学目标

● **重点知识目标**

1. 掌握铁道建筑结构检测与加固技术,了解不同类型曲线的上屈服强度和下屈服强度以及抗拉强度的测定方法,包括试验速率的规定、图解法或指针法测定抗拉强度,以及使用自动装置测定抗拉强度的步骤。

2. 熟悉基桩检测技术(声波透射法布管原则/堵管处理方案/自平衡试验设备)。

3. 熟悉防水材料的性能测试方法:掌握塑料止水带、橡胶止水带、遇水膨胀橡胶止水条等防水材料的拉伸强度、断后伸长率、撕裂强度、压缩永久变形等性能的测试方法;掌握防水材料的其他性能测试,如低温弯折性、抗穿孔性、不透水性的测试方法。

4. 掌握隧道地质素描的内容和方法:包括工程地质素描和水文地质素描的内容,以及围岩稳定性特征及支护情况的记录方法。

● **能力目标**

1. 能够理解和运用铁路桥隧检测和加固领域相关专业术语;

2. 能够正确运用相关专业技术规范对混凝土原材料、桥梁隧道用的构、配件进行检测;

3. 能够完成铁路桥梁、隧道用的不同性能和指标要求的理论配合比设计;

4. 会运用相关规范对混凝土实体进行结构检测(至少会用一种方法)。

● **意识形态(素质培养)目标**

1. 教师理论教学和"现代学徒制"教学过程中要融入意识形态等素质教育,培养学生的社会责任感,让他们养成吃苦耐劳、乐于奉献的精神。

2. 通过学徒制教育,培养学生的动手能力和科研创新能力,发掘学生潜意识的自我思考和解决问题的能力。

3. 教师在"现代学徒制"教学和理论教学过程中采用校企角色互换和随机分组"双元制"教学方法,突出学生的主体地位,培养学生独立自主、团结合作的团队意识。

4. 通过学徒和实践教育,能够完成相关材料、结构检测,查阅资料,合理正确使用标准、规范的技能。

5. 在授课过程中结合专业内容、知识点、"现代学徒制"教学项目特点,将意识形态和素质教育的内容融合在教学环节中。

● **教学组织**

本课程教学组织分为理论教学部分和"现代学徒制"教学两部分,理论教学与学徒制教学课时比例为1∶3,教学过程相互穿插,场景互换,充分依托校企合作、产教对接的方式组织理论和实践教学,突出学生"双元制"学习的主导地位,学徒制教学过程中,教师根据学生个体、在团体中的特色和作用等因素改变教学方法和手段,充分挖掘和发挥个体创新、专业特长等技能的培养。

1. 理论教学部分:课堂内或在师徒教学现场、实训基地、施工现场等场景完成,完成铁路桥隧检测与加固基础知识理论内容的讲授,授课方式采用传统教学手段或其他信息化教学手段;以行动导向教学为主导,通过①规划→②组织→③任务→④实施→⑤检查→⑥反馈→⑦评价与考核七个环节进行课堂组织教学。

2. "现代学徒制"教学部分:根据既有、新建铁路建设项目和各实训基地情况,将学生分组、分批派入教学现场,由专业师傅指导进行学徒教学,任课教师根据情况深入现场或通过信息平台进行理论指导、考核。

"现代学徒制"教学实施基本流程:①项目选择、任务分配→②规划、组织、准备→③实施→④检查→⑤反馈→⑥评价与考核。

"现代学徒制"教学实现的基本目标:

(1) 学生要完成铁路桥隧检测与加固基础知识相关技能的训练。

(2) 完成项目教学过程的相关记录,整理出完整的学习资料(总结、创新思路、成果、学习心得)等,通过实践能熟练掌握和理解铁路桥隧检测与加固基础知识的概念。

(3) 意识形态等素质教育效果明显。

(4) 技能考核合格。

3. 理、实比例分配:理论教学 30%;"现代学徒制"教学 70%。

第一节　桥梁隧道材料检测

一、钢材检测评定

1. 概述

钢材是用于建筑工程的各种型钢、钢板、钢筋、钢丝等。钢材是在严格的技术控制条件下生产的,与非金属材料相比具有以下优点:品质均匀致密、强度高、塑性和韧性好、能经受冲击和振动荷载等;钢材还具有优良的加工性能,可以锻压、焊接、铆接和切割,便于装配。其缺点是易锈蚀和耐火性差。采用各种型钢和钢板制作的钢结构具有强度高、自重轻等特点,适用于大跨度结构、多层及高层结构,承受动力荷载的结构和重型工业厂房结构等。因此钢材已成为重要的结构材料之一。

(1) 工程常用钢材的分类。

1) 按化学成分分类。

按化学成分可以把钢材分为碳素钢和合金钢两大类。

① 碳素钢。

按照含碳量不同,分为低碳素钢、中碳素钢、高碳素钢;按照磷(P)、硫(S)等杂质含量不同,分为普通碳素钢(P≤0.045%,S≤0.055%)、优质碳素钢(P≤0.040%,S≤0.045%)、高级优质碳素钢(P≤0.030%,S≤0.035%)。

② 合金钢。

按照合金元素的含量不同,分为低合金钢(含量为 5%)、中合金钢(含量为 5%～10%)、高合金钢(含量＞10%);按照磷、硫等杂质含量不同,分为普通碳素钢(P、S 均≤

0.050%)、优质碳素钢(P、S均≤0.040%)、高级优质碳素钢(P、S均≤0.030%)。

2）按品质分类。

根据钢中所含杂质的含量分为普通钢(P<0.045%，S<0.050%)，优质钢(P、S均≤0.035%)和高级优质钢(P<0.035%，S<0.030%)三类。

3）按用途分类。

建筑钢材的产品种类按用途一般分为型材、板材(包括钢带)、管材和金属制品(线材)四类。

① 型材。

钢结构用钢，主要有角钢、工字钢、槽钢、方钢、钢板、桩型钢等(见热轧型钢、冷弯型钢、门窗用金属)。钢筋混凝土结构用钢筋，有线材(直径5~9 mm)或小型材(直径大于9 mm)之分，前者为热轧盘条(包括热处理钢筋)，后者为直条的光圆或螺纹钢筋(见热轧钢筋、预应力混凝土用热处理钢筋)。

② 板材。

主要是钢结构用钢，结构中主要采用中厚板与薄板。中厚板广泛用于建造房屋、桥梁、压力容器、海上采油平台、建筑机械等。薄板经压制成型后广泛应用于结构的屋面、墙面、楼板等。

③ 管材。

主要用于桁架、塔桅等钢结构中。

④ 金属制品(线材)。

土木工程中主要使用的产品有钢丝(包括焊条用钢丝)、钢丝绳、预应力钢丝、钢绞线。钢丝中的低碳钢丝主要用于塔架拉线、绑扎钢筋和脚手架，制作圆钉、螺钉等，还包括供钢筋网或小型预应力构件用的冷拔低碳钢丝。预应力钢丝及其绞线是预应力结构的主要材料。

4）按形状分类。

按照钢材的形状可以分为钢筋(主要品种有低碳钢热轧圆盘条，钢筋混凝土用热轧带肋钢筋、冷轧带肋钢筋，预应力混凝土热处理钢筋，预应力混凝土用钢丝和钢绞线等)和型钢(主要品种有热轧型钢、冷弯薄壁型钢、钢板和压型钢板等)。

（2）钢材的主要力学和工艺性能。

1）强度。

强度是钢材力学性能的主要指标，包括屈服强度和抗拉强度。

屈服强度也称屈服极限，它是钢材开始丧失对变形的抵抗能力，并开始产生大量塑性变形时所对应的应力。中碳钢和高碳钢没有明显的屈服过程，通常以产生0.2%残余变形时的应力作为屈服强度。抗拉强度是钢材所能承受的最大拉应力。即当拉应力达到强度极限时，钢材完全丧失对变形的抵抗能力而断裂。

强屈比是抗拉强度实测值与屈服强度实测值的比值，通常用来反映结构的可靠性和钢材的有效利用率。强屈比越大，结构可靠性越高，即延缓结构损伤程度的潜力越大，但强屈比太大，则钢材的有效利用率过低。《混凝土结构工程施工质量验收规范》(GB 50204—2015)规定，对于一、二级抗震框架结构，其纵向受力钢筋的强屈比不应小于1.25。

屈标比是屈服强度实测值与屈服强度标准值的比值，能够在一定程度上反映钢材的塑性和变形能力。屈标比大于 1.0 屈服强度才合格,但屈标比越大,塑性和变形能力就越差。《混凝土结构工程施工质量验收规范》(GB 50204—2015)规定,对于一、二级抗震框架结构,其纵向受力钢筋的屈标比不应大于 1.3。

2) 塑性。

塑性是钢材在受力破坏前可以经受永久变形的性能,通常用伸长率、断面收缩率、冷弯性能、硬度、冲击韧性、耐疲劳性表征。

伸长率能表征钢材受拉发生断裂时所能承受的永久变形能力,是试件拉断后标距长度的增量与原标距长度之比,以百分数表示。

断面收缩率是试件拉断后缩颈处横断面积的最大缩减量占原横断面积的百分率。

冷弯性能是钢材在常温条件下承受规定弯曲程度的弯曲变形能力,并可在弯曲中暴露钢材缺陷的一种工艺性能。规定试件在规定的弯曲角度、弯芯直径及反复弯曲次数条件下,试件弯曲处不产生裂纹、断裂和起层脱皮等现象时,即认为合格。

硬度是钢材抵抗其他较硬物体压入的能力,即钢材抵抗塑性变形的能力。测定钢材硬度常用的方法有布氏法、洛氏法和维氏法,相应地,硬度指标有布氏硬度(HB)、洛氏硬度(HR)、维氏硬度(HV)。布氏法可用于原位无损的钢结构性能测试;洛氏法一般用于热处理效果测试。

冲击韧性是钢材在冲击荷载作用下断裂时吸收能量的能力,它是衡量钢材抵抗脆性破坏的力学性能指标。

耐疲劳性是钢材抵抗在交变应力(随时间作周期性交替变更的应力)的反复作用下(往往在工作应力远小于抗拉强度时)发生骤然断裂的能力,这种现象也称为"疲劳破坏"。应力循环次数和疲劳寿命对于大型钢结构建筑十分重要,也是未来检测发展方向。

3) 钢材的连接性能。

钢材的连接方式主要有焊接和机械连接,焊接方式主要有电弧焊、电渣压力焊等;机械连接方式主要有绑扎、套筒等。焊接性能是钢材的连接部分焊接后,钢材的力学性能不低于焊件本身,以防产生硬化脆裂、退火和内应力过大等现象。焊接质量检测方式有取样试件试验和原位非破损检测。

(3) 建筑钢材的保管与储存。

1) 选择适宜的场地和库房。

① 保管钢材的场地或仓库,应选择在清洁干净、排水通畅的地方,远离产生有害气体及粉尘的厂矿。要清除场地上的杂草及一切杂物,保持钢材干净。

② 在仓库里钢材不得与酸、碱、盐、水泥等对钢材有侵蚀性的材料堆放在一起。不同品种的钢材应分别堆放,防止混淆与接触腐蚀。

③ 大型型钢、钢轨、厚钢板,大口径钢管、锻件等可以露天堆放。

④ 中小型型钢、盘条、钢筋,中口径钢管、钢丝及钢丝绳等,可在通风良好的料棚内存放,但必须以上苫下垫的方式放置。

⑤ 一些小型钢材、薄钢板、钢带、硅钢片,小口径或薄壁钢管,各种冷轧、冷拔钢材以及价格高、易腐蚀的金属制品,可存放入库。

⑥ 库房应根据地理条件选定,一般采用普通封闭式库房,即有房顶、围墙,门窗严密,设有通风装置。

⑦ 库房要求晴天注意通风,雨天注意防潮,保持适宜的储存环境。

2)合理码放、先存先发、保持清洁、避免锈蚀。

① 堆码的原则是在码垛稳固、确保安全的条件下,做到按品种规格码垛,不同品种的材料要分别码垛,防止混淆和相互腐蚀。

② 禁止在垛位附近存放对钢材有腐蚀作用的物品。

③ 垛底应垫高、坚固、平整,防止材料受潮或变形。

④ 同种材料按入库先后分别堆码,便于执行先进先发的原则。

⑤ 露天堆放的型钢,垛底必须有木垫或条石,垛面略有倾斜,以利排水,并注意材料安放平直,防止造成弯曲变形。

⑥ 堆垛高度,人工作业的不超过 1.2 m,机械作业的不超过 1.5 m,垛宽不超过 2.5 m。

⑦ 垛与垛之间应留有一定宽度的通道,检查道一般为 0.5 m,出入通道视材料大小和运输机械而定,一般为 1.5～2.0 m。

⑧ 垛底垫高,若仓库为朝阳的水泥地面,垫高 0.1 m 即可;若为泥地,须垫高 0.2～0.5 m。若为露天场地,水泥地面垫高 0.3～0.5 m,沙泥面垫高 0.5～0.7 m。

⑨ 露天堆放角钢和槽钢应俯放,即口朝下,工字钢应立放,钢材的槽面不能朝上,以免积水生锈。

⑩ 保存材料的包装和保护层是钢厂出厂前涂的防腐剂或其他复合镀层及包装,这是防止材料腐蚀的重要措施,在运输装卸过程中须注意保护,不能损坏,保护得当可延长材料的保管期限。

⑪ 材料在入库前要注意防止雨淋或混入杂质,对已经淋雨或污染的材料要按其性质采用相应的方法擦净,如硬度高的可用钢致刷,硬度低的用布、棉等物。

⑫ 材料入库后要经常检查,如有锈蚀,应清除锈蚀层。

⑬ 一般钢材表面清除干净后,不必涂油,但对优质钢、合金薄钢板、薄壁管、合金钢管等,除锈后其内、外表面均需涂防锈油后再存放。

⑭ 对锈蚀较严重的钢材,除锈后不宜长期存放,应尽快使用。

2.钢筋的分类

(1)普通钢筋。

钢筋混凝土中的钢筋和预应力混凝土中的非预应力钢筋有光圆钢筋、热轧带肋钢筋、冷轧带肋钢筋、低碳钢热轧圆盘条。依据《钢筋混凝土用钢 第 1 部分:热轧光圆钢筋》(GB 1499.1—2024)和《钢筋混凝土用钢 第 2 部分:热轧带肋钢筋》(GB 1499.2—2024)的规定,普通钢筋的力学性能指标见表 6-1。

表 6-1 普通钢筋的力学性能指标

表面形状	牌号	公称直径 D_n/mm	屈服强度 R_{el}/MPa	抗拉强度 R_m/MPa	断后伸长率 A/%	最大力总伸长率 A_{gt}/%	弯心直径 D	冷弯试验
热轧光圆	HPB235	6～22	≥235	≥370	≥25	≥10	d	180°
	HPB300		≥300	≥420				

表面形状	牌号	公称直径 D_n/mm	屈服强度 R_{el}/MPa	抗拉强度 R_m/MPa	断后伸长率 A/%	最大力总伸长率 A_{gt}/%	弯心直径 D	冷弯试验
热轧带肋	HRB335、HRBF335	6～25	≥335	≥455	≥17	≥7.5	3d	180°
		28～40					4d	
		>40～50					5d	
	HRB400、HRBF400	6～25	≥400	≥540	≥16		4d	180°
		28～40					5d	
		>40～50					6d	
	HRB500、HRBF500	6～25	≥500	≥630	≥15		6d	180°
		28～40					7d	
		>40～50					8d	
冷轧带肋	CRB500	4～12	≥500	≥550	$A_{11.3}$≥8.0	—	3d	180°
	CRB650	4、5、6	≥585	≥650	—	A_{100}≥4.0	—	
	CRB800		≥720	≥800	—		—	
	CRB970		≥875	≥970	—		—	

注:1. d 为钢筋直径。

2. A、$A_{11.3}$ 为断后伸长率,A_{gt} 为最大力总伸长率,A 表示原始标距为 $5d$ 的断后伸长率,$A_{11.3}$ 表示原始标距为 $11.3\sqrt{S_0}$ 的断后伸长率,A_{100} 表示原始标距为 100 mm 的断后伸长率,S_0 为试件原始横截面积。

（2）预应力钢筋。

预应力钢筋的种类比较多,包括热处理钢筋、冷拉钢筋、精轧螺纹钢筋、冷拔钢丝、预应力混凝土用钢丝、钢绞线。其中,使用最广泛的是钢绞线,钢绞线是钢厂用优质碳素结构钢经过冷处理、再经回火和绞捻等加工而成,塑性好、无接头、使用方便,专供预应力混凝土结构使用。桥涵工程常用为 1×7 结构钢绞线,其尺寸及允许偏差和每米参考质量见表 6-2,力学性能要求见表 6-3。

表 6-2　1×7 结构钢绞线尺寸及允许偏差和每米参考质量

钢绞线结构	公称直径 D_n/mm	直径允许偏差 /mm	钢绞线参考截面积 S_n/mm²	每米钢绞线参考质量/(g/m)	中心钢丝直径 d_0 加大范围/%
1×7	9.50	+0.30,−0.15	54.8	430	≥2.5
	11.10		74.2	582	
	12.70	+0.40,−0.20	98.7	775	
	15.20		140	1101	
	15.70		150	1178	
	17.80		191	1500	
(1×7)C	12.70	+0.40 −0.20	112	890	
	15.20		165	1295	
	18.00		223	1750	

注:1×7 表示用 7 根钢丝捻制的标准型钢绞线,(1×7)C 表示用 7 根钢丝捻制又经横拔的钢绞线。

表 6-3　1×7 结构钢绞线力学性能要求

钢绞线结构	钢绞线公称直径 D_n/mm	抗拉强度 R_m/MPa	整根钢绞线的最大力 F_m/kN	规定非比例延伸力 $F_{p0.2}$/kN	最大力总伸长率 $(L_0 \geqslant 500\text{ mm})$ A_{gt}/%	应力松弛性能	
						初始负荷相当于公称最大力的百分数/%	1000 h 后应力松弛率 r/%
1×7	9.50	≥1720	≥94.3	≥84.9	(对所有规格)	(对所有规格)	(对所有规格)
		≥1860	≥102	≥91.8			
		≥1960	≥107	≥96.3			
	11.10	≥1720	≥128	≥115		≥60	≥1.0
		≥1860	≥138	≥124			
		≥1960	≥145	≥131			
	12.70	≥1720	≥170	≥153		≥70	≥2.5
		≥1860	≥184	≥166			
		≥1960	≥193	≥174			
	15.20	≥1470	≥206	≥185	≥3.5		
		≥1570	≥220	≥198			
		≥1670	≥234	≥211		≥80	≥4.5
		≥1720	≥241	≥217			
		≥1860	≥260	≥234			
		≥1960	≥274	≥247			
	15.70	≥1770	≥266	≥239			
		≥1860	≥279	≥251			
	17.80	≥1720	≥327	≥294			
		≥1860	≥353	≥318			
(1×7)C	2.70	≥1860	≥208	≥187			
	15.20	≥1820	≥300	≥270			
	18.00	≥1720	≥384	≥346			

注：1. 规定非比例延伸力 $F_{p0.2}$ 不少于整根钢绞线公称最大负荷的 90%。

　　2. 钢绞线弹性模量为 (195±10) GPa，但不作为交货条件。允许用不少于 100 h 的测试数据推算 100 h 的松弛值。

3. 钢筋的主要力学和机械性能试验

(1) 取样及样品制备。

1) 基本要求。

① 每批钢筋均应有符合标准的出厂检测试验合格证、机械性能和化学成分化(试)验

报告单。其各项指标、数据、批量、说明、签证盖章,应齐全、准确、真实。

a. 热轧钢筋以同牌号、同炉罐号、同规格的钢筋,每 60 t 为一批,不足 60 t 也按一批计。施工单位每批抽检 1 次;监理单位按施工单位抽检次数的 10% 进行见证检验,但至少检验 1 次,施工单位检查全部质量证明文件,按批抽检测量直径,称量每延米重量并进行屈服强度、抗拉强度、伸长率和冷弯试验;监理单位检查全部质量证明文件、试验报告并进行见证检验。

b. 施工单位对运进工地的钢筋进行检测试验,出具"钢筋试验报告"作为使用钢筋的依据。检测试验结果与原证明书和试验报告不符时,应重新取样复验再判定,并查明原因,确定处理办法后方可使用。

c. 钢筋应平直、无损伤,表面无裂纹、油污、颗粒状或片状老锈。

d. 在加工和安装过程中,经检测试验合格的钢筋若出现异常现象(脆断、焊接性能不良或机械性能显著不正常等),应重新进行化学成分分析,予以鉴定。如果试验不合格,应立即停止使用。

e. 对钢筋的质量有疑问或类别不明时,应根据实际情况抽取试样进行鉴定。即使合格也不宜用在主要承重结构的重要部位。

f. 使用进口钢筋时,除符合上述要求外,还应有焊接前的化学分析和可焊性报告,并应符合我国现行钢筋等级标准。

② 对碳素钢丝和刻痕丝,施工单位对其外观应作逐盘检查。

a. 碳素钢丝表面不得有裂缝、乱刺、机械损伤、氯化铁皮、油迹等;刻痕钢丝表面不得有分层、铁锈、结疤、裂缝、劈裂等,但均允许有浮锈和回火色。

b. 钢丝应逐盘进行形状、尺寸和表面检查。从检查合格的钢丝中抽取 5%,但不少于三盘,进行力学性能试验及其他试验。在检查中,如有某一项检查结果不符合产品标准或合同的要求,则该盘钢丝不得交货。并从同一批未经试验的钢丝盘中取双倍数量的试样进行复检(包括该项试验所要求的任一指标),复检结果即使只有一个试样不合格,也不得整批交货,但允许对该批产品逐盘检验,合格产品允许交货,供方可以对复检不合格钢丝进行分类加工(包括热处理)后,重新提交验收。

c. 钢丝应成批验收。每批钢丝应由同一牌号、同一炉号(或同一生产批号)、同一形状、同一尺寸及同一交货状态的钢丝组成。

2) 批量划分、取样数量与方法。

① 每批热轧钢筋的检测试验项目、取样数量、取样方法和试验方法见表 6-4。

表 6-4　每批热轧钢筋试验项目、取样数量、取样方法及试验方法

序号	试验项目	取样数量	取样方法	试验方法
1	化学成分 (熔炼分析)	1	GB/T 20066	GB 1499.2—2024
2	拉伸	2	不同根(盘)钢筋切取	GB/T 28900 和 GB 1499.2—2024
3	弯曲	2	不同根(盘)钢筋切取	GB/T 28900 和 GB 1499.2—2024

序号	试验项目	取样数量	取样方法	试验方法
4	反向弯曲	1	任 1 根（盘）钢筋切取	GB/T 28900 和 GB 1499.2—2024
5	尺寸	逐根（盘）	—	GB 1499.2—2024
6	表面	逐根（盘）	—	目视
7	重量偏差	GB 1499.2—2024		
8	晶粒度	2	不同根（盘）钢筋切取	GB/T 13298 和附录 B

凡是拉伸和冷弯均取 2 个试件的，应从任意 2 根钢筋中截取，每根钢筋取 1 根拉伸试件和 1 根弯曲试件。低碳钢热轧圆盘条和冷轧带肋钢筋冷弯试件应取自不同盘。

取样时，首先应在钢筋或盘条的端部至少截去 50 cm，然后再切取试件。

② 其他钢筋（钢丝）机械性能试样的批量划分和取样数量应符合下列规定：

a. 预应力混凝土用钢丝。根据《铁路混凝土工程施工质量验收标准》（TB 10424—2018）的规定，同牌号、同炉罐号、同规格、同生产工艺、同交货状态的预应力筋以 30 t 为一批，不足 30 t 也按一批计。每盘取 1 根拉伸试样、1 根弯曲试样。

b. 冷拉钢丝。根据《预应力混凝土用钢丝》（GB/T 5223—2014）的规定，钢丝应成批检查和验收，每批钢丝由同一牌号、同一规格、同一加工状态的钢丝组成，每批质量不大于 60 t。每盘取 1 根拉伸试样、1 根弯曲试样。

c. 冷拔低碳钢丝。根据《混凝土制品用冷拔低碳钢丝》（JC/T 540—2006）的规定，冷拔低碳钢丝应成批进行检查和验收，每批冷拔低碳钢丝应为同一钢厂、同一钢号、同一压缩率、同一直径。甲级冷拔低碳钢丝每批质量不大于 30 t，乙级冷拔低碳钢丝每批质量不大于 50 t。甲级冷拔低碳钢丝抗拉强度、断后伸长率及反复弯曲次数应逐盘进行检验；乙级冷拔低碳钢丝抗拉强度、断后伸长率及反复弯曲次数的每批抽查数量不少于 3 盘。

d. 冷轧带肋钢筋。根据《冷轧带肋钢筋》（GB 13788—2024）的规定，同一牌号、同一外形、同一规格、同一生产工艺和同一交货状态的钢筋，以每批不大于 60 t 作为一批。每盘取 1 根拉伸试样，每批取 2 根弯曲或反复弯曲试样。

e. 预应力混凝土用螺纹钢筋。根据《铁路混凝土工程施工质量验收标准》（TB 10424—2018）的规定，同牌号、同炉罐号、同规格的钢筋，以每 60 t 为一批，不足 60 t 也按一批计。施工单位每批抽检 1 次；监理单位按施工单位检验次数的 10% 进行见证检验，但至少检验 1 次。任选 2 根钢筋，每根钢筋截取 1 根试样。

③ 试样尺寸。

a. 机加工的试样，如试样的夹持端与平行长度的尺寸不相同，它们之间应以过渡弧连接，此弧的过渡半径的尺寸十分重要。试样夹持端的形状应适合试验机的夹头。试样轴线应与力的左右重合。试样平行长度 L_c 或试样不具有过渡弧时夹头间的自由长度应大于原始标距 L_0，具体要求参见《金属材料　拉伸试验　第 1 部分：室温试验方法》（GB/T 228.1—2021）中 6.1.2 条的规定。

b. 不经机加工的产品或试样的一段长度，两夹头间的自由长度应足够，以使试样原始标距的标记与夹头保持合理的距离。具体要求参见《金属材料　拉伸试验　第1部分:室温试验方法》(GB/T 228.1—2021)中6.1.3条的规定。

c.原始标距。

ⅰ.比例试样。

使用比例试样的原始标距 L_0 与原始横截面积 S_0 应有以下关系:

$$L_0 = k\sqrt{S_0}$$

式中,比例系数 k 通常取5.65。但如相关产品有规定,也可以取11.3。

圆形横截面比例试样和矩形横截面比例试样分别采用表6-5和表6-6的试样尺寸。相关产品标准还规定了其他试样尺寸。

表6-5　圆形横截面比例试样

d/mm	r/mm	$k=5.65$			$k=11.3$		
		L_0/mm	L_c/mm	试样编号	L_0/mm	L_c/mm	试样编号
25	≥7.5d	5d	≥$L_0+d/2$ 仲裁试验: L_0+2d	R1	10d	≥$L_0+d/2$ 仲裁试验: L_0+2d	R1
20				R2			R2
15				R3			R3
10				R4			R4
8				R5			R5
6				R6			R6
5				R7			R7
3				R8			R8

注:1.如相关产品标准无具体规定,优先采用R2、R4或R7试样。

2.试样总长度取决于夹持方法。

表6-6　矩形横截面比例试验

d/mm	r/mm	$k=5.65$			$k=11.3$		
		L_0/mm	L_c/mm	试样编号	L_0/mm	L_c/mm	试样编号
12.5	≥12	5.65$\sqrt{S_0}$	≥L_0+ 1.5$\sqrt{S_0}$ 仲裁试验 $L_0+2\sqrt{S_0}$	P7	11.3$\sqrt{S_0}$	≥L_0+ 1.5$\sqrt{S_0}$ 仲裁试验 $L_0+2\sqrt{S_0}$	P7
15				P8			P8
20				P9			P9
25				P10			P10
30				P11			P11

注:如相关产品标准无具体规定,优先采用比例系数 $k=5.65$ 的比例试样。

ⅱ.非比例试样。

非比例试样的原始标距 L_0 与原始横截面积 S_0 无固定关系。矩形横截面非比例试样采用表6-7的试样尺寸。但如相关产品标准有规定,可以采用其他试样尺寸。

表 6-7　矩形横截面非比例试样

b/mm	r/mm	L_0/mm	L_c/mm	试样编号
12.5		50		P12
20		80	$\geqslant L_0 + 1.5\sqrt{S_0}$	P13
25	$\geqslant 12$	50	仲裁试验:	P14
38		50	$L_0 + 2\sqrt{S_0}$	P15
40		200		P16

d. 如相关产品标准无规定试样类型,试验设备能力不足够时,厚度大于 25 mm 的产品可以机加工成圆形横截面比例试样或减薄成矩形横截面比例试样。

3）常见问题及注意事项。

① 对不同等级、型号的钢筋,试验时标距、屈服点、极限强度等要明确,勿用错标准。

② 国产钢筋机械性能试验,应检查其屈服点、抗拉强度、伸长率、冷弯、可焊性等五大技术指标是否符合标准要求。如有某一项不符合标准要求,应从同一批中再取双倍数量的试样,重作试验,重作试验全部达标,则可判为符合本项要求。若仍有某一项不符合标准要求,则该批钢筋为不合格产品。

③ 对进口钢筋,应严格遵守先试验、后使用的原则,严禁未经试验就盲目使用。当国别及强度等级不明时,除严格按试验结果确定钢筋级别外,还要注意此种钢筋不宜在主要承重结构的重要部位上使用,并核查代换钢筋是否有变更设计指令。

④ 同品种、同规格的钢筋,发现出厂合格与试验报告的机械性能差异较大时,应复验后再作出明确结论。

⑤ 经复验不合格的钢筋不得使用,并跟踪查明其去向。钢筋降级使用或改变使用部位,以及退场情况,均应作出具体说明。

（2）拉伸试验。

1）试验准备工作。

① 检测人员上岗资格准备。

从事建筑钢材试验的人员应经过培训、考核合格,持有相应证件上岗。

② 试验样品准备。

组批方法、抽样方法和试件数量应符合相关规定,具有代表性;样品应有抽样单（或委托单）,送抵试验室后应检查验收,复核样品的长度、直径（厚度）,检查外观、标识,进行样品描述,并做好记录;在试验检测开始前将样品提前放入检测室内,使试样温度与检测室温度保持一致;按照各建筑钢材质量标准中伸长率的规定对试件标记原始标距 L_0,精确到 $\pm 1\%$。

③ 试验仪器设备准备。

选择拉力或万能试验机,准确度应为 Ⅰ 级或优于 Ⅰ 级,并经计量检定合格预估屈服荷载和破断荷载,选择度盘并加砝,使试验荷载在度盘示值范围的 $20\% \sim 80\%$,根据选择的度盘,调整缓冲阀至合适位置。检查试验机的阀门、夹具、平衡砝、指针丝杆等,如无异常,启动试验机进行试运转。将试验机活动夹头部分升起 $1 \sim 2$ cm,关闭送油阀和回油园,初步调整指针至零。

试验开始前,应记录所使用的试验机的规格型号、精度、分度值、管理编号和设备性能状况。

④ 检测环境条件准备。

试验一般在 $10\sim35$ ℃ 的环境下进行。对温度要求严格的试验,检测室温度应为 (23 ± 5) ℃。试验开始前,应检查检测室温度,并做好记录。

⑤ 检测方法标准准备。

试验工作开始前,应当核对并备齐委托方要求采用的检测方法标准和检测结果评定标准,交检测人员作为进行检测和评定的依据。

⑥ 检测记录表格准备。

检测记录是试验工作的最原始的资料。检测记录应当有统一的格式,其内容应包含足够的信息,以保证检测结果能够再现。

2) 试验操作方法。

① 试样夹持和调零。

启动试验机,将活动夹头部分升起到适当位置,将试样夹持在活动夹头之中。然后关闭送油阀和回油阀,调整试验机指针至零。再调整试验机两个夹头之间的距离,把试样的另一端夹持在试验机的固定夹头之中。夹持好的试样应确保承受轴向拉力的作用。

② 上屈服强度(R_{eH})和下屈服强度(R_{eL})的测定。

a. 测定上屈服强度:在弹性范围和直至上屈服强度,试验机夹头的分离速率应尽可能保持恒定并在表 6-8 规定的应力速率范围内。测定下屈服强度:在试样平行长度的屈服期间,应变速率应为 $0.00025\sim0.0025/s$。平行长度内的应变速率应尽可能保持恒定。如果不能直接调节这一应变速率,应调节屈服即将开始前的应力速率。在任何情况下,弹性范围内的应力速率不得超过表 6-8 规定的最大速率。

表 6-8　应力速率(GB/T 228.1—2021)

材料弹性模量 E/(N/mm^2)	应力速率/(N/mm^2) · s^{-1}	
	最小	最大
<150000	2	20
≥150000	6	60

b. 图解方法测定上、下屈服强度:试验时记录力-延伸率或力-位移曲线。从曲线图读取力首次下降前的最大力和不计初始瞬时效应时屈服阶段中的最小力或屈服平台的恒定力(见图 6-1),将其分别除以试样原始面积(S_0),得到上屈服强度和下屈服强度。仲裁试验采用图解方法。

c. 指针方法测定上、下屈服强度:试验时,读取测力度盘指针首次回转前指示的最大力和不计初始瞬时效应时屈服阶段中指示的最小力或首次停止转动指示的恒定力。将其分别除以试样原始面积(S_0),得到上屈服强度和下屈服强度。

d. 使用自动装置(如微处理机)或自动测试系统测定上屈服强度和下屈服强度,可以不绘制拉伸曲线图。

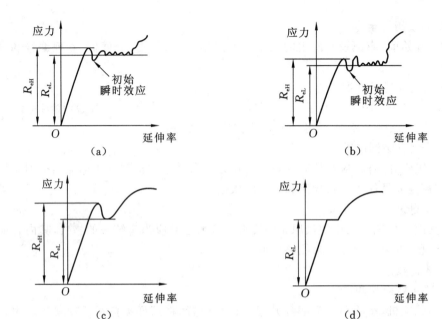

图 6-1　不同类型曲线的上屈服强度和下屈服强度

③ 抗拉强度（R_m）的测定。

a. 试验速率的规定：在塑性范围内，平行长度的应变速率不应超过 0.008/s。如果试验不包括屈服强度的测定，在弹性范围内，试验机的速率可以达到塑性范围内允许的最大速率。

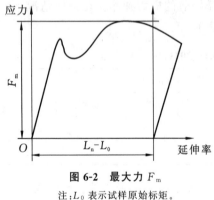

图 6-2　最大力 F_m

注：L_0 表示试样原始标距。

b. 图解法或指针法测定抗拉强度。对于有明显屈服现象的金属材料，从记录的力-延伸率或力-位移曲线图，或从测力度盘读取过了屈服阶段后的最大力；对于没有明显屈服现象的金属材料，从记录的力-延伸率或力-位移曲线图，或从测力度盘读取试验过程中的最大力（见图 6-2）。最大力除以试样原始面积（S_0），得到抗拉强度。

c. 使用自动装置（如微处理机）或自动测试系统测定抗拉强度，可以不绘制拉伸曲线图。

④ 断后伸长率（A）的测定。

试样断裂的部分仔细地接在一起，使其轴线处于同一直线上，并采取特别措施确保试样断裂部分适当接触，使用分辨率优于 0.1 mm 的量具或测量装置测定断后标距（L_u），精确到 ±25 mm。原则上只有断裂处与最接近的标距标记的距离不小于原始标距的 1/3 方为有效，但如断后伸长率大于或等于规定值，不管断裂位置处于何处，测量均有效。如断裂处与最接近的标距标记的距离小于原始标距的 1/3，可以采用位移法测定断后伸长率。

位移法测定断后伸长率的步骤如下：

a. 试验前将原始标距（L_0）细分为 N 等分。

b. 试验后,以符号 X 表示断裂后试样短段的标距标记,以符号 Y 表示断裂试样长段时等分标记,此标记与断裂处的距离最接近断裂处至标记 X 的距离。设 X 与 Y 之间的分格数为 n。

c. 如果 $N-n$ 为偶数,测量 X 与 Y 和 Y 与 Z 之间的距离,使 Y 与 Z 之间的分格数为 $(N-n)/2$。按下式计算断后伸长率(图 6-3):

$$A = \frac{XY + 2YZ - L_0}{L_0} \times 100\%$$

式中,Z——分度标记。

d. 如果 $N-n$ 为奇数,测量 X 与 Y、Y 与 Z' 和 Y 与 Z'' 之间的距离,使 Y 与 Z' 和 Y 与 Z'' 之间的分格数分别为 $(N-n)/2$ 和 $(N-n+1)/2$。按下式计算断后伸长率(图 6-4):

$$A = \frac{XY + YZ' + YZ'' - L_0}{L_0} \times 100\%$$

式中,Z'、Z''——分度标记。

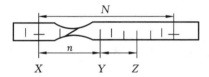
图 6-3　断后伸长率计算图示 1

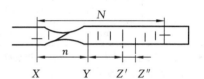
图 6-4　断后伸长率计算图示 2

能用引伸计测定断裂延伸的试验机,引伸计标距(L_e)应等于试样原始标距(L_0),无须标出试样原始标距的标记。以断裂时的总延伸率作为伸长测量时,为了得到断后伸长率,应从总延伸中扣除弹性延伸部分。原则上,断裂发生在引伸计标距以内方为有效,但断后伸长率大于或等于规定值,不管断裂位置处于何处,测量均有效。如产品标准规定用一固定标距测量断后伸长率,引伸计标距应等于这一标距。

e. 试验完毕,要关闭电源,取下摆砣,擦拭仪器,将试验机活动夹头部分降落到适当位置。按照试验室管理规定保管或处理检验后的样品,记录仪器设备的使用时间和用后仪器设备的性能状况。

3) 试验数据处理。

① 试样原始横截面积(S_0)的取用。

a. 钢筋、钢丝计算屈服强度或抗拉强度采用公称横截面面积,见表 6-9。

表 6-9　钢筋、钢丝的公称横截面面积与理论质量

公称直径/mm	公称横截面面积/mm²	理论质量/(kg/m)	公称直径/mm	公称横截面面积/mm²	理论质量/(kg/m)
3.0	7.07	0.055	11.0	95.03	0.746
4.0	12.57	0.099	11.5	103.9	0.815
4.5	15.90	0.125	12	113.1	0.888
5.0	19.63	0.154	14	153.9	1.21

公称直径/ mm	公称横截面 面积/mm²	理论质量/ (kg/m)	公称直径/ mm	公称横截面 面积/mm²	理论质量/ (kg/m)
5.5	23.76	0.186	16	201.1	1.58
6.0	28.27	0.222	18	254.5	2.00
6.5	33.18	0.261	20	314.2	2.47
7.0	38.48	0.302	22	380.1	2.98
7.5	44.18	0.347	25	490.9	3.85
8.0	50.27	0.395	28	615.8	4.83
8.5	56.75	0.445	32	804.2	6.31
9.0	63.62	0.499	36	1018	7.99
9.5	70.88	0.556	40	1257	9.87
10.0	78.54	0.617	50	1964	15.42
10.5	86.59	0.679			

注:冷轧带肋钢筋公称直径为 4～11 mm 时,按规定其公称横截面面积取 3 位有效数字;11.5 mm 和 12 mm 时,其公称横截面面积取 4 位有效数字。

b. 型钢试样原始横截面积,采用《金属材料 拉伸试验 第 1 部分:室温试验方法》(GB/T 228.1—2021)规定的方法进行测量。

② 数据修约的规定:

a. 强度≤200 N/mm² 时,修约至 1 N/mm²;强度＞200 N/mm² 且≤1000 N/mm² 时,修约至 5 N/mm²;强度＞1000 N/mm² 时,修约至 10 N/mm²。

b. 伸长率:当其性能范围在≤10%时,其修约间隔为 0.5%。

当其性能范围在＞10%时,其修约间隔为 1%。

4) 试验结果处理。

① 如果一组(1 根或若干根)拉伸试样中,每根试样的所有试验结果都符合产品标准的规定,则判定该组试样拉伸试验合格。

② 如果有一根试样的某一项指标(屈服强度、抗拉强度或伸长率)试验结果不符合产品标准的规定,则应加倍取样,重新检测全部拉伸试验指标。如果仍有一根试样的某一项指标不符合规定,则判定该组试样拉伸试验不合格。

③ 当试样断在标距外或断在机械刻划的标距标记上,而且断后伸长率小于规定最小值,或者试验期间设备发生故障,影响了试验结果,则试验结果无效,应重做同样数量试样的试验。

④ 试验后试样出现两个或两个以上的缩颈以及出现肉眼可见的冶金缺陷(例如分层、气泡、夹渣、缩孔等),应在试验记录和报告中注明。

(3) 弯曲试验。

1) 试验原理。

弯曲试验使圆形、方形、矩形或多边形横截面试样在弯曲装置上经受弯曲塑性变形,不改变加力方向,直至达到规定的弯曲角度。

弯曲试验时,试样两臂的轴线保持在垂直于弯曲轴的平面内。如为弯曲 180°的弯曲试验,按照相关产品标准的要求,可以将试样弯曲至两臂直接接触或两臂相互平行且相距规定距离,可使用垫块控制规定距离。相关符号和说明见表 6-10。

表 6-10　符号和说明

符号	说明	单位
a	试样厚度或直径(或多边形横截面内切圆直径)	mm
b	试样宽度	mm
L	试样长度	mm
I	制辊间距离	mm
D	弯曲压头直径	mm
α	弯曲角度	(°)
r	试样弯曲后的弯曲半径	mm
f	弯曲压头的移动距离	mm
c	试验前支辊中心轴所在水平面与弯曲压头中心轴所在水平面之间的距离	mm
P	试验后支辊中心轴所在水平面与弯曲压头中心轴所在水平面之间的距离	mm

2)试验设备。

① 一般要求弯曲试验在配备下列弯曲装置之一的试验机或压力机上完成:

a.配有 2 个支辊和 1 个弯曲压头的支辊式弯曲装置。

b.配有 1 个 V 形模具和 1 个弯曲压头的 V 形模具式弯曲装置。

② 支辊式弯曲装置。

a.支辊长度和弯曲压头的宽度应不大于试样宽度或直径。弯曲压头的直径由产品标准规定。支辊和弯曲压头应具有足够的硬度。

b.除非另有规定,支辊间距 l 应按照下式确定:

$$l=(D+3\alpha)\pm\alpha/2$$

注:此距离在试验期间应保持不变,对于 180°弯曲试样,此距离会发生变化。

③ V 形模具式弯曲装置模具的 V 形槽,其角度应为(180°−α),弯曲角度 α 应在相关产品标准中规定。模具的支撑棱边应倒圆,其倒圆半径应为试样厚度的 1～10 倍。模具和弯曲压头宽度应大于试样宽度或直径并应具有足够的硬度。

④ 虎钳式弯曲装置。由虎钳及足够硬度的弯曲压头组成,可以配置加力杠杆。弯曲压头直径应按相关产品标准要求,弯曲压头宽度应大于试样宽度或直径。由于虎钳左端面的位置会影响测试结果,因此虎钳的左端面不能达到或超过弯曲压头中心垂线。

3)试验操作要求。

① 试验使用圆形、方形、矩形或多边形截面的试样。试样的切取位置和方向应参照相关产品标准的要求。如未作具体规定,对于钢产品,应按照《钢及钢产品　力学性能试验取样位置及试样制备》(GB/T 2975—2018)的要求。试样应去除由于剪切或火焰切割或类似的操作而影响了材料性能的部分。如果试验结果不受影响,允许不去除试样受影

响的部分。

② 试样表面不得有划痕和损伤。方形、矩形和多边形横截面试样的棱边应倒圆,当试样厚度小于 10 mm 时,倒圆半径不能超过 1 mm;当试样厚度大于或等于 10 mm 且小于 50 mm 时,倒圆半径不能超过 1.5 mm;当试样厚度不小于 50 mm 时,倒圆半径不能超过 3 mm。

棱边倒圆时不应形成影响验结果的横向毛刺、伤痕或刻痕。如果试验结果不受影响,允许试样的棱边不倒圆。

③ 试样厚度或直径应参照相关产品标准的要求,如未具体规定,应按以下要求:

对于钢板、板材和型材,试样厚度应为原产品厚度。如果产品厚度大于 25 mm,试样厚度可以机加工减薄至不小于 25 mm,并保留一侧原表面。弯曲试验时,试样保留的原表面应位于受拉变形一侧。

直径(圆形横截面)或内切圆直径(多边形横截面)不大于 30 mm 的产品,其试样横截面应为原产品。对于直径或多边形横截面内切圆直径超过 30 mm 但不大于 50 mm 的产品,可以将其机加工成横截面内切圆直径不小于 25 mm 的试样。直径或多边形横截面内切圆直径大于 50 mm 的产品,应将其机加工成横截面内切圆直径不小于 25 mm 的试样。试验时,试样未经机加工的原表面应置于受拉变形的一侧。

4)试验操作程序。

① 量测试验及环境温度。试验一般在 10～35 ℃ 的室温进行。对温度要求严格的试验,试验温度应为(23±5) ℃。

② 按照相关产品标准规定,采取下列方法之一完成试验:

a. 试样在给定的条件和力作用下弯曲至规定的弯曲角度。

b. 试样在力作用下弯曲至两臂相距规定距离且相互平行。

c. 试样在力作用下弯曲至两臂直接接触。

③ 试样弯曲至规定弯曲角度的试验,应将试样放于两支辊或 V 形模具上,试样轴线与弯曲压头轴线垂直,弯曲压头在两支座之间的中点处对试样连续施加力使其弯曲,直至达到规定的弯曲角度。

弯曲试验时,应当缓慢地施加弯曲力,以使材料能够自由地进行塑性变形。当试验结果出现争议时,应重做试验,且试验速率应为(1±0.2) mm/s。

如使用上述方法不能直接达到规定的弯曲角度,可将试样置于两平行压板之间,连续施加力,使其两端使进一步弯曲,直至达到规定的弯曲角度。

④ 试样弯曲至两臂相互平行的试验,首先对试样进行初步弯曲,然后将试样置于两平行压板之间,连续施加力,使其两端使进一步弯曲,直至两臂平行。试验时可以加或不加内置垫块。整块厚度等于规定的弯曲压头直径,除非产品标准中另有规定。

⑤ 试样弯曲至两臂直接接触的试验,首先对试样进行初步弯曲,然后将试样置于两平行板之间,连续施加力,使其两端使进一步弯曲,直至两臂直接接触。

特别提示:试验过程中应采取足够的安全措施和防护装置。

应按照相关产品标准的要求观察试验结果。如未规定具体要求,弯曲试验后无须使用放大镜观察,试样弯曲外表面无可见裂纹应判定为合格。

以相关产品标准规定的弯曲角度为最小值;若规定弯曲压头直径,以规定的弯曲压头直径为最大值。

4. 钢筋连接

（1）相关术语。

① 钢筋电阻点焊。是将两钢筋（丝）安放成交叉叠接形式，压紧于两电极之间，利用电阻热熔化母材金属，加压形成焊点的一种压焊方法。

② 钢筋闪光对焊。是将两钢筋以对接形式水平安放在对焊机上，利用电阻热使接触点金属熔化，产生强烈闪光和飞溅，迅速施加顶锻力完成的一种压焊方法。

③ 箍筋闪光对焊。是将待焊箍筋两端以对接形式安放在对焊机上，利用电阻热使接触点金属熔化，产生强烈闪光和飞溅，迅速施加顶锻力，焊接形成封闭环式箍筋的一种压焊方法。

④ 钢筋焊条电弧焊。钢筋焊条电弧焊是以焊条为一极，钢筋为另一极，利用焊接电流通过产生的电弧热进行焊接的一种熔焊方法。

⑤ 钢筋二氧化碳气体保护电弧焊。是以焊丝作为一极，钢筋为另一极，并以二氧化碳气体为电弧介质，保护金属熔滴、焊接熔池和焊接区高温金属的一种熔焊方法。二氧化碳气体保护电弧焊简称 CO_2 焊。

⑥ 钢筋电渣压力焊。是将两钢筋安放成竖向对接形式，通过直接引弧法或间接引弧法，利用焊接电流通过两钢筋端面间隙，在焊剂层下形成电弧过程和电渣过程，产生电弧热和电阻热，熔化钢筋，加压完成的一种压焊方法。

⑦ 钢筋气压焊。是采用氧气乙炔火焰或氧液化石油气火焰（或其他火焰），对两钢筋对接处加热，使其达到热塑性状态（固态）或熔化状态（熔态）后，加压完成的一种压焊方法。

⑧ 预埋件钢筋埋弧压力焊。是将钢筋与钢板安放成 T 形接头形式，利用焊接电流通过钢筋与钢板的间隙，在焊剂层下产生电弧，形成熔池，加压完成的一种压焊方法。

⑨ 预埋件钢筋埋弧螺柱焊。用电弧螺柱焊焊枪夹持钢筋，使钢筋垂直对准钢板，采用螺柱焊电源设备产生强电流、短时间的焊接电弧，在熔剂层保护下使钢筋焊接端面与钢板产生熔池后，适时将钢筋插入熔池，形成 T 形接头。

⑩ 热影响区。焊接或热切割过程中，钢筋母材因受热的影响（但未熔化），使金属组织和力学性能发生变化的区域。

⑪ 延性断裂。形成暗淡且无光泽的纤维状剪切断口的断裂。

⑫ 脆性断裂。构件未经明显的变形而发生的断裂。

（2）常用的焊条与焊剂。

① 焊条。

电弧焊所采用的焊条应符合《非合金钢及细晶粒钢焊条》（GB/T 5117—2012）或《热强钢焊条》（GB/T 5118—2012）的规定，其型号应根据设计确定。

② 焊剂。

在电渣压力焊和预埋件埋弧压力焊中，可采用 HJ431 焊剂。

（3）焊接质量检查与验收。

1）一般规定。

① 上岗操作的焊工应持有相应证件。

② 在工程开工正式焊接之前,参与该项施焊的焊工应进行现场条件下的焊接工艺试验,试验合格后方可正式生产。试验结果应符合质量检验与验收要求。

③ 钢筋焊接接头或焊接制品应按检验批次进行质量检验与验收,质量检验包括外观检查和力学性能检验,并划分为主控项目和一般项目两类。对于纵向受力钢筋焊接接头的外观质量检查,每一检验批次中应随机抽取 10% 的焊接接头;对于箍筋闪光对焊接头和预埋件钢筋 T 形接头,每一检验批次中应随机抽取 5% 的焊接接头。

④ 首先应由焊工对所焊接头或制品进行自检,然后由施工单位的专业质量检查员检验,监理(建设)单位进行验收记录。当外观质量各小项不合格数均小于或等于抽检数的 15%,则该批焊接接头外观质量评定为合格。当某一小项不合格数超过抽检数的 15%,应对该批焊接接头的该小项逐个进行复验,并剔除不合格接头;对外观检查不合格接头采取修整或焊补措施后,可提交二次验收。

⑤ 试样应从外观检查合格的焊件中随机抽取,检查钢筋出厂质量证明书、钢筋进场复验报告和各项焊接材料产品合格证,接头试件力学性能试验方法遵循《钢筋焊接接头试验方法标准》(JGJ/T 27—2014)。

⑥ 钢筋闪光对焊接头、电弧焊接头、电渣压力焊接头、气压焊接头、箍筋闪光对焊接头、预埋件钢筋 T 形接头拉伸试验结果按以下标准评定。

符合下列条件之一,评定为合格。

a. 3 个试件均断于钢筋母材,呈延性断裂,其抗拉强度大于或等于钢筋母材抗拉强度标准值。

b. 2 个试件断于钢筋母材,呈延性断裂,其抗拉强度大于或等于钢筋母材抗拉强度标准值;1 个试件断于焊缝,呈脆性断裂,其抗拉强度大于或等于钢筋母材抗拉强度标准值。

注意:试件断于热影响区,呈延性断裂,应视作与断于钢筋母材等同;试件断于热影响区,呈脆性断裂,应视作与断于焊缝等同。

符合下列条件之一,评定为复验。

a. 2 个试件断于钢筋母材,呈延性断裂,其抗拉强度大于或等于钢筋母材抗拉强度标准值;1 个试件断于焊缝,或热影响区,呈脆性断裂,其抗拉强度小于钢筋母材抗拉强度标准值。

b. 1 个试件断于钢筋母材,呈延性断裂,其抗拉强度均大于或等于钢筋母材抗拉强度标准值;另 2 个试件断于焊缝或热影响区,呈脆性断裂。

c. 3 个试件全部断于焊缝,呈脆性断裂,其抗拉强度均大于或等于钢筋母材抗拉强度标准值。

复验时,应切取 6 个试件进行试验。试验结果中若有 4 个或 4 个以上试件断于钢筋母材,呈延性断裂,其抗拉强度大于或等于钢筋母材抗拉强度标准值,另 2 个或 2 个以下试件断于焊缝,呈脆性断裂,其抗拉强度大于或等于钢筋母材抗拉强度标准值的 1 倍,应评定该检验批接头拉伸试验复验合格。

凡不符合上述复验条件的检验批接头,均评定为不合格品。

⑦ 钢筋闪光对焊接头、气压焊接头弯曲试验时,焊缝应处于弯曲中心点,弯芯直径和

弯曲角度应符合表 6-11 的规定。

表 6-11　接头弯曲试验指标

钢筋牌号	弯芯直径	弯曲角度/(°)
HPB300	$2d$	90
HRB335、HRBF335	$4d$	90
HRB400、HRBF400、RRB400W	$5d$	90
HRB500、HRBF500	$7d$	90

注:1. d 为钢筋直径(mm)。

　　2. 直径大于 25 mm 的钢筋焊接接头,弯芯直径应增加 1 倍钢筋直径。

试验结果按以下标准评定:

当弯至 90°,有 2 个或 3 个试件外侧(含焊缝和热影响区)未产生宽度达到 0.5 mm 的裂纹,应评定该批接头弯曲试验合格。

当有 2 个试件产生宽度达到 0.5 mm 的裂纹,应进行复验。

当有 3 个试件产生宽度达到 0.5 mm 的裂纹,应评定该检验批接头弯曲试验不合格。

复验时,应再切取 6 个试件。复验结果中若不超过 2 个试件产生宽度达到 0.5 mm 的裂纹,应评定该批接头为合格品。

2) 钢筋闪光对焊接头。

① 组批规定、检验项目和试件数量:

a. 在同一台班内,由同一焊工完成的 300 个同牌号、同直径钢筋焊接接头应作为一批。当同一台班焊接的接头数量较少,可在 1 周内累计计算;累计仍不足 300 个接头时,应按一批计算。《铁路混凝土工程施工质量验收标准》(TB 10424—2018)规定:闪光对焊钢筋"焊接接头的力学性能检验以同等级、同规格、同接头形式和同一焊工完成的每 200 个接头为一批,不足 200 个也按一批计"。

b. 每批随机切取 6 个接头做力学性能试验,其中 3 个做拉伸试验、3 个做弯曲试验。

c. 异径接头可只做拉伸试验。

② 外观检查的内容与要求:a. 对焊接头表面呈圆滑,不得有肉眼可见的裂纹。b. 与电极接触处的钢筋表面不得有明显烧伤。c. 接头处的弯折角不得大于 2°。d. 接头处的轴线偏移不得大于钢筋直径的 1/10,且不得大于 1 mm。

外观检查结果按"一般规定"④的规定进行评定。

③ 力学性能检验,包括拉伸试验和弯曲试验,检验结果按"一般规定"⑤～⑦的规定进行评定。

3) 箍筋闪光对焊接头。

① 在同一台班内,由同一焊工完成的 600 个同牌号同直径箍筋闪光对焊接头作为一批;如超出 600 个接头,其超出部分可以与下一台班完成接头累计计算。每个检验批随机抽取 5% 个箍筋闪光对焊接头做外观检查;随机切取 3 个对焊接头做拉伸试验。

② 箍筋闪光对焊接头外观质量检查结果应符合下列规定:a. 对焊接头表面应圆滑,不得有肉眼可见裂纹。b. 轴线偏移不得大于钢筋直径 1/10,且不得大于 1 mm。c. 对焊接头所在直线边的顺直度检测结果凹凸不得大于 5 mm。d. 对焊接头外皮尺寸应符合设

计图纸的规定,允许偏差应为±5 mm。e.与电极接触处的钢筋表面不得有明显烧伤。

③ 箍筋闪光对焊接头力学性能检验结果应符合"一般规定"⑥的规定。

4)钢筋电弧焊接头。

① 组批规定、检验项目和试件数量。

a. 在现浇混凝土结构中,应以300个同牌号钢筋、同形式接头作为一批;在房屋结构中,应以不超过二层楼中的300个同牌号钢筋、同形式接头作为一批。《铁路混凝土工程施工质量验收标准》(TB 10424—2018)规定:电弧焊钢筋"焊接接头的力学性能检验以同等级、同规格,同接头形式和同一焊工完成的每200个接头为一批,不足200个也按一批计"。

b. 每批随机抽取10%的焊接接头做外观检查。

c. 每批随机切取3个接头做拉伸试验。

d. 在装配式结构中,可按生产条件制作模拟试件,每批3个,做拉伸试验。

e. 钢筋与钢板电弧搭接焊接头可只进行外观检查。

注:在同一批中若有几种不同直径的钢筋焊接接头,应在最大直径钢筋接头中切取3个试件。以下电渣压力焊、气压焊接头取样均同。

② 外观检查的内容与要求:

a. 焊缝表面应平整,不得有凹陷或焊瘤。

b. 焊接接头区域不得有肉眼可见的裂纹。

c. 焊缝余高应为2~4 mm。

d. 咬边深度、气孔、夹渣等缺陷允许值及接头尺寸的允许偏差,应符合表6-12的规定。外观检查结果按"一般规定"④的规定进行评定。

表6-12　钢筋电弧焊接头尺寸偏差及缺陷允许值(JGJ 18—2012)

名称		单位	接头形式		
			帮条焊	搭接焊钢筋与钢板 搭接焊	坡口焊、窄间隙 焊熔槽帮条焊
帮条沿接头中心线的纵向偏移		mm	0.3d	—	—
接头处弯折角		(°)	2	2	2
接头处钢筋轴线的偏移		mm	0.1d	0.1d	0.1d
			1	1	1
焊缝宽度		mm	+0.1d	−0.1d	—
焊缝长度		mm	−0.3d	−0.3d	—
咬边深度		mm	0.5	0.5	0.5
在长2d的焊缝表面上的气孔及夹渣	数量	个	2	2	—
	面积	mm²	6	6	—
在全部焊缝表面上的气孔及夹渣	数量	个	—	—	2
	面积	mm²	—	—	6

注:d为钢筋直径(mm)

③ 拉伸试验结果按"一般规定"⑤～⑥的规定进行评定。

④ 当模拟试件试验结果不符合要求时,应进行复验。复验应从现场焊接接头中切取,其数量和要求与初始试验相同。

5)钢筋电渣压力焊接头。

① 组批规定、检验项目和试件数量:

a. 在现浇混凝土结构中,应以 300 个同牌号钢筋接头作为一批;在房屋结构中,应以不超过二层楼中的 300 个同牌号钢筋接头作为一批;当不足 300 个接头时,仍作为一批。

b. 每批随机抽取 10% 的焊接接头做外观检查。

c. 每批随机切取 3 个接头做拉伸试验。

② 外观检查的内容与要求:

a. 四周焊包凸出钢筋表面的高度,当钢筋直径为 25 mm 及以下时,不得小于 4 mm;当钢筋直径为 28 mm 及以上时,不得小于 6 mm。

b. 钢筋与电极接触处应无烧伤缺陷。

c. 接头处的弯折角不得大于 2°。

d. 接头处的轴线偏移不得大于 1 mm。

外观检查结果按"一般规定"④的规定进行评定。

③ 拉伸试验结果按"一般规定"⑤～⑥的规定进行评定。

6)钢筋气压焊接头。

① 组批规定、检验项目和试件数量:

a. 在现浇混凝土结构中,应以 300 个同牌号钢筋接头作为一批;在房屋结构中,应以不超过二层楼中的 300 个同牌号钢筋接头作为一批;当不足 300 个接头时,仍作为一批。

b. 每批随机抽取 10% 的焊接接头做外观检查。

c. 每批从柱、墙的竖向钢筋连接中切取 3 个接头做拉伸试验;从梁、板的水平钢筋连接中切取 3 个接头做弯曲试验。

d. 在同一批中,异径气压焊接头可只做拉伸试验。

② 钢筋气压焊接头外观检查的内容与要求:

a. 接头处的轴线偏移 e 不得大于钢筋直径的 1/10,且不得大于 1 mm;当不同直径钢筋焊接时,应按较小的钢筋直径计算;当接头处的轴线偏移大于上述规定值,但在钢筋直径的 3/10 以下时,可加热矫正;当接头处的轴线偏移大于 3/10 钢筋直径时,应切除重焊。

b. 接头处表面不得有肉眼可见的裂纹。

c. 接头处的弯折角不得大于 2°;当大于规定值时,应重新加热矫正。

d. 固态气压焊接头镦粗直径 d_c 不得小于钢筋直径的 1.4 倍,熔态气压焊接头镦粗直径 d_c 不得小于钢筋直径的 1.2 倍;当小于上述规定值时,应重新加热镦粗。

e. 镦粗长度 L 不得小于钢筋直径,且凸起部分应平缓圆滑;当小于上述规定值时,应重新加热镦长。

外观检查结果按"一般规定"④的规定进行评定。

③ 力学性能检验包括拉伸试验和弯曲试验,检验结果按"一般规定"⑤～⑦的规定进行评定。

7) 预埋件钢筋 T 形接头。

① 组批规定、检验项目和试件数量：

a. 外观检查，应从同一台班内完成的同一类型预埋件中抽查 5%，且不得少于 10 件。

b. 力学性能检验，应以 300 件同类型预埋件作为一批，1 周内连续焊接时，可累计计算；当不足 300 件时，亦应按一批计算。

c. 每批随机切取 3 个接头做拉伸试验，试件的钢筋长度应大于或等于 200 mm，钢板的长度和宽度均应大于或等于 60 mm。

② 预埋件钢筋焊条电弧焊条接头外观检查结果，应符合下列要求：

a. 当采用 HPB300 钢筋时，角焊缝焊脚不得小于钢筋直径的 50%；采用其他牌号钢筋时，焊脚不得小于钢筋直径的 60%。

b. 埋弧压力焊或埋弧螺柱焊时，四周焊包凸出钢筋表面的高度，当钢筋直径为 18 mm 及以下时，不得小于 3 mm；当钢筋直径为 20 mm 及以上时，不得小于 4 mm。

c. 焊缝表面不得有气孔、夹渣和肉眼可见的裂纹。

d. 钢筋咬边深度不得超过 0.5 mm。

e. 钢筋相对钢板的直角偏差不得大于 2°。

③ 预埋件外观检查评定标准：

当有 2 个接头不符合上述要求时，应对这一项目的接头进行全数检查，并剔除不合格品，不合格接头经补焊后可提交二次验收。

拉伸试验结果按"一般规定"⑤~⑥的规定进行评定。

(4) 焊接接头试验方法。

1) 试样制备。

① 拉伸试样的尺寸按表 6-13 取用。

表 6-13　钢筋焊接接头拉伸试样的尺寸(JGJ/T 27—2014)

焊接方法		试样尺寸/mm		焊接方法		试样尺寸/mm	
		l_s	$L \geqslant$			l_s	$L \geqslant$
电阻点焊		$\geqslant 20d$，且$\geqslant 180$	$l_s + 2l_j$	电弧焊	熔槽帮条焊	$8d + l_h$	$l_s + 2l_j$
闪光对焊		$8d$	$l_s + 2l_j$		坡口焊	$8d$	$l_s + 2l_j$
电弧焊	双面帮条焊	$8d + l_h$	$l_s + 2l_j$		窄间隙焊	$8d$	$l_s + 2l_j$
	单面帮条焊	$5d + l_h$	$l_s + 2l_j$		电渣压力焊	$8d$	$l_s + 2l_j$
	双面搭接焊	$8d + l_h$	$l_s + 2l_j$		气压焊	$8d$	$l_s + 2l_j$
	单面搭接焊	$8d + l_h$	$l_s + 2l_j$		预埋件电弧焊和埋弧压力焊	—	200

注：l_s 为受试长度；l_h 为焊缝(或镦粗)长度；l_j 为夹持长度(100~200 mm)；L 为试样长度；d 为钢筋直径。

② 弯曲试样长度可以采用 $L = (D + 2.5d) + 150$ mm 计算，也可以从表 6-14 查得。压头弯芯直径和弯曲角度的规定见表 6-15。

表 6-14　钢筋焊接接头弯芯直径和弯曲角度规定(JGJ 18—2012)

钢筋牌号	弯芯直径 D		弯曲角度/(°)
	$d \leqslant 25$	$d > 25$	90
HPB300	$2d$	$3d$	90
HRB335、HRBF335	$4d$	$5d$	90
HRB400、RRBF400、RRB400W	$5d$	$6d$	90
HRB500、HRBF500	$7d$	$8d$	90

注:d 为钢筋直径(mm)。

表 6-15　钢筋焊接接头弯曲试验参数(JGJ/T27—2014)

钢筋公称直径/mm	钢筋级别	弯芯直径 D/mm	支辊内侧距(D+2.5d)/mm	试样长度/mm	钢筋公称直径/mm	钢筋级别	弯芯直径 D/mm	支辊内侧距(D+2.5d)/mm	试样长度/mm
12	Ⅰ	24	54	200	25	Ⅰ	50	113	260
	Ⅱ	48	78	230		Ⅱ	100	163	310
	Ⅲ	60	90	240		Ⅲ	125	188	340
	Ⅳ	84	114	260		Ⅳ	175	237	390
14	Ⅰ	28	63	210	28	Ⅰ	84	154	300
	Ⅱ	56	91	240		Ⅱ	140	210	360
	Ⅲ	70	105	250		Ⅲ	168	238	390
	Ⅳ	98	133	280		Ⅳ	224	294	440
16	Ⅰ	32	72	220	32	Ⅰ	96	176	330
	Ⅱ	64	104	250		Ⅱ	160	240	390
	Ⅲ	80	120	270		Ⅲ	192	259	410
	Ⅳ	112	152	300					
18	Ⅰ	36	81	230	36	Ⅰ	108	198	350
	Ⅱ	72	117	270		Ⅱ	180	270	420
	Ⅲ	90	135	280		Ⅲ	216	306	460
	Ⅳ	126	171	320					
20	Ⅰ	40	90	240	40	Ⅰ	120	220	370
	Ⅱ	80	130	280		Ⅱ	200	300	450
	Ⅲ	100	150	300		Ⅲ	240	340	490
	Ⅳ	140	190	340					
22	Ⅰ	44	99	250					
	Ⅱ	88	143	290					
	Ⅲ	110	165	310					
	Ⅳ	154	209	360					

注:1. d 为钢筋直径(mm)。

　　2. 试样长度根据$(D+2.5d)+150$ mm 修约而得。

2）拉伸试验。

① 试验准备工作同 GB/T 228.1—2021 第 6 点。

② 试验操作方法。

a. 按照 GB/T 228.1—2021 第 6 点的方法夹持试样和试验机指针调零。

b. 对试样连续而平稳地施加轴向静拉伸力，加载速率宜为 $10\sim30$ MPa/s，将试样拉至断裂（或出现颈缩），从测力度盘上读取最大力或从拉伸曲线图上确定试验过程中的最大力，并记录。

c. 记录试样的断裂位置（母体、焊缝或热影响区）和断裂特征（延性断裂或脆性断裂）。

d. 试验中，当试验设备发生故障或操作不当而影响试验数据时，试验结果应视为无效。

e. 当在试样断口上发现气孔、夹渣、未焊透、烧伤等焊接缺陷时，应在试验记录中注明。

f. 试验完毕，要关闭电源，取下摆砣，擦拭仪器，将试验机活动夹头部分降落到适当位置。按照试验室管理规定保管或处理检验后的样品，记录仪器设备的使用时间和使用后仪器设备的性能状况。

③ 试验数据处理。

抗拉强度按下式计算，数据修约到 5 MPa。

$$\sigma_b = \frac{F_b}{S_0}$$

式中，σ_b——抗拉强度，MPa；

$\quad F_b$——最大力，N；

$\quad S_0$——试样公称横截面面积，mm^2。

④ 试验结果评定。

拉伸试验结果按 GB/T 228.1—2021 的规定进行评定。

3）弯曲试验

① 试验准备工作：

a. 选择合适的弯曲试验设备，弯曲试验可在压力机或万能试验机上进行。

b. 按 JGJ/T 27—2014 表 4.3.2 规定的弯曲压头直径和弯曲角度。选择并安装牢固冷弯冲头和支辊。

c. 将试样受压面的金属毛刺和镦粗凸起部分去除，使试样受压面与钢筋的外表齐平。

d. 记录试验所用的设备、样品情况和检测环境条件。

② 试验操作方法：

a. 将试样放在两支点上，并使焊缝中心与压头中心线一致，应缓缓地对试样施加弯曲力，直到达到规定的弯曲角度或出现裂纹、破断。

b. 检查弯曲后试件外侧(含焊缝和热影响区)有无发生破裂(当试件外侧横向裂纹宽度达到 0.5 mm 时,应认定已经破裂),并记录。

c. 在试验过程中,应采取安全措施,防止试样突然断裂伤人。

d. 试验完毕,要关闭电源,取下摆砣,擦拭仪器,将试验机活动夹头部分降落到适当位置。按照试验室管理规定保管或处理检验后的样品,记录仪器设备的使用时间和使用后仪器设备的性能状况。

③ 试验结果评定:

弯曲试验结果按 GB/T 228.1—2021 的规定进行评定。

4) 剪切试验。

① 试验准备工作:

a. 选择合适的试验设备,宜选用量程不大于 300 kN 的万能试验机。

b. 根据试样尺寸和试验设备选用悬挂式夹具或吊架式锥形夹具。

c. 记录试验所用的设备、样品情况和检测环境条件。

② 试验操作方法:

a. 将夹具安装于万能试验机的上钳口内并夹紧。试样横筋夹紧于夹具的横槽内,不得转动。试样纵筋通过纵槽夹紧于万能试验机的下钳口内,纵筋受拉的力应与试验机的加载轴线相重合。

b. 加载应连续面平稳,加载速率宜为 10～30 MPa/s,直至试件破坏为止。从测力度盘上读取最大力,即为试样的抗剪载荷。

c. 试验中,当试验设备发生故障或操作不当而影响试验数据时,试验结果应视为无效。

d. 试验完毕,要关闭电源,取下摆砣,擦拭仪器,将试验机活动夹头部分降落到适当位置。按照试验室管理规定保管或处理检验后的样品,记录仪器设备的使用时间和使用后仪器设备的性能状况。

③ 试验结果评定:

a. 钢筋焊接骨架、焊接网焊点剪切试验结果,3 个试件抗剪力平均值应符合下式的要求。

$$F \geqslant 0.3 A_0 R_{el}$$

式中,F——抗剪力,N;

A_0——受拉钢筋的公称横截面面积,mm^2;

R_{el}——受拉钢筋规定的屈服强度,N/mm^2。

注意:冷轧带肋钢筋的屈服强度按 440 N/mm^2 计算。

当剪切试验结果不合格时,应从该批制品中再切取 6 个试件进行复验;当全部试件平均值达到要求时,应评定该批焊接制品焊点剪切试验合格。

(5) 机械连接试验。

1) 相关术语。

① 钢筋机械连接。

通过钢筋与连接件的机械咬合作用或钢筋端面的承压作用,将一根钢筋中的力传递至另一根钢筋的连接方法。

② 套筒挤压接头。

通过挤压力使连接件钢套筒塑性变形与带肋钢筋紧密咬合形成的接头。

③ 锥螺纹接头。

通过钢筋端头特制的锥形螺纹与连接件锥螺纹咬合形成的接头。

④ 镦粗直螺纹接头。

通过钢筋端头镦粗后制作的直螺纹与连接件螺纹咬合形成的接头。

⑤ 滚轧直螺纹接头。

通过钢筋端头直接滚轧或剥肋后滚轧制作的直螺纹与连接件螺纹咬合形成的接头。

⑥ 熔融金属充填接头。

由高热剂反应产生熔融金属充填在钢筋与连接件套筒间形成的接头。

⑦ 水泥灌浆充填接头。

用特制的水泥浆充填在钢筋与连接件套筒间,硬化后形成的接头。

⑧ 接头抗拉强度。

接头试件在拉伸试验过程中所达到的最大拉应力值。

⑨ 接头残余变形。

接头试件按规定的加载制度加载并卸载后,在规定标距内所测得的变形。

⑩ 接头试件的最大力总伸长率。

接头试件在最大力下在规定标距内测得的总伸长率。

⑪ 接头非弹性变形。

接头试件按规定加载制度第 3 次加载至钢筋屈服强度标准值 60% 时,在规定标距内测得的伸长值减去同标距内钢筋理论弹性伸长值的变形值。

⑫ 接头长度。

接头连接件长度加连接件两端钢筋横截面变化区段的长度。

2）符号。

① f_{yk}——钢筋屈服强度标准值。

② f_{stk}——钢筋抗拉强度标准值。

③ f_{mst}^0——接头试件实测抗拉强度。

④ u_0——接头试件加载至 $0.6 f_{yk}$ 并卸载后在规定标距内的残余变形。

⑤ u_{20}——接头经高应力反复拉压 20 次后的残余变形。

⑥ u_4——接头经大变形反复拉压 4 次后的残余变形。

⑦ u_8——接头经大变形反复拉压 8 次后的残余变形。

⑧ ε_{yk}——钢筋应力为屈服强度标准值时的应变。

⑨ A_{sgt}——接头试件的最大力总伸长率。

⑩ d——钢筋直径。

3）一般规定。

① 适用范围。

《钢筋机械连接技术规程》(JGJ 107—2016)规定:适用于房屋与一般构筑物中受力钢筋机械连接接头的设计、应用与验收。

用于机械连接的钢筋应符合《钢筋混凝土用钢　第 2 部分:热轧带肋钢筋》(GB 1499.2—2024)的规定。

② 接头分级。

接头连接件的屈服承载力和受拉承载力的标准值不应小于被连接钢筋的屈服承载力和受拉承载力的标准值的1.10倍。接头应根据其性能等级和应用场合,对单向拉伸性能、高应力反复拉压、大变形反复拉压、抗疲劳等各项性能确定相应的检验项目。

根据抗拉强度、残余变形以及高应力和大变形条件下反复拉压性能的差异,机械连接接头分为 3 个性能等级:

Ⅰ级:接头抗拉强度等于被连接钢筋的实际拉断强度或不小于1.10倍钢筋抗拉强度标准值,残余变形小并具有高延性及反复拉压性能。

Ⅱ级:接头抗拉强度不小于被连接钢筋抗拉强度标准值,残余变形小并具有高延性及反复拉压性能。

Ⅲ级:接头抗拉强度不小于被连接钢筋屈服强度标准值的1.25倍,并具有一定的延性及反复拉压性能。

各等级接头的抗拉强度和变形性能应符合表6-16的规定。

表 6-16　机械连接接头的抗拉强度和变形性能 (JGJ 107—2016)

接头等级		Ⅰ级	Ⅱ级	Ⅲ级
抗拉强度		$f_{mst}^0 \geq f_{stk}$ 断于钢筋 或 $f_{mst}^0 \geq 1.10 f_{stk}$ 断于接头	$f_{mst}^0 \geq f_{stk}$	$f_{mst}^0 \geq 1.25 f_{stk}$
单向拉伸	残余变形/mm	$u_0 \leq 0.10 (d \leq 32)$ $u_0 \leq 0.14 (d > 32)$	$u_0 \leq 0.14 (d \leq 32)$ $u_0 \leq 0.16 (d > 32)$	$u_0 \leq 0.14 (d \leq 32)$ $u_0 \leq 0.16 (d > 32)$
	最大力总伸长率/%	$A_{sgt} \geq 6.0$	$A_{sgt} \geq 6.0$	$A_{sgt} \geq 3.0$
高应力反复拉压	残余变形/mm	$u_{20} \leq 0.3$	$u_{20} \leq 0.3$	$u_{20} \leq 0.3$
大变形反复拉压	残余变形/mm	$u_4 \leq 0.3$ 且 $u_8 \leq 0.6$	$u_4 \leq 0.3$ 且 $u_8 \leq 0.6$	$u_4 \leq 0.6$

4）接头的型式检验。

在下列情况时应进行型式检验:确定接头性能等级时;材料、工艺、规格进行改动时;型式检验报告超过 4 年时。

用于型式检验的钢筋应符合钢筋标准的相关规定。接头试件变形测量标距示意图见图6-5。

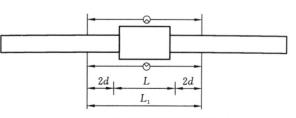

图 6-5　接头试件变形测量标距

变形测量标距按下式计算：

$$L_1 = L + 4d$$

式中，L_1——变形测量标距；

L——机械接头长度；

d——钢筋公称直径。

① 型式检验试件数量、检验项目及取样方法：

对每种形式、级别、规格、材料、工艺的连接接头，型式检验试件不应少于 9 个。

其中，3 个用于单向拉伸试验，测定抗拉强度(f_{mst}^0)、非弹性变形(u)和总伸长率(A_{sgt})；3 个用于高应力反复拉压试验，测定抗拉强度(f_{mst}^0)和残余变形(u_{20})；3 个用于大应变反复拉压试验，测定抗拉强度(f_{mst}^0)和残余变形(u_4 和 u_8)。另外再取 3 个钢筋试件用于钢筋母材试验，测定屈服强度(f_{yk})和抗拉强度(f_{stk})。

全部试件均在同一根钢筋上切取。

② 接头型式检验加载制度。

接头试件型式检验按表 6-17 规定的加载制度进行试验。

表 6-17　接头试件型式检验的加载制度(JGJ 107—2016)

试验项目		加载制度
单向拉伸		$0 \rightarrow 0.6f_{yk} \rightarrow 0$(测量残余变形)$\rightarrow$最大力(记录抗拉强度)$\rightarrow 0$ (测量最大力总伸长率)
高应力反复拉压		$0 \rightarrow (0.9f_{yk} \rightarrow -0.5f_{yk}) \rightarrow$破坏　(反复 20 次)
大变形 反复拉压	Ⅰ级、Ⅱ级	$0 \rightarrow (2\varepsilon_{yk} \rightarrow -0.5f_{yk}) \rightarrow (5\varepsilon_{yk} \rightarrow -0.5f_{yk}) \rightarrow$破坏 (反复 4 次)　　　　(反复 4 次)
	Ⅲ级	$0 \rightarrow (2\varepsilon_{yk} \rightarrow -0.5f_{yk}) \rightarrow$破坏　(反复 4 次)

注：施工现场的接头抗拉强度试验可采用 0 到破坏的一次加载制度。

③ 合格评定标准。

强度检验：每个接头试件的强度实测值均应符合表 6-16 的规定。

变形检验：对残余变形和最大力总伸长率，3 个试件的平均实测值应符合表 6-16 的规定。

④ 检验单位。

接头型式检验应由国家、省部级主管部门认可的检测机构进行，并应按《钢筋机械连接技术规程》(JGJ 107—2016)规定的格式出具检验报告和评定结论。

5) 施工现场接头工艺检验与验收。

工程中应用钢筋机械接头时，应由该技术提供单位提交有效的型式检验报告。

钢筋连接工程开始前，应对不同钢筋生产厂的进场钢筋进行接头工艺检验；施工过程中，更换钢筋生产厂时，应补充进行接头工艺检验。

① 试件数量、检验项目及取样方法。

同一施工条件下采用同一批材料的同等级、同形式、同规格接头，以 500 个为一个验收批进行检验与验收，不足 500 个也作为一个验收批。

接头试件必须在工程结构中随机切取，每验收批，取试件一组(3 个)，做抗拉强度试验。对每批进场的每种规格的钢筋分别取样,各取试件一组。每组试件包括:机械连接接头试件不少于 3 根,做抗拉强度(f_{mst}^0)试验;钢筋母材试件不少于 3 根,做抗拉强度(f_{mst}^0)试验。钢筋母材试件应取自接头试件的同一根钢筋。

② 合格评定标准。

按设计要求的接头等级进行评定。当 3 个接头试件的抗拉强度均符合表 6-16 中相应等级的要求时,该验收批评为合格。如有 1 个试件的强度不符合要求,应再取 6 个试件进行复验。复验中如仍有 1 个试件的强度不符合要求,则该验收批评为不合格。现场检验连续 10 个验收批,抽样试件抗拉强度试验一次合格率为 100% 时,验收批接头数量可以扩大 1 倍。

钢筋机械连接接头的破坏形态有两种:断于钢筋,断于接头。对Ⅰ级接头,当试件断于钢筋母材时,即满足条件 $f_{mst}^0 \geqslant f_{st}^0$,试件合格;当试件断于接头长度区段时,则应满足 $f_{mst}^0 \geqslant 1.10 f_{stk}$ 才能判为合格。对Ⅱ级和Ⅲ级接头,无论试件属哪种破坏形态,只要试件抗拉强度满足表 6-16 中Ⅱ级和Ⅲ级接头的强度要求,即为合格。

③ 滚轧直螺纹接头。

工程中应用滚轧直螺纹接头时,应由该技术提供单位提交有效的型式检验报告。检查连接套筒出厂合格证和钢筋丝头加工检验记录。

外观质量和拧紧力矩要求:钢筋连接完毕后,标准型接头连接套筒外应外露有效螺纹,且连接套筒单边外露有效螺纹不得超过 $2P$(P 为螺纹圈数),其他连接形式应符合产品设计要求。拧紧扭矩值应符合表 6-18 的要求。

表 6-18　螺纹接头安装时的拧紧扭矩值(JG/T 163—2013)

钢筋直径/mm		12～16	18～20	22～25	28～32	36～40	50
拧紧扭矩/(N·m)	直螺纹	100	200	260	320	360	460
	锥螺纹	100	180	240	300	360	460

注:1. 本表中的扭矩值,对直螺纹接头是最小安装拧紧扭矩值。

　2. 本表中的扭矩值,对锥螺纹接头是安装标准扭矩值,安装时不得超拧。

同一施工条件下采用同一材料的同等级、同型式、同规格接头,以连续生产的 500 个为一个检验批进行检验和验收,不足 500 个的也按一个检验批计算。

每一检验批的钢筋连接接头,于正在施工的工程结构中随机抽取 15%。且不少于 75 个,检验其外观质量及拧紧力矩。

现场钢筋连接接头的抽检合格率不应小于 95%。当抽检合格率小于 95% 时,应另抽取同样数量的接头重新检验,当两次检验的总合格率不小于 95% 时,该批接头合格。若合格率仍小于 95% 时,则应对全部接头进行逐个检验。在检验出的不合格接头中抽取 3 根接头进行抗拉强度检验,3 根接头抗拉强度的结果全部符合规定时,该批接头外观质量可以验收。

④ 技术说明。

对于接头分级中的Ⅰ级接头,规定如下:当接头试件拉断于钢筋且试件强度不小于钢筋抗拉强度标准值时,试件合格;当接头试件拉断于接头(定义的"机械接头长度"范围内)时,试件的实测抗拉强度应满足 $f_{mst}^0 \geqslant 1.10 f_{stk}$。即强度合格条件 $f_{mst}^0 \geqslant f_{stk}$(断于钢筋)或 $f_{mst}^0 \geq 1.10 f_{stk}$(断于接头)。

5.预应力混凝土用钢绞线试验

(1)相关术语。

① 标准型钢绞线:由冷拉光圆钢丝捻制成的钢绞线。

② 刻痕钢绞线:由刻痕钢丝捻制成的钢纹线。

③ 模拔型钢绞线:捻制后再经冷拔制成的钢绞线。

④ 公称直径:钢绞线外接圆直径的名义尺寸。

⑤ 稳定化处理:为减少应用时的应力松弛,钢绞线在一定张力下进行的短时热处理。

(2)符号。

① D_n——钢绞线直径。

② S_n——钢绞线参考截面积。

③ R_m——钢绞线抗拉强度。

④ F_m——整根钢绞线最大力。

⑤ $F_{p0.2}$——规定非比例延伸力。

⑥ A_{gt}——最大力总伸长率。

⑦ ΔF_a——应力范围(2 倍应力幅)的等效负荷值。

⑧ D——偏斜拉伸系数。

(3)分类和标记。

钢铰线按结构分为 8 类,其代号如下:

① 1×2——用 2 根钢丝捻制的钢绞线。

② 1×3——用 3 根钢丝捻制的钢绞线。

③ 1×3Ⅰ——用 3 根刻痕钢丝捻制的钢绞线。

④ 1×7——用 7 根钢丝捻制的标准型钢绞线。

⑤ 1×7Ⅰ——用 6 根刻痕钢丝和 1 根光圆中心钢丝捻制的钢绞线。

⑥ (1×7)C——用 7 根钢丝捻制又经横拔的钢绞线。

⑦ 1×19S——用 19 根钢丝捻制的 1+9+9 西鲁式钢绞线。

⑧ 1×19W——用 19 根钢丝捻制的 1+6+6/6 瓦林吞式钢绞线。

标记内容包含预应力钢绞线、结构代号、公称直径、强度级别、标准号。如公称直径为 15.20 mm,强度级别为 1860 MPa 的 7 根钢丝捻制的标准型钢绞线,应标记为:预应力钢绞线 1×7-15.20-1860-GB/T 5224—2023。

(4)检测规则。

① 检查与验收。

产品的检查由供方技术监督部门按表 6-19 的规定进行,需方可按该标准进行检查验收。

表 6-19　供方出厂常规检验项目及取样数量

序号	检验项目	取样数量	取样部位	检验方法
1	表面	逐盘卷	—	目视
2	外形尺寸	逐盘卷	—	GB/T 5224—2023

序号	检验项目	取样数量	取样部位	检验方法
3	钢绞线伸直性	3 根/批	在每(任)盘卷中 任意一端截取	GB/T 5224—2023
4	整根钢绞线最大力	3 根/批		GB/T 228.1—2021
5	规定非比例延伸力	3 根/批		GB/T 228.1—2021
6	最大力总伸长率	3 根/批		GB/T 228.1—2021
7	应力松弛性能	不小于 1 根/合同批		GB/T 10120—2013

注:合同批为一个订货合同的总量。在特殊情况下,松弛试验可以由工厂连续检验提供同一原料、同一生产工艺的数据所代替。

② 组批规则。

钢绞线应成批验收,每批钢绞线由同一牌号、同一规格、同一生产工艺捻制的钢绞线组成。每批质量不大于 60 t。《铁路混凝土工程施工质量验收标准》(TB 10424—2018)规定:同牌号、同炉罐号、同规格、同生产工艺、同交货状态的预应力筋每 30 t 为一批,不足 30 t 也按一批计。

③ 检验项目及取样数量。

钢绞线的检验项目及取样数量应符合表 6-19 的规定。钢绞线的力学性能要求按表 6-19 的相应规定进行检验。

1000 h 的应力松弛性能试验、疲劳性能试验、偏斜拉伸试验只进行型式检验,仅在原料、生产工艺、设备有重大变化及新产品生产、停产后复产时进行检验。

④ 复验与判定规则。

当某一项检验结果不符合规程规定时,则该盘卷不得交货。并从同一批未经试验的钢绞线盘卷中取双倍数量的试样进行该不合格项目的复验,复验结果即使有一个试样不合格,则整批钢绞线不得交货,或进行逐盘检验合格后方可交货。供方有权对复验不合格产品进行重新组批提交验收。

(5)尺寸、外形、重量级允许偏差。

① 截面形状。

预应力钢绞线的截面形状如图 6-6 所示。

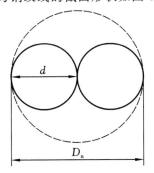
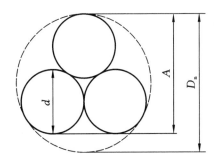

（a）1×2结构钢绞线截面示意图　　　（b）1×3结构钢绞线截面示意图

图 6-6

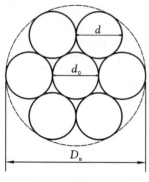

（c）1×7结构钢绞线
截面示意图

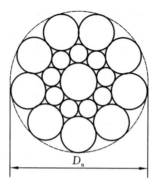

（d）1×19结构西鲁式钢绞线
截面示意图

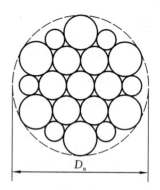

（e）1×19结构瓦林吞式钢绞线
截面示意图

图 6-6　预应力钢绞线截面示意

注：d 为钢丝直径；D_n 为钢绞线直径；A 为测量尺寸；d_0 为中心钢丝直径。

② 钢绞线尺寸及允许偏差。

不同结构预应力钢绞线尺寸及允许偏差应符合表 6-20 的规定（以 1×7 结构钢绞线为例）。

表 6-20　1×7 结构钢绞线尺寸及允许偏差

钢绞线结构	公称直径 D_n/mm	直径允许偏差 /mm	钢绞线公称截面面积/mm²	每米理论质量/ (g/m)	中心钢丝直径加大范围不小于/%
1×7	9.50(9.53)	+0.30 −0.15	54.8	430	2.5
	11.10(11.11)		74.2	582	
	12.70		98.7	775	
	15.20(15.24)	+0.40 −0.15	140	1101	
	15.70		150	1178	
	17.80(17.78)		191(189.7)	1500	
	18.90		220	1727	
	21.60		285	2237	
1×7 I	12.70	+0.40 −0.15	98.7	775	
	15.20(15.24)		140	1101	
(1×7)C	12.70	+0.40 −0.15	112	890	
	15.20(15.24)		165	1295	
	18.00		223	1750	

注：可按括号内规格供货。

（6）技术要求。

① 预应力混凝土用钢绞线的力学性能标准见表 6-21。

表 6-21　1×7 结构钢绞线力学性能标准 (GB/T 5224—2014)

钢绞线结构	钢绞线公称直径 D_0/mm	公称抗拉强度 R_m/MPa	整根钢绞线最大力 F_m/kN	整根钢绞线最大力的最大值 $F_{m,max}$/kN	0.2%屈服力 $F_{p0.2}$/kN	最大力总伸长率 A_{gt}/% ($L_0 \geq 400$ mm)	应力松弛性能	
							初始负荷相当于实际最大力的百分数/%	1000 h 应力松弛率 r/%
1×7	15.20 (15.24)	1470	206	234	181	≥3.5 (对所有规格)	≤70	≤2.5
		1570	220	248	194			
		1670	234	262	206			
	9.50 (9.53)	1720	94.3	105	83.0			
	11.10 (11.11)		128	142	113			
	12.70		170	190	150			
	15.20 (15.24)		241	269	212			
	17.80 (17.78)		327	365	288			
	18.90	1820	400	444	352			
	15.70	1770	266	296	234			
	21.60		S04	561	444			
	9.50 (9.53)	1860	102	113	89.8			
	11.10 (11.11)		138	153	121			
	12.70		184	203	162			
	15.20 (15.24)		260	288	229			
	15.70		279	309	246			
	17.80 (17.78)		355	391	311		≤80	≤4.5
	18.90		409	453	360			
	21.60		530	587	466			
	9.50 (9.53)	1960	107	118	94.2			
	11.10 (11.11)		145	160	128			
	12.70		193	213	170			
	15.20 (15.24)		274	302	241			
1×7I	12.70	1860	184	203	162			
	15.20 (15.24)		260	288	229			
(1×7)C	12.70	1860	208	231	183			
	15.20 (15.24)	1820	300	333	264			
	18.00	1720	384	428	338			

② 除非需方有特殊要求,否则钢绞线表面不得有油、润滑脂等物质。允许存在轴向表面缺陷,但深度应小于单根钢丝直径的4%。钢绞线允许有轻微的浮锈,但不得有肉眼可见的锈蚀麻坑。钢绞线表面允许存在回火颜色。

③ 钢绞线的伸直性。取弦长为1 m的钢绞线放在一平面上,其弦与弧内侧最大自然矢高不大于25 mm。

④ 疲劳性能和偏斜拉伸性能。经供需双方协商,并在合同中注明,可对产品进行疲劳性能试验的偏斜拉伸试验。

(7) 检测方法。

表面质量用目测检查。

钢绞线的直径应使用分度值不大于0.02 mm的量具测量。测量位置距离端头不小于300 mm。1×2钢绞线的直径测量应测定图6-6(a)所示D_n值,1×3钢绞线的直径测量应测定图6-6(b)所示的A值,1×7钢绞线的直径测量应以横穿直径方向的相对两根外层钢丝为准,如图6-6(c)所示D_n值,并在同一截面不同方向上测量3次取平均值。1×19结构钢绞线公称直径为钢绞线外接圆直径。

① 钢绞线拉伸试验。

a. 应按照《金属材料 静力单轴试验机的检验与校准 第1部分:拉力和(或)压力试验机 测力系统的检验与校准》(GB/T 16825.1—2022)要求,对试验机定期进行校准,并应为1级或优于1级准确度。引伸计的准确度级别应符合《金属材料 单轴试验用引伸计系统的标定》(GB/T 12160—2019)的要求,并定期进行校准。测定规定非比例延伸力应使用不劣于1级准确度的引伸计;测定其他具有较大延伸率的性能,例如抗拉强度、最大力总伸长率以及断后伸长率等,应使用不劣于2级准确度的引伸计。试验机上、下工作台之间的距离测量应使用精度不小于0.1 mm的长度测量尺或游标卡尺。

b. 测定规定非比例延伸力时,应力速率应在6~60 MPa·s^{-1}范围内。

c. 整根钢绞线的最大力试验按《预应力混凝土用钢材试验方法》(GB/T 21839—2019)的规定进行。如试样在夹头内和距钳口2倍钢绞线公称直径内断裂,达不到该标准性能要求,则试验无效。计算抗拉强度时取钢绞线的公称横截面面积值。

d. 钢绞线屈服力采用的是引伸计标距(不小于1个捻距)的非比例延伸达到引伸计标距0.2%时所受的力($F_{p0.2}$)。为便于供方日常检验,也可以测定规定总延伸达到原始标距1%的力(F_{t1}),其值符合GB/T 5224—2014规定的$F_{p0.2}$值时可以交货,但仲裁试验时测定$F_{p0.2}$。测定$F_{p0.2}$的F_{t1}时,预加负荷为最大力的10%。

e. 最大力总伸长率A_{gt}的测定按《预应力混凝土用钢材试验方法》(GB/T 21839—2019)的规定进行。如使用计算机采集数据或使用电子拉伸设备,测量延伸率时预加负荷对试样所产生的延伸率应加在总伸长率内。

f. 最大力除以试验钢绞线参考截面面积得到抗拉强度,数值修约间隔为10 MPa;最大力总伸长率A_{gt},数值修约间隔为0.5%。

② 钢绞线疲劳试验。

a. 疲劳试验所用试样是从成品钢绞线上直接截取的试样,试样长度应保证两夹具之间的距离不小于500 mm。

b. 钢绞线应能经受$2×10^6$次$0.7F_{ma}$~$(0.7F_{ma}-2\Delta F_r)$脉动负荷后而不断裂。

光圆钢绞线：

$$F_r/S_n＝190\ \text{MPa}$$

刻痕钢绞线：

$$F_r/S_n＝170\ \text{MPa}$$

式中，F_{ma}——钢绞线的实际最大力，N；

　　F_r——应力范围的等效负荷值，N；

　　S_n——钢绞线的公称横截面积，mm^2。

疲劳试验按《预应力混凝土用钢材试验方法》(GB/T 21839—2019)的规定进行。

③ 钢绞线偏斜拉伸试验。

钢绞线偏斜拉伸试验适用于直径大于或等于 12.5 mm 的钢绞线。将钢绞线固定在偏斜装置上与直线成 20°进行拉伸试验，直到至少 1 根单丝破断，测量其破断力与轴向拉伸最大力的比值。

偏斜拉伸的试样应从力学性能合格的样品上一次截取相当于 12 根试样的长度。两端各取 1 根进行轴向拉伸试验，确定钢绞线的最大力，其余再截成 10 根用于偏斜拉伸试验。

注：7 个有效的试验结果就可以计算出偏斜系数，但考虑到有无效试验的情况，建议至少取 10 根试样。试样长度应满足试样进行拉伸和锚固用。试样除被切割外，不能进行任何的加工处理。

试验机应具有刚性机架，以满足试验要求。试验机包括 1 个固定锚固夹头和带测力装置的活动锚固夹头、1 个加载装置和 1 个带凹槽的心轴。

试验装置的尺寸应符合图 6-7 和表 6-22 的规定。

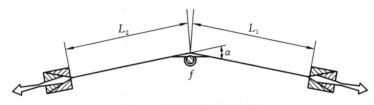

图 6-7　偏斜拉伸试验装置

注：f 为心轴；$L_1＝(700\pm50)$ mm；$L_2\geqslant750$ mm。

表 6-22　夹片的位移量

最大力的百分比	允许最大位移量/mm
从 0 到破断	5
从 $50\%F_m$ 到破断	2.5

注：在试验之前，应对楔形夹片进行研磨。

锚固夹头应满足下列要求：

a. 用夹具进行轴向拉伸试验时，应达到常规拉伸试验最大力 F_m 的 95％以上。

b. 偏斜拉伸试验中，达到 90％ F_m 时，中心钢丝与外层钢丝的相对移量应小于 0.5 mm。

c. 夹片与锚固夹胎之间的位移应小于表 6-22 中的值。

d. 在试验过程中，楔形夹片与锚固夹胎之间应该是扣紧的，无任何活动。

e. 夹片的最小齿长为钢绞线直径的 2.5~3 倍。

心轴应用工具钢制造,其化学成分、显微组织及热处理应使其具有高韧性和高耐磨性能。心轴尺寸应符合规定。心轴应刚性固定,不能有任何旋转和移动。心轴凹槽精加工的精度应达到 n7,表面粗糙度最大值为 Ra 1.6 μm。

加载设备最好有测力传感器,误差应不大于 ±1%,力值读数应大于满量程的 10%。加载频率应可调节,试验期间应控制加载速度,载荷在 0~50% F_m 范围内,加载速度应控制在 30 MPa/s;载荷在(50%~100%)F_m 范围内,加载速度应控制在 60 MPa/s。

试验前心轴凹槽表面应仔细清理,如钢绞线有轻微弯曲,曲率应与偏斜方向一致。加载之前安装锚具过程中,应正确调整钢绞线。加载期间钢绞线与夹片之间不能有任何滑移,以验证锚固效果。

加载设备最好有测力传感器,误差应不大于 1%,力值读数应大于满量程的 10%。加载频率应可调节,试验期间应控制加载速度,荷载在 0~50%F_m 范围内,加载速度应控制在 30 MPa/s;荷载在(50%~100%)F_m 范围内,加载速度应控制在 60 MPa/s。

当钢绞线的 1 根或多根钢丝不在心轴位置破断时,试验无效。

有效试验的 F_{ai} 应按上述要求精确记录,对应的偏斜拉伸系数 D_i 可按下式进行计算:

$$D_i = \left(1 - \frac{F_{ai}}{F_m}\right) \times 100\%$$

式中,F_{ai}——偏斜拉伸试验中单根试样的破断力。

去掉最大值和最小值,D 应取 D_i 的平均值。

$$D = 1/5 \sum_{i=1}^{5} D_i$$

一般用途的钢绞线,其偏斜拉伸系数 $D \leqslant 28\%$;用于斜拉索的钢绞线,其偏斜拉伸系数 $D \leqslant 20\%$。

6. 锚具、夹具、连接器检测

(1) 概述。

锚具是在后张法结构或构件中,为保持预应力筋的拉力并将其传递到混凝土上所用的永久性锚固装置。锚具可分为张拉端锚具和固定端锚具两类。其中张拉端锚具是安装在预应力筋端部且可用以张拉的锚具;固定端锚具是安装在预应力筋端部,通常埋入混凝土中且不用以张拉的锚具。

夹具是在先张法构件施工时,为保持预应力筋的拉力并将其固定在生产台座(或设备)上的临时性锚固装置;在后张法结构或构件施工时,在张拉千斤顶或设备上夹持预应力筋的临时性锚固装置,又称工具锚。

连接器是用于连接预应力筋的装置。

锚具按锚固方式可分为夹片式、支承式、锥塞式和握裹式四种类型。

1) 夹片式锚具分类。

① JM 型锚具,为单孔夹片式锚具,由锚环和夹片组成。锚固时钢筋束或钢绞线束被单根夹紧,不受直径误差的影响,且预应力筋是在呈直线状态下被张拉和锚固,受力性能好。

② XM 型锚具,属于多孔夹片锚具,是在一块多孔的锚板上,利用每个锥形孔装一副

夹片夹持一根钢绞线的一种楔紧式锚具。这种锚具的优点是任何一根钢绞线锚固失效,都不会引起整束锚固失效,并且每束钢绞线的根数不受限制。

③ QM、OVM 型锚具,也属于多孔夹片锚具,适用于钢纹线束。该锚具由锚板与夹片组成,QM 型锚固体系配有专门的工具锚,以保证每次张拉后退锚方便,并减少安装工具锚所花费的时间。

2) 支承式锚具分类。

① 螺母锚具,由螺丝端杆、螺母和垫板组成。适用于直径 18~36 mm 的预应力钢筋,锚具长度一般为 320 mm,当为一端张拉或预应力筋的长度较长时,螺杆的长度应增加 30~50 mm。

② 镦头锚具,一般直接在预应力筋端部热镦、冷镦或锻打成型。镦头锚具也适用于锚固多根钢丝束。钢丝束镦头锚具分 A 型与 B 型。A 型由锚环与螺母组成,可用于张拉端;B 型为锚板,用于固定端。镦头锚具的优点是操作简便迅速,不会出现锥形锚具易发生的“滑丝”现象,故不易发生相应的预应力损失。这种锚具的缺点是下料长度要求很精确,否则,在张拉时会因各钢丝受力不均匀而发生断丝现象。

3) 锥塞式锚具分类。

① 锥形锚具,由钢质锚环和锚塞组成,用于锚固钢丝束。锚环内孔的锥度应与锚塞的锥度一致。锚塞上刻有细齿槽,夹紧钢丝防止滑动。锥形锚具的尺寸较小,便于分散布置。缺点是易产生单根滑丝现象,钢丝回缩量较大,所引起的应力损失亦大,并且滑丝后无法重复张拉和接长,应力损失很难补救。此外,钢丝锚固时呈辐射状态,弯折处受力较大。

② 锥形螺杆锚具,由锥形螺杆、套筒、螺母组成,用于锚固 14~28 根直径 5 mm 的钢丝束。

4) 握裹式锚具分类。

① 挤压锚具,是利用液压压头机将套筒挤紧在钢绞线端头上的一种锚具。套筒内衬有硬钢丝螺旋圈,在挤压后硬钢丝全部脆断,一半嵌入外钢套,一半压入钢绞线,从而增加钢套筒与钢绞线之间的摩阻力。锚具下设有钢垫板与螺旋筋。这种锚具适用于构件端部的设计力大或端部尺寸受到限制的情况。

② 压花锚具,是利用液压压花机将钢绞线端头压成梨形散花状的一种锚具。多根钢绞线梨形头应分排埋置在混凝土内。为提高压花锚四周混凝土及散花头根部混凝土抗裂强度,在散花头的头部配置构造筋,在散花头的根部配置螺旋筋。

各种类型锚具、夹具和连接器的分类代号如表 6-23 所示。

表 6-23 锚具、夹具和连接器代号

分类代号		锚具	夹具	连接器
夹片式	圆形	YJM	YJJ	YJL
	扁形	BJM		
支承式	镦头	DTM	DTJ	DTL
	螺母	LMM	LMJ	LML

续表

分类代号		锚具	夹具	连接器
锥塞式	钢质	GZM	—	—
	冷铸	LZM	—	—
	热铸	RZM	—	—
握裹式	挤压	JYM	JYJ	JYL
	压花	YHM	—	—

注:连接器的代号以续接股端部钻固方式命名。

（2）检验规则。

1）检验分类。

锚具、夹具和连接器的检验分出厂检验和型式检验两类。出厂检验为生产厂在每批产品交货前必须进行的厂内产品质量控制性检验;型式检验为对产品全面性能控制的检验。下列情况一般应进行型式检验:

① 新产品或老产品转厂生产的试制定型鉴定;

② 正式生产后,如结构、材料、工艺有较大改变,可能影响产品性能;

③ 正常生产时,定期或积累一定产量后,每2～3年进行一次检验;

④ 产品长期停产后,恢复生产时;

⑤ 出厂检验结果与上次型式检验有较大差异时。

2）检验项目。

出厂检验项目和型式检验项目应符合表6-24的规定。

表6-24　产品检验项目

产品	出厂检验项目	型式检验项目
锚具及永久留在混凝土结构中的连接器	外形外观、硬度、锚板强度试验、静载试验	外形外观、硬度、锚板强度试验、静载试验、疲劳试验、周期荷载试验、辅助性试验
夹具及张拉后需要拆卸的连接器	外形外观、硬度、静载试验	外形外观、硬度、静载试验

3）抽样频率。

出厂检验时,每批产品的数量是指同一类产品,同一批原材料,用同一种工艺一次投料生产的数量。每个抽检组批不得超过2000套。外观检查抽取5％～10％。硬度检验按热处理每炉装炉量的3％～5％抽样。静载锚固能力检验每批抽取3套试件的锚具、夹具或连接器。锚板强度试验每批抽取3个样品。锚具及永久留在混凝土结构或构件中的连接器的型式检验,除按上述规定抽样外,尚应为疲劳试验、周期荷载试验及辅助性试验各抽取3套试件用的锚具或连接器。

（3）锚具的基本性能要求。

1）静载锚固性能。

锚具的静载锚固性能,应由预应力筋-锚具组装件静载试验测定的锚具效率系数和达到实测极限拉力时组装件受力长度的总应变 ε_{apu} 来确定。

锚具效率系数 η_a 按下式计算:

$$\eta_a = \frac{F_{apu}}{F_{pm}}$$

式中,F_{apu}——预应力筋-锚具组装件的实测极限拉力,kN;

F_{pm}——预应力筋的实际平均极限抗拉力,kN,由预应力筋试件实测破坏荷载平均值计算得出。

锚具的静载锚固性能应同时满足 $\eta_a \geqslant 0.95$,$\varepsilon_{apu} \geqslant 2.0\%$。

2)疲劳荷载性能。

预应力筋-锚具组装件,除必须满足静载锚固性能外,尚须满足循环次数为 200 万次的疲劳荷载性能试验。

试验应力上限取预应力筋抗拉强度标准值的 65%,疲劳应力幅度不应小于 100 MPa。

试件经受 200 万次循环荷载后,锚具零件不应疲劳破坏。预应力筋在锚具夹持区域发生疲劳破坏的截面面积不应大于试件总截面面积的 5%。

3)周期荷载性能。

用于有抗震要求结构的锚具,预应力筋-锚具组装件还应满足循环次数为 50 次的周期荷载试验。

试验应力上限取预应力筋抗拉强度标准值 f_{ptk} 的 80%,下限取预应力钢材抗拉强度标准值的 40%。

试件经 50 次循环荷载后,预应力筋在锚具夹持区域不应发生破断。

4)锚板强度。

在荷载达到预应力筋抗拉强度标准值的 95% 之后释放荷载,锚板挠度残余变形不应大于 1/600;在荷载达到预应力筋抗拉强度标准值的 1.2 倍时,锚板不应有肉眼可见的裂纹或破坏。

5)低回缩锚具回缩量。

夹片式低回缩锚具由普通夹片式锚具和外套螺母组合而成,应实现锚固后预应力筋的回缩量小于 1 mm。

(4)夹具的基本性能要求。

夹具的静载锚固性能,应由预应力筋-夹具组装件静载试验测定的锚具效率系数 η_g 确定,按下式进行:

$$\eta_g = \frac{F_{gpu}}{F_{pm}}$$

式中,F_{gpu}——预应力筋-夹具组装件的实测极限拉力;

F_{pm}——预应力筋的实际平均极限抗拉力,由预应力筋试件实测破坏荷载平均值计算得出。

夹具的静载锚固性能应符合 $\eta_g \geqslant 0.92$。

在预应力筋-夹具组装件达到实测极限拉力时,应当是预应力筋的断裂,而非夹具的破坏所导致,而夹具的全部零件均不应出现肉眼可见的裂缝或破坏。夹具应有良好的自锚性能、松锚性能和重复使用性能。需敲击才能松开的夹具,必须保证其对预应力筋的锚固没有影响,且对操作人员安全不造成威胁。

(5)连接器的基本性能要求。

在先张法或后张法施工中,在张拉预应力后永久留在混凝土结构或构件中的连接器,都必须符合锚具性能要求;在张拉后还需放张和拆卸的连接器,必须符合夹具性能的要求。

(6)试验方法。

1)一般规定。

试验用的预应力筋-锚具、夹具或连接器组装件应由全部零件和预应力筋组装而成。组装时锚固零件必须擦拭干净,不得在锚固零件上添加影响锚固性能的物质,如金刚砂、石墨、润滑剂等(设计规定的除外)。组装件中各根预应力筋应等长平行,初应力应均匀,其受力长度不应小于 3 m。

夹片式低回缩锚具在进行预应力筋-锚具组装件试验时,应同时检验螺母螺纹强度、应以螺母做承压件,螺母旋出锚板底面 5~8 mm 为宜。

单根钢绞线的组装件试件,不包括夹持部位的受力长度不应小于 0.8 m,并参照试验设备确定。

试验用预应力筋应具有良好的匀质性,锚具生产厂或检验单位还应提供该批预应力筋的质量合格证明书。所选用的预应力筋直径公差应在锚具、夹具或连接器产品设计的允许范围之内。对符合要求的预应力钢材应先进行母材性能试验,试件不应少于 6 根,证明其符合国家或行业产品标准后才可用于组装件试验。预应力筋实测抗拉强度在相关钢材标准中的等级应与受检锚具、夹具或连接器的设计等级相同,预应力筋的等级超过该等级时不应采用。用某一中间强度等级的预应力筋试验合格的锚具,在实际工程中可用于低于或等于该强度等级的预应力筋,不应用于较高强度等级的预应力筋。

试验用的测力系统,其不确定度不得大于 1%;测量总应变用的量具,其标距的不确定度不得大于 0.2%,指示应变的不确定度不得大于 0.1%。

2)静载试验。

① 静载锚固试验之前,应截取不少于 6 根的钢绞线进行母材试验。

② 钢绞线、夹具、锚具安装如图 6-8,并应满足以下要求:

a. 试验用钢绞线长度为 4.2 m,保证左、右端各伸出 35 cm 左右。

b. 钢绞线安装时应保证顺直,不缠绕,在锚具和钢绞线上编号,一一对应。

c. 采用卡式千斤顶对钢绞线进行预紧,每根钢绞线的初应力要一致,通过油压表进行控制,初应力可取预应力筋抗拉强度标准值的 5%~10%。

d. 测量预应力筋计算长度,为两端锚具或夹具起夹点之间的距离。

③ 锚具静载锚固试验步骤:

a. 打开电脑主机和控制器,启动锚固试验软件,点击试样,输入试样信息。包括试样面积、钢绞线根数、极限抗拉力、计算长度。计算荷载控制标准。按预应力筋抗拉强度标准值的 20%、40%、60%、80%分别计算出加载控制标准。之后选择有代表性的钢绞线和

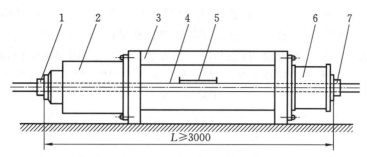

图 6-8　预应力筋-锚具(夹具)组装件静载试验装置示意图(单位:mm)
1—张拉端试验锚具或夹具;2—加荷载用千斤顶;3—承力台座;4—预应力筋;
5—测量总应变的装置;6—荷载传感器;7—固定端试验锚具或夹具

锚具,分划在两端量取其端部至垫板之间的距离,做好记录。

b. 施加试验荷载。按预应力钢材抗拉强度标准值的 20%、40%、60%、80%,分 4 级等速加载,加载速度宜为 100 MPa/min 左右。加载前和每次加载达到控制标准后,选取有代表性的若干根预应力筋,逐级测量其与锚具夹具或连接器之间的相对位移 Δa。如 Δa 不成比例,应检查钢绞线是否失锚滑动;选取锚具、夹具或连接器若干有代表性的零件,逐级测量其夹片与锚具之间的相对位移 Δb,如 Δb 不成比例,应检查相关零件(锚环,锚板等)是否发生了塑性变形。当加荷到 80% 时,试件持荷不少于 30 min。在持荷期间,Δa、Δb 应保持稳定。在持荷一半时,两次测量 Δa、Δb,如继续增加,不能保持稳定,表明已失去可靠锚固能力。随后用低于 100 MPa/min 加载速度缓慢加载至完全破坏,使荷载达到最大值,记录实际破坏抗拉力和总变形量,观察试件的破坏部位与形式。在试验过程中要时刻观察曲线的变化,以便掌握试验细节。记录好开始持荷和结束持荷时间。

c. 结果判定:用预应力筋-锚具组装件静载试验测定的锚具效率系数(锚具效率系数=极限拉力/预应力筋的实际平均极限抗拉力)和达到实测极限力时组装件受力长度的总应变来判定锚具的静载锚固性能是否合格。锚具的静载锚固性能应同时满足锚具效率系数≥0.95 且预应力筋受力长度的总应变率≥2.0%。静载试验应连续对 3 个组装件进行试验,3 个组装件的试验结果均应满足规定,不应取平均值。

④ 锚具静载锚固试验注意事项:

a. 受检锚具取样数量为每组 3 套(6 块);夹片数量不少于锚具孔数的 6 倍;长预应力筋数量不少于锚具孔数的 3 倍,短预应力筋不少于 6 根。预应力筋取样长度应根据试验机型号确定,保证安装后试验机左右两端各伸出 35 cm 左右,一般情况长试样为 4.2 m 左右,短试样为 0.95~1.0 m。

b. 预应力筋极限抗拉力应对所取短预应力筋(至少 6 根)进行母材力学性能试验,记录每根预应力筋的破坏荷载,并计算其平均值,以此作为预应力筋的实际平均极限抗拉力。

c. 待预应力筋力学性能检测合格后,方可对锚具、夹片以及预应力筋进行组装。打开试验机油泵对试验机预热约 30 min,并将试验机主动端千斤顶归位,打开控制机以及电脑中的试验软件,此时将位移及力值归零,切记安装结束后不得再次对力值做归零处理。选择合适的锚垫板安装于试验机两端,并将锚具套进锚垫板,对两端锚具每个孔进行编号,保证两端锚具每个孔一一对应,安装时遵循从里向外、从下向上的原则。以此保证预应力筋安装后顺直、不缠绕,每根预应力筋安装结束后,采用卡式千斤顶对钢绞线进行预紧,预紧时控制卡式千斤顶的送油压力表读数在 5 MPa 左右,此时试验软件力值界面上显示力值增加约 2～3 kN。待每根预应力筋均安装并预紧后,开启试验机送油阀对预应力筋统一施加初应力,初应力控制在预应力筋抗拉强度标准值的 5%～10%,并稳载10 min左右,以此保证每根预应力筋均匀受力。

d. 加载试验前测量预应力筋计算长度,为两端锚具或夹具起夹点之间的距离,选择有代表性的预应力筋和夹片,分别在两端量取其端部至垫板之间的距离,做好记录。

3)锚板强度试验。

锚板及其锥形锚孔不允许出现过大塑性变形,锚板强度应按图6-9方法进行静载承压试验。

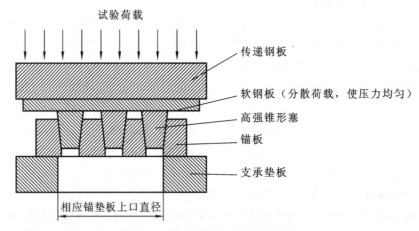

图 6-9　锚板强度检测试验示意图

支承垫板及辅助支承装置应具有足够的刚度以减小变形。加载之前应先将测量强度的仪表支抵安装在锚板中心和支承垫板内边缘,试验装置上的支承垫板内径应同与受检锚板配套使用的锚垫板上口直径一致。测试仪表的误差不应大于 0.5%。高强锥形塞可以用夹片内加高强栓杆替代,高强栓杆的直径为(15±0.1) mm,硬度不小于 HRC56。每种型号锚板均应进行强度试验,试验用的试件不应少于 3 个,3 个试验结果均应满足规定,不应取平均值。

4)疲劳试验。

预应力筋-锚具或连接器组装件的疲劳试验应在疲劳试验机上进行,当疲劳试验机能力不够时,按试验结果有代表性为原则,可以在实际锚板上减少预应力钢材的安装,或用较小规格的锚具组装成试验用组装件,但预应力钢材根数不得少于实际根数的 1/5。以约 100 MPa/min 的速度加载至试验应力上限值,再调节应力幅度达到规定值后,开始记录循环次数。选择疲劳试验机的脉冲频率,不应超过 500 次/min。

5)周期荷载试验。

预应力筋-锚具或连接器组装件的周期荷载试验,可以在试验机或承力台座上进行,以 400～500 MPa/min 的速度加载至试验应力上限值,再卸荷至试验应力下限值为第一周期,然后荷载自下限值经上限值至下限值为第 2 个周期,重复 50 个周期。

经疲劳荷载试验合格后且完整无损的预应力筋-锚具或连接器组装件,可用于本试验。

6)辅助性试验。

① 锚具的回缩量试验。

本试验可用小规格锚具配合预应力筋,在不小于 5 m 的台座或构件上张拉和放张,直接测得锚具夹片时的回缩量(以 mm 计),张拉应力按 $0.8f_{ptk}$ 取值,用传感器测量锚固前后预应力筋拉力差值,也可计算求得回缩量。试验用的试件不得少于 3 个,测试结果取平均值。

② 锚口和锚垫板摩阻损失试验。

本项试验可在混凝土试件或张拉台座(长度均不小于 4 m)上进行,混凝土试件锚固区配筋及构造钢筋按结构设计要求布置,锚垫板及螺旋筋应安装齐备,试件内管道应顺直。试件两端安装千斤顶及传感器,张拉力按 $0.8f_{ptk} \cdot A_p$ 取值。用两侧传感器测出锚具和锚垫板前后拉力差值即锚具和锚垫板摩阻损失之和,以张拉力的百分率计,试验用的试件不应少于 3 个。每个锚具进行 2 次张拉测试,测试结果取平均值。

③ 张拉锚固工艺试验。

试验在混凝土模拟试件或张拉台座上进行,混凝土模拟试件中应包括锚垫板、弯曲或直线孔道。用张拉设备进行分级张拉锚固、多次张拉锚固和放松操作,最大张力为 $0.8f_{ptk} \cdot A_p$,通过张拉锚固工艺试验应能证明以下结论:

a. 预应力体系具有分级张拉或因张拉设备倒换行程需要临时锚固的可能性。

b. 经过多次张拉锚固后,同一束内各根预应力筋受力仍是均匀的。

7)检验结果的判定。

① 外观检验。受检零件的外形尺寸和外观质量应符合设计图纸规定。全部样品均不应有裂纹出现,如发现 1 件样品有裂纹,即应对本批全部产品进行逐件检验。

② 硬度检验。按设计图纸规定的表面位置和硬度范围检验和判定,如有 1 个零件不合格,则应另取双倍数量的零件重做检验;如仍有 1 个零件不合格,则应逐个检验。

③ 锚板强度试验、静载试验、疲劳试验及周期荷载试验。如符合本节相关技术要求的规定,应判为合格;如有 1 个试件不符合要求,即判定为不合格;但允许另取双倍数量的试件重做检验,若全部试件合格,即可判定本批产品合格;如仍有 1 个试件不合格,则该批为不合格品。

④ 辅助性试验。该项试验为测定参数及检验工艺设备的项目,不作为试件合格与否的判定标准。

8)注意事项。

《铁路工程预应力筋用夹片式锚具、夹具和连接器》(TB/T 3193—2016)和《预应力筋用锚具、夹具和连接器》(GB/T 14370—2015)在同样的试验中,指标要求不尽相同,主要区别可通过表 6-25 加以比较。

表 6-25　TB/T 3193—2016 和 GB/T 14370—2015 不同之处比较

比较项	TB/T 3193—2016 要求	GB/T 14370—2015 要求	区别
静载锚固性能	锚固效率公式分母为 F_{pm}	锚固效率公式分母为 $F_{pm} \cdot \eta_p$（η_p 根据锚固件预应力筋数量取值）	后者考虑了组装件预应力筋根数对锚固效率的影响
疲劳荷载试验	疲劳应力幅度不应小于 100 MPa	疲劳应力幅度不应小于 80 MPa	前者要求更高
静载试验	加载到预应力筋抗拉强度的 80% 后持荷时间不少于 30 min	加载到预应力筋抗拉强度的 80% 后持荷时间不少于 60 min	后者要求更高
疲劳试验	锚板上安装的预应力筋数量不得小于实际应安装根数的 20%	锚板上安装的预应力筋数量不得小于实际应安装根数的 10%	前者要求更高
周期荷载试验	加荷速度为 400~500 MPa/min	加荷速度为 100~200 MPa/min	前者要求更高

注：两本标准的其他区别详见标准正文。

二、防水材料检测

1. 概述

防水材料是能防止雨水、地下水及其他水渗入建（构）筑物的一类功能性材料。防水材料广泛应用于房屋、铁路、公路、桥隧工程、水利等建设领域。

土木工程防水分为防潮和防渗（漏）两种。防潮是利用防水材料封闭建筑物表面，防止液体物质渗入建筑物内部。防渗（漏）是防止液体物质通过建筑物内部空洞、裂缝及构件之间的接缝，渗漏到建筑物内部或建筑构件内部。

防水材料是建筑工程不可缺少的功能性材料，它对提高构筑物的质量、保证构筑物发挥正常的工程效益起到重要的作用。工程防水历来受到工程界的重视，防水工程质量不过关，发生渗漏的原因是多方面的，而防水材料质量达不到标准是主要因素之一。因此，必须加强对防水材料的质量控制。

传统的防水材料以石油沥青纸胎油毡为代表，抗老化能力差，纸胎的延伸率低、易腐烂。油毡胎体表面沥青耐热性差，当气温变化时，油毡与基底、油毡之间的接头容易脱离和开裂，形成水路联通和渗漏。新型的防水材料大量应用高聚物改性沥青材料来提高胎体的力学性能和抗老化性能。应用合成材料、复合材料能增强防水材料的低温柔韧性、温度敏感性和耐久性，极大提高了防水材料的物理化学性能。但新型防水材料种类繁多，每种产品又有不同的型号规格，分别适用于不同的工程防水质量要求，因此，在施工中应严格按照设计和标准规范规定，区分不同的防水材料产品，按规定进行检查与复验，以保证防水工程质量。

针对土木工程性质的要求，不同品种的防水材料具有不同的性能。但无论什么品种的防水材料都必须具备如下性能。

① 耐候性：对自然环境中的光、冷、热等具有一定的承受能力，冻融交替的环境下，在材料指标时间内不开裂、不起泡。

② 抗渗性：特别在建筑物内、外存在一定水压力差时，抗渗性是衡量防水材料功能性的重要指标。

③ 整体性：防水材料按性质可分为柔性和刚性两种。在热胀冷缩的作用下，柔性防水材料应具备一定的适应基层变形的能力。刚性防水材料应能承受温度应力变化，与基层形成稳定的整体。

④ 强度：在一定荷载和变形条件下，能够保持一定的强度且不断裂。

⑤ 耐腐蚀性：防水材料有时会接触液体物质，包括矿物水、溶蚀水、油类、化学剂等，因此防水材料必须具有一定的抗腐蚀能力。

现代科学技术和建筑事业的发展，使防水材料的品种数量和性能发生了巨大的变化，形成以橡胶、树脂基防水材料和改性沥青系列为主，各种防水涂料为辅的防水体系。防水材料分类如图 6-10 所示。常见防水材料见图 6-11。

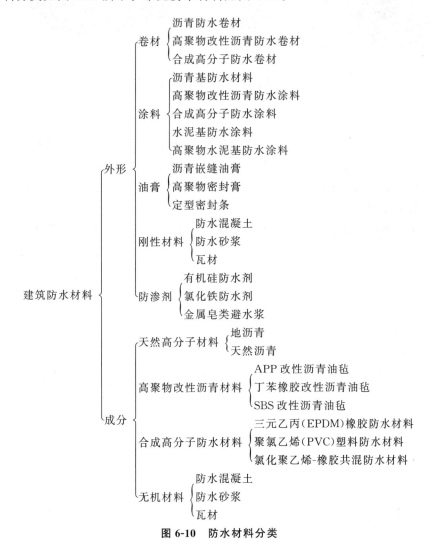

图 6-10　防水材料分类

（a）沥青防水卷材

（b）高聚物改性沥青防水卷材

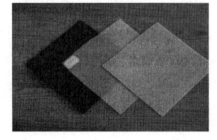
（c）合成高分子防水卷材

（d）油膏

图 6-11　常见防水材料

2. 隧道防水材料

隧道防排水工程应遵循"防、排、截、堵相结合,因地制宜,综合整治"的原则。《高速铁路隧道工程施工质量验收标准》(TB 10753—2018)规定,隧道衬砌和设备洞室的衬砌防水等级应达到一级防水标准。隧道防水应利用衬砌结构提高防水能力,衬砌混凝土抗渗等级不得低于 P8。

隧道工程使用的防水材料要有产品合格证和性能检测报告,材料的品种、规格、性能应符合现行国家产品标准和设计要求。不合格的产品不得在工程中使用。隧道常用防水材料种类如下:

（1）止水带。

1）分类和标记。

① 止水带按用途分为 2 类:适用于变形缝用止水带,用 B 表示;适用于施工缝用止水带,用 S 表示。

② 止水带按材料分为 3 类:塑料止水带,用 P 表示;橡胶止水带,用 R 表示;钢边止水带,用 G 表示。

③ 止水带按设置位置分为 2 类:中埋式止水带,用 Z 表示;背贴式止水带,用 T 表示。

2）技术要求。

① 原材料。

橡胶止水带和钢边止水带应采用三元乙丙橡胶制作,不得采用再生橡胶。塑料止水带不得采用再生塑料,见图 6-12。

（a）塑料止水带

（b）橡胶止水带

（c）钢边止水带

图 6-12　常见止水带原材料

② 外观质量。

止水带的宽度和厚度应符合设计要求。《高速铁路隧道工程施工质量验收标准》(TB 10753—2018)中要求厚度不得有负偏差,止水带表面不允许有开裂、缺胶、海绵状等影响使用的缺陷。塑料止水带外观颜色应为材料本色,不得添加颜料和填料,特殊要求除外。详见表 6-26。

表 6-26　止水带产品外观质量要求（TB 10753—2018）

缺陷类型	工作面
气泡	直径≤1 mm 的气泡,每米不允许超过 3 处
杂质	面积≤4 mm² 的杂质,每米不得超过 3 处
凹痕	不允许有
接缝缺陷	高度≤1.5 mm 的凸起或不平,每米不得超过 2 处

③ 止水带的物理力学性能。

止水带的物理性能参见表 6-27、表 6-28。

表 6-27　橡胶止水带物理力学性能指标及检测标准（TB 10753—2018）

序号	项目		B 型	S 型	试验方法
1	硬度(邵尔 A)		60±5	60±5	GB/T 531.1 —2008
2	拉伸强度/MPa		≥15	≥12	GB/T 528 —2009
3	扯断伸长率/%		≥450	≥450	
4	压缩永久变形 /%	70 ℃,24 h	≤30	≤30	GB/T 7759.1—2015(常温及高温条件下)、
		23 ℃,168 h	≤20	≤20	GB/T 7759.2—2014(低温条件下)

续表

序号	项目			B 型	S 型	试验方法
5	撕裂强度/(kN/m)			≥30	≥25	GB/T 529—2008
6	脆性温度/℃			≤-45	≤-45	GB/T 15256—2014
7	热空气老化	70 ℃，168 h	硬度变化（邵尔 A）	≤+6	≤+6	GB/T 3512—2014
			拉伸强度/MPa	≥12	≥10	
			拉断伸长率/%	≥400	≥400	
8	耐碱水	氢氧化钙饱和溶液（23 ℃,168 h）	硬度变化（邵尔 A）	≤+6	≤+6	GB/T 1690—2010
			拉伸强度/MPa	≥12	≥10	
			拉断伸长率/%	≥400	≥400	
9	臭氧老化 50 pphm:20%,40 ℃,48 h			无龟裂		GB/T 7762—2014
10	橡胶与金属粘合			R 型破坏		GB/T 12830—2008

注:1. 仅钢边止水带检测橡胶与金属粘合项目。

2. R 型破坏表示橡胶破坏。

3. 本表中技术指标也适用于钢边止水带,钢边止水带的钢边材料应采用热镀锌钢板,材料性能应符合《连续热镀锌和锌合金镀层钢板及钢带》(GB/T 2518—2019)的规定。

表 6-28 塑料止水带物理力学性能指标及检测标准 (TB 10753—2018)

序号	项目		技术指标		试验方法
			EVA	ECB	
1	拉伸强度/MPa		≥16	≥16	GB/T 528—2009
2	拉断伸长率/%		≥600	≥600	—
3	撕裂强度/(kN/m)		≥60	≥60	GB/T 529—2008
4	低温弯折性/℃		≤-40	≤-40	GB/T 18173.1—2012
5	热空气老化（80 ℃,168 h）	100%伸长率外观	无裂纹	无裂纹	GB/T 3512—2014
		拉伸强度保持率/%	≥80	≥80	
		扯断伸长保持率/%	≥70	≥70	
6	耐碱性 Ca(OH)₂,饱和溶液,168 h	拉伸强度保持率/%	≥80	≥80	GB/T 1690—2010
		扯断伸长保持率/%	≥90	≥90	

注:止水带接头部位的拉伸强度指标不得低于 TB/T 3360.2—2023 表 4 中规定的性能。

④ 制品型遇水膨胀橡胶止水条物理力学性能。

制品型遇水膨胀橡胶止水条物理性能参见表 6-29。

表 6-29　制品型遇水膨胀橡胶止水条物理力学性能指标及试验方法(TB 10753—2018)

序号	项目		技术指标	试验方法
1	拉伸强度/MPa		≥3.5	
2	扯断伸长率/%		≥450	
3	体积膨胀率/%		≥200	
4	反复浸水试验	拉伸强度/MPa	≥3	GB/T 18173.3—2014
		扯断伸长率/%	≥350	
		体积膨胀率/%	≥200	
5	低温弯折性(−20 ℃,2 h)		无裂纹	
6	防霉等级		≥2 级	

注:成品切片测试应达到 TB/T 3360.2—2023 表 4 中性能指标的 80%;接头的拉伸强度不得低于 TB/T 3360.2—2023 表 4 中性能指标的 50%;体积膨胀率是浸泡后的试样质量与浸泡前的试样质量的比率,且要求其 7 d 的膨胀率不应大于最终膨胀率的 60%。

3) 进场检验。

① 组批与抽样。

检验批母批为 5000 m,不足 5000 m 的按 5000 m 检验。每批逐一进行规格尺寸检验和外观质量检验,并在上述检验合格的样品中随机抽取足够的试样,进行物理力学性能检验。

② 检验项目。

进场检验,检验项目包括尺寸公差、外观质量、硬度、拉伸强度、扯断伸长率、撕裂强度、压缩永久变形、热空气老化、金属粘合试验。

③ 判定规则。

规格尺寸、外观质量及物理力学性能各项检验指标全部符合技术要求,则为合格品。若物理力学性能有一项指标不符合技术要求,应另取双倍试样进行该项复试,若复试结果仍不合格,则该批产品为不合格。

4) 施工及施工质量检测。

止水带、止水条主要用于施工缝、变形缝防水。遇水膨胀防水材料,存放要求有严格的防潮措施。

施工缝的设置应遵守下列规定:

① 水平施工缝不宜留在剪力与弯矩最大处或铺底与边墙的交接处,应留在高出铺底面不小于 300 mm 的墙体上。拱墙结合的水平施工缝,宜留在拱墙接缝以下 150～300 mm 处。墙体若有预留孔洞,施工缝距孔洞边缘不宜小于 300 mm。

② 垂直施工缝应避开地下水和裂隙水较多的地段,并宜与变形缝相结合。

施工缝的防水施工应符合下列规定:

① 在先灌筑的混凝土终凝后,应立即用钢丝刷清理其表面浮浆,边刷边用水冲洗干净,保持湿润,冬季还应做好施工缝部位的防冻工作。在继续灌筑混凝土前,应先铺一层净浆,再铺 30～50 mm 厚的 1∶1 水泥砂浆或与灌筑混凝土灰砂比相同的砂浆。

② 选用的遇水膨胀止水条应具有缓胀性能,其 7 d 的膨胀率不应大于最终膨胀率的 60%。

③ 垂直施工缝施工时,端头模板应支撑牢固,严防漏浆,在端面应埋设表面涂有脱模剂的楔形硬木条(或塑料条),形成预留浅槽,其槽应平直,槽宽比止水条宽 1~2 mm,槽深为止水条厚度的 1/2~2/3,将遇水膨胀止水条安装在预留浅槽内。

④ 采用塑料、橡胶、金属止水带时,应采取有效措施确保位置准确、固定牢靠。

⑤ 变形缝的防水施工应符合下列规定:

a. 变形缝处混凝土结构的厚度不应小于 300 mm。

b. 用于沉降的变形缝其最大允许沉降差值不应大于 30 mm。

c. 变形缝的宽度宜为 20~50 mm。

d. 变形缝的防水措施应选用中埋式止水带及防水材料嵌缝。

⑥ 中埋式止水带施工应符合下列规定:

a. 止水带埋设位置应准确,其中间空心圆环应与变形缝的中心线重合。

b. 止水带先施工一侧混凝土时,其端模应支撑牢固,严防漏浆。

c. 止水带的接缝宜为一处,并连接牢固,不得设在结构转角处,宜设在距铺底面不小于 300 mm 的边墙上。

d. 止水带在转弯处做成圆弧形,橡胶止水带的转角半径不应小于 200 mm,钢片止水带不应小于 300 mm,且转角半径应随止水带的宽度增大而相应加大。

e. 止水带固定安装、平直,不得有扭曲现象。

f. 止水带安装径向位置允许偏差为 ±5 cm,纵向位置允许偏差为离中心 ±3 cm。中埋式止水带中心线(中间空心圆环)应与施工缝(变形缝)的中心线重合。

g. 背贴式止水带与防水板的连接方式应符合设计要求。

h. 止水带接头连接应采用焊接或设计要求,接缝平整牢固,不得有裂口和脱胶现象。

i. 止水带在转弯处做成弧形,要求橡胶止水带的转角半径不小于 200 mm,钢边止水带不小于 300 mm。

⑦ 止水条的安装、连接应符合下列规定:

a. 止水条不得受潮。

b. 制品型遇水膨胀止水条接头应重叠搭接后再黏接固定,搭接长度不应小于 50 mm。

c. 制品型遇水膨胀止水条定位后至浇筑下一条混凝土前,应避免被水浸泡。

d. 止水条安装位置应符合设计要求。

5)试验方法。

① 样品调节。

标准试验条件:温度(23±2)℃,相对湿度(50±10)%,如果更严格,温度公差应为 ±1 ℃。比对试验的标准试验室温度为(23±1)℃,相对湿度(50±5)%。

在试件制备前,试验样品在标准条件下放置 24 h。要求试样制成到试验的最短时间为 16 h。

② 硬度试验。

试验标准:《硫化橡胶或热塑性橡胶 压入硬度试验方法 第 1 部分:邵氏硬度计法邵尔硬度》(GB/T 531.1—2008)。

试验用仪器设备:橡胶硬度计(邵氏硬度计A型)(图 6-13):压足直径为(18±0.5) mm,并带有(3±0.1) mm 中孔,压针直径为(1.25±0.15) mm,压针最大伸出量为(2.50±0.02) mm,压足和压针紧密接触合适的硬质平面,压针伸出量为 0 mm 时硬度计显示示值为 100。

图 6-13　邵氏硬度计

试验步骤:试样放在平整、坚硬的表面上,保持压足与试样表面平行以使压针垂直于橡胶表面,支架可以在无震动、最大速度为 3.2 mm/s 条件下将试样压向压针,压足与试样紧密接触,硫化橡胶标准弹簧试验力保持 3 s 读数,热塑橡胶试验力保持 15 s 读数。在试样表面不同位置进行 5 次测量,测量位置两两相距至少 6 mm。

试验数据:取 5 次测量数据的中值。

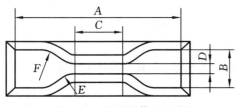

图 6-14　哑铃型裁刀尺寸图

③ 拉伸性能试验。

试验标准:《硫化橡胶或热塑性橡胶　拉伸应力应变性能的测定》(GB/T 528—2009)。

试验用仪器设备:拉力试验机,拉伸速度应能在(100±10) mm/min、(200±20) mm/min、(250±50) mm/min、(500±50) mm/min 范围内调节,精度不低于 2 级。厚度计,接触面直径 6 mm,单位面积压力 0.02 MPa,分度值 0.01 mm。哑铃型裁刀尺寸见图 6-14,数据见表 6-30。

表 6-30　哑铃型裁刀尺寸数据(GB/T 528—2009)

尺寸	Ⅰ 型	Ⅱ 型
总长度(最小)A/mm	115	75
端部宽度 B/mm	25.0±1.0	12.5+1.0
狭窄部分宽度 C/mm	33.0±2.0	25.0±1.0
狭窄部分宽度 D/mm	$6.0_0^{+0.4}$	4.0±0.1
外侧过渡边半径 E/mm	14.0±1.0	8.0±0.5
内侧过渡边半径 F/mm	25.0±2.0	12.5±1.0

注:为确保只有两端宽大部分与机器夹持接触,增加总长度从而避免"肩部断裂"。

试样制备:5 个哑铃Ⅱ型橡胶止水带,5 个哑铃Ⅰ型塑料止水带。试样狭窄部分的标准厚度,Ⅰ型、Ⅱ型为(2.0±0.2) mm。非标准试件最大厚度为Ⅰ型 3.0 mm,Ⅱ型 2.5 mm。

试验步骤:用厚度计分别在裁好的试样中部和两端测量厚度,取 3 个测量值的中位数,取裁刀狭窄部分刀刃的距离作为试样宽度,精确到 0.05 mm,计算每个试样的横截面积。将试样对称地夹在拉力试验机上、下夹持器上,橡胶止水带及钢边止水带用Ⅱ型哑铃试样,拉伸速度（500±50）mm/min，初始标距 20 mm；塑料止水带用Ⅰ型哑铃试样，拉伸速度（250±50）mm/min 初始标距 25 mm。装配伸长测量装置，启动试验机，测试 5 个试样。

结果计算：以 5 个试样断裂时的力值和面积计算拉伸强度，取 5 个试样拉伸强度的中值为试验结果。以 5 个试样断裂时的标距与原始标距进行断后伸长率的计算，取 5 个试样断后伸长率的中值为试验结果。

断裂拉伸强度 TS_b 按下式计算，以 MPa 表示：

$$TS_b = \frac{F_b}{Wt}$$

式中，F_b——断裂时记录力，N；

W——裁刀狭窄部分的宽度，mm；

t——试验长度部分厚度，mm。

扯断伸长率 E_b 按下式计算，以 ％ 表示：

$$E_b = \frac{L_b - L_0}{L_0} \times 100\%$$

式中，L_b——断裂时的试验长度，mm；

L_0——初始试验长度，mm。

试验结果取每一性能的中位数。

制品型遇水膨胀橡胶止水条的试验方法与橡胶止水带相同，试样为哑铃Ⅱ型。

④ 撕裂强度试验。

试验标准：《硫化橡胶或热塑性橡胶撕裂强度的测定（裤形、直角形和新月形试样）》（GB/T 529—2008）。

试验用仪器设备：拉力试验机，测力精度达到 B 级；厚度计，接触面直径 6 mm，单位面积压力 0.02 MPa，分度值 0.01 mm。

试样制备：符合《硫化橡胶或热塑性橡胶撕裂强度的测定（裤形、直角形和新月形试样）》（GB/T 529—2008）要求的直角撕裂试样（图 6-15），每个样品不少于 5 个。如有需求，每个方向各取 5 个。裁切试样前，试样应在标准试验条件下调节至少 3 h。直角撕裂裁刀见图 6-16。哑铃、直角撕裂试样见图 6-17。

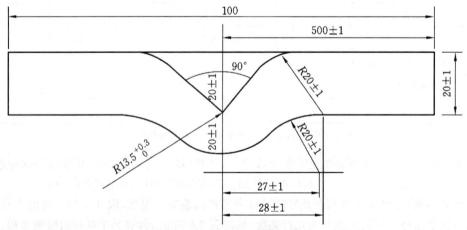

图 6-15 直角撕裂尺寸图（单位：mm）

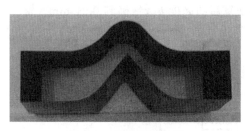

图 6-16 直角撕裂裁刀

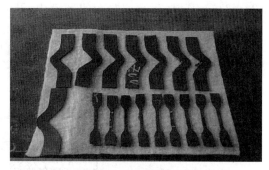

图 6-17 哑铃、直角撕裂试样实物图

试验步骤:测量试样撕裂区域的厚度不得少于 3 个点,取中位数,厚度值不得偏离所取中位数的 2%。多组试样进行比较时,每一组试样厚度中位数必须在各组试样厚度中位数的 7.5% 范围内。将试样沿轴向对准拉伸方向分别夹入上、下夹持器一定深度,在平行的位置上均匀夹紧,将试样置于拉力试验机夹持器上,橡胶止水带拉伸速度(500±50) mm/min,塑料止水带拉伸速度(250±50) mm/min,拉伸至试样断裂,记录最大力值。

撕裂强度按下式计算:

$$T_s = \frac{F}{D}$$

式中,T_s——撕裂强度,kN/m;

F——试样撕裂时所需的力(直角形取 F 的最大值),N;

D——试样厚度的中位值,mm。

试验结果以每个方向试样的中位数、最大值和最小值表示,数值准确到整数位。

⑤ 压缩永久变形试验

试验标准:《硫化橡胶或热塑性橡胶 压缩永久变形的测定 第 1 部分:在常温及高温条件下》(GB/T 7759.1—2015)。

试验用仪器设备:压缩装置,包括压缩板、限制器和紧固件;高温箱,精度为 ±0.5 ℃;厚度计,接触面直径 6 mm,单位面积压力 0.02 MPa,分度值 0.01 mm;限制器,高度应根据试样的类型、高度、压缩率的要求选用(表 6-31)。

表 6-31 限制器高度 (单位:mm)

试样类型	压缩率为 25% 时	压缩率为 15% 时	压缩率为 10% 时
A 型	9.3～9.4	10.6～10.7	11.25～11.3
B 型	4.7～4.8	5.3～5.4	5.65～5.7

试样制备:裁取 B 型[直径(13±0.5) mm,高度(6.3±0.5) mm]的圆柱体,尽可能在成品的中部取样。

试验步骤:先对压缩板表面涂一层润滑剂(滑石粉或甲基硅油)。用厚度计测量试样原高 h_0,将试样限制器置于夹具中,均匀地压缩到规定的高度 h_s,压缩试样时,试样、限制器不能互相接触,如图 6-18 所示。把已装有试样的压缩夹具放入达到试验温度[室温

(23±2)℃,高温(70±1)℃]的环境中,开始计算时间。达到要求的时间[(23±2)℃,168 h;(70±1)℃,24 h]后,立即取出试样并松开紧固件,把试样放置于木板上,在标准试验条件下放置(30±3)min,然后用厚度计测量试样恢复后的高度 h_1,精确到 0.01 mm。整个试验结束后,检查试样内部有无缺陷、气泡。

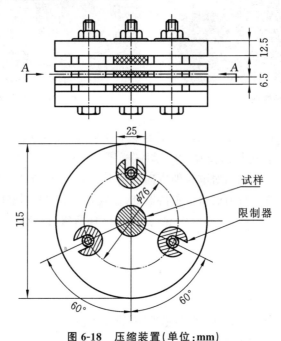

图 6-18　压缩装置(单位:mm)

压缩永久变形 c 按下式计算,以%表示。

$$c = \frac{h_0 - h_1}{h_0 - h_s} \times 100\%$$

式中,h_0——试样原高,mm;

　　h_s——限制器高度,mm;

　　h_1——试样恢复后的高度,mm。

计算结果精确到 1%。

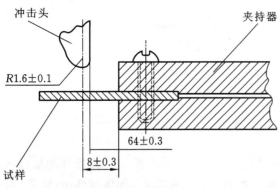

图 6-19　脆性温度试验示意图(单位:mm)

⑥ 脆性温度试验(图 6-19)。

试验标准:《硫化橡胶或热塑性橡胶　低温脆性的测定(多试样法)》(GB/T 15256—2014)。

试验用仪器设备:低温脆性试验箱,传热介质可采用在试验温度下能保持为流体并对试验材料无影响的液体或气体介质,介质应控制在试验温度±0.50 ℃。

制备 A 型试样,长 25～40 mm,宽

(6±1) mm,厚(2.0±0.2) mm,数量为 4 个。

试验步骤:将介质调节到试验起始温度,如果是液体介质,要保证试样浸没深度约为 25 mm,在试验温度(−45 ℃)下浸泡 5 min。如果是气体介质,冲击前试样应在试验温度(−45 ℃)下达到热平衡10 min。记录温度冲击 1 次。检查每个试样,确定是否破坏。将试验时出现的肉眼可见的裂纹、裂缝或小孔或完全分离成两片以至更多碎片定义为破坏。

试验结果:如果一组试样中没有任何一个试样破坏,则视为合格;反之,则视为不合格。

⑦ 低温弯折性试验(塑料止水带)。

试验标准:科技基〔2008〕21 号《铁路隧道防水材料暂行技术条件 第 2 部分 止水带》。

试验用仪器设备:低温试验箱,温度调节范围(−40~0) ℃,误差±2 ℃。弯折仪,由金属平板、转轴和调距螺丝组成,平板间距可任意调节。

试件制备:试样尺寸为 120 mm×50 mm,数量为 2 个。

试验步骤:将试样弯曲 180°使 50 mm 宽的边缘重合、齐平。将弯折板(图 6-20)上平板翻开,将厚度相同的两块试样平放在下平板上,里口端对着弯折机转轴,且距离转轴 20 mm。置弯折仪和试件于调好规定温度的低温箱中,−40 ℃下放置 1 h,之后迅速压下上平板,达到间距位置,保持 1 s 后将试件取

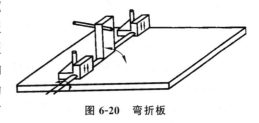

图 6-20　弯折板

出,整个操作过程在低温箱中进行。取出试件,恢复室温后,用 8 倍放大镜观察试件弯折处受拉面有无裂纹。

以 2 个试样均无裂纹为合格。

图 6-21　热空气老化箱

⑧ 热空气老化试验。

试验标准:《硫化橡胶或热塑性橡胶 热空气加速老化和耐热试验》(GB/T 3512—2014)。

试验用仪器设备:热空气老化箱(图 6-21),具有强制空气循环装置,空气流速为 0.5~1.5 m/s,试样的最小面积正对气流以避免干扰空气流速;老化箱的尺寸大小应满足样品的总体积不超过老化箱有效容积的 10%,悬挂试样的间距至少为 10 mm。试样与老化箱壁至少相距 50 mm;必须有温度控制装置,使试样的温度保持在规定的老化温度允许的公差范围内;加热室内有测量装置以便记录实际加热温度;在加热室结构中不得使用铜或铜合金;老化箱的空气置换次数为 3~10 次/h;空气进入老化箱前应加热到老化箱规定的试验温度的公差范围内。

试样制备:同拉伸性能试验。

试验步骤:老化试验箱调节至 80 ℃,将裁好的试样悬挂在试验箱中。试样放入试验箱中开始计时,老化 168h,老化过程中应记录实际加热温度。取出试样,在标准试验环境下调节 16~24 h,进行拉伸试验。

拉伸强度及伸长率的计算同拉伸性能试验。

性能保持率 T 按下式计算,以%表示:

$$T = \frac{X_1 - X_0}{X_0} \times 100\%$$

式中,X_1——试样处理后的性能测定值;

X_0——试样处理前的性能测定值。

⑨ 耐碱性试验。

试验标准:《硫化橡胶或热塑性橡胶 耐液体试验方法》(GB/T 1690—2010)。

试验用仪器设备:浸泡容器,尺寸应保证试样在不发生任何变形的情况下完全浸入液体,试验液体的体积至少为试样总体积的 15 倍,试验容器中溶液的上部空气体积应尽可能达到最小。容器所用材料不应与试验液体及试样发生反应(不应使用含铜类的材料)。

饱和 $Ca(OH)_2$ 溶液制备:在(23 ± 2) ℃温度下,选取适当容器加入适量蒸馏水,向盛有蒸馏水的容器中加入 $Ca(OH)_2$ 搅拌直至有沉淀出现。

试样制备:试样厚度为(2.0 ± 0.2) mm,试样可以从制品上裁取;若试样厚度小于 1.8 mm,则以该试样的实际厚度为试验厚度。若试样厚度大于 2.2 mm,应将厚度处理到(2.0 ± 0.2) mm。测量体积变化与质量变化的试样规格为:Ⅰ 型为 25 mm×50 mm 的长方形;Ⅱ 型为 25 mm×25 mm 的正方形。(优先选用Ⅰ型试样)测试拉伸性能变化,硬度变化试样选择哑铃Ⅰ型。试样数最少为 5 个,若有方向区分,则每个方向各 5 个。

试验步骤:将试样放入盛有饱和 $Ca(OH)_2$ 溶液的装置中,将装置放入(23 ± 2) ℃恒温箱中 168 h 后取出,进行试验。

拉伸强度及伸长率的计算同拉伸性能试验。

性能保持率 T 按下式计算,以%表示:

$$T = \frac{X_1 - X_0}{X_0} \times 100\%$$

式中,X_1——试样处理后的性能测定值;

X_0——试样处理前的性能测定值。

⑩ 臭氧老化试验。

试验标准:《硫化橡胶或热塑性橡胶 耐臭氧龟裂 静态拉伸试验》(GB/T 7762—2014)。

试验用仪器设备:臭氧老化试验箱(图 6-22),箱体是密闭无光照的,能够恒定控制试验温度温差在±2 ℃范围内,试样箱的内壁、导管和安装试样的框架应使用不易分解臭氧的材料。试验箱设有观察试样表面变化的窗口,便于检查试样。臭氧化空气发生器,保证从发生器中出来的臭氧化空气必须经过一个热交换器,并将其调节到试验所规定的温度和相对湿度后才输入试验箱内。试验装置可以进行臭氧浓度的调节,保证臭氧浓度在试验要求浓度的公差范围内,并能在打开箱后 30 min 内恢复到试验所规

图 6-22 臭氧老化试验箱

定的浓度。气流调节装置,保证在整个试验过程中臭氧化空气的平均流速不低于 8 mm/s,
最好为12~16 mm/s。

试样制备:长条标准试样宽度不小于 10 mm,厚度为(2.0±0.2) mm,长度不小于
40 mm。试样数量为 3 个。哑铃型标准试样由两端为 12 mm×12 mm 的正方形和中间
宽度为 5 mm、长为 50 mm 的长条构成(图 6-23)。通常选用长条标准试样。

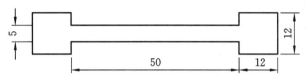

图 6-23　臭氧老化哑铃型试样(单位:mm)

试验步骤:将制备好的试样放入臭氧老化实验箱中,在要求的温度和臭氧浓度下放
置规定的时间后用 7 倍放大镜观察试样龟裂情况。

试验结果:说明试样有无龟裂,如有龟裂需说明龟裂特征。

⑪ 橡胶与金属粘合(钢边止水带)(图 6-24)。

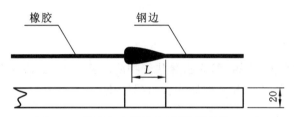

图 6-24　橡胶与金属粘合试样图(单位:mm)

试验标准:《硫化橡胶或热塑性橡胶　与刚性板剪切模量和粘合强度的测定　四板
剪切法》(GB/T 12830—2008)。

试验用仪器设备:试验机夹具位移速度为 5 mm/min 或 50 mm/min,且可以调节,试
验机还应附有测量试样中橡胶变形的装置,测量精度为 0.02 mm。

试样制备:试样宽(20±1) mm,长为产品实际尺寸,试样数量为 3 个。

试验步骤:将试样安装于试验机上、下夹头,小心地使作用力方向与试样轴向自动对
中,夹紧试样。开动试验机按规定速度拉伸试样,直至试样破坏,记录试样破坏的位置。

⑫ 体积膨胀倍率试验方法(止水条)。

试验标准:《高分子防水材料　第 3 部分:遇水膨胀橡胶》(GB/T 18173.3—2014)。

试验用仪器设备:天平,精度为 0.001 g。

试样制备:试样长(20.0±0.2) mm,宽(20.0±0.2) mm,厚(2.0±0.2) mm,数量为
3 个。

试验步骤:将制备好的试样用天平称量出其在空气中质量和试样悬挂在蒸馏水中质
量。将试样浸泡在(23±5) ℃、300 mL 蒸馏水中,浸泡 72 h 后,先用天平称出其在蒸馏
水中质量,然后用滤纸吸干表面水分,称出其在空气中质量。

体积膨胀倍率按下式计算:

$$\Delta V = \frac{m_3 - m_4 + m_5}{m_1 - m_2 + m_5} \times 100\%$$

式中，ΔV——体积膨胀倍率，%；

    m_1——浸泡前试样在空气中的质量，g；

    m_2——浸泡前试样在蒸馏水中的质量，g；

    m_3——浸泡后试样在空气中的质量，g；

    m_4——浸泡后试样在蒸馏水中的质量，g；

    m_5——坠子在蒸馏水中的质量，g，如无坠子，用发丝等特轻细丝悬挂可忽略不计。

体积膨胀倍率取 3 个试样结果的平均值。

⑬ 反复浸水试验（止水条）。

将制备好的试样置于常温[(23±5)℃]中浸泡 16 h，取出后在 70 ℃下烘干 8 h，4 个循环后，按照要求进行相应的试验项目。

止水条的拉伸性能试验、低温弯折试验与橡胶止水带、塑料止水带试验方法相同，只是对应的试样尺寸不同。具体见《高分子防水材料 第 3 部分：遇水膨胀橡胶》（GB/T 18173.3—2014）。

（2）防水板。

1）分类和标记。

① 隧道常用防水板：乙烯、醋酸乙烯共聚物防水板，代号 EVA；乙烯、醋酸乙烯与沥青共聚物防水板，代号 ECB；聚乙烯防水板，代号 PE。

② 产品标记。

产品应按下列顺序标记，并可根据需要增加标记内容：隧道防水-类型代号-规格（长度×宽度×厚度）。标记示例：长度 30 m，宽度 2.0 m，厚度 1.5 mm 的乙烯、醋酸乙烯共聚物防水板标记为：隧道防水-EVA-30 m×2.0 m×1.5 mm。

2）技术要求。

① 原材料。

防水板生产用原材料不得使用再生材料。

② 防水板规格尺寸及偏差。

防水板的规格尺寸及允许偏差见表 6-32，特殊规格由供需双方商定。

表 6-32　防水板的规格尺寸及允许偏差（TB 10753—2018）

项目	厚度/mm	宽度/m	长度/m
规格	1.5、2.0、2.5、3.0	2.0、3.0、4.0	20 以上
平均偏差	不允许出现负值	不允许出现负值	不允许出现负值
极限偏差	−5	−1	—

③ 外观质量要求。

a. 防水板在规格确定的长度内不允许有接头。

b. 防水板表面应平整、边缘整齐，无裂纹、机械损伤、折痕、孔洞、气泡及异常黏着部分等影响使用的缺陷。

c. 防水板外观颜色应为材料本色,不得添加颜料和填料,特殊要求除外。

d. 在不影响使用的条件下,防水板表面凹痕的深度不得超过厚度的 5%。

(4)防水板的物理力学性能。

防水板的物理力学性能应符合表 6-33 规定。

表 6-33　防水板的物理力学性能指标及试验方法(TB 10753—2018)

序号	项目		指标			试验方法
			EVA	ECB	PE	
1	拉伸强度/MPa≥		18	17	18	GB/T 528—2009
2	断裂伸长率/%≥		650	600	600	
3	撕裂强度/(kN/m)≥		100	95	95	GB/T 529—2008
4	不透水性,0.3 MPa,24 h		无渗漏	无渗漏	无渗漏	GB/T 18173.1—2012
5	低温弯折性/℃		−35	−35	−35	GB/T 18173.1—2012
6	加热伸缩量/mm	延伸≤	2	2	2	GB/T 18173.1—2012
		收缩≤	6	6	6	
7	热空气老化(80 ℃×168 h)	拉伸强度/MPa	≥16	≥14	≥15	GB/T 3512—2014
		断裂伸长率/%	≥600	≥550	≥550	
8	耐碱性[饱和 Ca(OH)₂溶液×168 h]	拉伸强度/MPa	≥17	≥16	≥16	GB/T 1690—2010
		断裂伸长率/%	≥600	≥600	≥550	
9	人工候化	拉伸强度保持率/%	80	80	80	GB/T 3511—2018
		断裂伸长率保持率/%	70	70	70	
10	刺破强度/N	1.5 mm	300	300	300	《铁路隧道防水材料暂行技术条件》第 1 部分防水板
		2.0 mm	400	400	400	
		2.5 mm	500	500	500	
		3.0 mm	600	600	600	

3)进场检验。

《高速铁路隧道工程施工质量验收标准》(TB 10753—2018)与科技基〔2008〕21 号规定:同品种、同规格防水板,施工单位按进场批次每 5000 m² 为一批进行抽检,不足 5000 m² 也按一批计。

《高速铁路隧道工程施工质量验收标准》(TB 10753—2018)规定,施工单位应检查产品合格证,并对防水板厚度、密度、抗拉强度、断裂延伸率等性能指标进行试验。

4)判定规则。

防水板规格尺寸、外观质量及物理力学性能各项检验指标全部符合技术要求,则为合格品。若有一项指标不符合技术要求,应另取双倍试样进行该项复试,若复试结果仍不合格,则此批产品为不合格品。

5)施工及施工质量检测。

① 铺设防水板基层的要求如下:

a.基层平整,无尖锐物体。

b.基层平整度应符合两凸出物之间的深长比满足 $D/L \leqslant 1/10$。

c.基面应坚实、平整、圆顺,无漏水现象,局部漏水应在铺设前处理。阴阳角处应做成圆弧形。

② 防水板铺设应符合下列要求:

a.在清理好的基面上,宜先铺设柔性垫层,然后将防水板用热合焊机焊接,进行无钉铺设。防水板可在拱部和边墙按环状铺设,并视材质采取相应的结合方法。防水板应用双缝焊接。

b.防水板的接头处应擦净。防水板的接头处不得有气泡、褶皱及空隙。接头处应牢固,强度应不小于同质材料。

c.隧道衬砌背后采用防水板时,应对铺设防水板的基面进行检查,基面外露的锚杆头、钢筋头等坚硬物应割除,凹凸不平处应补喷、抹平。

d.防水板用垫圈焊接法和绳扣法吊挂在固定点上,在凹凸处应适当增加固定点。点间防水板不得绷紧,以保证灌注混凝土时板面与喷混凝土面能紧贴。

e.采用柔性垫层作滤层时,防水板与柔性垫层应密切叠合。

f.防水板纵、横向一次铺设长度应根据开挖方法和设计断面确定。铺设前,宜先行试铺,并加以调整。在下一阶段施工前,防水板连接部分不应沾污和破损。

g.实铺长度与初期支护基面弧长的比值为 10∶8,应合理设置挂吊点的数量。

h.防水板的搭接宽度不应小于 15 cm,分段铺设的防水板的边缘部位预留至少 60 cm 的搭接余量,允许偏差为 −10 mm;全包式防水板在防水板搭接宽度 15 cm 左右两侧各留不小于 10 cm。

i.防水板搭接缝与施工缝错开距离不应小于 100 cm,允许偏差为 −5 cm。

j.环向铺设时先拱后墙,下部防水板应压住上部防水板。

③ 防水板焊缝应符合下列规定:

a.防水板按设计要求进行双焊缝时,每一单焊缝的宽度不应小于 15 mm。

b.焊缝应无漏焊、假焊、焊焦、焊穿等现象。

c.焊缝若有漏焊、假焊应予补焊。

d.若有焊焦、焊穿处以及外露的固定点,应采用同质材料覆盖焊接。

e.焊缝检验数量,抽查焊缝数量的 5%,不得少于 3 条焊缝,防水板焊缝强度不得小于板本身强度的 70%[《铁路隧道工程施工质量验收标准》(TB 10417—2018)]。

6)试验方法。

① 长度、宽度试验。

试验标准:《高分子防水材料 第 1 部分:片材》(GB/T 18173.1—2012)。

试验用仪器设备:钢卷尺,精度不低于 1 mm。

试样制备:整卷试样。

试验步骤:用钢卷尺测量,宽度在纵向两端及中央附近测定 3 个点,长度的测定取每卷展平后的全长的最短部位。

试验结果:宽度精确到 1 mm,取 3 个点的算术平均值;长度取全长的最短部位的值。

② 厚度试验。

试验标准:《高分子防水材料 第 1 部分:片材》(GB/T 18173.1—2012)。

试验用仪器设备:测厚仪,分度值为 0.01 mm,压力为(22±5)kPa,测足直径为 6 mm。

试样制备:如图 6-25 所示,送检样品自端部起裁去 300 mm,再等分其裁断处的 20 mm 内侧,且自宽度方向距两边各 10% 宽度范围内取两个点(a、b),再将 ab 间距四等分,取其等分点(c、d、e)共 5 个点进行厚度测量。

试验步骤:用测厚仪对所取 5 个点进行厚度测量。

试验结果:用 5 个点的算术平均值表示样品的厚度,精确到 0.01 mm。

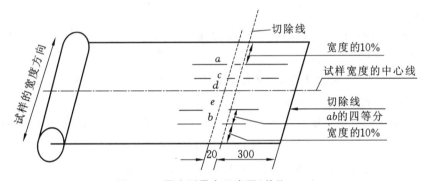

图 6-25　厚度测量点示意图(单位:mm)

③ 拉伸性能试验。

试验标准:《硫化橡胶或热塑性橡胶 拉伸应力应变性能的测定》(GB/T 528—2009)。

试验用仪器设备:拉力试验机,试验机拉伸速度应能在(100±10) mm/min、(200±20) mm/min、(250±50) mm/min、(500±50) mm/min 范围内调节,精度不低于 2 级。厚度计,接触面直径 6 mm,单位面积压力 0.02 MPa,分度值 0.01 mm。哑铃型裁刀。

试样制备:EVA 防水板制备 5 个哑铃 I 型试样,试样狭窄部分的标准厚度参照试样原厚度。

试验步骤:用厚度计分别在裁好的试样中部和两端测量厚度,取 3 个测量值的中位数,取裁刀狭窄部分刀刻的距离作为试样宽度,精确到 0.05 mm,计算每个试样的横截面积。将试样对称地夹在拉力试验机上、下夹持器上,哑铃 I 型试样拉伸速度(250±50) mm/min,初始标距 25 mm;装配伸长测量装置,启动试验机,测试 5 个试样。

以 5 个试样断裂时的力值和面积计算拉伸强度,取 5 个试样拉伸强度的中值为试验结果。以 5 个试样断裂时的标距与原始标距进行断后伸长率的计算,取 5 个试样断后伸长率的中值为试验结果。

断裂拉伸强度 TS_b,按下式计算,以 MPa 表示:

$$TS_b = \frac{F_b}{Wt}$$

式中,F_b——断裂时记录力,N;

W——裁刀狭窄部分的宽度,mm;

t——试验长度部分厚度,mm。

扯断伸长率 E_b 按下式计算,以%表示:

$$E_b = \frac{L_b - L_0}{L_0} \times 100\%$$

式中,L_b——断裂时的试样长度,mm;

L_0——初始试样长度,mm。

其他不同型号的防水板的拉伸试验方法同上,具体样品制备的尺寸和拉伸时的速率参见《高分子防水材料 第1部分:片材》(GB/T 18173.1—2012)。

④ 撕裂强度试验

试验标准:《硫化橡胶或热塑性橡胶撕裂强度的测定(裤形、直角形和新月形试样)》(GB/T 529—2008)。

试验用仪器设备:拉力试验机,测力精度达到 B 级;厚度计,接触面直径 6 mm,面积压力 0.02 MPa,分度值 0.01 mm。

试样制备:符合《硫化橡胶或热塑性橡胶撕裂强度的测定(裤形、直角形和新月形试样)》(GB/T 529—2008)要求的直角撕裂试样,每个样品不少于 5 个。如有要求,每个方向各取 5 个试样。裁切试样前,试样应在标准试验条件下调节至少 3 h。

试验步骤:测量试样撕裂区域的厚度不得少于 3 个点,取中位数,厚度值不得偏离所取中位数的 2%。多组试样进行比较时,每一组试样厚度中位数必须在各组试样厚度中位数的 7.5% 范围内。将试样沿轴向对准拉伸方向分别夹入上、下夹持器一定深度,在平行的位置上均匀夹紧。将试样置于拉力试验机夹持器上,橡胶止水带拉伸速度(500±50) mm/min,塑料止水带拉伸速度(250±50) mm/min,拉伸至试样断裂,记录最大力值。

试验结果计算如下:

$$T_s = \frac{F}{D}$$

式中,T_s——撕裂强度,kN/m;

F——试样撕裂时所需的力(直角形取 F 的最大值),N;

D——试样厚度的中位值,mm。

试验结果以每个方向试样的中位数、最大值和最小值表示,数值准确到整数位。

⑤ 不透水性试验。

试验标准:《高分子防水材料 第1部分:片材》(GB/T 18173.1—2012)。

试验用仪器设备:不透水仪(图 6-26),水压能够满足试验要求,配备有时间计数器。

试样制备:试样尺寸为 140 mm×140 mm,数量为 3 个。

试验步骤:按照不透水仪的操作规程将试样安装好,并且一次性将仪器的压力升至试验规定的压力,保持标准所要求的时间后,观察试样有无渗涌。

3 个试样均无渗漏为合格。

⑥ 低温弯折性试验。

试验标准:《高分子防水材料 第 1 部分:片材》(GB/T 18173.1—2012)。

图 6-26　不透水仪

试验用仪器设备:低温箱,温度能在−40~0 ℃之间自动调节,温度误差不超过±2 ℃;弯折性板,由金属平板、转轴和调距螺丝组成,平板间距可任意调节。

试件制备:试样尺寸为 120 mm×50 mm,数量为横、纵向各 2 个。

试验步骤:将试样弯曲 180°使 50 mm 宽的边缘重合、齐平,将弯折仪上、下平板距离调节为试样厚度的 3 倍。将弯折板上平板翻开,将厚度相同的两块试样平放在下平板上,重合端对着弯折机转轴,且距离转轴 20 mm。放置弯折仪和试件于调至规定温度的低温箱中,在−40 ℃下放置 1 h,之后迅速压下上平板,达到间距位置,保持 1 s 后将试样取出,整个操作过程在低温箱中进行。取出试件,恢复室温后,用 8 倍放大镜观察试件弯折处有无裂纹。

纵、横向试样均无裂纹为合格。

⑦ 加热伸缩量试验。

试验标准:《高分子防水材料 第 1 部分:片材》(GB/T 18173.1—2012)。

试验用仪器设备:老化箱,温度可调至 80 ℃,温度误差为±2 ℃;时间计数器;测量卡尺,量程满足被测试样的要求,精度不低于 0.5 mm。

试样制备:试样长度为 300 mm、宽度为 30 mm,数量为纵、横向各 3 个。

试验步骤:将制备好的试样放入(80±2)℃的老化箱中,放置 168 h 后,取出试样后再放置 1 h,测量试样的长度。放置试样时应将试样平放在一端有挡块的长方形釉面砖垫板上,在没有挡块的一端测量处画线,作为试件处理前后的参考线。在试验时如试样弯曲,则需施适当的重物将其压平测量。详见图 6-27。

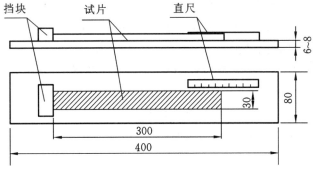

图 6-27　加热伸缩量测量示意图(单位:mm)

根据试样初始长度计算伸缩量,取纵横两个方向的算术平均值,用 3 个试样的加热伸缩量算术平均值表示样品的伸缩量。

⑧ 热空气老化试验。

试验标准:《硫化橡胶或热塑性橡胶 热空气加速老化和耐热试验》(GB/T 3512—2014)。

试验用仪器设备:热空气老化箱,具有强制空气循环装置,空气流速为 0.5～1.5 m/s,试样的最小面积正对气流以避免干扰空气流速;老化箱的尺寸大小应满足样品的总体积不超过老化箱有效容积的 10%,悬挂试样的间距至少为 10 mm,试样与老化箱壁至少相距 50 mm;必须有温度控制装置,保证试样的保存温度在规定的试验温度公差范围内;加热室内有测量装置,以便记录实际加热温度;在加热室结构中不得使用铜或铜合金;老化箱的空气置换次数为 3～10 次/h;空气进入老化箱前应加热到老化箱规定的试验温度的公差范围内。

试样制备:同拉伸性能试验。

试验步骤:老化试验箱调节至 80 ℃,将裁好的试样悬挂在试验箱中。试样放入试验箱中开始计时,老化 168 h,老化过程中应记录实际加热温度。取出试样,在标准试验环境下调节 16～24 h,进行拉伸试验。

拉伸强度及伸长率计算同拉伸性能试验。

性能保持率 T 按下式计算,以%表示:

$$T = \frac{X_1 - X_0}{X_0} \times 100\%$$

式中,X_1——试样处理后的性能测定值;

X_0——试样处理前的性能测定值。

⑨ 耐碱性试验。

试验标准:《硫化橡胶或热塑性橡胶 耐液体试验方法》(GB/T 1690—2010)。

试验用仪器设备:浸泡容器,尺寸应保证试样在不发生任何变形的情况下完全浸入液体,试验液体的体积至少为试样总体积的 15 倍,试验容器中溶液的上部空气体积应尽可能达到最小。容器所用材料不应与试验液体及试样发生反应(不应使用含铜类的材料)。

饱和 $Ca(OH)_2$ 溶液制备:在(23±2)℃温度下,选取适当容器加入适量蒸馏水,向盛有蒸馏水的容器中加入 $Ca(OH)_2$ 搅拌直至有沉淀出现。

试样制备:同拉伸性能试验。

试验步骤:将试样放入盛有饱和 $Ca(OH)_2$ 溶液的装置中,将装置放入(23±2)℃恒温箱中 168 h 后取出,进行试验。

拉伸强度及伸长率的计算同拉伸性能试验。

性能保持率 T 按下式计算,以%表示:

$$T = \frac{X_1 - X_0}{X_0} \times 100\%$$

式中,X_1——试样处理后的性能测定值;

X_0——试样处理前的性能测定值。

⑩ 人工气候老化试验。

试验标准:《硫化橡胶或热塑性橡胶 耐候性》(GB/T 3511—2018)。

试验用仪器设备:人工气候老化箱(图 6-28),黑板温度为(63±3) ℃,相对湿度为(50±5)%,降雨周期为 120 min,其中降雨 18 min,间隔干燥 102 min,总辐照量为 495 MJ/m² (或者辐照强度为 550 W/m²,试验时间为 250 h)。

图 6-28　人工气候老化箱

试样制备:同拉伸性能试验。

试验步骤:将制备好的试样放入调节好的人工气候老化箱中,按照标准规定的时间试验后,将试样在标准状态下放置 4 h,进行各种性能测试。

拉伸强度及伸长率的计算同拉伸性能试验。

性能保持率 T 按下式计算,以%表示:

$$T = \frac{X_1 - X_0}{X_0} \times 100\%$$

式中,X_1——试样处理后的性能测定值;

X_0——试样处理前的性能测定值。

⑪ 刺破强度试验。

试验标准:《铁路隧道防水材料暂行技术条件 第 1 部分:防水板》(科技基〔2008〕21 号)。

试验用仪器设备:拉力试验机,有足够的荷载能力(至少 2000 N)及足够的夹具分离距离,试验机应至少能在(100±10) mm/min、(200±20) mm/min、(500±50) mm/min 移动速度下进行操作。

环形夹具:内径 44.5 mm,倒角。

刚性顶杆:直径 8 mm,平头倒角。

试样尺寸与环形夹具相配。试样数量为 5 个。

试验步骤:将试样放入环形夹具中,拧紧夹具。将夹具放在试验机上,并对中,顶刺速率设为 100 mm/min。记录顶刺过程中的最大压力值。

试验结果以 5 个试样的平均值表示,结果精确到 0.1 N。

其他不同型号防水板的各项性能试验同上,具体试样的尺寸和拉伸时的速率参见《高分子防水材料 第 1 部分:片材》(GB/T 18173.1—2012)和《铁路隧道防水材料暂行技术条件 第 1 部分:防水板》(科技基〔2008〕21 号)。

(3)防水卷材。

1)防水卷材分类。

防水卷材是一种可卷曲的片状防水材料,分为普通沥青防水卷材、高聚物改性沥青防水卷材、合成高分子防水卷材三大类。常用的防水卷材有聚氯乙烯(PVC)防水卷材、氯化聚乙烯防水卷材、弹性体改性沥青防水卷材[简称 SBS 防水卷材,现行标准为《弹性体改性沥青防水卷材》(GB 18242—2008)]、塑性体改性沥青防水卷材[简称 APP 防水卷材,现行标准为《塑性体改性沥青防水卷材》(GB 18243—2008)]、自粘聚合物改性沥青防水卷材等。隧道防水层所用卷材的性能指标应符合设计要求。

各类防水卷材均应有良好的耐水性、温度稳定性,并应具有必要的机械强度、延伸率和抗断裂能力。

① 普通沥青防水卷材。

普通沥青防水卷材是以沥青为浸涂材料所制成的卷材,分为胎卷材和无胎卷材两类。如石油沥青纸胎油毡是采用低软化点石油沥青浸渍原纸,然后用高软化点石油沥青涂盖油纸两面,再涂或撒隔离材料所制成的一种纸胎防水卷材,分为 200 号、350 号和500 号三种标号。与新型防水材料相比,普通沥青防水卷材拉伸强度低、延伸率小、耐老化性差、使用寿命短,只在防水等级要求低的工程中使用。

② 高聚物改性沥青防水卷材。

高聚物改性沥青防水卷材(改性沥青防水卷材),是新型防水材料中使用最广泛的一类防水卷材。在沥青中掺混聚合物后,可改变沥青的胶体分散结构,也改变了分散成分,聚合物分子之间相互分开,生成网状结构,而沥青则填充到网状高分子化合物中,人为增强聚合物分子链的移动性、弹性和塑性。

其优点是通过高分子聚合物对沥青的改性作用,提高沥青软化点,增加沥青低温下的流动性,使沥青感温性能得到明显改善;增加弹性,使沥青具有可逆变形的能力;改善耐老化性和耐硬化性,使聚合物沥青具有良好使用功能,即高温不流淌,低温不脆裂,刚性、低温延伸性有所提高,增大负温下柔韧性,延长使用寿命,从而使改性沥青防水卷材能够满足工程防水应用的需求。

在石油沥青中常用改性材料有天然橡胶、氯丁胶、丁苯橡胶、丁基橡胶、乙丙橡胶、再生胶、SBS、APP、APO、APAO、IPP 等高分子聚合物。

a. SBS 改性沥青防水卷材。

SBS 改性沥青防水卷材是在石油沥青中加入 SBS 进行改性的卷材。SBS 是国际上广泛采用的沥青改性剂,是由丁二烯和苯乙烯两种原料聚合而成的嵌段共聚物,是一种热塑性弹性体,它在受热的条件下呈现树脂特性,即受热可熔融成黏稠液态,可以和沥青共混,兼有热缩性塑料和硫化橡胶的性能,因此 SBS 也称热塑性丁苯橡胶,它不需要硫化,并且弹性高、抗拉强度高,不易变形、低温性能好。在石油沥青中加入适量的 SBS 制得的改性沥青具有冷不脆、低温性好、塑性好、稳定性高、使用寿命长等优良性能,可极大改善石油沥青的低温屈挠性和高温抗流动性能,彻底改变石油沥青冷脆裂的弱点,并保持了沥青的优良憎水性和黏结性。以聚酯胎、玻纤胎、聚乙烯膜胎、复合胎等为胎基材料,浸渍 SBS 改性石油沥青为涂盖材料,可制成不同胎基、不同面层、不同厚度的各种规格的防水卷材。

b. APP 改性沥青防水卷材。

APP 改性沥青防水卷材是采用 APP 塑性材料作为沥青的改性材料,属于塑性体聚合物改性沥青防水卷材。在改性沥青防水卷材中应用的多为廉价的无规聚丙烯(APP),

它是生产等规聚丙烯的副产品,是改性沥青用树脂与沥青共混性最好的品种之一,有良好的化学稳定性,无明显熔化点。APP 材料的最大特点是分子中极性碳原子少,因而单键结构不易分解,掺入石油沥青后,可明显提高其软化点、延伸率和黏结性能。软化点随 APP 的掺入比例增加而提高,因此,对恶劣气候和老化作用具备强有效的抵抗力,能够提高卷材耐紫外线照射性能,具有耐老化性优良的特点,还可生产各种颜色的产品。

③ 合成高分子防水卷材。

以合成橡胶、合成树脂或二者的共混体为基料,加入适量的化学助剂和填充料等,经塑炼、混炼或挤出成型、硫化、定型等工序加工,制成的无胎加筋的或不加筋的弹性或塑性的卷材(片材),统称为合成高分子防水卷材。目前,合成高分子防水卷材主要分为合成橡胶(硫化橡胶和非硫化橡胶)、合成树脂、纤维增强几大类。其主要品种有三元乙丙橡胶、聚氯乙烯、氯化聚乙烯、橡塑共混以及聚乙烯丙纶、土工膜类等。

a. 三元乙丙橡胶防水卷材。

三元乙丙橡胶防水卷材是由乙烯丙烯和任何一种非共轭二烯烃(如双环戊二烯)共聚合成的高分子聚合物,由于它的主链具有饱和结构的特点,呈现了高度的化学稳定性。掺入适量的丁基橡胶、硫化剂、促进剂、活化剂、补强填充剂(如炭黑)、软化剂(增塑剂)等助剂,经密炼(开炼)、滤胶、切胶、压延、挤出、硫化等工序制成。特点:耐老化性好、使用寿命长,对于多种极性化学药品和酸、碱、盐有良好的抗耐性,具有优异的耐绝缘性能,拉伸强度高,伸长率大,具有优异的耐低温和耐高温性能,施工方便。

b. 聚氯乙烯防水卷材。

聚氯乙烯防水卷材是以聚氯乙烯树脂为主体材料,加入适量的增塑剂、改性剂、填充剂、抗氧剂、紫外线吸收剂和其他加工助剂,如润滑剂、着色剂等,经过捏合、高速混合、造粒、塑料挤出和压延牵引等工艺制成。特点:拉伸强度高,伸长率好,热尺寸变化率低;抗裂强度高,能提高防水层的抗裂性能;低温柔性好;耐渗透,耐化学腐蚀,耐老化,延长防水层使用寿命;有良好的水汽扩散性,冷凝物易排释,留在基层的湿气易排出;可焊接性好,即使经数年风化,也可焊接,在卷材正常使用范围内,焊缝牢固可靠;施工操作简便、安全、清洁、快速;原料丰富,防水卷材价格合理,易于选用。

c. 氯化聚乙烯防水卷材。

氯化聚乙烯防水卷材是以氯化聚乙烯树脂为主体材料,掺入适当的化学助剂和一定量的填充材料,经过配料、密炼、塑化、压延出片、检验、分卷、包装等工序加工制成的弹性防水材料。特点:氯化聚乙烯树脂含氯量在 35%～40%,是一种兼具塑性和弹性的材料,被誉为新橡胶,具备树脂耐老化性好、强度高的特点,又具备橡胶高弹性及延伸性好的特点;强度高、耐腐蚀、可阻燃,可按用户需求制成彩色卷材。

2) 防水卷材的运输与储存。

① 防水卷材应有牢固外包装。

② 储存与运输时,不同类型、不同规格的产品应分别堆放,不应混杂。储存室内应干燥、通风、远离热源(火源),储存温度不宜超过 30 ℃,不得与有损卷材质量或影响卷材使用性能的物质接触。

③ 按防水卷材类型划分有平放卷材和立放卷材,平放卷材不应超过 5 个卷材高度。立放卷材储存高度不应超过 2 层,防止倾斜或横压。

④ 在正常储存环境条件下,储存期为自生产之日起 1 年。

⑤ 不同品种、不同规格的胶粘剂应分别用密封桶包装;胶粘剂存放在阴处或通风的室内,严禁接近火源和热源。

3) 防水卷材铺设。

粘贴各类防水卷材时必须使用与卷材性能相容的胶粘剂,胶粘剂的性能指标应符合设计要求。

自黏性防水卷材的基层应采用处理剂处理,对基面潮湿的基层必须采取措施,保证粘贴牢固。卷材防水层铺设及其在转角处和变形缝等细部做法应符合设计要求。

防水卷材铺设,应顺流水方向进行,上部压住下部,2 幅卷材短边和长边的搭接宽度不小于 150 mm,采用双层卷材的接缝应错开 1/3～1/2 幅宽,且 2 幅不得垂直铺贴。铺贴后不得有滑移、起鼓和损伤等现象。

卷材防水层的基层应牢固,基面应洁净、平整,基层阴阳角处应做成圆弧形。

4) 试验方法。

防水卷材在试验前应在标准条件[温度(23±2)℃,相对湿度(50±5)%]下放置至少 20 h。

(4) 防水涂料。

能保护建筑物构件不被水渗透或湿润,形成具有抗渗性涂层的涂料,称为防水涂料。随着科技的发展,防水涂料产品不仅要求施工方便、成膜速度快、修补效果好,还应能延长使用寿命,适应各种复杂工程的需求。

防水涂料按成膜物质的主要成分可分为沥青类、高聚物改性沥青类、合成高分子类三大类。常用的有聚氨酯防水涂料、水泥基渗透结晶型防水涂料、聚合物水泥防水涂料等。

防水涂料施工应符合以下规定:

① 涂料防水层及其转角处、变形缝等细部做法应符合设计要求。

② 涂料防水层施工应按设计要求进行多遍涂刷,涂料防水层的平均厚度应符合设计要求,最小厚度不得小于设计厚度的 80%。

③ 涂料防水层应与基层粘贴牢固,表面平整、涂刷均匀,不得有流淌、皱褶、鼓泡等缺陷。

④ 涂料厚度检验数量为每 100 m² 抽查 1 处,每处 10 m²,且不少于 3 处。

3. 桥面防水

(1) 原材料的性能要求。

① 用于防水层的材料包括氯化聚乙烯防水卷材、聚氨酯防水涂料、高聚物改性沥青防水卷材及其基层处理剂。

② 防水涂料按成膜物质的主要成分可分为沥青类、高聚物改性沥青类、合成高分子

类。依据《高分子防水材料 第 1 部分:片材》(GB/T 18173.1—2012),对于整体厚度小于
1.0 mm 的树脂类复合片材,扯断伸长率不得小于 50%,其他性能应达到规定值的 80%
以上。

③ SBS 改性沥青防水卷材和 APP 改性沥青防水卷材分类依据有:胎基、上表面隔离
材料、下表面隔离材料、材料性能。

④ APP 防水卷材低温柔性试验方法参照《塑性体改性沥青防水卷材》(GB 18243—
2008),厚度 3 mm 选用的弯曲直径为 30 mm,厚度 4 mm、5 mm 选用的弯曲直径为
50 mm。

(2)氯化聚乙烯防水卷材。

1)规格。

氯化聚乙烯防水卷材包括 N 类无复合层卷材和 L 类纤维复合卷材。

① N 类防水卷材的厚度(不含花纹高度)规格为(1.2+0.1) mm。

② 防水卷材的最大宽度不超过 2.65 m。

③ 防水卷材的长度规格:32 m 及以下简支梁卷材长度不应小于梁长,其他可根据梁
长确定。

2)技术要求。

① 外观要求:

a.《铁路桥梁混凝土桥面防水层》(TB/T 2965—2018)规定,防水卷材的颜色应采用
除黑色外的其他颜色。

b. 防水卷材表面应无气泡、疤痕、裂纹、黏结和孔洞。

c. N 类防水卷材的顶面压花成方格网状,以增强防水卷材与混凝土的黏结强度,方
格网状的规格为:纹高(0.1±0.02)mm,25~30 块/cm²。

d. L 类防水卷材应采用双面热融一次复合无纺纤维布,不应采用胶粘或二次复合方
法粘贴;卷材搭接面复合无纺纤维布的宽度不大于 80 mm。

② 物理力学性能要求:

a. 防水卷材物理力学的性能指标及试验方法应符合表 6-34 的规定。

b. 防水卷材耐化学侵蚀,是指耐酸(H_2SO_4)、碱[$Ca(OH)_2$]、盐(NaCl)的侵蚀。

c. 卷材应用硬纸芯卷制。卷制紧密,捆扎结实后置于用编织布等做成的包装袋中。

d. 运输途中或储存期间卷材应平放,储存高度以平放 3 个卷材高度为限;卷材产品
避免日晒、雨淋,不得与有损卷材质量或影响卷材使用性能的物质接触,并远离热源。

e. 防水卷材储存有效期为 1 年。

f. 进场检验项目频次及判定规则:同厂家、同品种、同批号产品,每批不大于 8000 m²。
不足 8000 m² 也按一批计。产品抽检结果全部符合表 6-34 技术条件要求者,判为整批合
格。若有一项技术要求不合格,应双倍抽样检验该项目,若仍有一项不合格,则判整批不
合格。

表 6-34　防水卷材的物理力学性能指标及试验方法（TB/T 2965—2018）

序号	项目		指标		试验方法
			N 类	L 类	
1	拉伸强度（MPa）/拉力（N/cm）		≥12.0 MPa	≥160 N/cm	GB 12953 —2003
2	扯断伸长率/%		≥550	≥550	
3	热处理尺寸变化率/%		纵向≤2.5，横向≤1.5	纵向≤1.0，横向≤1.0	
4	低温弯折性		−35 ℃无裂纹	−35 ℃，无裂纹	
5	抗穿孔性		不渗水	不渗水	
6	不透水性		不透水	不透水	
7	剪切状态下的黏合性/（N/mm）		≥3.0 或卷材破坏	≥3.0 或卷材破坏	
8	保护层混凝土与防水卷材黏结强度/MPa		≥0.1	≥0.1	TB/T 2965 —2018
9	防水卷材接缝部位焊接剥离强度/（N/mm）		≥3.0	≥3.0	GB/T 18173.1 —2012
10	热老化处理	外观质量	无气泡、疤痕、裂纹、黏结、孔洞	无气泡、疤痕、裂纹、黏结、孔洞	GB/T 18244 —2022
		拉伸强度相对变化率/%	±20	拉力≥150 N/cm	
		断裂伸长率相对变化率/%	±20	伸长率≥450	
		低温弯折性	−25 ℃，无裂纹	−25 ℃，无裂纹	
11	人工气候加速老化	拉伸强度相对变化率/%	720 h，±20	720 h，拉力≥150 N/cm	GB 12953 —2003
		断裂伸长率相对变化率/%	720 h，±20	720 h，伸长率≥450	
		低温弯折性	720 h，−25 ℃ 无裂纹	720 h，−25 ℃ 无裂纹	
12	耐化学侵蚀	拉伸强度相对变化率/%	±20	拉力≥150 N/cm	GB 12953 —2003
		断裂伸长率相对变化率/%	±20	伸长率≥450	
		低温弯折性	−25 ℃，无裂纹	−25 ℃，无裂纹	

3）试验方法。

① 样品调节。

在试件制备前，试件应在标准试验条件下样放置至少 20 h。标准试验条件：温度（23±2）℃；相对湿度（60±15）%。

② 拉伸性能。

试验标准：无处理试验、人工气候加速老化耐化学侵蚀《氯化聚乙烯防水卷材》（GB 12953—2003）；热老化处理：《建筑防水材料老化试验方法》（GB/T 18244—2022）。

试验用仪器设备:拉力试验机,能同时测定拉力与延伸率,拉力测定值在量程 20%～80%,精度为 1%,拉伸速度为(250+50) mm/min,测长装置精度为 1 mm。测厚仪,N 类用分度值为 0.01 mm,压力为(22±5)kPa,接触面直径为 6 mm;L 类用最小分度值为 0.01 mm 的读数显微镜测量。热老化箱,温度波动为±1 ℃,平均风速为 0.5～1.0 m/s,换气率为 10～100 次/h,有安装试样的网板或旋转架。

试样尺寸:N 类为《硫化橡胶或热塑性橡胶　拉伸应力应变性能的测定》(GB/T 528—2009)规定的哑铃I型(图 6-29);L 类为《塑料拉伸性能的测定　第 3 部分:薄膜和薄片的试验条件》(GB/T 1040.3—2006)规定的哑铃Ⅰ型(图 6-30),试样数量为纵、横向各 6 个。

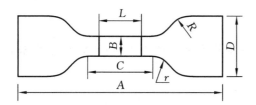

图 6-29　N 类哑铃型(单位:mm)

A—总长,最小 115;*B*—标距段的宽度,6.0±0.4;
C—标距段的长度,33±2;*D*—端部宽度,25±1;
R—大半径,25±2;*r*—小半径,14±1;
L—标距线间的距离,25±1

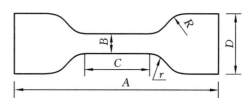

图 6-30　L 类哑铃型(单位:mm)

A—总长,最小 120;*B*—平行部分宽度,10±0.5;
C—标距段的长度,40±0.5;*D*—端部宽度,25±0.5;
R—大半径,25±2;*r*—小半径,14±1

试验步骤:

a. 无处理 N 类:拉伸速度(250±50) mm/min,夹具间距为 75 mm。L 类:拉伸速度(250+50) mm/min,夹具间距为 50 mm,用量具测量标线及中间 3 个点的厚度,以中值作为试件厚度。将试件置于夹持器中心,开动拉力试验机。读取最大拉力 P,试件断裂时标线间长度,若试件在标线外断裂,数据作废,用备用试件补做。

b. 热空气老化:将试件放入温度(80±2) ℃的老化试验箱,放置 168 h。处理后的试件在标准条件下放置 24 h,检查外观表面应平整、边缘整齐,无裂纹、孔洞和黏结,不应有明显气泡、疤痕。在表面合格的每块试件上裁取纵向、横向哑铃型试样 2 块,按步骤 a.进行拉伸试验。

c. 耐化学侵蚀:称取(150±2) g NaCl 溶液放入 1500 mL 容器中,称取 1350 g 蒸馏水倒入 1500 mL 容器中,搅拌均匀。向容器中加适量蒸馏水,然后加入 $Ca(OH)_2$ 溶液直至饱和。将(5±1)% H_2SO_4 溶液放入容器中,称取 1425 g 蒸馏水倒入 1500 mL 容器中,再称取(75±15)g 浓 H_2SO_4 溶液搅拌均匀。温度(23+2) ℃下,在每种溶液中浸入 3 块裁取的Ⅰ型试样。保持 28 d 后取出,用清水冲洗干净、擦干。在标准试验条件下放置 24 h,每块试件上裁取纵、横向哑铃形试件各 2 块,按步骤 a.进行拉伸试验。

拉伸强度按下式计算:

$$TS = \frac{P}{B \times d}$$

式中,*TS*——样品平均拉伸强度,MPa[或拉力(N/cm)];

　　P——拉伸过程中最大力,N;

B——样品中间部位宽度，mm；

d——试件厚度，mm。

分别计算纵向和横向 5 个试件的拉伸强度算术平均值作为试验结果，N 类精确到 0.1 MPa，L 类精确到 1 N/cm。

断裂伸长率按下式计算：

$$E=\frac{L_1-L_0}{L_0}\times100\%$$

式中，E——断裂伸长率，%；

L_0——起始标线间距离，mm；

L_1——试件断裂时标线间距离，mm。

分别计算纵向和横向 5 个试件的断裂伸长率算术平均值作为试验结果，结果精确到 1%。

处理后拉伸强度或拉力相对变化率按下式计算，结果精确到 1%：

$$R_t=\left(\frac{TS_1}{TS}-1\right)\times100\%$$

式中，R_t——样品处理后拉伸强度（或拉力）相对变化率，%；

TS——样品处理前平均拉伸强度，MPa[或拉力（N/cm）]；

TS_1——样品处理后拉伸强度，MPa[或拉力（N/cm）]。

处理后断裂伸长率相对变化率按下式计算，结果精确到 1%：

$$R_e=\left(\frac{E_1}{E}-1\right)\times100\%$$

式中，R_e——处理后断裂伸长率相对变化率，%；

E_1——样品处理前平均断裂伸长率，%；

E——样品处理后平均断裂伸长率，%。

③ 低温弯折性。

试验标准：《氯化聚乙烯防水卷材》（GB 12953—2003）。

试验用仪器：低温箱（−30～0）℃，控温精度为 ±2 ℃。弯折仪，由金属制成，上、下平板间距可任意调节。

试样尺寸：100 mm×50 mm。试样数量：2 个。

试验步骤：

a. 无处理：将试件的迎水面朝外，试验温度 −35 ℃，具体放置时间按照标准要求。

b. 热空气老化：处理后的试件在标准试验条件下放置 24 h，按步骤 a.进行低温弯折性试验。

c. 耐化学侵蚀：处理后的试件在标准试验条件下放置 24 h，按步骤 a.进行低温弯折性试验。

d. 人工气候加速老化：处理后的试件在标准试验条件下放置 24 h，按步骤 a.进行低温弯折性试验。

试验结果以两个试样均无裂纹为合格。

④ 抗穿孔性。

试验标准:《氯化聚乙烯防水卷材》(GB 12953—2003)。

试验用仪器设备:穿孔仪,由一个带有刻度的金属导管、可在其中自由运动的重锤、锁紧螺栓和半球形钢珠冲头组成。导管刻度长度为 0~500 mm,分度值 10 mm,重锤质量500 g,钢珠直径 2.7 mm。玻璃管,内径不小于 30 mm,长 600 mm。铝板,厚度不小于 4 mm。

试样尺寸:150 mm×150 mm。试样数量:3 个。

试验步骤:将试件平放在铝板上,并一起放在密度为 25 kg/m、厚度为 50 mm 的泡沫聚苯乙烯垫板上,穿孔仪置于试件表面,将冲头下端的钢珠置于试件中心部位,球面与试件接触。把重锤调节到落差高度 300 mm 处。使重锤自由下落,撞击位于试件表面的冲头,然后取出试件,检查是否穿孔。无明显穿孔时,按图 6-31 进行水密性试验。将圆形玻璃管置于试件穿孔试验点的中心位置,用密封胶密封玻璃管与试件间缝隙。将试件置于滤纸(150 mm×150 mm)上,滤纸放在玻璃板上,把染色的水加入玻璃管中,静置 24 h 后检查滤纸,如有变色、水迹现象,表明试件已穿孔。

⑤ 不透水性。

试验标准:《氯化聚乙烯防水卷材》(GB 12953—2003)。

试验用仪器设备:不透水仪,采用《建筑防水卷材试验方法 第 10 部分:沥青和高分子防水卷材 不透水性》(GB/T 328.10—2007)规定的不透水仪。开封盘,直径不小于盘外径(约 130 mm),有 4 个狭缝盘或 7 个孔圆盘。

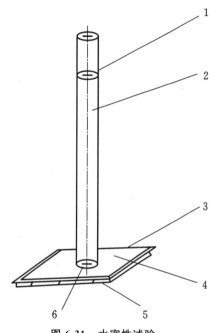

图 6-31 水密性试验
1—玻璃管;2—染色水;3—滤纸;
4—试件;5—玻璃板;6—密封胶

试样尺寸:150 mm×150 mm。试样数量:3 个。

试验步骤:试验在标准试验条件下进行,采用金属开缝槽盘,将装置充满水,排除水管中空气,试件上表面朝下放在透水盘上,规定开缝盘其中一个缝与卷材纵向一致,放上封盖,夹紧试件,慢慢加压到规定压力 0.3 MPa,保持 2 h,观察试件有无渗水。

(3)聚氨酯防水涂料。

1)分类。

《铁路桥梁混凝土桥面防水层》(TB/T 2965—2018)中将聚氨酯防水涂料分为用于粘贴防水卷材的防水涂料和直接用于做防水层的防水涂料两种。《聚氨酯防水涂料》(GB/T 19250—2013)将产品按组分分为单组分(S)多组分(M)两种,按拉伸性能分为两类。聚氨酯防水涂料的颜色应采用除黑色外的其他颜色。

2)储存与运输。

产品未启封时有效期为 1 年。产品应采用密闭的容器包装,运输途中防止日晒、雨淋,禁止接近热源。产品应储存于阴凉、干燥、通风处,储存最高温度不应高于 40 ℃,最低温度不应低于 5 ℃。产品应附有产品合格证和使用说明书。

3)技术要求。

技术要求详见表 6-35。

表 6-35　聚氨酯防水涂料物理力学性能指标及试验方法(TB/T 2965—2018)

序号	项目		指标		试验方法
			用于粘贴防水卷材	直接用于做防水层	
1	拉伸强度/MPa		≥3.5	≥6.0	GB/T 19250 —2013
2	拉伸强度保持率	加热处理/%	≥100	≥100	
3		碱处理/%	≥70	≥70	
4		酸处理/%	≥80	≥80	
5	断裂伸长率	无处理/%	≥450	≥450	
6		加热处理/%	≥450	≥450	
7		碱处理/%	≥450	≥450	
8		酸处理/%	≥450	≥450	
9	低温弯折性	无处理	≤-35 ℃,无裂纹	≤-35 ℃,无裂纹	—
10		加热处理			
11		碱处理			
12		酸处理			
13	表干时间/h		≤4	-0<480	
14	实干时间/h		≤24	≤24	
15	不透水性(0.4 MPa,2 h)		不透水	不透水	
16	加热伸缩率/%		≥-4.0,≤1.0	≥-4.0,≤1.0	
17	耐碱性,饱和 Ca(OH)₂ 溶液(500 h)		无开裂、无起皮剥落	无开裂、无起皮剥落	GB/T 9265 —2009
18	固体含量/%		≥98	≥98	GB/T 16777 —2008
19	潮湿基面黏结强度/MPa		≥0.6	≥0.6	
20	与混凝土黏结强度/MPa		≥2.5	≥2.5	
21	撕裂强度/(N/mm)		≥25.0	≥35.0	GB/T S29
22	与混凝土的剥离强度/(N/mm)		≥2.5	≥3.5	GB/T 2790 —1995
23	与防水卷材的剥高强度/(N/mm)		≥0.5	—	

4)进场检验项目频次及判定规则。

用于粘贴防水卷材的聚氨酯防水涂料,同厂家、同品种、同批号每批以甲组分不大于 10 t(乙组分以按产品质量配比相应的质量)为一批,不足 10 t 也按一批计;直接用于做防水层的聚氨酯防水涂料,同厂家、同品种、同批号每批以甲组分不大于 15 t(组分以按产量配比相应的质量)为一批,不足 15 t 也按一批计。产品抽检结果全部符合技术要求者,判为整批合格。若有一项技术要求不合格,应双倍抽样该项目,若仍有一项不合格,则判整批不合格。

5)试验方法。

① 标准试验条件。

温度(23±2)℃,相对湿度(60±15)%。

② 涂膜制备。

试件制备前,试验样品及所用试验仪器设备在标准条件下放置 24 h,搅拌均匀。双组分涂料按产品配合比称取主剂和固化剂,把两组分混合后充分搅拌 5 min,在不混入气泡的情况下倒入模具中涂覆,涂覆前模具表面可用脱模剂处理。样品按厂家要求一次或多次涂覆(最多 3 次,每次间隔不超过 24 h),最后一次将表面刮平,按标准规定养护96 h,脱膜、涂膜后继续养护 72 h。用于粘贴防水卷材的试样膜厚为(1.5±0.1) mm;直接做防水层的试样膜厚为(2.0±0.1) mm。选择在表面光滑平整、无明显气泡的涂膜上裁取试件。

③ 拉伸性能。

试验标准:《聚氨酯防水涂料》(GB/T 19250—2013)。

试验用仪器设备:拉力试验机,测量值在量程的 15%～85%,示值精度不低于 1%,伸长范围大于 500 mm。定伸保持器,能使试件标线间距离拉伸100%以上。电热鼓风干燥箱,不小于 200 ℃,精度±2 ℃。厚度计,接触面直径 6 mm,单位面积压力 0.02 MPa,分度值 0.01 mm。

试件制备:按涂膜制备要求制备,脱膜后裁取符合《硫化橡胶或热塑性橡胶　拉伸应力应变性能的测定》(GB/T 528—2009)要求的哑铃Ⅰ型试件,并划好间距 25 mm 的平行标线,用厚度计测出标线间和两端三点的厚度,取其平均值作为试件厚度,试件数量为 5 个。

试验步骤:

a. 无处理:调整拉伸试验机夹具间标距约 70 mm,将试件装在拉力试验机。以 500 mm/min(高延伸率涂料)或 200 mm/min(低延伸率涂料)拉伸速度拉伸试件至断裂,记录试件断裂时最大拉力 P,断裂时标线间距离 L,精确至 0.1 mm,测试 5 个试件,若有试件断裂在标线外,应舍弃,用备用件补测。

b. 热处理:将涂膜裁取 6 个 120 mm×25 mm 试件平放在隔离材料上,水平放入规定温度的干燥箱中,加热温度沥青类涂料为(70±2)℃,其他涂料为(80±2)℃。试件与箱壁间距不得少于 50 mm,试件宜与温度计的探头在同一水平位置。从规定温度的干燥箱中恒温(168±1) h 取出,在标准试验条件下放置 4 h,裁取拉伸试件进行拉伸试验。

c. 碱处理:在 0.1%化学纯氢氧化钠(NaOH)溶液中加入 $Ca(OH)_2$ 试剂,并达到过饱和状态。在 600 mL 该溶液中放入 6 个 120 mm×25 mm 试件,液面应高于试件表面 10 mm 以上,连续浸泡(168±1) h 取出,用水清洗、擦干,在标准试验条件下放置 4 h,裁取拉伸试件进行拉伸试验。

d. 酸处理:将 20 g 浓硫酸缓慢滴加到 980 g 蒸馏水中,冷却至室温。在(23±2)℃环境,在 600 mL 的 2%化学纯硫酸(H_2SO_4)溶液中放入 6 个 120 mm×25 mm 矩形试件,液面应高于试件表面 10 mm 以上,连续浸泡(168±1) h 取出,用水清洗、擦干,在标准试验条件下放置 4 h,裁取拉伸试件进行拉伸试验。

试件的拉伸强度按下式计算:

$$T_L = \frac{P}{B \times D}$$

式中,T_L——拉伸强度,MPa;

P——最大拉力,N;

B——试件中间部位宽度,mm;

D——试件厚度,mm。

取 5 个试件的拉伸强度算术平均值作为试验结果,结果精确到 0.01 MPa。

试件的断裂伸长率按下式计算:

$$E = \frac{L_1 - L_0}{L_0} \times 100\%$$

式中,E——断裂伸长率,%;

L_0——试件起始标线间距离,取 25 mm;

L_1——试件断裂时标线间距离,mm。

取 5 个试件的断裂伸长率算术平均值作为试验结果,结果精确到 1%。

拉伸性能保持率按下式计算:

$$R_t = \frac{T}{T_1} \times 100\%$$

式中,R_t——样品处理后拉伸性能保持率,%;

T——样品处理前平均拉伸强度,MPa;

T_1——样品处理后平均拉伸强度,MPa。

④ 低温弯折性。

试验标准:《聚氨酯防水涂料》(GB/T 19250—2013)。

试验用仪器设备:低温冰柜,能达到 −40 ℃,精度 ±2 ℃。弯折仪,由金属制成,上、下平板间距可任意调节。弯折板,6 倍放大镜。

试样制备:按涂膜制备要求制备涂膜,脱膜后裁取 100 mm×25 mm 的试件 3 块。

试验步骤:

a. 无处理:沿试件长度方向弯曲试件,使 25 mm 宽的边缘平齐将端部固定在一起(可用胶带纸),将弯折机的上平板与下平板间的距离调整为试件厚度的 3 倍,放置弯曲试件在弯折仪上,将固定端对着弯折机转轴,将翻开的弯折仪和试件置于调好温度的低温箱中,在规定温度下放置 1 h,1 s 内合上,整个操作过程在低温箱中进行。取出试件,恢复至(23±5) ℃,用 6 倍放大镜观察试件,记录有无裂纹或断裂现象。

b. 热处理:热处理试验后,按 a. 试验。

c. 碱处理:碱处理试验后,按 a. 试验。

d. 酸处理:酸处理试验后,按 a. 试验。

所有试件应无裂纹。

⑤ 表干/实干时间。

试验标准:《聚氨酯防水涂料》(GB/T 19250—2013)。

试验用仪器设备:计时器,分度值至少为 1 s。铝板,规格 120 mm×50 mm×(1～3) mm。

线棒涂布器:线棒直径 200 μm,见图 6-32。

试验步骤:试验前,铝板、工具、涂料应在标准试验条件下放置 24 h 以上。在标准试验条件下,用线棒涂布器将按厂家要求混合搅拌均匀的样品涂布在铝板上制备涂膜,涂抹面积为 100 mm×50 mm,记录涂布结束时间,对于多组分涂料,从混合开始记录时间。静置一段时间后,用无水乙醇擦净手指,在距膜面边缘不小于 10 mm 范围内以手指轻触涂膜表面,若无涂料粘在手指上,即为表干,记下时间。用刀片在距膜面边缘不小于 10 mm 范围内切割涂膜,若底层及膜内均无粘附刀片的现象,则认为实干,记下时间。

图 6-32　线棒涂布器

平行试验 2 次,以两次结果的平均值作为最终结果,有效数字应精确到实际时间的 10%。

⑥ 不透水性。

试验标准:《聚氨酯防水涂料》(GB/T 19250—2013)。

试验用仪器设备:不透水仪,压力 0～0.4 MPa,3 个精度为 2.5 级的透水盘,内径 92 mm。金属网,孔径为 0.2 mm。

试样制备:按规定制备涂膜,脱膜后切取 150 mm×150 mm 的试件 3 块。

试验步骤:试件在标准条件下放置 2 h,试验在(23±5) ℃进行,将洁净的自来水注入不透水仪中至满,开启进水阀,加水压,使储水灌水流出,排出装置中空气。将试件涂层面迎水置于不透水圆盘上,在试件上加一块相同尺寸金属网,盖上 7 孔圆盘,把试件夹紧在盘上,开启进水阀,关闭总水阀,慢慢施加压力至规定值,保持该压力(30±2) min,期间观察有无渗水,然后卸压,取下试件。

所有试件在规定的时间应无透水现象。

⑦ 加热伸缩率。

试验标准:《聚氨酯防水涂料》(GB/T 19250—2013)。

试验用仪器设备:电热鼓风干燥箱,最高温度不小于 200 ℃,精度±2 ℃。测长装置,精度至少为 0.5 mm。

试样制备:按规定制备涂膜,脱膜后涂膜裁取 300 mm×30 mm 试件 3 块。

试验步骤:试件在标准试验条件下水平放置 24 h,用测量装置测定每个试件长度 L_0。将试件平放在撒有滑石粉的隔离纸上,水平放入已加热到规定温度的烘箱中,加热温度为沥青类涂料(70±2) ℃,其他涂料(80±2) ℃,恒温(168±1) h 后取出,在标准试验条件下放置 4 h,后用测长装置在同一位置测定试件长度 L_1,若弯曲,用直尺压住后测量。

加热伸缩率按下式计算:

$$S = \frac{L_1 - L_0}{L_0} \times 100\%$$

式中,S——加热伸缩率,%;

L_0——加热处理前长度,mm;

L_1——加热处理前长度,mm。

取 3 个试件的加热伸缩率算术平均值作为试验结果,结果精确到 0.1%。

⑧ 耐碱性。

试验标准:《建筑涂料 涂层耐碱性的测定》(GB/T 9265—2009)。

试验用仪器设备:试板底材为无石棉纤维水泥平板,要求试板最小尺寸为 150 mm× 70 mm,厚度为 3~5 mm。

试样制备:试板按《色漆和清漆 标准试板》(GB/T 9271—2008)进行处理,试板和样品均处在温度(23±2) ℃、相对湿度(50±5)%的条件下至少 24 h。将涂料搅拌均匀,涂覆在 150 mm×70 mm 无石棉纤维水泥平板上。在温度(23±2) ℃、相对湿度(50±5)% 条件下干燥及养护至产品标准规定时间(96 h)。养护结束后尽快试验。

试验步骤:(23±2) ℃温度下,选取适当容器加入三级水,向盛有水的容器中加入过量的 Ca(OH)$_2$(分析纯)配制碱溶液并进行充分搅拌,密封放置 24 h 后取上层清液作为试验用溶液。取 3 块制备好的试板,用石蜡和松香混合物(质量比为 1∶1)将试板四周边缘和背面封闭,封边宽度 2~4 mm,在玻璃或搪瓷容器中加入氢氧化钙饱和溶液,将试板的 2/3 浸入试验溶液中,加盖密封直至产品规定的时间(500 h)。

试验结果:浸泡结束后,取出试板用水冲洗干净,甩掉板面上的水珠,再用滤纸吸干。立即观察涂层表面是否出现变色、气泡、剥落、粉化、软化等现象。以至少 2 块试板涂层现象一致作为试验结果。对试板边缘约 5 mm 和液面以下 10 mm 内的涂层区域,不作评定。当出现变色、起泡、剥落、粉化等涂层现象,按《色漆和清漆 涂层老化的评级方法》(GB/T 1766—2008)进行评定。

⑨ 固体含量。

试验标准:《建筑防水涂料试验方法》(GB/T 16777—2008)。

试验用仪器设备:天平,感量 0.001 g。电热鼓风干燥箱,最高温度不小于 200 ℃,精度±2 ℃。干燥器,内放变色硅胶或无水氯化钙。培养皿,直径 60~75 mm。

试样制备:称取(6±1) g 样品倒入已干燥称量的培养皿中并铺平底部,称取 2 份。

试验步骤:将样品搅匀后,取(6±1) g 样品倒入已干燥称量的培养皿(质量为 m_0)中并铺平底部,立即称量 m_1,标准试验条件下放置 24 h。放入(120±2) ℃烘箱中,恒温 3 h,取出放入干燥器中,在标准试验条件下冷却 2 h,然后称量 m_2。

试验结果:固体含量按下式计算,以%表示:

$$X=\frac{m_2-m_0}{m_1-m_0}\times100\%$$

式中,m_0——培养皿质量,g;

m_1——干燥前试样和培养皿质量,g;

m_2——干燥后试样和培养皿质量,g。

试验结果取两次平行试验的固体含量平均值,计算结果精确至 1%。

⑩ 撕裂强度。

试验标准:《硫化橡胶或热塑性橡胶撕裂强度的测定(裤形、直角形和新月形试样)》(GB/T 529—2008)。

试验用仪器设备:拉力试验机,测量值为量程的 15%~85%,示值精度不低于 1%。厚度计,接触面直径 6 mm,单位面积压力 0.02 MPa,分度值 0.01 mm。

试样制备：按规定制备涂膜，脱膜后用符合《硫化橡胶或热塑性橡胶撕裂强度的测定（裤形、直角形和新月形试样）》(GB/T 529—2008)规定的无割口直角形裁刀裁取 5 个试样。

试验步骤：试样应从涂膜试样上裁切。裁切试样前，试样应在标准温度下调节至少 3 h。试验厚度测量在其撕裂区域内进行，厚度测量不少于 3 点，取中位数，厚度值不得偏离所取中位数的 2%。多组试样进行比较，则每一组试样厚度中位数必须在各组试样厚度中位数的 7.5% 范围内。将试样沿轴向对准拉伸方向分别夹入上、下夹持器一定深度，以保证在平行位置充分均匀夹紧。将试样置于拉力试验机夹持器上，以(500±50) mm/min 拉伸速度拉伸至试样所记录的最大力值。

撕裂强度按下式计算：

$$T_s = \frac{F}{D}$$

式中，T_s——撕裂强度，kN/m；

F——试样撕裂时所需的力（直角形取力值 F 的最大值），N；

D——试样厚度的中位值，mm。

试验结果以每个方向试样的撕裂强度中位数、最大值和最小值共同表示，数值准确至整数位。

⑪ 黏结强度。

试验标准：《建筑防水涂料试验方法》(GB/T 16777—2008)。

试验用仪器设备：拉力试验机，测量值为量程的 15%～85%，示值精度不低于 1%。拉伸速度(5±1) mm/min。电热鼓风干燥箱，最高温度不小于 200 ℃，精度±2 ℃。"8"字形金属模具，中间用插片分成两半。黏结基材，"8"字形水泥砂浆块。

试样制备：

a. "8"字形水泥砂浆块：采用强度等级 42.5 的普通硅酸盐水泥，将水泥、中砂按照质量比 1∶1 加入砂浆搅拌机中搅拌，加水时以砂浆稠度 70～90 mm 为准，倒入模框中振实抹平，然后移至养护室，1 d 后脱模，水中养护 10 d 后放入(50±2) ℃烘箱中干燥(24±0.5) h，取出后在标准条件下放置备用，同样制备 5 对砂浆块。

b. 混凝土黏结强度试件：试验前制备好的砂浆块、工具、涂料应在标准试验条件下放置 24 h 以上。取 5 对砂浆块用 2 号砂纸清除表面浮浆，按生产要求比例将样品混合后搅拌 5 min(单组分防水涂料样品直接使用)，涂抹在砂浆块断面上，将两个砂浆块断面对接，压紧，涂料厚度不超过 0.5 mm。试件养护 96 h，不脱模，制备 5 个试件。

c. 潮湿基面黏结强度试件：取 5 对养护好的水泥砂浆块，用 2 号砂纸清除表面浮浆，浸入(23±2) ℃的水中浸泡 24 h。将在标准试验条件下放置 24 h 的样品按生产要求比例混合后搅拌 5min(单组分样品直接使用)，从水中取出砂浆块，用湿毛巾揩去水渍，晾置 5 min 后，在砂浆块断面上涂抹准备好的涂料，将两个砂浆块断面对接，压紧，砂浆块间涂料厚度不超过 0.5 mm，在标准试验条件下放置 4 h。然后将试件在温度(20±1) ℃、相对湿度不小于 90% 的条件下养护 168 h，制备 5 个试件。

试验步骤：将试件装在试验机上，以(5±1) mm/min 的拉伸速度拉伸至试件破坏，记录试件的最大拉力。将养护好的试件在标准试验条件下放置 2 h,再将试件装在试验机上,以(5±1) mm/min 的拉伸速度拉伸至试件破坏,记录试件的最大拉力。

黏结强度按下式计算:

$$\sigma = \frac{F}{a \times b}$$

式中,σ——黏结强度,MPa;

$\quad F$——试件的最大拉力,N;

$\quad a$——试件黏结面的长度,mm;

$\quad b$——试件黏结面的宽度,mm。

表面未被粘住面积超过 20% 的试件予以剔除,黏结强度以剩下不少于 3 个试件的算术平均值表示,不足 3 个试件应重新试验,精确至 0.01 MPa。

(4)水泥基胶粘剂。

1)基本要求。

未启封水泥基胶粘粉有效期为 1 年。水泥基胶粘剂应涂刷均匀,厚度控制在 1.2~1.5 mm 范围内。产品应采用密封的容器包装,储存于阴凉、干燥、通风环境。

2)技术要求。

水泥基胶粉材料技术要求见表 6-36。

表 6-36 水泥基胶粘粉材料性能指标及试验方法

序号	项目		技术要求	试验方法
1	黏度		[2%的溶液,(20±5) ℃]/ (39000±5000)mp·s	GB/T 2794 —2022
2	苯		0.1 g/kg	GB 18583 —2008
3	甲苯+二甲苯		10 g/kg	
4	游离甲醛		≤0.5 g/kg	
5	总挥发性有机物		≤50 g/L	
6	初凝时间		≥480 min	GB/T 1346 —2011
7	终凝时间		≤720 min	
8	安定性		≤5 mm	
9	抗折强度	3 d	≥8 MPa	GB/T 17671 —2021
		28 d	≥12 MPa	
10	抗压强度	3 d	≥40 MPa	
		28 d	≥60 MPa	
11	冻融循环	强度损失	50 次,≤5%	GB/T 50082 —2009
		质量损失	50 次,≤1%	
12	抗渗性能		≥P20	

序号	项目		技术要求	试验方法
13	压缩剪切强度	无处理	≥4.5 MPa	TB/T 2965—2018
		热老化处理	70 ℃×14 d,≥3.5 MPa	
		冻融循环	±15 ℃×50 次,≥3.5 MPa	
		酸处理	≥4.5 MPa	
		盐处理	≥4.5 MPa	
14	防水卷材与水泥基层黏结剥离强度		≥3.5 N/mm	
15	拉伸黏结强度		≥1.5 MPa	

3）试验制样数量、养护条件及养护期。

试件要求与养护条件见表 6-37。

表 6-37　试件要求与养护条件（TB/T 2965—2018）

项目		试件规格/mm	试件数量/个	养护条件
抗折强度		40×40×160	6	温度(20±1) ℃,相对湿度≥95%,养护 3 d、28 d
抗压强度		70.7×70.7×70.7	6	温度(20±1) ℃,相对湿度≥95%,养护 3 d、28 d
冻融循环		70.7×70.7×70.7	6	温度(20±1) ℃,相对湿度≥95%,养护 28 d
抗渗性能		按 GB/T 50082—2024 要求	6	温度(20±2) ℃,水中养护 28 d
拉伸黏结强度		水泥砂浆试块 下模:70×70×20, 上模:40×40×10	5	温度(20±2) ℃,相对湿度≥95%,养护 28 d
压缩剪切强度	无处理	水泥砂浆试块 下模:100×100×25, 上模:40×40×10	5	温度(20±2) ℃,相对湿度≥95%,养护 28 d
	热老化处理		5	温度(20±2) ℃,相对湿度≥95%,养护 28 d
	冻融循环		5	温度(20±2) ℃,相对湿度≥95%,养护 28 d
	酸处理		5	温度(20±2) ℃,相对湿度≥95%,养护 28 d
	盐处理		5	温度(20±2) ℃,相对湿度≥95%,养护 28 d
水泥基层与防水卷材黏结剥离强度		水泥砂浆试块 300×50×8	5	温度(20±2) ℃,相对湿度≥95%,养护 28 d

注:送检样品胶粘粉 1 kg;增强剂(胶水)1 kg。

4）试验方法。

试验标准:《铁路混凝土桥面防水层》(TB/T 2965—2018)。

试验用仪器设备:拉力试验机,精度为 1%。

试验步骤:将符合《通用硅酸盐水泥》(GB 175—2023)要求的强度等级为 425 的硅酸水泥、符合《建设用砂》(GB/T 14684—2022)要求的中砂和水按 1:2:0.4 的比例(质量比)倒入容器内搅拌均匀至呈浆状,将砂浆分别倒入 70 mm×70 mm×20 mm、40 mm×40 mm×10 mm 的金属材质模具内,放置 24 h 后脱模,放入(20±1)℃水中养护 28 d,然后在 50 ℃下干燥 24 h 后备用。按一定比例配制水泥基胶粘剂并充分搅拌后,在每块 70 mm×70 mm 试样中间部位涂约 3 mm 厚胶粘剂,涂覆尺寸约为 40 mm×40 mm,用刮刀平整表面,同时在 40 mm×40 mm 的水泥砂浆块上薄刮一层约 0.1~0.2 mm 厚胶粘剂,然后二者对放,轻轻按压即可。试件按照要求条件养护后,用快固型双组分环氧树脂均匀涂覆于 40 mm×40 mm×10 mm 砂浆块的表面,并在其上轻放钢质夹具,适当用力下压,除去周围溢出的黏结剂,放置 16 h 以上进行试验。在拉力试验机上,沿试件表面垂直方向以 5 mm/min 拉伸速度测定最大强度。

拉伸黏结强度按下式计算,精确至 0.1 MPa:

$$A_s = \frac{L}{A}$$

式中,A_s——拉伸黏结强度,MPa;

    L——最大拉伸力,N;

    A——胶粘面积,mm^2。

求 5 个数据的平均值,舍弃超出平均值±20%范围的数据。舍弃后,取不小于 3 个数据的平均值;若少于 3 个数据被保留,重新试验。

(5)高聚物改性沥青防水卷材。

1)规格。

① 防水卷材厚度为 4.5 mm,宽度为 1.0 m。

② 防水卷材长度为 32 m 及以下,简支梁卷材长度不应小于梁长,也可根据梁长确定。

③ 每卷卷材应连续整长,长度为 200 m 时允许有一处接头。

④ 桥面采用卷材厚度一般为 3.5 mm、4.5 mm。

2)技术要求。

① 防水卷材内的胎基为长纤聚酯纤维毡,胎基置于距卷材下表面 2/3 厚度位置,胎基应浸透,不应有未被浸渍的条纹。

② 防水卷材表面应平整,不允许有孔洞、缺边和裂口。

③ 卷材双面附砂,细砂颜色和粒度应均匀一致,并应紧密地粘附于卷材表面。

④ 成卷卷材应卷制紧密、端面整齐,捆扎结实后置于用编织布或塑料膜等制成的包装袋中。

⑤ 防水卷材物理力学性能要求见表 6-38。

表 6-38　高聚物改性沥青防水卷材的物理力学性能及试验方法(TB/T 2965—2018)

序号	项目		指标	试验方法
1	可溶物含量/(g/m²)		4.5 mm 厚,≥3100	GB 18242—2008
2	耐热度/℃		≥115,不流淌,不滴落	
3	最大拉力(纵、横向)/(N/cm)		≥210	
4	最大时延时率(纵、横向)/%		≥50	
5	撕裂强度/N		≥450	
6	低温弯折性		−30 ℃,无裂纹	
7	不透水性(0.4 MPa,2 h)		不透水	
8	抗穿孔性		不透水	
9	剪切状态下的黏合性/(N/mm)		≥10.0 或卷材破坏	
10	保护层混凝土与防水卷材黏结强度/MPa		≥0.1	TB/T 2965—2018
11	热处理尺寸变化率(纵、横向)/%		±0.5	GB/T 12953—2003
12	热老化处理	外观质量	无气泡、裂纹、黏结与孔洞	GB/T 18244—2022 GB 18242—2008
		最大拉力变化率(纵、横向)/%	±20	
		断裂时延伸率变化率(纵、横向)/%	±20	
		低温弯折性	−25 ℃,无裂纹	
13	人工气候加速老化	最大拉力变化率(纵、横向)/%	720 h,±20	
		断裂时延伸率变化率(纵、横向)/%	720 h,±20	
		低温弯折性	720 h,−25 ℃,无裂纹	
14	耐化学侵蚀	最大拉力变化率(纵、横向)/%	720 h,±20	GB 12953—2003 GB 18242—2008
		断裂时延伸率变化率(纵、横向)/%	720 h,±20	
		低温弯折性	−25 ℃,无裂纹	

⑥ 运输途中或储存期间宜立放,如平放,不应超过 3 层;卷材产品应避免日晒、雨淋,不得与有损卷材质量或使用性能的物质接触,应远离热源。

⑦ 防水卷材储存有效期为 1 年。

3)试验方法。

① 样品调节。

在试件制备前,试验样品在温度(23±2)℃下放置 24 h。

② 拉力及延伸率。

试验标准:《弹性体改性沥青防水卷材》(GB 18242—2008)、《建筑防水材料老化试验方法》(GB/T 18244—2022)、《氯化聚乙烯防水卷材》(GB 12953—2003)。

试验用仪器设备:拉力试验机,有足够量程(至少 2000 N)和夹具移动速度[(100±10) mm/min],夹具宽度不小于 50 mm。烘箱,最高温度不低于 200 ℃,控温精度±10 ℃。热老化箱,工作温度 40~200 ℃或更高,温度波动±1 ℃。工作室容积一般为 0.1~0.3 m³,室内备有安装试件网板或旋转架。

试样制备:试件在试样上距边缘 100 mm 以上任意裁取,试件宽度为(50±0.5) mm,长为 250~320 mm。纵、横向各取 5 个试样。老化试验采取试样经老化试验后切取试件的方法。称取(150±2) g NaCl 放入 1500 mL 容器中,加入 1350 mL 蒸馏水搅拌均匀。向容器中加足量蒸馏水,然后加入 Ca(OH)$_2$ 直至饱和。称取(75±15) g H$_2$SO$_4$ 放入 1500 mL 容器中,加入 1425 mL 蒸馏水搅拌均匀。溶液配制要求在(23±2) ℃下进行,所用试剂为化学纯。

试验步骤:

a. 无处理:试件在温度(23±2) ℃和相对湿度(30%~70%)下放置至少 20 h。试件夹持在试验机上,夹具间距离为 200 mm,拉伸速度为(100±10) mm/min,记录最大力。最大力的单位为 N/50 mm,对应的延伸度用百分率表示,作为试件同一方向结果。分别取纵向、横向 5 个试件的拉力值和延伸平均值。拉力的平均值修约到 5 N,延伸率的平均值修约到 1%。试验过程中观察在试件中部是否出现沥青涂盖层与胎基分离或沥青涂盖层开裂现象。

b. 热老化:试件放入(80±2) ℃热老化箱中 10 d±1 h。取出后在标准条件下放置 2 h±5 min,裁成(250~320) mm×50 mm 试样,按 a.进行拉伸试验。

c. 耐化学侵蚀:在温度(23±2) ℃下,试件分别放入 NaCl (10±2)%溶液、Ca(OH)$_2$ 饱和溶液、H$_2$SO$_4$ (5±1)%溶液中 28 d,取出后冲洗干净、擦干,裁成(250~320) mm×50 mm 试样,按 a.进行拉伸试验。

最大拉力变化率按下式计算,以%表示:

$$R_t = \left(\frac{TS_1}{TS}-1\right)\times 100\%$$

式中,R_t——样品处理后最大拉力变化率,%;

TS——样品处理前最大拉力平均值,N/cm;

TS_1——样品处理后最大拉力平均值,N/cm。

处理后断裂伸长率相对变化率按下式计算,结果精确到 1%:

$$R_e = \left(\frac{E_1}{E}-1\right)\times 100\%$$

式中,R_e——试件处理后断裂时延伸率变化率,%;

E_1——试件处理后断裂时延伸率平均值,%;

E——试件处理前断裂时延伸率平均值,%。

③ 低温弯折性。

试验标准:《弹性体改性沥青防水卷材》(GB 18242—2008)、《建筑防水卷材试验方法第 14 部分:沥青防水卷材 低温柔性》(GB/T 328.14—2007)。

试验用仪器设备:低温试验箱,控制温度箱(-40～20)℃,精度为 0.5 ℃。低温弯折度试验机,由 2 个直径为(20±0.1) mm 不旋转的圆筒,1 个直径(30±0.1) mm 的圆筒或半圆筒弯曲轴组成(可以根据产品规定采用其他直径的弯曲轴)。3 mm 厚度的卷材,弯曲直径 30 mm,4 mm、5 mm 厚度卷材,弯曲直径 50 mm。试验装置原理和弯曲过程见图 6-33。

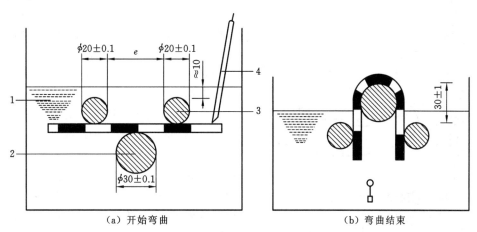

图 6-33　试验装置原理和弯曲过程(单位:mm)
1—冷冻液;2—弯曲轴;3—固定圆筒;4—半导体温度计

试验制备:试件从试样宽度方向上均匀地截取,长边在卷材的纵向,试件截取时距卷材边缘不少于 150 mm,试件从卷材的一边开始做连续记号,同时标记卷材的上表面和下表面。制备纵向 150 mm×25 mm 试件 10 个。

试验步骤:

a. 无处理:两组各 5 个试件,在溶液中放置 1 h,全部处理到试验温度(-30 ℃),一组上表面试验,一组下表面试验。试件在圆筒与弯曲轴之间,试验面朝上,以(360±40) mm/min 的速度顶着试件向上移动,试件同时绕轴弯曲。轴移动的终点在圆筒上方(30±1) mm 处(见图 6-33)。试件的表面明显露出冷冻液,同时液面也因此下降。完成试验 10 s 内观察有无破裂。一个试验面的 5 个试件,在规定温度下至少 4 个无裂缝为通过,上表面和下表面试验结果分别记录。

b. 热老化:按热老化步骤处理后在标准试验条件下放置 24 h,按 a.进行低温柔性试验。

c. 耐化学侵蚀:按化学侵蚀步骤处理后在标准试验条件下放置 24 h,按 a.进行低温弯折性试验。

④ 撕裂强度(钉杆法)。

试验标准:《弹性体改性沥青防水卷材》(GB 18242—2008),《建筑防水卷材试验方法第 18 部分:沥青防水卷材　撕裂性能(钉杆法)》(GB/T 328.18—2007)。

试验用仪器设备:拉伸试验机,有足够量程(至少 2000N)和夹具移动速度(100±10) mm/min,夹具宽度不小于 100 mm。试验夹具为 U 形头。见图 6-34。

试样制备:试件需距卷材边缘 100 mm 以上在试样上任意裁取,长度方向即试验方向。制备纵向 200 mm×100 mm 试件 5 个。

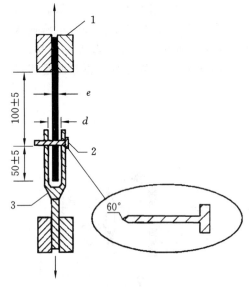

图 6-34 钉杆撕裂试验装置（单位：mm）

1—夹具；2—钉杆(ϕ2.5±0.1)；3—U 形头；
e—样品厚度；d—U 形头间隙($e+1 \leqslant d \leqslant e+2$)

试验步骤：试件在温度(23 ± 2)℃和相对湿度 30%～70% 下放置至少 20 h。试件放入 U 形头的两臂中，用一直径(2.5 ± 0.1) mm 尖钉穿过 U 形头的孔位置，距 U 形头中试件一端(50 ± 5) mm，钉杆距上夹具(100 ± 5) mm，把装置试件一端夹具和 U 形头放入拉伸试验机，以速度(100 ± 10) mm/min 开动试验机使穿过材料面的钉杆直到材料末端。

记录每个试件的最大力。取 5 个试件撕裂强度平均值为结果，精确到 5 N。

4）进场、型式检验项目频次及判定规则。

同厂家、同品种、同批号产品，每批不大于 8000 m²。不足 8000 m² 也按一批计。产品抽检结果全部符合表 6-38 技术条件要求时，判为合格。若有一项技术要求不合格，应双倍抽样检验该项目，若仍有一项不合格，则判整批不合格。

型式检验为表 6-38 中所有项目，任何新选厂家、转厂生产、生产材料和工艺有变化，用户对产品质量有疑问时要进行型式检验。根据《弹性体改性沥青防水卷材》(GB 18242—2008)的要求，正常生产时，每年进行 1 次型式检验。

（6）高聚物改性沥青基层处理剂。

1）高聚物改性沥青基层处理剂技术要求见表 6-39、表 6-40。

表 6-39 高聚物改性沥青基层处理剂物理力学性能指标及试验方法(TB/T 2965—2018)

序号	项目	指标	试验方法
1	固体含量/%	≥30	GB/T 16777—2008
2	干燥时间/h	≤2	
3	耐热性(80 ℃,5 h)	无流淌、鼓泡、滑动	
4	低温弯折性(−5 ℃,直径 10 mm 棒)	无裂缝	
5	黏结强度/MPa	23 ℃,0.80	

表 6-40 高聚物改性沥青基层处理剂试件形状及数量

序号	项目	技术要求	检验方法
1	固体含量	≥30%	GB/T 16777—2008
2	耐热性	80 ℃,5 h,无流淌、无鼓泡、无滑动	GB/T 16777—2008
3	低温柔性	−5 ℃,ϕ10 mm 棒,无裂缝	GB/T 16777—2008
4	黏结强度/MPa	20 ℃,≥0.8	GB/T 16777—2008

注：送检样品 2 kg。

2）试验方法。

① 标准试验条件。

温度(23±2)℃,相对湿度(60±15)%。

② 固体含量。

同聚氨酯防水涂料方法。

(3) 耐热性。

试验标准:《建筑防水涂料试验方法》(GB/T 16777—2008)。

试验用仪器设备:鼓风干燥箱,最高温度不低于 200 ℃,精度±2 ℃。铝板,厚度不小于 2 mm,面积大于 100 mm×50 mm,中间上部有一小孔,便于悬挂。

试件制备:将涂料混合均匀,按生产厂家的要求分 2～3 次(每次间隔不超过 24 h)涂覆在 100 mm×25 mm 清洁干净的铝板上,总厚度为 1.5 mm,最后一次将表面刮平,在标准条件养护 120 h 后,继续在(40±2)℃下养护 48 h,标准条件养护 4 h,不脱模。

试验步骤:将铝板垂直悬挂在已调节到规定试验温度(80 ℃)的干燥箱内,在规定试验温度下放置 5 h 后取出,观察表面现象,共试验 3 个试件。

试验后所有试件都不应产生流淌、滑动、滴落,试件表面无密集气泡为合格。

④ 低温弯折性。

试验标准:《建筑防水涂料试验方法》(GB/T 16777—2008)。

试验用仪器设备:低温试验箱,能达到−40 ℃,精度±2 ℃。圆棒或弯板,直径 10 mm、20 mm、30 mm。

试样制备:在涂膜上裁取 100 mm×25 mm 的试件 3 块。

试验步骤:将试件和弯板或圆棒放入已调节到规定温度的低温冰柜冷冻液中,在(−40±2)℃规定温度下放置 1 h,然后在冷冻液中将试件绕圆棒或弯板在 3 s 内弯曲 180°,弯曲 3 个试件(无上、下表面区分),立即取出试件,用肉眼观察试件表面有无裂纹、断裂现象。

所有试件无裂纹为合格。

⑤ 黏结强度。

试验标准:《建筑防水涂料试验方法》(GB/T 16777—2008)。其余按聚氨酯防水涂料的相关方法(与混凝土的黏结强度)。

3）进场、型式检验项目频次及判定规则。

同厂家、同品种、同批号产品,每批不大于 3 t。不足 3 t 也按一批计。产品抽检结果全部符合表 6-39 技术条件要求时,判为合格。若有一项技术要求不合格,应双倍抽样检验该项目,若仍有一项不合格,则判整批不合格。

任何新选厂家,转厂生产、生产材料和工艺有变化,用户对产品质量有疑问时要进行型式检验。在正常生产时,型式检验频次应按设计或其他要求进行。

4）防水层铺设及施工质量检查。

① 桥面防水层结构形式。

桥面防水层有卷材加粘贴涂料、直接用作防水层的涂料、高聚物改性沥青防水层三种结构形式。要求防水层上均应做保护层。防水层结构形式见图 6-35。

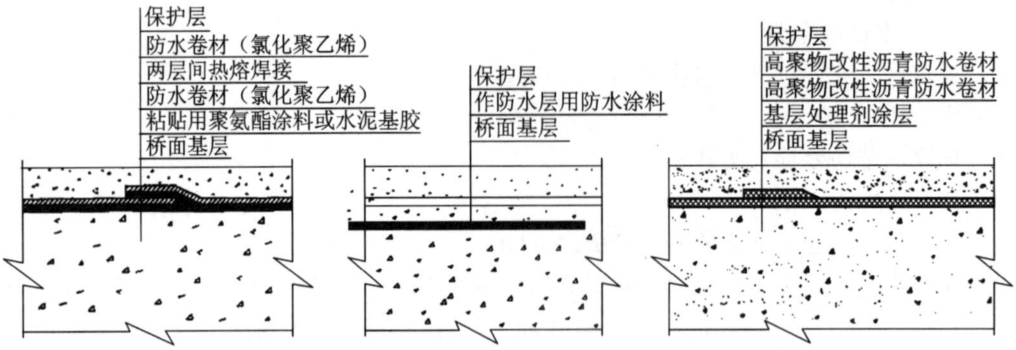

（a）卷材加粘贴涂料　（b）直接用作防水层的涂料　（c）高聚物改性沥青防水层

图 6-35　桥面防水层结构形式

② 桥面或基层要求。

a. 桥面应平整，其平整度用 1 m 长度靠尺检查，空隙只允许平缓变化，且不大于 3 mm。

b. 基层表面应无蜂窝、麻面、浮砟、浮土、油污。

c. 桥面基层应干燥，如采用水泥基胶粘剂，应无明水。

③ 防水层结构形式的适用部位。

a. 防水层类型及构造应符合设计图纸要求。

b. 高聚物改性沥青卷材防水层适用于有砟槽内和无砟桥面防护墙以内。

④ 铺设及铺设要求。

铺设、保护层施工及要求见《铁路桥梁混凝土桥面防水层》(TB/T 2965—2018)。

⑤ 施工后质量检查。

防水卷材的铺设应平整、无破损、无空鼓，搭接处及周边均不应翘起。保护层达到设计强度后，应钻取芯样进行混凝土与卷材或涂料的黏结强度检测。测试步骤如下：

a. 用钻孔取芯设备钻取 ϕ50 mm 的芯样，钻孔深度进入桥面基层 5 mm。

b. 将直径 50 mm 的锭子用胶粘剂固定在被测试芯样保护层表面。

c. 待胶粘剂固化后，使用便携式附着力试验仪，将附着力试验仪套筒与锭子顶端连接，均匀按动液压手柄，直到锭子与基材脱开，读取测试结果。

d. 每 10 孔或每 320 m 随机抽取 1 孔或连续 32 m 桥面进行检测，每孔梁或连续 32 m 桥面检测 3 处；每孔梁或连续 32 m 桥面 3 处数据最小值小于 0.08 MPa，判定该孔梁或该 32 m 桥面防水层黏结强度不合格，应对该批梁进行逐孔检测或 32 m 范围内连续检测；钻芯后的部位用聚氨酯防水涂料填满。

e. 保护层表面不应出现裂缝。

三、混凝土质量检测评定

1. 概述

混凝土所用的水泥、砂、石、水、外掺剂及混合材料的质量和规格必须符合有关规范的要求,按规定的配合比施工;按试样检测频率对混凝土组成材料、拌合物性能、强度进行试验检测,振捣密实。

各种材料、各工程项目和各个工序,应经常进行检验,保证符合设计和施工技术规范的要求。检验项目和次数应符合下列规定。

(1)浇筑混凝土前的检验内容。

① 施工设备和场地。

② 混凝土组成材料及配合比(包括外掺剂)。

③ 混凝土凝结速度等性能。

④ 基础、钢筋、预埋件等隐蔽工程及支架、模板。

⑤ 养护方法及设施、安全设施。

(2)拌制和浇筑混凝土时的检验内容。

① 混凝土组成材料的外观及配料、拌制,每一工作班至少 2 次,必要时随时抽样试验。

② 混凝土的和易性(坍落度等),每工作班至少 2 次。

③ 砂石材料的含水率,每日开工前 1 次,气候有较大变化时随时检测;当含水率变化较大,使配料偏差超过规定时,应及时调整。

④ 钢筋、模板、支架等的稳固性和安装位置。

⑤ 混凝土的运输、浇筑方法和质量。

⑥ 外加剂使用效果。

⑦ 制取混凝土试件。

(3)浇筑混凝土后的检验内容。

① 养护情况。

② 混凝土强度、拆模时间。

③ 混凝土外露面或装饰质量。

④ 结构外形尺寸、位置、变形和沉降。

2. 混凝土立方体抗压强度试验

(1)试验目的。

试验用于确定水泥混凝土的强度等级,并将强度等级作为评定水泥混凝土品质的主要指标。

(2)仪器设备。

① 示值相对误差应为 $\pm 1\%$;

② 应具有加荷速度指示装置或加荷速度控制装置,并应能均匀、连续地加荷;

③ 试验机上、下承压板的平面度公差不应大于 0.04 mm;平行度公差不应大于 0.05 mm;表面硬度不应小于 HRC55;板面应光滑、平整,表面粗糙度不应大于 Ra 0.80 μm;

④ 球座应转动灵活,球座宜置于试件顶面,并凸面朝上;

⑤ 其他要求应符合《液压式万能试验机》(GB/T 3159—2008)和《试验机 通用技术要求》(GB/T 2611—2022)的有关规定。

注意:试件破坏荷载宜大于压力机全量程的 20%,且小于压力机全量程的 80%。

（3）试验步骤

① 试件到达试验龄期时,从养护地点取出后,应检查其尺寸及形状,试件的边长和高度宜采用游标卡尺进行测量,应精确至 0.1 mm。

② 试件放入试验机前,应将试件表面与上、下承压板面擦拭干净。

③ 以试件成型时的侧面为承压面,应将试件安放在试验机的下压板或垫板上,试件的中心应与试验机下压板中心对准。

④ 启动试验机,试件表面与上、下承压板或钢垫板应均匀接触。

⑤ 试验过程中应连续均匀加荷,加荷速度应取 0.3～1.0 MPa/s。当立方体抗压强度小于 30 MPa 时,加荷速度宜取 0.3～0.5 MPa/s;立方体抗压强度为 30～60 MPa 时,加荷速度宜取 0.5～0.8 MPa/s;立方体抗压强度不小于 60 MPa 时,加荷速度宜取 0.8～1.0 MPa/s。

⑥ 手动控制压力机加荷速度时,当试件接近破坏开始急剧变形时,应停止调整试验机油门,直至破坏,并记录破坏荷载。

（4）试验结果。

① 立方体试件抗压强度试验结果应按下式进行。

$$f_{cu} = \frac{F}{A}$$

式中,f_{cu}——混凝土立方体抗压强度,MPa;

F——试件破坏极限荷载,N;

A——受压面积,mm^2。

② 取 3 个试件抗压强度的算术平均值作为该组试件的强度值,应精确至 0.1 MPa;当 3 个测值中的最大值或最小值中有一个与中间值的差值超过中间值的 15％ 时,则应把最大值及最小值剔除,取中间值作为该组试件的抗压强度值;当最大值和最小值与中间值的差值均超过中间值的 15％ 时,该组试件的试验结果无效。

③ 混凝土强度等级小于 C60 时,用非标准试件测得的强度值均应乘尺寸换算系数,对 200 mm×200 mm×200 mm 试件可取为 1.05;对 100 mm×100 mm×100 mm 试件可取为 0.95。

④ 当混凝土强度等级不小于 C60 时,宜采用标准试件;当使用非标准试件时,混凝土强度等级不大于 C100 时,尺寸换算系数宜由试验确定,在未进行试验确定的情况下,对 100 mm×100 mm×100 mm 试件可取为 0.95;混凝土强度等级大于 C100 时,尺寸换算系数应经试验确定。

（5）试验记录。

水泥混凝土抗压强度试验记录见表 6-41。

表 6-41　水泥混凝土抗压强度试验记录

委托单位			工程名称及部位			
样品名称		试件尺寸/mm		样品数量		检测(试验)编号
来样日期		检测依据			环境条件	温度 ℃ 湿度 ％

委托单位						工程名称及部位						
检测设备名称		检测(试验)前设备状况				检测(试验)后设备状况						
样品编号	成型日期	检测日期	龄期/d	养护条件	样品尺寸/mm	作用面积/mm²	破坏荷载/kN					平均强度/MPa	设计强度等级
							1 2 3 4 5 6 平均值						

试验：　　　　　　　记录：　　　　　　　　　　　复核：

3. 混凝土立方体抗折强度试验

(1) 试验目的。

试验用于测定混凝土的抗折强度,也称抗弯拉强度。

(2) 仪器设备。

压力试验机应符合混凝土立方体抗压强度试验压力机的规定,试验机应能施加均匀、连续、速度可控的荷载。

抗折试验装置(图 6-36)应符合下列规定:

① 双点加荷的钢制加荷头应使 2 个相等的荷载同时垂直作用在试件跨度的 2 个三分点处;

② 与试件接触的 2 个支座头和 2 个加荷头应采用直径为 20～40 mm、长度不小于($b+10$) mm 的硬钢圆柱,b 为试件截面宽度,支座应为固定铰支,其他 3 个应为滚动支点。

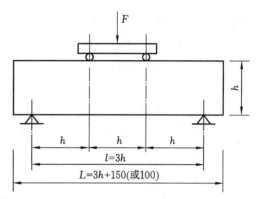

图 6-36　抗折试验装置(单位:mm)

(3) 试验步骤。

① 试件到达试验龄期时,从养护地点取出后,应检查其尺寸及形状,尺寸公差应满足相关标准的规定,试件取出后应尽快进行试验。

② 试件放置在试验装置前,应将试件表面擦拭干净,并在试件侧面画出加荷线位置。

③ 试件安装时,可调整支座和加荷头位置,安装尺寸偏差不得大于 1 mm。试件的承压面应为试件成型时的侧面。支座及承压面与圆柱的接触面应平稳、均匀,否则应垫平。

④ 在试验过程中应连续均匀地加荷,当对应的立方体抗压强度小于 30 MPa 时,加载速度宜取 0.02～0.05 MPa/s;对应的立方体抗压强度为 30～60 MPa 时,加载速度宜取 0.05～0.08 MPa/s;对应的立方体抗压强度不小于 60 MPa 时,加载速度宜取 0.08～0.10 MPa/s。

⑤ 手动控制压力机加荷速度时,当试件接近破坏时,应停止调整试验机油门,直至破坏,并应记录破坏荷载及试件下边缘断裂位置。

（4）试验结果。

① 若试件下边缘断裂位置处于两个集中荷载作用线之间,则试件的抗折强度 f_f 应按下式计算：

$$f_f = \frac{Fl}{bh^2}$$

式中, f_f——混凝土抗折强度,MPa,精确至 0.1 MPa；

F——试件破坏荷载,N；

l——支座间跨度,mm；

b——试件截面宽度,mm；

h——试件截面高度,mm。

② 应以 3 个试件抗折强度的算术平均值作为该组试件的抗折强度值,精确至 0.1 MPa；当 3 个测值中的最大值或最小值中有一个与中间值的差值超过中间值的 15% 时,应把最大值和最小值一并剔除,取中间值作为该组试件的抗折强度值；当最大值和最小值与中间值的差值均超过中间值的 15% 时,该组试件的试验结果无效。

③ 3 个试件中有一个试件折断面位于两个集中荷载作用线之外时,混凝土抗折强度值应按另两个试件的试验结果计算。当这两个测值的差值不大于这两个测值的较小值的 15% 时,该组试件的抗折强度值应按这两个测值的平均值计算,否则该组试件的试验结果无效。当有两个试件的下边缘断裂位置位于两个集中荷载作用线之外时,该组试件试验无效。

④ 当试件尺寸为 100 mm×100 mm×400 mm 非标准试件时,应乘尺寸换算系数 0.85；当混凝土强度等级不小于 C60 时,宜采用标准试件；当使用非标准试件时,尺寸换算系数应由试验确定。

4.混凝土静力受压弹性模量试验

（1）适用范围。

混凝土静力受压弹性模量试验适用于测定水泥混凝土在静力作用下的受压弹性模量,混凝土的受压弹性模量取轴心抗压强度 1/3 时对应的弹性模量。

（2）仪器设备。

压力试验机应符合混凝土立方体抗压强度试验压力机的规定。用于微变形测量的仪器应符合下列规定：

① 微变形测量仪器可采用千分表、电阻应变片、激光测长仪、引伸仪或位移传感器等。采用千分表或位移传感器时应备有微变形测量固定架,试件的变形通过微变形测量固定架传递到千分表或位移传感器。采用电阻应变片或位移传感器测量试件变形时,应备有数据自动采集系统,条件允许时,可采用荷载和位移数据同步采集系统。

② 当采用千分表和位移传感器时,其测量精度应为±0.001 mm；当采用电阻应变片、激光测长仪或引伸仪时,其测量精度应为±0.001%。

③ 标距应为 150 mm。

（3）试件制备。

制备的试件尺寸见表 6-42。

表 6-42　抗压弹性模量试件尺寸

集料公称最大粒径/mm	试件尺寸/mm	备注
31.5	150×150×300	标准尺寸
26.5	100×100×300	非标准尺寸
53	200×200×400	非标准尺寸

每次试验应制备 6 个试件,其中 3 个用于测定轴心抗压强度,另外 3 个用于测定静力受压弹性模量。

(4)试验步骤。

① 试件到达试验龄期时,从养护地点取出后,应检查其尺寸及形状,尺寸公差应满足相关标准的规定,试件取出后应尽快进行试验。

② 取一组试件测定混凝土的轴心抗压强度(f_{cp}),另一组用于测定混凝土的弹性模量,方法示意见图 6-37。

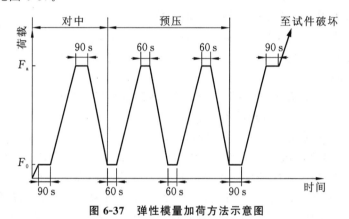

图 6-37　弹性模量加荷方法示意图

注:90 s 包括 60 s 持荷时间和 30 s 读数时间,60 s 为持荷时间。

③ 在测定混凝土弹性模量时,微变形测量仪应安装在试件两侧的中线上并与试件的两端对称。当采用千分表或位移传感器时,应将千分表或位移传感器固定在变形测量架上,试件的测量标距应为 150 mm,由标距定位杆定位,将变形测量架通过紧固螺钉固定。当采用电阻应变仪测量变形时,应变片的标距应为 150 mm,试件从养护室取出后,应对贴应变片区域的试件表面缺陷进行处理,可采用电吹风吹干试件表面后,在试件的两侧中部用 502 胶水粘贴应变片。

④ 试件放置试验机前,应将试件表面与上、下承压板面擦拭干净。

⑤ 将试件直立放置在试验机的下压板或钢垫板上,并应使试件轴心与下压板中心对准。

⑥ 开启试验机,试件表面与上、下承压板或钢垫板应均匀接触。

⑦ 应加荷至基准应力 F_0(初始荷载值)为 0.5 MPa,保持恒载 60 s 并在以后的 30 s 内记录每测点的变形读数 ε_0。应立即连续均匀地加荷至应力为轴心抗压强度 f_{cp} 的 1/3 时的荷载值 F_a,保持恒载 60 s 并在以后的 30 s 内记录每一测点的变形读数 ε_a。

⑧ 左、右两侧的变形值之差与它们平均值之比大于 20% 时,应重新对中试件后重复

第⑦款的操作。当无法使其减少到小于 20% 时,此次试验无效。

⑨ 在确认试件对中符合第⑧款规定后,以与加荷速度相同的速度卸荷至基准应力 0.5 MPa(F_0),恒载 60 s;应用同样的加荷和卸荷速度以及 60 s 的保持恒载(F_0 及 F_a)至少进行两次反复预压。在最后一次预压完成后,应在基准应力 0.5 MPa(F_0)持荷 60 s 并在以后的 30 s 内记录每一测点的变形读数 ε_0;再用同样的加荷速度加荷至 F_a,持荷 60 s 并在以后的 30 s 内记录每一测点的变形读数 ε_a。

⑩ 卸除变形测量仪,再以同样的速度加荷至破坏,记录破坏荷载;当测定弹性模量之后的试件抗压强度与 f_{cp} 之差超过 f_{cp} 的 20% 时,应在报告中注明。

(5) 试验结果。

① 混凝土静压受力弹性模量值应按下列公式计算:

$$E_c = \frac{F_a - F_0}{A} \times \frac{L}{\Delta n}$$

$$\Delta n = \varepsilon_a - \varepsilon_0$$

式中,E_c——混凝土静压受力弹性模量,MPa,计算结果精确至 100 MPa;

F_a——应力为 1/3 轴心抗压强度时的荷载,N;

F_0——应力为 0.5 MPa 时的初始荷载,N;

A——试件承压面积,mm²;

L——测量标距,mm;

Δn——最后一次从 F_0 加荷至 F_a 时试件两侧变形的平均值,mm;

ε_a——F_a 时试件两侧变形的平均值,mm;

ε_0——F_0 时试件两侧变形的平均值,mm。

② 应取 3 个试件测值的算术平均值作为该组试件的弹性模量值,应精确至 100 MPa。当其中一个试件在测定弹性模量后的轴心抗压强度值与用以确定检验控制荷载的轴心抗压强度值相差超过后者的 20% 时,弹性模量值应按另两个试件测值的算术平均值计算;当有两个试件在测定弹性模量后的轴心抗压强度值与用以确定检验控制荷载的轴心抗压强度值相差超过后者的 20% 时,此次试验无效。

5. 结构混凝土外观检测

结构混凝土外观检测内容如下:

(1) 表面应密实、平整。

(2) 如有蜂窝、麻面,其面积不超过结构同侧面积的 0.5%。

(3) 如有裂缝,其宽度不得大于设计规范的有关规定。

(4) 预制桩桩顶、桩尖等重要部位无掉边或蜂窝、麻面。

(5) 小型构件无翘曲现象。

(6) 对蜂窝、麻面、掉角等缺陷,应凿除松弱层,用钢丝刷清理干净,用压力水冲洗、湿润,再用较高强度的水泥砂浆或混凝土填塞捣实,覆盖养护;用环氧树脂等胶凝材料修补时,应先经试验验证。

(7) 如有严重缺陷影响结构性能时,应分析情况,研究处理。

6. 冬期混凝土施工质量检查

冬期施工时,混凝土、钢筋混凝土、预应力混凝土工程的质量除按上述规定进行检查外,尚应检查混凝土在浇筑及养护期间的环境温度。

冬期混凝土施工检查内容如下:

(1)混凝土用水和骨料的加热温度。

(2)混凝土的加热养护方法和时间等。检查结果应分别记入混凝土工程施工记录和温度检查记录。

(3)骨料和拌合水装入搅拌机时的温度、混凝土自搅拌机倾出时的温度及浇筑时的温度,每一工作班应至少检查 3 次。

(4)混凝土在养护期间温度的检查,不应少于下列次数。

① 用蓄热法养护时,每昼夜定时 4 次。

② 用蒸汽加热法及电加热法养护时,升温及降温每 1 h 1 次,恒温每 2 h 1 次。

③ 室内外环境温度,每昼夜定时定点 4 次。

(5)检查混凝土温度时,应符合下列规定。

① 测温孔应绘制布置图并编号。

② 温度计应与外界气温隔绝,并应在测温孔内留置不少于 3 min。

③ 当采用蓄热法养护时,测温孔应设置在易冷却部位;当采用加热法养护时,测温孔应在离热源不同位置分别设置。厚大结构的测温孔应在表层及内部分别设置。

(6)混凝土冬期施工时,除留标准养护试件外,还应制备相同数量与结构同条件养护的试件。对于用蒸汽加热法养护的混凝土结构,除制备标准养护试件外,还应同时制备与混凝土结构同条件蒸养后再在标准条件下养护到 28 d 的试件,以检查经过蒸养后混凝土 28 d 的强度。冬期施工混凝土质量的评定方法与常温施工混凝土相同。

第二节　桥梁隧道施工检测

一、桥涵检测

1. 水下混凝土

水下混凝土是指在静水或流速较小的水流条件下浇筑的混凝土。

水下混凝土的浇筑方法有混凝土泵浇筑法、导管法、柔性管法、活底吊箱法、袋石法、倾注法和预填骨料压浆法。其中常用方法为混凝土泵浇筑法和导管法,优点是设备和施工比较简单,施工质量容易得到保证。

1)水下灌注混凝土原理。

以导管法为例,混凝土拌合物在一定的落差压力作用下,通过密封连接的导管进入初期灌注的混凝土下方,顶托着初期灌注的混凝土及其上面的泥浆逐步上升,形成连续、密实的混凝土桩身。导管法对施工技术的要求非常严格,为使水下混凝土灌注桩施工质量得到保证,必须从施工设备、混凝土配制、灌注等方面加以控制。

2)一般钻孔灌注桩的施工工艺流程。

一般钻孔灌注桩的施工工艺流程为测定桩位—埋设护筒—桩机就位—钻孔—清孔—安放钢筋骨架—灌注水下混凝土。

3）钻孔灌注桩施工易出现的问题。

① 导管接口严重漏水，造成断桩。发生这种故障的后果非常严重，进水会使混凝土形成松散层次或囊体，出现浮浆夹层，造成断桩，严重影响混凝土质量。

② 导管轻微漏水、导管埋入混凝土太深、混凝土含砂率低、和易性欠佳等因素，可能造成导管堵塞，导致灌注中断，若重新灌注时，混凝土内存在浮浆夹层，则会造成断桩。

③ 护筒外壁冒水，引起地基下沉、护筒倾斜和位移，使桩孔偏斜，无法施工。

④ 孔壁坍塌。施工中发生孔壁坍塌，往往都有前兆。有时是排出的泥浆中不断出现气泡，有时是护筒内的水位突然下降。

4）基本要求。

水下混凝土必须具有水下不分离性、自密实性、低泌水性和缓凝等特性。保证混凝土有良好的流动性，以便利用自身重量沉实，同时保证具有抵抗泌水和离析的稳定性。

5）配合比设计的基本要求。

① 水泥宜选用硅酸盐水泥、普通硅酸盐水泥，不宜使用早强水泥。C30 以下混凝土，可采用矿渣硅酸盐水泥、粉煤灰硅酸盐水泥和复合硅酸盐水泥。

② 粗骨料宜采用连续级配的碎石、卵石（限 C40 以下混凝土），最大粒径不应大于钢筋净距离和导管内径的 1/4，且不应大于 60 mm。

③ 宜掺用泵送剂或减水剂，能明显提高混凝土的工作性和耐久性。

④ 宜掺用一定比例的粉煤灰、矿粉或其他活性矿物外加剂，改善混凝土的和易性。

⑤ 胶凝材料用量不宜少于 350 kg/m³。

⑥ 各种原材料的其他性能指标应符合《铁路混凝土工程施工质量验收标准》（TB 10424—2018）第 6.2 节中的相关规定。

⑦ 各种原材料带入混凝土中的碱含量和氧离子含量应符合《铁路混凝土结构耐久性设计规范》（TB 10005—2010）第 5.2 节中的相关规定。

6）施工控制。

① 灌注水下混凝土前，应检测孔底泥浆沉淀厚度，如沉淀厚度大于规范规定，应再次清孔。

② 混凝土拌合物运至灌注地点时，应检查其均匀性和坍落度，如不符合规范规定的要求，应进行二次拌和，二次拌和仍达不到要求，则不得使用。

③ 混凝土自搅拌机出料至开始浇筑，时间不宜超过 30 min，施工中间每间断 30 min 后，要上下串动一下导管，防止混凝土失去流动性，造成导管提升困难，导致质量事故发生。在施工过程中，中途中断浇筑时间不宜超过 30 min，整个桩的浇筑时间不宜过长，尽量在 8 h 内完成。

④ 为避免扩孔导致混凝土超灌，要掌握好各土层的钻孔速度，在正常钻孔作业时，中途不要随便停钻。

⑤ 灌注水下混凝土的搅拌机应能使桩孔在规定时间内灌注完毕。灌注时间不得长于首批混凝土初凝时间。若估计灌注时间长于首批混凝土初凝时间，则应掺入缓凝剂。

⑥ 孔身及孔底沉渣检查得到监理工程师认可、钢筋笼安放后，应立即开始灌注混凝土，并应连续进行，不得中断。当气温低于 0 ℃ 时，灌注混凝土应采取保温措施。强度未达到设计等级 50% 的桩顶混凝土不得受冻。

⑦ 混凝土一般用钢导管灌注。导管管径视桩径大小而定,由内径为 200～350 mm
的管子组成,用装有垫圈的法兰盘连接管节。导管应进行水密、承压和接头抗拉试验。
在开始灌注混凝土时,导管底部至孔底的距离应为 250～400 mm。首批灌注混凝土的数
量应能满足导管初次埋置深度不得小于 1 m 并不宜大于 3 m 的要求。在整个灌注期间,
出料口应伸入先前灌注的混凝土内至少 2 m 且不得大于 6 m,以防止泥浆及水冲入管内。
应经常测量孔内混凝土面层的高程,及时调整导管出料口与混凝土表面的相应位置。如
为泵送混凝土,泵管应设底阀或其他装置,以防止水和管中混凝土混合。泵管应在桩内
混凝土升高时慢慢提起。在任何时候,管底都应在混凝土顶面以下 2 m。输送到桩中的
混凝土,应一次连续操作。

⑧ 灌注的桩顶标高应比设计标高高出 0.5～1.0 m,以保证混凝土的强度,多余部分
在接桩前必须凿除,桩头应无松散层。

7)其他施工要点。

① 灌注混凝土时,溢出的泥浆应引流至适当地点处理,以防止污染环境或堵塞河道
和交通。

② 处于地面或桩顶以下的井口整体或刚性护筒,应在灌注混凝土后立即拨出;处于
地面以上能拆除的护筒部分,须待混凝土抗压强度达到 5 MPa 后拆除。

③ 混凝土应连续灌注,直至灌注的混凝土顶面超出图纸规定的高度才可停止浇筑,
以保证截断面以下的全部混凝土均达到要求。

④ 混凝土灌注过程中如出现问题,应及时查明原因,并提出补救措施,报请监理工程
师后,进行处理。

2. 大体积混凝土

(1)概述。

大体积混凝土是体积较大、可能由胶凝材料水化热引起的温度应力导致有害裂缝的
结构混凝土。其结构厚实,混凝土量大,工程条件复杂(一般都是地下现浇钢筋混凝土结
构),对施工技术要求高,水泥水化热较大(预计超过 25 ℃),易使结构物产生温度变形。

大体积混凝土除了对最小断面和内、外温度有一定的要求外,对平面尺寸也有一定
限制。因为平面尺寸愈大,约束作用所产生的温度应力也愈大,如采取不当温度控制措
施,温度应力超过混凝土所能承受的拉力极限值,则易产生裂缝。

大体积混凝土内出现的裂缝按深度的不同,分为贯穿裂缝、深层裂缝及表面裂缝三种。
① 混凝土表面裂缝发展为深层裂缝,最终形成贯穿裂缝。贯穿裂缝切断了结构的断面,
可能破坏结构的整体性和稳定性,其危害性较大。② 深层裂缝部分地切断了结构断面,
也有一定危害性。③ 表面裂缝一般危害性较小。但出现裂缝并不是绝对地影响结构安
全,裂缝都有一个最大允许值。处于露天或室内高湿度环境的构件最大裂缝宽度应不大
于 0.2 mm。

产生裂缝的主要原因:① 水泥水化热。水泥在水化过程中会释放出一定的热量,而
大体积混凝土结构断面较厚,表面系数相对较小,所以水泥水化所产生的热量聚集在结
构内部不易散失。这样混凝土内部的水化热无法及时散发出去,以至于越积越高,使内
外温差增大。单位时间混凝土释放的水泥水化热,与混凝土单位体积中水泥用量和水泥
品种有关,并随混凝土的龄期而增长。由于混凝土结构表面可以自然散热,实际上内部

的最高温度多数出现在浇筑后的最初 3～5 d。② 外界气温变化。在施工阶段,大体积混凝土的浇筑温度随着外界气温变化而变化。特别是气温骤降,会大大增加内外层混凝土温差,这对施工是极为不利的。温度应力是由温差引起温度变形造成的,温差愈大,温度应力也愈大。同时,在高温条件下,大体积混凝土不易散热,混凝土内部的最高温度一般可达 60～65 ℃,并且有较长的延续时间。因此,应采取温度控制措施,防止产生温度应力。③ 混凝土的收缩。混凝土中约 20% 的水分是水泥硬化所必需的,而约 80% 的水分应蒸发。多余水分的蒸发会引起混凝土体积的收缩。混凝土收缩的主要原因是内部水蒸发引起混凝土收缩。如果混凝土收缩后,再处于水饱和状态,还可以恢复膨胀并几乎达到原有的体积。干湿交替会引起混凝土体积的交替变化,这对施工是很不利的。影响混凝土收缩的因素主要有水泥品种、混凝土配合比、外加剂和掺合料的品种以及施工工艺(特别是养护条件)等。

(2)基本要求。

① 应尽量选用水化热低、凝结时间长的水泥,优先采用中、低热硅酸盐水泥,低热矿渣硅酸盐水泥;粗骨料宜采用连续级配,细骨料宜采用中粗砂;外加剂宜采用缓凝剂、减水剂;掺合料宜采用粉煤灰、矿渣粉等。② 大体积混凝土在保证混凝土强度及坍落度要求的前提下,应提高掺合料及骨料的含量,以减少单方混凝土的水泥用量。

(3)配合比设计的基本要求。

① 大体积混凝土配合比的设计除应符合设计强度等级、耐久性、抗渗性、体积稳定性等要求外,还应符合大体积混凝土施工工艺特性的要求以及合理使用材料、降低混凝土绝热温升值的原则。

② 混凝土拌合物在浇筑工作面的坍落度不宜大于 160 mm。

③ 拌合水用量不宜大于 170 kg/m³,水胶比不宜大于 0.55。

④ 粉煤灰掺量应适当增加,但不宜超过水泥用量的 40%;矿渣粉的掺量不宜超过水泥用量的 50%;两种掺合料的总掺量不宜大于混凝土中水泥质量的 50%。

⑤ 当设计有要求时,可在混凝土中填放片石(包括经破碎的大漂石)。填放片石应符合下列规定:a. 可填放厚度不小于 15 cm 的石块,填放石块的数量不宜超过混凝土结构体积的 20%。b. 应选用无裂纹、无水锈、无铁锈、无夹层且未被烧过的、抗冻性能符合设计要求的石块,并应清洗干净。c. 石块的抗压强度不低于混凝土的强度等级的 1.5 倍。d. 石块应分布均匀,净距不小于 150 mm,与结构侧面和顶面的净距不小于 250 mm,石块不得接触钢筋和预埋件。e. 受拉区混凝土或当气温低于 0 ℃时,不得填放石块。

(4)施工控制。

1)养护时的温度控制方法。

① 降温法。混凝土浇筑成型后,通过循环冷却水降温,从结构物的内部进行温度控制。

② 保温法。混凝土浇筑成型后,通过保温材料、碘钨灯或定时喷浇热水、蓄存热水等办法,升高混凝土表面及四周散热面的温度,从结构物的外部进行温度控制。保温法基本原理是利用混凝土的初始温度加上水泥水化热的温升,在缓慢的散热过程中(通过人为控制)使混凝土获得必要的强度。

2)保温养护的作用。

保温养护能减少混凝土表面的热扩散,减小混凝土表面的温度梯度,防止产生表面裂缝;延长散热时间,充分发挥混凝土的潜力和材料的松弛特性,使混凝土的平均总温差所产生的拉应力小于混凝土抗拉强度,防止产生贯穿裂缝。

　　3)保湿养护的作用。

　　刚浇筑不久的混凝土尚处于凝固硬化阶段,水化的速度较快,适宜的潮湿条件可防止混凝土表面脱水而产生干缩裂缝。在潮湿条件下,水泥的水化作用顺利进行,从而提高混凝土的极限拉伸强度。

　　大体积混凝土的浇筑应符合下列规定:

　　① 混凝土的入模温度不宜高于 30 ℃。冬期施工时,混凝土的出机温度不宜低于 10 ℃,入模温度不应低于 5 ℃。

　　② 宜采用分层连续浇筑施工或推移式连续浇筑施工。应依据设计尺寸进行均匀分层、分段浇筑。当横截面面积在 200 m² 以内时,分段不宜大于 2 段;当横截面面积在 300 m² 以内时,分段不宜大于 3 段,且每段面积不得小于 50 m²。每段混凝土厚度应为 1.5~2.0 m。段与段间的竖向施工缝应平行于结构较小截面尺寸方向。当采用分段浇筑时,竖向施工缝应设置模板。上、下两邻层中的竖向施工缝应互相错开。

　　③ 当采用泵送混凝土时,混凝土浇筑层厚度不宜大于 500 mm;当采用非泵送混凝土时,混凝土浇筑层厚度不宜大于 300 mm。

　　④ 采取分层间歇浇筑混凝土时,水平施工缝设置除应符合设计要求外,还应根据混凝土浇筑过程中温度裂缝控制的要求、混凝土的供应能力、钢筋工程的施工预埋管件安装等因素确定。

　　⑤ 在浇筑过程中,应采取措施防止受力钢筋、定位筋、预埋件等移位和变形。

　　⑥ 浇筑面应及时进行二次抹压处理。

　　大体积混凝土在每次浇筑完毕后,除按普通混凝土进行常规养护外,还应及时按温控技术措施的要求进行保温养护,并应符合下列规定:

　　① 养护时间应符合《铁路混凝土工程施工质量验收标准》(TB 10424—2018)中表 6.4.9 的规定。保温覆盖层的拆除应分层逐步进行,当混凝土的表层温度与环境最大温差小于 20 ℃时,可全部拆除。

　　② 保湿养护过程中,应经常检查塑料薄膜或养护剂涂层是否完整,保持混凝土表面湿润。

　　③ 在保温养护中,应对混凝土浇筑体的芯部与表层温差和降温速率进行检测,养护期间,混凝土芯部温度不宜高于 60 ℃,最高不高于 65 ℃。当实测结果不满足温控指标的要求时,应及时调整保温养护措施。

　　④ 拆模后应采取养护措施预防寒流袭击、突然降温等。

　　大体积混凝土宜适当延迟拆模时间,当模板作为保温养护措施的一部分时,其拆模时间应根据温控要求确定。

　　施工遇炎热季节、冬期、大风或者雨雪天气等特殊气候条件时,应采取有效措施,保证混凝土浇筑和养护质量,并应符合下列规定:

　　① 在炎热季节浇筑大体积混凝土时,宜对混凝土原材料进行遮盖,避免日光暴晒,并用冷却水搅拌混凝土,或采用冷却骨料、搅拌时加冰屑等方法降低入仓温度,必要时也可

在混凝土内埋设冷却管通水冷却。混凝土浇筑后应及时保湿保温养护,避免模板和混凝土受阳光直射。条件许可时,应避开高温时段浇筑混凝土。

② 冬期浇筑混凝土时,宜采用热水拌和、加热骨料等措施提高混凝土原材料温度,混凝土入模温度不应低于 5 ℃。混凝土浇筑后应及时进行保温保湿养护。

③ 大风天气浇筑混凝土时,在作业面应采取挡风措施降低混凝土表面风速,并增加混凝土表面的抹压次数,及时覆盖塑料薄膜和保温材料,保持混凝土表面湿润,防止风干。

④ 雨雪天不宜露天浇筑混凝土,当需施工时,应采取有效措施,确保混凝土质量。浇筑过程中突遇大雨或大雪天气时,应及时在结构合理部位留置施工缝,尽快中止混凝土浇筑;对已浇筑还未硬化的混凝土立即进行覆盖,严禁雨水直接冲刷新浇筑的混凝土。

大体积混凝土施工现场温控监测应符合下列规定:

① 混凝土浇筑体内监测点的布置,应以能真实反映出最高温升、芯部与表层温差、降温速率及环境温度为原则。

② 监测点的布置范围以所选混凝土浇筑体平面图对称轴线的半条轴线为测试区,测试区内监测点的布置应考虑其代表性,按平面分层布置;在基础平面对称轴线上,监测点不宜少于 4 处,布置应充分考虑结构的几何尺寸。

③ 沿混凝土浇筑体厚度方向,应布置外表、底面和中心温度测点,其余测点布设间距不宜大于 600 mm。

④ 大体积混凝土浇筑体芯部与表层温差、降温速率、环境温度及应变的测量,在混凝土浇筑后,每昼夜应不少于 4 次;入模温度的测量,每台班不少于 2 次。

⑤ 混凝土浇筑体的表层温度,宜以距混凝土表面 50 mm 处的温度为准。

⑥ 测量混凝土温度时,测温计不应受外界气温的影响,并应在测温孔内至少留置 3 mm。根据工地条件,可采用热电偶、热敏电阻等预埋式温度计检测混凝土的温度。

⑦ 测温过程中宜及时描绘出各点的温度变化曲线和断面的温度分布曲线。

为了掌握大体积混凝土的温升和降温的变化规律,以及各种材料在各种条件下的温度影响,需要对混凝土进行温度监测及控制。

① 测温点的布置必须具有代表性和可比性。沿浇筑的高度,测温点应布置在底部、中部和表面,垂直测点间距一般为 500~800 mm;平面则应布置在边缘与中间,平面测点间距一般为 2.5~5 m。当使用热电偶温度计时,其插入深度可按实际需要而定,一般应不小于热电偶外径的 6~10 倍,测温点的布置,距边角和表面应大于 50 mm。采用顶留测温孔洞方法测温时,一个测温孔只能反映一个点的数据。不应采取通过沿孔洞高度变动温度计的方法来测竖孔中不同高度位置的温度。

② 在混凝土温度上升阶段,每 2~4 h 进行一次测温;在温度下降阶段,每 8 h 进行一次测温,同时应测大气温度。所有测温孔均应编号,对混凝土内部不同深度和表面温度进行测量。测温工作应由经过培训、责任心强的专人负责。

③ 为了及时控制混凝土内外温差,以及校验计算值与实测值的差别,随时掌握混凝土温度动态,宜采用热电偶或半导体液晶显示温度计。采用热偶测温时,还应配合使用普通温度计,以便进行校验。在测温过程中,当发现温度差超过 25 ℃ 时,应及时加强保温或延缓拆除保温材料,以防止混凝土产生温差应力和裂缝。

（5）其他施工要点。

大体积混凝土施工时，一是要尽量减少水泥水化热，推迟放热高峰出现的时间，以降低水泥用量；掺粉煤灰可替代部分水泥，既可降低水泥用量，且由于粉煤灰的水化反应较慢，又可推迟放热高峰的出现时间；掺外加剂也可减少水泥、水的用量，推迟放热高峰的出现时间。夏季施工时，采用冰水拌和、砂石料场遮阳、混凝土输送管道全程覆盖冷水等措施可降低混凝土的出机和入模温度。以上这些措施可减少混凝土硬化过程中产生的温度应力。二是进行保温保湿养护，使混凝土硬化过程中产生的温差应力小于混凝土本身的抗拉强度，从而可避免混凝土产生贯穿裂缝。三是采用分层分段法浇筑混凝土，分层振捣密实，使混凝土的水化热能尽快散失。还可采用二次振捣的方法，增加混凝土的密实度，提高抗裂能力，使上下两层混凝土在初凝前良好结合。四是做好测温工作，随时控制混凝土内的温度变化，及时调整保温及养护措施，使混凝土芯部温度与表面温度的差值、混凝土表面与大气温度差值均不超过 20 ℃。

基础底板测温孔测完温度后，每一个孔都是一个薄弱部位，处理不好则很容易渗漏，因此每一个孔都必须采用"堵漏灵"或"防水宝"之类的防水材料仔细填实。以混凝土温度下降，混凝土中芯部温度与表面温度差小于 20 ℃，且表面温度与大气温度差小于 20 ℃为控制依据，逐层拆除保温层并结束测温。

测温的延续时间与结构的厚度及重要程度有关，对厚度较大（2 m 以上）的结构和重要工程，测温延续时间不宜小于 15 d，最好积累 28 d 的温度记录，以便与试块强度一起作为温度应力分析时的参考。对于厚度较小的结构和一般工程，测温延续时间可为 9～12 d，测温时间过短则达不到温度控制和监测的目的。

混凝土测温记录必须及时整理，根据测温结果，绘制混凝土时间-温度变化曲线，提出分析意见或结论，供今后类似工程参考。

3. 泥浆

（1）概述。

目前，我国常用的灌注桩施工有钻孔、冲击成孔、冲抓成孔和人工挖孔等方法。人工挖孔为干作业施工，成孔质量较容易控制。钻孔、冲击成孔和冲抓成孔等地下湿作业施工的混凝土灌注桩，通常采用泥浆护壁。钻孔泥浆一般由水、黏土（或膨润土）和添加剂按适当配合比配制而成。泥浆原料宜选用优质黏土，条件允许时应优先选用膨润土造浆。为提高泥浆黏度和胶体率，可在泥浆中掺入烧碱或碳酸钠等添加剂，其掺量应经过试验确定。造浆后应检测全部性能指标，钻进时应随时检验泥浆比重和含砂率。若调制出的泥浆性能指标不符合要求，会导致钻孔过程中发生塌孔，产生扩颈、缩颈、夹泥、孔底沉渣过厚等桩身缺陷。

泥浆作为钻探的冲洗液，除起护壁作用外，还具有冷却钻头、堵漏等功能，泥浆性能直接影响钻进效率和生产安全。

（2）泥浆的调制和使用技术要求。

在砂类土、碎（卵）石类土或黏土夹层中钻孔时，应制备泥浆护壁；在黏土中钻孔，当塑性指数大于 15，浮渣能力满足施工要求时，可利用孔内原土造浆护壁，冲击钻机钻孔。可将加工后的黏土投入孔中，利用钻头冲击造浆。

泥浆性能指标应符合下列规定：①正循环旋转钻机、冲击钻机使用管形钻头钻孔时，入孔泥浆比重可为 1.1～1.3；冲击钻机使用实心钻头时，孔底泥浆比重分别为：黏土、粉土不大于1.3，大漂石、卵石层不大于 1.4，岩石不大于 1.2。反循环旋转钻机入孔泥浆比重可为1.05～1.15。②入孔泥浆黏度，一般地层为 18～22 s；松散易坍地层为 19～28 s。③新制泥浆含砂率不大于 4％。④胶体率不小于 95％。⑤pH 值应大于 6.5。

4. 基桩

（1）概述。

桩是深入土层的柱型构件，数根桩或数十根桩由系梁承台或底板联结构成一个整体基础结构，称为桩基础。也有将一个单桩独立作为基础的情况，如单桩单柱形式的桩基。构成桩基的每根单桩称为基桩。桩基示意图如图 6-38 所示。

图 6-38　桩基示意图

在不能支承扩大基础的软弱地基上，桩基可以将上部结构的荷载穿过较软弱的地层或水域，传递到深层较坚实的、压缩性小的地基上，以保证上部建筑结构的稳定和安全。

桩基作为建（构）筑物基础的一种形式，与其他基础相比，具有很突出的特点：① 适应性强，可适用于各种复杂的地质条件和不同的施工场地，承托各种类型的上部构筑物，承受不同的荷载类型。② 具有良好的荷载传递性，可控制构筑物沉降。③ 承载能力强。④ 抗震性能好。⑤ 施工机械化程度高。⑥ 应用较广泛，但属于隐蔽工程，施工质量控制、检测比较困难。

基桩有不同的分类方法：① 按成桩方法，可分为预制桩、灌注桩。② 按成桩时对地基土的影响程度，可分为挤土桩、部分挤土桩、非挤土桩。③ 按功能，可分为承受轴向压力的桩、承受轴向拔力的桩、承受横向荷载的桩。④ 按材料，可分为木桩、钢筋混凝土桩、钢桩和组合桩。

以下是几种主要基桩的施工质量问题：

1）沉管灌注桩。

① 拔管速度快是导致沉管桩出现缩径、夹泥或断桩等质量问题的主要原因，特别是在饱和淤泥或流塑状淤泥质软土层中成桩时，控制好拔管速度尤为重要。

② 锤击或振动沉管过程的振动力以弹性波传播方式在周围土体中衰减、消散，沉管周围的土体以垂直振动为主，而进行一定标高后的土层，水平振动大于垂直振动。加上侧向挤土作用，易把初凝的邻桩振断，在软硬交接的土层中最易发生。

③ 若桩距小于 3 倍桩径，沉管过程会使地表土体隆起，使邻桩桩身产生一竖向拉力，把初凝的混凝土桩拉断。

④ 当地层存在有承压水的砂层，砂层上又覆盖透水性差的黏土层时，孔中浇灌混凝土后，由于动水压力作用，易沿未凝固的混凝土桩身向上消散压力，桩顶出现冒水现象，造成断桩。

⑤ 若预制桩尖强度低、质量差，沉管过程中被击碎后塞入管内，当拔管至一定高度后下落，又被硬土层卡住而未落到孔底，会形成桩身下段无混凝土的吊脚桩。

⑥ 振动沉管采用活瓣桩尖时,若活瓣张开不灵活,混凝土下落不畅,会导致断桩或混凝土密实度差。当桩尖持力层为透水性良好的砂层,沉管后混凝土浇灌不及时,易从活瓣的合缝处渗水,稀释桩尖处的混凝土,使得桩端阻力降低或丧失。

⑦ 非全长配筋的桩,钢筋笼在管内的位置不易控制,往往破桩头后找不到钢筋笼。

2) 水下灌注桩。

① 由于停电或其他原因,浇灌混凝土没有连续进行,间断一定时间后,隔水层混凝土凝固,后续混凝土无法下灌,这时只好上拔导管,一旦泥浆进入管内必然形成断桩;若采用增大管内混凝土压力等办法,冲破隔水层,形成新的隔水层,破碎的旧隔水层混凝土必将残留在桩身中,造成桩身局部混凝土质量下降。

② 水下浇灌混凝土的桩径不宜小于 600 mm,由于导管和钢筋笼占据一定空间,加上孔壁摩阻作用,桩径过小的话,混凝土上升不畅容易堵管,形成夹渣、断桩或使钢筋笼上浮。

③ 泥浆护壁成孔,不同土层泥浆应按相应比例配制,否则孔壁容易坍塌,形成夹渣、扩径。

④ 混凝土浇灌过程中埋管深度必须控制在适当范围内,埋管深度不够,易使桩身中夹渣或断桩;埋管深度过大,则易堵管或导管拔动困难,引起停工,造成断桩或接桩。

⑤ 当桩身混凝土灌注接近桩顶时,灌注压力不够,若再抖动导管或拔管过快,易使混凝土局部不密实和夹渣。

⑥ 采用正循环法清孔时,应根据孔的深浅,控制清孔时间或孔口泥浆比重,清孔时间过短,孔底沉渣太厚,将影响桩端承载力发挥。

⑦ 水下混凝土必须具备良好的和易性,坍落度一般为 180～220 mm,水泥用量不少于 350 kg/m³,否则易产生离析现象。

⑧ 导管连接密封性要好,一旦漏水将形成断桩。

3) 人工挖孔灌注桩。

① 在地下水渗流严重的土层,易使护壁崩塌,土体失稳造成塌方。

② 在有流沙层或有水压力的土层挖孔,护壁底部土层会突然失去强度,泥土随水急速涌出,产生井涌,使护壁与土体脱空,或使孔形不规则。

③ 挖孔过程中边挖边抽水,导致地下水位下降,护壁易受到下沉土层产生的负摩擦力作用产生拉应力,形成环向裂缝。当护壁周围土压力不均匀时,将产生弯矩和剪力作用,易形成垂直裂缝。桩制作完毕,护壁和桩身混凝土成为一体,成为桩身的一部分,护壁裂缝或错位将影响桩身质量和倒阻力的发挥。

④ 孔较深时,浇灌混凝土务必用导管或溜槽,否则混凝土从高处自由下落易产生离析。

⑤ 在孔底水不易抽干或未抽干的情况下浇灌混凝土,会稀释桩端混凝土,导致端阻力降低。

4) 预制钢筋混凝土(打入)桩。

① 桩锤选用不合理,轻则导致桩体难以打至设定标高,无法满足承载力要求,或锤击数过多,造成桩体疲劳破坏;重则易击碎桩头,提高打桩破损率。

② 锤垫或桩垫过软时,锤击能量损失大,桩体难以打至设定标高;过硬则锤击应力大,易击碎桩头,使沉桩无法进行。

③ 锤击过程产生的拉应力是引起桩身开裂的主要因素。打桩拉应力的产生及大小与桩尖土特性、桩侧土阻力分布、入土深度、锤偏心程度和垫层特性有关。若桩尖土质较差,锤击入射的压力波在桩尖反射为拉力波,最大拉应力大多出现在打桩初期桩身中下部一定范围内,当桩尖土质较坚硬,入射波在桩尖的反射仍为压力波,压力波传至桩顶,将在桩顶自由端反射形成拉力波,这时最大拉应力一般出现在桩的中上部。当拉应力超过混凝土抗拉强度时,混凝土将出现环状开裂。

④ 焊接质量差或焊接后冷却时间不足,锤击时易造成焊口处开裂。

⑤ 桩锤、桩帽和桩身不能保持一条直线,造成锤击偏心,不仅使锤击能量损失大,也使桩无法打至设定标高,而且会造成桩身开裂、折断。

⑥ 桩间距过小,打桩引起的挤土效应使之后的桩难以打入或使地面隆起,导致桩上浮,影响桩的端承力。

⑦ 在较厚的黏土、粉质黏土层中打桩,如果停歇时间过长,或在砂层中短时间停歇,土体固结、强度恢复后桩就不易打入,此时如硬打,将击碎桩头,使沉桩无法进行。

(2) 基桩质量检测基本规定。

1) 一般规定。

铁路工程基桩检测应遵循《铁路工程基桩检测技术规程》(TB 10218—2019)规定。铁路工程基桩检测应根据检测目的合理地选择检测方法。基桩完整性及承载力检测应在桩顶设计标高位置进行。

基桩检测应符合下列规定:

① 当采用低应变反射波法或声波透射法检测时,受检桩桩身混凝土强度不得低于设计强度的 70% 且桩身强度应不低于 15 MPa。

② 单桩静载试验与高应变法检测前,除桩身混凝土强度应达到设计强度外,桩侧和桩端土的间歇时间尚应满足下列要求:对于打入桩,砂土 7 d,粉土 10 d,非饱和黏性土 15 d,饱和黏性土 25 d;对于泥浆护壁混凝土灌注桩,宜根据上述规定适当延长间歇时间。

③ 基桩完整性及承载力检测数量应符合铁路工程设计和相关验收标准的要求。

④ 当对检测结果存疑或有异议时,可进行验证检测。验证检测应符合下列规定:a.对低应变法检测结果存疑或有异议时,可采用钻芯法、高应变法或直接开挖进行验证。b.对声波透射法检测结果存疑或有异议时,可采用钻芯法验证。c.对高应变法提供的单桩承载力存疑或有异议时,应采用静载试验验证,并应以静载试验的结果为准。

⑤ 当检测结果不满足设计要求时,应进行扩大抽检。扩大抽检应符合下列规定:a.当采用低应变法检测桩身完整性时,按所发现Ⅲ、Ⅳ类桩的桩数加倍抽检。b.单桩承载力或钻芯法抽检结果不满足设计要求时,应分析原因并按不满足设计要求的桩(点)数加倍抽检。

2) 检测结果评定。

桩身完整性检测评定应得出每根受检桩的桩身完整性类别结论。桩身完整性分类表见表 6-43。

表 6-43　桩身完整性分类表

桩身完整性分类	分类原则
Ⅰ类桩	桩身完整
Ⅱ类桩	桩身存在轻微缺陷
Ⅲ类桩	桩身存在明显缺陷
Ⅳ类桩	桩身存在严重缺陷

注：Ⅰ类桩、Ⅱ类桩为合格桩；Ⅲ类桩需由建设方与设计方等单位研究，以确定修补方案或继续使用；Ⅳ类桩为不合格桩。

（3）低应变反射波法。

1）概述。

该方法主要用于评定铁路工程基桩桩身的完整性。适用于检测混凝土桩桩身缺陷位置和程度，判定桩身完整性类别。运用该方法检测的基桩桩径应小于 2.0 m，桩长不宜大于 40 m。当现场组织试验时，桩长标准可根据现场试验数据确定。对于桩身截面多变或变化幅度较大的灌注桩，应采用其他方法辅助验证低应变反射波法检测结果的有效性。

2）试验依据。

《铁路工程基桩检测技术规程》（TB 10218—2019）、《基桩动测仪》（JG/T 518—2017）。

3）仪器设备。

相关仪器设备见图 6-39。

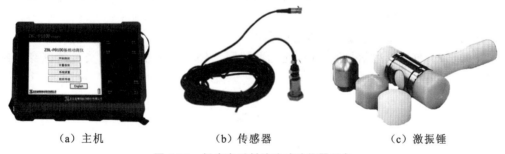

（a）主机　　　　　　　（b）传感器　　　　　　　（c）激振锤

图 6-39　低应变反射波法试验仪器设备

4）试验步骤。

① 收集以下资料：a.工程所在区域地质、水文及气象资料；b.受检桩施工记录，包括成桩工艺、桩端持力层的层号和岩土类别；c.受检桩桩位布置图、桩的桩型、桩顶标高、设计桩长、设计桩径、施工桩长、施工桩径、桩的设计混凝土强度等级等。d.受检桩实际桩身强度或龄期。

② 现场准备工作。

a. 受检桩桩顶检测面传感器安装点和激振点打磨光滑。

b. 在桩顶面传感器安装点涂抹耦合剂并安装传感器，传感器安装点及其附近不得有裂缝或浮动砂粒。传感器与桩顶面保持垂直，且紧贴桩顶表面，在信号采集过程中不应产生滑移或松动。

c. 设定测试参数,并符合下列规定:

ⅰ. 时域信号记录的时间段长度应在 $2L/c$ 时刻后延续不少于 5 ms,L 代表测点下桩长,c 代表桩身一维纵向应力波传播速度;幅频信号分析的频率范围上限不应小于 2000 Hz。

ⅱ. 设定桩长应为桩顶测点至桩底的施工桩长。

ⅲ. 采样时间间隔或采样频率应根据桩长、桩身波速和频域分辨率确定,时域信号采样点数不应少于 1024 点。

ⅳ. 传感器的灵敏度值应按计量校准结果设定。

ⅴ. 采样频率、增益、指数放大倍数、数字滤波等参数应根据桩长设置。

③ 新建工程,工程命名采用"工程名称首字母＋检测日期"的形式;新建基桩,基桩编号采用设计编号命名。

④ 信号采集和筛选应符合下列规定:a. 各检测点重复检测次数不应少于 3 次,且检测波形应具有良好的一致性,信号不应失真或产生零点漂移。b. 当信号干扰较强烈时,可采用信号增强技术或多次信号叠加方式,提高信噪比。c. 不同检测点多次实测信号一致性较差时,应分析原因,排除人为和检测仪器等干扰因素,增加检测点数量,重新检测。

⑤ 用 U 盘将设备内的检测数据拷贝至电脑上,在 PC 端用反射波法测桩分析软件进行数据处理。

⑥ 信号处理应符合下列规定:a. 低通滤波频率不宜低于 2000 Hz。b. 指数放大倍数不宜大于 15 倍,放大范围不宜小于桩长的 2/3。c. 测试信号曲线尾部应基本归零。

5) 试验结果整理(计算)。

① 桩身完整性分析以时域分析为主,以频域分析为辅,并结合地质资料、施工资料和波形特征等进行综合分析判定。

② 桩身波速平均值应按下列方法确定:

桩长已知,桩底反射信号明显时,应选取相同条件下不少于 5 根 Ⅰ 类桩的桩身波速值,按下式计算桩身波速平均值:

$$c_m = \frac{1}{n}\sum_{i=1}^{n} c_i$$

$$c_i = \frac{2L \times 1000}{\Delta T}$$

$$c_i = 2L \cdot \Delta f$$

式中,c_m——桩身波速平均值,m/s;

c_i——第 i 根受检桩的桩身波速值,m/s,且 $|c_i - c_m|/c_m$ 不宜大于 5%;

L——测点下桩长,m;

ΔT——时域信号第一峰与桩底反射波峰间的时间差,ms;

Δf——幅频曲线上桩底相邻谐振峰间的频差,Hz;

n——参与波速平均值计算的基桩数量,$n \geqslant 5$。

桩身波速平均值无法按上述方法确定时,可根据本地区相同桩型及施工工艺的其他桩基工程的测试结果,结合桩身混凝土强度等级与实践经验综合确定。有条件时,可制作相同混凝土强度等级的短桩模型测定波速,确定桩身波速时,应考虑土阻力等相关因素的影响。

③ 桩身缺陷位置应按下式计算：

$$L' = \frac{1}{2000}\Delta T' \cdot c$$

$$L' = \frac{1}{2} \cdot \frac{c}{\Delta f'}$$

式中，L'—— 测点至桩身缺陷的距离，m；

　　$\Delta T'$—— 时域信号第一峰与桩底反射波峰间的时间差，ms；

　　$\Delta f'$—— 幅频曲线上桩底相邻谐振峰间的频差，Hz；

　　c—— 桩身波速，m/s，无法确定时用 c_m 替代。

④ 桩身完整性类别应结合缺陷出现的深度、测试信号衰减特性、设计桩型、成桩工艺、地质条件、施工情况，按表 6-44 进行综合判定。

表 6-44　桩身完整性判定 1

完整性类别	时域信号特征	幅频信号特征
Ⅰ	$2L/c$ 时刻前无缺陷反射波，有桩底反射波	桩底谐振峰排列基本等间距，其相邻频差 $\Delta f \approx \frac{c}{2L}$
Ⅱ	$2L/c$ 时刻前出现轻微缺陷反射波，有桩底反射波	桩底谐振峰排列基本等间距，轻微缺陷产生的谐振峰之间的频差 $\Delta f' > \frac{c}{2L}$
Ⅲ	$2L/c$ 时刻前有明显缺陷反射波	缺陷谐振峰排列基本等间距，其相邻频差 $\Delta f' > \frac{c}{2L}$
Ⅳ	$2L/c$ 时刻前出现严重缺陷反射波，无桩底反射波；或因桩身浅部严重缺陷，波形呈现低频大振幅衰减振动，无桩底反射波；或按平均波速计算的桩长明显小于设计桩长	缺陷谐振峰排列基本等间距，其相邻频差 $\Delta f' > \frac{c}{2L}$，无桩底谐振峰；或因桩身浅部严重缺陷只出现单一谐振峰，无桩底谐振峰

⑤ 出现下列情况之一时，桩身完整性判定应结合其他检测方法：

a. 实测信号复杂、无规律，无法对其进行准确分析和评定。

b. 桩长的推算值与实际桩长明显不符，且缺乏相关资料加以解释或验证。

c. 桩身截面渐变或多变，且变化幅度较大。

d. 某一场地多数桩底反射不明显，无法对桩身完整性和桩长做出判定。

e. 柱桩(端承桩)桩底反射信号出现明显与入射波同相的反射特征。

⑥ 编制检测报告。检测报告应包含下列内容：

a. 委托方名称、工程名称、建设单位、设计单位、监理单位、咨询单位(如有)、施工单位。

b. 工程概况、地质概况、设计与施工概况、受检基桩相关参数、桩位布置图。

c. 检测方法、依据、数量、日期、仪器设备。

d. 受检桩的检测数据、实测与计算分析曲线、检测结果汇总表、检测结论、相关图片。

e. 实测信号曲线。

f. 桩身波速及检测时桩身混凝土龄期。

g. 桩身完整性描述、缺陷的位置及桩身完整性类别。

h. 时域信号时段所对应的桩身长度标尺、指数或线性放大的范围及倍数、低通滤波频率;或幅频信号曲线分析的频率,桩底或桩身缺陷对应的相邻谐振峰间的频差。

基桩完整性检测(低应变法)记录表见表 6-45。

表 6-45 基桩完整性检测(低应变法)记录表

工程名称							
仪器型号					检测依据		
仪器编号					检测桩数		
桩号	设计桩长/m	设计桩径/mm	桩头直径/mm	混凝土强度等级	成桩日期	桩头情况	备注
1						□良好 □破损	
2							
3							
4							
...							

检测:　　　　记录:　　　　复核:　　　　检测日期:　　年　　月　　日

6) 注意事项。

检测前受检桩应符合下列规定:①受检桩桩身混凝土强度不应低于设计强度70%,且不应低于 15 MPa,或桩身混凝土龄期不小于 14 d。②桩头的材质、强度应与桩身相同,桩头的截面尺寸不宜与桩身有明显差异。③桩顶检测面应平整、密实,并与桩轴线垂直,传感器安装点和激振点应打磨光滑。④打入式或静压式预制桩的检测应在相邻桩打完后进行。

传感器安装和激振操作应符合下列规定:①对于实心桩,当激振点在桩顶中心时,传感器安装点与桩中心的距离宜为桩半径的 2/3,如图 6-40 所示;当激振点不在桩顶中心时,传感器安装点与激振点的距离不宜小于桩半径的 1/2。②对于空心桩,激振点和传感器宜安装在桩壁厚 1/2 处,传感器安装点、锤击点与桩顶面圆心构成的平面夹角宜为90°,如图 6-41 所示。③激振点与传感器安装位置应避开钢筋笼的主筋影响范围。④激振方向应沿桩轴线方向。⑤应根据缺陷所在位置的深浅及时改变锤击脉冲宽度。应采用宽脉冲检测长桩桩底或深部缺陷,窄脉冲检测短桩或桩的浅部缺陷。

(4)声波透射法。

1) 概述。

声波透射法适用于检测混凝土灌注桩桩身缺陷位置和程度,判定桩身完整性类别。

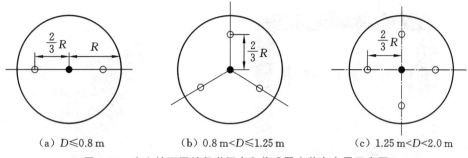

(a) $D \leqslant 0.8$ m　　　　(b) 0.8 m$<D \leqslant$1.25 m　　　　(c) 1.25 m$<D<$2.0 m

图 6-40　实心桩不同桩径激振点和传感器安装点布置示意图

●—激振点；○—传感器安装点

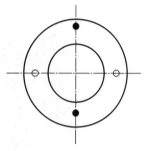

图 6-41　空心桩激振点和传感器安装点布置示意图

●—激振点；○—传感器安装点

桩径≥2 m、桩长>40 m 特殊结构物复杂地质条件下的基桩应采用超声波透射法检测。

2）试验依据。

《铁路工程基桩检测技术规程》（TB 10218—2019）。

3）仪器设备。

相关仪器设备见图 6-42。

4）试验步骤。

① 收集以下资料：a.工程所在区域地质、水文及气象资料。b.受检桩施工记录，包括成桩工艺、桩端持力层的层号和岩土类别。c.受检桩桩位布置图、桩的桩型、桩顶标高、设计桩长、设计桩径、施工桩长、施工桩径、桩的设计混凝土强度等级等。d.受检桩实际桩身强度或龄期。

② 现场准备工作：a.将各声测管内注满清水，管内不得堵塞。b.采用标定法确定仪器系统延迟时间。c.在桩顶准确测量相应声测管外壁间净距离。d.检查换能器的状态是否完好。

③ 新建工程，工程命名采用"工程名称首字母＋检测日期"的形式；新建基桩，基桩编号采用设计编号命名。

④ 现场检测应符合下列规定：a. 将发射与接收声波换能器以相同标高分别放置于声测管中的测点处，同步升降，测点间距不宜大于 200 mm，且不宜小于 100 mm。检测过程中应校核换能器深度。b. 合理设置延时、放大倍数等采集参数，实时显示和记录接收信号的时程曲线，读取声时、首波幅值，当需要采用信号主频值作为声波投射法检测的辅助判据时，还应读取信号的主频值。c. 在桩身质量可疑的测点周围应增加测点，或采用斜测、扇形扫测进行复测，进一步确定桩身缺陷的位置和范围（图 6-43）。采用斜测法时，两个换能器的中点连线与水平面的夹角不宜大于 40°。

d. 对同一根桩的不同剖面进行检测时，声波发射电压和仪器设置参数应保持不变。

⑤ 用 U 盘将设备内的检测数据拷贝至电脑上，在 PC 端用声波透射法测桩分析软件进行数据处理。

5）试验结果整理（计算）。

声测管及耦合水层的声时修正值 t' 应按下式计算：

（a）主机

（b）深度记录轮

（c）换能器

（d）脚架

图 6-42　声波透射法仪器设备

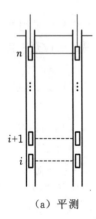

（a）平测

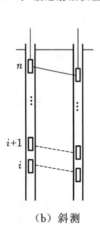

（b）斜测

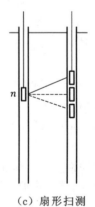

（c）扇形扫测

图 6-43　平测、斜测和扇形扫测示意图

$$t' = \frac{D_1 - d_1}{v_t} + \frac{d_1 - d'}{v_w}$$

式中，t'——声测管及耦合水层声时修正值，精确至 $0.1\mu s$；

　　　D_1——声测管的外径，mm；

　　　d_1——声测管的内径，mm；

　　　d'——换能器的外径，mm；

v_t——声波在声测管管壁厚度方向的传播速度,km/s,精确至小数点后三位;

v_w——声波在水中的传播速度,km/s,精确至小数点后三位。

各测点的声时 t_c、声速 v、波幅 A_p 及主频 f 应根据现场检测数据,按下列各式计算,并绘制声速-深度(v-z)曲线和波幅-深度(A_p-z)曲线,需要时可绘制辅助的主频-深度(f-z)曲线:

$$t_{ci}=t_i-t_0-t'$$

$$v_i=\frac{l'}{t_{ci}}$$

$$A_{pi}=20\lg\frac{a_i}{a_0}$$

$$f_i=\frac{1000}{T_i}$$

式中,t_{ci}—— 第 i 测点声时,μs;

t_i—— 第 i 测点声时测量值,μs;

t_0—— 仪器系统延迟时间,μs;

l'—— 各检测剖面相应两声测管的外壁间净距离,mm;

v_i—— 第 i 测点声速,km/s;

A_{pi}—— 第 i 测点波幅值,dB;

a_i—— 第 i 测点信号首波峰值,V;

a_0—— 零分贝信号幅值,V;

f_i—— 第 i 测点信号主频值,kHz,也可由信号频谱的主频求得;

T_i—— 第 i 测点信号周期,μs。

桩身混凝土缺陷应根据下列方法综合判定:

① 声速判据。

声速临界值采用正常混凝土声速平均值与 2 倍声速标准差之差,即

$$v_D=v_m-2\sigma_v$$

$$v_m=\frac{1}{n}\sum_{i=1}^{n}v_i$$

$$\sigma_v=\sqrt{\sum_{i=1}^{n}\frac{(v_i-v_m)^2}{n-1}}$$

式中,v_D——声波临界值,km/s;

v_m——正常混凝土声速平均值,km/s;

σ_v——正常混凝土声速标准差;

n——测点数。

当实测混凝土声速值低于声速临界值时,声速可判为异常,即

$$v_i<v_D$$

当检测剖面 n 个测点的声速值普遍偏低且离散性很弱时,宜采用声速临界值判断。即实测混凝土声速值低于声速临界值时,可判定为异常,即

$$v_i<v_L$$

式中,v_L—— 声速临界值,km/s。

声速临界值应由预留同条件混凝土试件的抗压强度与声速对比试验结果,结合本地区实际经验确定。

② 波幅判据。

波幅异常时的临界值判据应按下式计算:

$$A_m = \frac{1}{n}\sum_{i=1}^{n}A_{pi}$$

$$A_{pi} < A_m - 6$$

式中,A_m——声波波幅平均值,dB;

A_{pi}——波幅平均值,dB。

当上式成立时,波幅可判定为异常。

③ PSD判据。

当采用斜率法的PSD值作为辅助异常点判据时,PSD值应按下列公式计算:

$$PSD = K \cdot \Delta t$$

$$K = \frac{t_{ci} - t_{ci-1}}{z_i - z_{i-1}}$$

$$\Delta t = t_{ci} - t_{ci-1}$$

式中,t_{ci}——第i测点声时,μs;

t_{ci-1}——第$(i-1)$测点声时,μs;

z_i——第i测点深度,cm;

z_{i-1}——第$(i-1)$测点深度,cm。

根据PSD值在某深度处的突变,结合波幅变化情况进行异常点判定。

采用信号主频值作为辅助异常点判据时,主频-深度曲线上主频值明显降低,可判定为异常。

桩身完整性类别应结合桩身混凝土各声学参数临界值、PSD判据、混凝土声速低限值以及桩身可疑点加密测试(包括斜测或扇形扫测)后确定的缺陷范围,按表6-46的特征进行综合判定。

表6-46 桩身完整性判定2

特征	完整性类别
Ⅰ	各检测剖面的声学参数均无异常; 或某一检测剖面个别测点的声学参数出现轻微异常,且其他剖面声学参数均无异常
Ⅱ	某一检测剖面连续多个测点的声学参数出现异常; 或某一检测剖面个别测点声学参数出现明显异常
Ⅲ	某一检测剖面连续多个测点的声学参数出现明显异常; 或50%及以上检测剖面在同一深度测点的声学参数出现明显异常; 或局部混凝土声速低于低限值
Ⅳ	50%及以上检测剖面在同一深度测点的声学参数出现严重异常; 或桩身混凝土声速普遍低于低限值或无法检测首波或声波接收信号严重畸变

相关记录表格见表6-47。

表 6-47 基桩完整性检测(声波透射法)记录表

工程名称					
检测依据		仪器型号编号			
桩号		桩径/mm		成桩日期	
设计桩长/m		混凝土强度等级		声测管管位示意图	备注
剖面	测管间距/mm	剖面	测管间距/mm		
1—2		1—4			
1—3		2—4			
2—3		3—4			

检测: 记录: 复核: 检测日期: 年   月   日

6)注意事项。

① 检测前受检桩应符合下列规定:a.受检桩桩身混凝土强度不应低于设计强度 70%,且不应低于 15 MPa,或桩身混凝土龄期不小于 14 d。b.声测管管口应高出桩顶设计标高 100 mm 以上。

② 声波发射与接收换能器应符合下列规定:

a.圆柱状径向振动,沿径向无指向性。b.谐振频率宜为 30~60 kHz。c.收、发换能器的导线均应有长度标注,其标注允许偏差不应大于 10 mm。d.水密性满足 1 MPa 水压下不渗水。e.外径不大于 30 mm,有效工作长度不大于 150 mm。

③ 声波检测仪的技术性能应符合下列规定:a.具有实时显示和记录接收信号的时程曲线以及频率测量或频谱分析功能。b.声时显示范围应大于 2000 μs,测量精度应优于或等于 0.5 μs,声波幅值不应小于 60 dB,声时声幅测量相对误差应小于 5%,系统频带宽度应为 1~200 kHz。c.声波发射脉冲宜为阶跃脉冲或矩形脉冲,电压幅值不应小于 500 V。d.采集器模-数转换精度不应低于 16 位,采样间距应小于或等于 0.5 μs,采样长度不应小于 1024 点。

④ 声测管的埋设应符合下列规定:a.桩身直径≤0.8 m 时,应埋设不少于 2 根管;桩身直径>0.8 m 且≤1.6 m 时,应埋设不少于 3 根管;桩身直径>1.6 m 时,应埋设不少于 4 根管;桩身直径>2.5 m 时,宜增加声测管的埋设数量。b.声测管应采用金属管,内径不应小于 40 mm,壁厚不应小于 3.0 mm。c.声测管下端封闭,上端加盖,管内无异物,连接处应光滑过渡,不漏水。管口应高出混凝土顶面 100 mm 以上,且各声测管管口高度宜一致。d.声测管应沿钢筋笼内侧布置,固定牢靠,保证浇筑混凝土后相互平行。e.声测管以线路大里程方向的顶点为起始点,按顺时针旋转方向对称布置并进行编号,如图 6-44 所示。

⑤ 声测管出现堵管情况时,应遵循下列规定:a.出现个别声测管桩底附近堵管时,可采用斜测法检测,且两个换能器中点连线的水平夹角不应大于 40°。b.不满足上一条规定时,可在所堵声测管附近钻芯,检测桩身混凝土完整性,并用钻芯孔作为通道,进行声波透射法检测。c.声测管无法疏通或在声测管附近无法形成整桩检测通道时,可采用钻芯法检测桩身混凝土完整性,并应符合《铁路工程基桩检测技术规程》(TB 10218—2019)

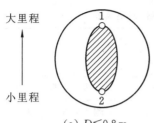 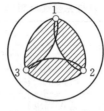 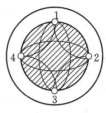

（a）$D\leqslant0.8\ m$　　　（b）$0.8\ m<D\leqslant1.6\ m$　　　（c）$1.6\ m<D\leqslant2.5\ m$

图 6-44　声测管布置示意图

第 10 章钻芯法的相关规定。

⑥ 检测报告应包括下列内容：a.委托方名称、工程名称、建设单位、设计单位、监理单位、咨询单位（如有）、施工单位。b.工程概况、地质概况、设计与施工概况、受检基桩相关参数、桩位布置图。c.检测方法、依据、数量、日期、仪器设备。d.受检桩的检测数据、实测与计算分析曲线、检测结果汇总表、检测结论、相关图片。e.受检桩每个检测剖面声速-深度曲线、波幅-深度曲线，并将相应判据临界值所对应的标志线绘制于同一个坐标系。f.当采用主频值或 PSD 值进行辅助分析判定时，绘制主频-深度曲线或 PSD 曲线。g.桩身完整性类别、缺陷位置、范围和程度。

（5）自平衡试验。

1）适用范围。

自平衡试验适用于传统静载试验条件受限时的基桩竖向承载力检测和评价。

2）仪器设备。

相关仪器设备见图 6-45。

（a）ZBL-Q500B主机

（b）数字式容栅百分表

（c）控制前端

（d）电动高压油泵

图 6-45　自平衡试验仪器设备

3）试验步骤。

① 安装全部传感器，连接好油路控制系统，检查电源是否和要求相符。打开测控器电源和主机电源。按试桩参数键，进入试桩参数主页面，输入新试桩相关工程信息，输入传感器及千斤顶各项参数，选择试桩规范并设置控载各项参数，输入系统保护各项参数，选择 GPRS 远传传输方式以及主机和测控器之间的通信方式，对传感器进行清零。各项设置完成后，可检查测控器和主机之间的无线（有线）通信是否正常。

② 加载。

a. 工程桩验收检测时，最大有效加载量不应小于设计要求的单桩容许承载力的 2 倍；为设计提供依据的试验桩，应加载至破坏；设计有规定时，按设计规定执行。

b. 一切准备工作就绪后，从测试控制窗口选择开始测试命令进入测试过程，油泵开始加压，此时系统处于"加载中"状态，在荷载达到设置控制荷载值后油泵停止加压，系统进入"维荷状态"（每级荷载在维持过程中的变化幅度不得超过分级荷载的 10%），仪器记录此时的荷载、位移数据，并以此时间为基准，按照所选规范开始定时测读数据，直至本级荷载稳定。加载应分级进行，采用逐级等量加载；分级荷载宜为最大加载量或预估极限承载力的 1/10，其中第一级可为分级荷载的 2 倍。

出现下列情况之一时，即可终止加载：a. 某级荷载作用下，桩顶沉降量大于前一级荷载作用下沉降量的 5 倍，且总沉降量小于 40 mm。b. 某级荷载作用下，桩顶沉降量大于前一级荷载作用下沉降量的 2 倍，且经 24 h 尚未达到相对稳定标准。c. 已达到设计要求的最大加载量。d. 当工程桩作锚桩时，锚桩上拔量已达到允许值。e. 当荷载-沉降曲线呈缓变型时，可加载至桩顶总沉降量 60～80 mm；在特殊情况下，可根据具体要求加载至桩顶累计沉降量超过 80 mm。

③ 补载。

在维荷过程中，由于桩基的下沉，作用于桩基上的荷载值开始下降，如荷载值下降到低于控制荷载值减补载下限值时，仪器进入补载状态，油泵自动工作，将荷载值自动加至当前级别的要求加荷值（即设置的控制荷载值）后，油泵停止工作并结束补载。

④ 卸载。

当荷载加至限制荷载值并稳定时，仪器将关闭油泵，提示进行卸载。过程如下：使用双油路千斤顶时，应首先调整油路换向阀至反向加压位置，然后按"确认"按钮，进入卸载过程，按"油泵强停"按键使之进入油泵工作状态，油泵将开始反向加压，进行自动卸载，在达到设定的卸载值后油泵停止加压，仪器记录此时的荷载、位移数据，并以此时间为基准，按照所选规范开始定时测读数据，直至本级卸载完毕。卸载应分级进行，每级卸载量为加载时分级荷载的 2 倍，逐级等量卸载。

以后各级别的卸载也将自动进行。如想在试验中途进行卸载，过程如下：a.按"油泵强停"键时油泵强停。b.在控载设置窗口将控制荷载值设置为要求卸至的荷载值（该值必须小于原控载值）。c.调整油路换向阀。d.按"油泵强停"按键使之进入油泵工作状态，油泵将开始反向加压，进行自动卸载。

⑤ 结束测试。

确定试验可以终止后，从测试控制窗口中选择结束测试命令，结束本次试验。

4）试验结果整理。

检测数据的整理应符合下列规定：

① 确定单桩竖向抗压承载力时,应绘制竖向荷载-沉降(Q-s)曲线、沉降-时间对数(s-lg$t$)曲线,需要时也可绘制其他辅助分析所需曲线。

② 进行桩身应变和桩身截面位移测定时,应整理有关数据,并绘制桩身轴力分布图,计算不同土层的分层侧阻力和端阻力。

单桩竖向抗压极限承载力 Q_u 应按下列方法综合分析确定：

① 根据沉降随荷载变化的特征确定:对于陡降型 Q-s 曲线,应取其发生明显陡降的起始点对应的荷载值。

② 根据沉降随时间变化的特征确定:应取 s-lg$t$ 曲线尾部出现明显向下弯曲的前一级荷载值。

③ 符合上述终止加载条件第 2 种情况时,宜取前一级荷载值。

④ 对于缓变型 Q-s 曲线,宜根据桩顶总沉降量确定,宜取 $s=40$ mm 对应的荷载值;当桩长 >40 m 时,宜考虑桩身弹性压缩量;对直径 ≥ 800 mm 的桩,可取 $s=0.05D$(D 为桩端直径)对应的荷载值。

⑤ 按上述 4 种方法判定桩的竖向抗压承载力未达到极限时,桩的竖向抗压极限承载力宜取最大试验荷载值。

单桩竖向抗压容许承载力应按单桩竖向抗压极限承载力 50% 取值。

相关记录表格见表 6-48。

表 6-48 自平衡试验记录表

工程名称				桩号			日期		
加载级	油压/MPa	荷载/kN	测度时间	位移计(百分表)读数				本级沉降/mm	累计沉降/mm	备注
				1	2	3	4			

检测单位：　　　　　校核：　　　　　记录：

5）注意事项。

仪器设备安装及使用应符合下列规定：

① 试验加载装置一般使用 1 台或多台油压千斤顶并联同步加载,当采用 2 台及以上千斤顶加载时,要求千斤顶型号、规格相同,且合力中心与桩轴线重合。

② 静载试验加载反力装置可根据现场条件选择,主要有锚桩横梁反力装置、压重平

台反力装置和锚桩压重联合反力装置 3 种形式,加载反力装置宜按预估最大荷载量的 1.2 倍设计,在最大试验荷载作用下,加载反力装置的全部构件不应产生过大的变形,应有足够的安全储备;工程桩作锚桩时,锚桩数量不宜少于 4 根,且应对锚桩上拔量进行监测;锚桩抗拔力、钢筋与焊缝的抗拉强度应满足抗拔承载力要求;压重宜在检测前一次加足,并均匀稳固地放置于平台上,且压重施加于地基的压应力不宜大于地基容许承载力的 1.5 倍。

③ 荷载测量可用放置在千斤顶上的荷重传感器直接测定,或采用并联于千斤顶油路的压力表或压力传感器测定油压,根据千斤顶率定曲线换算荷载。传感器的测量误差不应大于 1%,压力表精度应优于或等于 0.4 级。试验用压力表、油泵、油管在最大加载时的压力不应超过规定工作压力的 80%。

④ 沉降测量宜采用位移传感器或大量程百分表,并应符合下列规定:a.测量误差不大于 0.1% 满量程(FS),分辨力优于或等于 0.01 mm。b.直径或桩宽>500 mm 的桩,应在其两个方向对称安置 4 个位移计(百分表);直径或桩宽≤500 mm 的桩,可对称安置 2 个位移计(百分表)。c.沉降测定平面宜在桩顶 200 mm 以下位置,测点应牢固地固定于桩身。d.基准梁应具有一定的刚度,梁的一端应固定在基准桩上,另一端应简支于基准桩上。e.固定和支撑位移计(百分表)的夹具及基准梁应避免受气温、振动及其他外界因素的影响。f.所使用的位移传感器或大量程位移计(百分表)要求在标定的有效期内使用。

⑤ 试验桩、锚桩(压重平台支墩边)和基准桩之间的中心距离应符合表 6-49 的规定。

表 6-49　试验桩、锚桩(或压重平台支墩边)和基准桩之间的中心距离

反力装置	距离		
	试验桩中心与锚桩中心 (或压重平台支墩边)	试验桩中心与基准桩中心	基准桩中心与锚桩中心 (或压重平台支墩边)
锚桩横梁	≥4(3)D 且>2.0 m	≥4(3)D 且>2.0 m	≥4(3)D 且>2.0 m
压重平台	≥4(3)D 且>2.0 m	≥4(3)D 且>2.0 m	≥4(3)D 且>2.0 m
地锚装置	≥4D 且>2.0 m	≥4(3)D 且>2.0 m	≥4D 且>2.0 m

注:1. D 为试验桩、锚桩或地锚的设计直径或桩宽,取较大者。

2. 括号内数值可用于工程桩验收检测时多排桩设计中心距离小于 4D 或压重平台支墩 2~3 倍宽影响范围内的地基土已进行加固处理的情况。

试验桩应符合下列规定:

① 试验桩宜结合设计、施工等因素合理选择。为设计提供依据的工艺性试验桩,其成桩工艺和质量控制标准应与工程桩一致。

② 试验桩桩顶部宜高出试坑底面 100 mm,试坑底面宜与桩承台底标高一致,混凝土桩桩头加固可参照《铁路工程基桩检测技术规程》(TB 10218—2019)附录 A 执行。

③ 试桩前后宜对试验桩进行桩身完整性检测。

④ 灌注桩或有接头的混凝土预制桩作为锚桩时,试桩前后应进行桩身完整性检测。

慢速和快速维持荷载法试验应符合下列规定:

① 采用慢速维持荷载法时,每级荷载施加后按第 5 min、15 min、30 min、45 min、60 min 测读桩顶沉降量,以后每隔 30 min 测读一次。

② 慢速维持荷载法沉降相对稳定标准:每 1 h 内的桩顶沉降量不超过 0.1 mm,并连

续出现 2 次[从分级荷载施加后第 30 min 开始,按 1.5 h 内连续 3 次(每 30 min)测读的桩顶沉降量计算],当桩顶沉降速率达到相对稳定标准时,再施加下一级荷载。

③ 采用慢速维持荷载法卸载时,每级荷载维持 1 h,按第 15 min、30 min、60 min 测读桩顶沉降量后,即可卸下一级荷载。卸载至零后,应测读桩顶残余沉降量,维持时间为 3 h,测读时间为第 15 min、30 min,以后每隔 30 min 测读一次。

④ 快速维持荷载法每级荷载施加后按第 5 min、15 min、30 min 测读桩顶沉降量,以后每隔 15 min 测读一次;每级荷载施加后维持时间至少为 1 h,若最后 15 min 间隔的桩顶沉降增量与相邻 15 min 间隔的桩顶沉降增量相比未明显收敛,应延长维持荷载时间,直至最后 15 min 的沉降增量小于相邻 15 min 的沉降增量。卸载时,每级荷载维持 15 min,按第 5 min、15 min 测读桩顶沉降量后,即可卸下一级荷载;卸载至零后,应测读桩顶残余沉降量,维持时间为 1 h,测读时间为第 5 min、15 min、30 min,以后每隔15 min 测读一次。

为设计提供依据的单桩竖向抗压极限承载力取值应符合下列规定:

① 参加统计的试桩结果,满足其极差不超过平均值的 30% 时,取其平均值为单桩竖向抗压极限承载力。

② 极差超过平均值的 30% 时,应分析极差过大的原因,结合工程具体情况综合确定,必要时可增加试桩数量。

③ 试验桩数量小于 3 根或桩基承台下的桩数不大于 3 根时,应取低值。

检测报告应包括下列内容:

① 委托方名称、工程名称、建设单位、设计单位、监理单位、咨询单位(如有)、施工单位。

② 工程概况、地质概况、设计与施工概况、受检基桩相关参数、桩位布置图。

③ 检测方法、依据、数量、日期、仪器设备。

④ 受检桩的检测数据、实测与计算分析曲线、检测结果汇总表、检测结论、相关图片。

⑤ 受检桩及锚桩的尺寸、材料强度、锚桩数量、配筋情况。

⑥ 加载反力种类,堆载法应指明堆载质量,锚桩法应有反力梁布置平面图。

⑦ 加载、卸载方法,荷载分级。

⑧ 按要求绘制的曲线及对应的数据表。

⑨ 承载力判定依据。

⑩ 当进行分层侧阻力测试时,还应提供传感器类型、安装位置、轴力计算方法、各级荷载下桩身轴力变化曲线、各土层的桩侧摩阻力和桩端阻力。

二、隧道检测

1. 喷射混凝土

(1)概述。

喷射混凝土是一种用压力喷射装置施工的细石混凝土,主要用于隧道初期支护喷锚、路基边坡喷锚、钢结构保护层及其他薄壁结构;掺钢纤维的喷射混凝土还可用于隧道永久衬砌。喷射混凝土按喷射工艺分为干法喷射混凝土和湿法喷射混凝土。

干法喷射混凝土是将水泥、砂、石、粉状速凝剂等材料按一定比例混合并搅拌均匀,用混凝土干喷机以松散、干燥、悬浮状态输送至喷枪,再混合一定比例的压力水喷射到受喷面上。干喷工艺简单,设备投入少,易操作,可输送距离长,但粉尘大、回弹率高,强度不均匀,不宜采用。

湿法喷射混凝土是将各种原材料按一定比例加水搅拌成混凝土,采用湿喷机输送至喷枪,加入速凝剂后喷射到受喷面上。湿喷混凝土质量稳定,粉尘小,回弹率较低,机械化程度高,施工条件较好,但设备投入较大。

隧道工程宜采用湿法喷射混凝土,尤其在软弱围岩及不良地质隧道初期支护喷射混凝土时应采用湿喷工艺,特殊地质条件下需另行设计喷射工艺。

（2）喷射混凝土质量要求。

1）原材料。

① 水泥应采用硅酸盐水泥或普通硅酸盐水泥,必要时采用特种水泥,如快硬硅酸盐水泥、快硬硫铝酸盐水泥、抗硫酸盐水泥等。

② 细骨料细度模数应大于 2.5,含泥量应不大于 3%,泥块含量应不大于 0.5%,其他指标应符合铁路混凝土细骨料的技术要求。

③ 粗骨料最大粒径不宜大于 16 mm,其他指标应符合铁路混凝土粗骨料的技术要求。

④ 速凝剂按同厂家、同品种、同批号每 50 t 为一批,不足 50 t 也按一批计,检验匀质性、凝结时间、抗压强度比及与水泥适应性等指标,并符合表 6-50 的要求。

表 6-50　掺速凝剂净浆及硬化砂浆的性能要求

净浆凝结时间/min		1 d 抗压强度/MPa	28 d 抗压强度比/%
初凝	终凝		
≤5	≤10	≥7	≥75

⑤ 拌和用水宜采用饮用水,其他水源的水质应符合铁路混凝土拌和用水的技术要求。

⑥ 纤维不得含有妨碍与水泥黏结、妨碍水泥硬化的物质,钢纤维不得有明显锈蚀和油渍。纤维应按批检验,其检验规定和指标应符合《铁路混凝土工程施工质量验收标准》(TB 10424—2018)的要求。

2）喷射混凝土施工。

① 喷射混凝土应满足设计的强度等级、初期强度、厚度等要求。设计无明确要求时,3 h 强度应达 1.5 MPa,24 h 强度应达 10.0 MPa。

② 喷射混凝土配合比应根据原材料性能、混凝土设计指标通过试验确定,水胶比不大于 0.5,胶凝材料用量不宜低于 400 kg/m³。同强度等级、同性能混凝土应进行一次配合比试验选定;当原材料、施工工艺发生变化时,应重新进行配合比试验选定。掺入速凝剂通常会降低混凝土 28 d 抗压强度,其降低幅度与速凝剂性能及与水泥相容性有关,设计配合比时应加以注意。干法喷射混凝土一般使用粉状速凝剂,湿法喷射混凝土宜使用液态速凝剂。

③ 喷射混凝土厚度的检查点数 90% 及以上应大于设计要求。

④ 喷射混凝土终凝 2 h 后应进行养护,养护时间不少于 14 d。冬季施工时,作业区的气温和进入喷射机的混合料温度均不应低于 5 ℃。

（3）喷射混凝土质量检测。

1）抗压强度检验。

施工单位每一作业循环取样一次,拱部和边墙至少各留置一组检查试件。

试验方法如下:

① 喷大板切割法:应在施工作业时采用,将混凝土喷射至 45 cm×35 cm×12 cm(可制成 6 块试件)或 45 cm×20 cm×12 cm(可制成 3 块试件)的无底模型内,当达到一定强度后,加工成 10 cm×10 cm×10 cm 的立方体试件,标准养护至 28 d,再进行抗压强度试验(精确至 0.1 MPa)。

② 凿方切割法:当对喷大板切割法所测强度存疑时,可采用凿方切割法制作检查试件。在具有一定强度的喷射混凝土支护实体上,用凿岩机打密排钻孔,将长 35 cm、宽 15 cm 的混凝土块加工成 10 cm×10 cm×10 cm 的立方体试件,标准养护至 28 d,再进行抗压强度试验(精确至 0.1 MPa)。

③ 钻孔取芯法:当对喷大板切割法所测强度存疑时,也可采用钻孔取芯法制作检查试件。在达到 28 d 龄期的喷射混凝土支护实体上,用钻芯机钻取混凝土块并加工成高 10 cm、直径 10 cm 的圆柱体试件进行抗压强度试验(精确至 0.1 MPa)。

2) 早期强度检验。

施工单位每一作业循环或每工班试验一次,可采用贯入法或拔出法检测,监理单位见证。

3) 喷射混凝土厚度检查。

施工单位每一作业循环检查一个断面,每个断面每隔 2 m 埋设一个厚度检查钉作为标志或喷射 8 h 后凿孔检查。

2. 衬砌质量检测

(1) 概述。

隧道衬砌检测常用的方法为地质雷达法。

地质雷达法是一种用于确定地下介质分布的广谱(1 MHz～1 GHz)电磁技术,可应用于浅层的混凝土结构、构造以及浅层的地质结构、构造和岩性检测,具有快速、无损、连续检测、实时显示等特点。它利用宽带短脉冲(脉冲宽为数纳秒甚至更小)形式的高频电磁波(主频为数十兆赫至数千兆赫),通过天线由地面或构件表面送入,经地层或目标体反射后返回,然后用天线进行接收。当地下介质中的波速 v 为已知时,可根据精确测得的走时 t 求出反射物的深度。

波的双程走时由反射脉冲相对于发射脉冲的延时进行测定。反射脉冲波形由重复间隔发射(重复率 20～100 kHz)的电路按采样定律等间隔地采集叠加后获得。考虑到高频波的随机干扰性质,由返回的反射脉冲系列均经过多次叠加(叠加次数从几十次至数千次),若发射和接收天线沿探测线以等间隔移动,即可在纵坐标为双程走时 t、横坐标为距离 x 的探地雷达屏幕上绘制出仅由反射体的深度所决定的"时距"波形道的轨迹图。

由于地质雷达的发射天线与接收天线之间距离很短,甚至合二为一,当被检结构倾角不大时,反射波的全部路径几乎都是垂直于平面的。因此,在测线不同位置上法线反射时间的变化就反映了被检结构的构造形态。地质雷达工作频率高,在工程结构及地质介质中以位移电流为主,电磁波实质上很少频散,速度基本上由介质的介电性质决定,雷达检测的探测效果主要取决于不同介质分接口的电性差异,即介质层间介电常数差异越大,探测效果越好,介质异常在雷达剖面上反映也就越明显,从而易于识别。雷达探测原理见图 6-46。

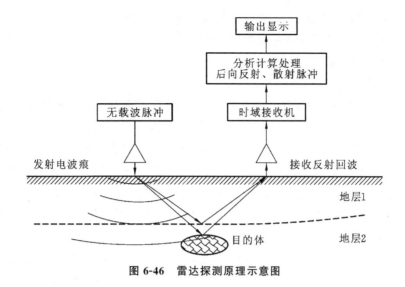

图 6-46　雷达探测原理示意图

（2）检测设备。

地质雷达由主机、天线两部分组成。根据隧道衬砌质量检测的技术与精度要求,地质雷达一般应具备以下性能:

地质雷达主机系统增益不低于 150 dB,信噪比不低于 60 dB,A/D 数据转换不低于 16 位,信号叠加次数可选择,采样间隔一般不大于 0.5 ns,实时滤波功能可选择,具有点测与连续测量功能,具有手动或自动位置标记功能,具有现场数据处理功能。

地质雷达的天线可采用不同频率的天线组合,应具有屏蔽功能,最大探测深度应大于 2 m,垂直分辨率应高于 2 cm。

地质雷达探测深度和分辨率主要由雷达天线的中心频率决定。频率越高,电磁波衰减越快,探测距离越短,但分辨率越高;频率越低,电磁波衰减越慢,探测距离越长,但分辨率越低。隧道衬砌检测一般选用中心频率 400～900 MHz 的天线。初期支护喷射混凝土厚度检测一般选用中心频率 900 MHz ～1.2GHz 的天线。

（3）现场检测测线布置。

① 隧道施工过程中质量检测应以纵向布线为主,横向布线为辅。纵向布线应在隧道拱顶、左右拱腰、左右边墙和隧底各布设 1 条(图 6-47);横向布线可按检测内容和要求布设线距,一般情况线距 8～12 m;采用点测时每断面不少于 6 个点。检测中如发现不合格地段,应加密测线或测点。

② 隧道竣工验收时质量检测应纵向布线,必要时可横向布线。纵向布线应在隧道拱顶、左右拱腰和左右边墙各布设 1 条;横向布线线距 8～12 m;采用点测时每断面不少

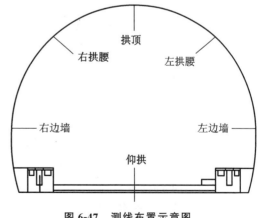

图 6-47　测线布置示意图

于 5 个点。需确定回填空洞规模和范围时,应加密测线或测点。

③ 三线隧道应在隧道拱顶部位增加 2 条测线。

(4)数据处理及判定。

1)数据处理。

探测的雷达图形以脉冲反射波的波形记录,以波形或灰度显示探地雷达垂直剖面图。探地雷达探测资料的解释包括两部分内容:一是数据处理,二是图像解释。由于地下介质相当于一个复杂的滤波器,介质对波的不同程度的吸收以及介质的不均匀性,使得脉冲到达接收天线时波幅减小,波形与原始发射波形有较大的差异。另外,不同程度的各种随机噪声和干扰也会影响实测数据。因此,必须对接收信号进行适当的处理,以改善资料的信噪比,为进一步解释提供清晰可辨的图像,识别现场探测中遇到的有限目标体引起的异常现象,为各类图像解释提供依据。

图像处理包括消除随机噪声、压制干扰,优化背景;进行自动时变增益或控制增益以补偿介质吸收和抑制杂波;进行滤波处理除去高频,突出目标体,降低背景噪声和余振影响。

识别干扰波及目标体的探地雷达图像特征是进行探地雷达图像解释的核心内容。探地雷达在接收有效信号的同时,也不可避免地接收到各种干扰信号,产生干扰信号的原因有很多,干扰波一般都有特殊形状,在分析中要加以辨别和确认。

2)主要判定特征。

① 密实:衬砌信号幅值较弱,波形均匀,甚至没有界面反射信号。

② 不密实:衬砌界面反射信号强,为强反射信号,同相轴不连续,错断,一般区域化分布。

③ 空洞:衬砌界面反射信号强,呈典型的孤立体相位特征,通常为规整或不规整的双曲线波形,三振相明显,在其下部仍有强反射界面信号,两组信号时程差较大。

④ 脱空:衬砌界面反射信号强,呈长条形或三角形分布,三振相明显,通常有多次反射信号。

⑤ 钢筋网:有规律的连续的小月牙形强反射信号,月牙波幅较窄。

⑥ 钢格栅:连续的两个双曲线强反射信号。

3.超前地质预报

(1)概述。

隧道超前地质预报是在分析既有地质资料的基础上,采用地质调查、物探、超前地质钻探、超前导坑等手段,对隧道开挖工作面前方的工程地质、水文地质条件及不良地质体的工程性质、位置、产状、规模等进行探测、分析判释及预报,并提出技术措施及建议。

施工中隧道超前地质预报目的:①进一步查清隧道开挖工作面前方的工程地质、水文地质条件,指导工程施工顺利进行。②降低地质灾害发生的概率和危害程度。③为优化工程设计提供地质资料。④为编制竣工文件提供地质资料。

隧道超前地质预报要求:①应列为隧道施工的必要工序并贯穿施工全过程。②预报前应进行地质复杂程度分级,确定重点预报地段。③应采用综合预报手段(两种以上的预报方法),长距商与短距离预报相结合,并对各种方法预报结果进行综合分析,相互印证,提高预报准确性。④应充分利用平行超前导坑、正洞超前导坑、先行施工的隧道开展隧道超前地质预报工作。

(2)隧道超前地质预报设计与分类。

1)预报方法选择。

铁路隧道工程设计、施工各阶段均应进行超前地质预报设计,预报方法应与施工方法相适应。超前地质预报可采用地质调查法、超前钻探法、物探法和超前导坑预报法等。

① 地质调查法。

包括隧道地表补充地质调查、洞内开挖工作面地质素描和洞身地质素描、地层分界线及构造线地下和地表相关分析、地质作图等,适用于各种地质条件下隧道的超前地质预报。

② 超前钻探法。

指利用钻机在隧道开挖工作面进行钻探以获取地质信息的一种超前地质预报方法,包括超前地质钻探、加深炮孔探测及孔内摄影等,适用于各种地质条件下隧道的超前地质预报以及物探法预报的验证。在富水软弱断层破碎带、富水岩溶发育区、煤层瓦斯发育区、重大物探异常区等地质条件复杂地段必须采用超前钻探法。

③ 物探法。

包括弹性波反射法(地震波反射法、水平声波剖面法、负视速度法、陆地声呐法等)、电磁波反射法(地质雷达探测)、红外探测、高分辨率直流电法等。物探法速度快,效率高,操作简单,利用不同物探方法的特性可进行长、中、短距离及各种地质条件下隧道的超前地质预报,但宜与其他预报方法结合使用。

④ 超前导坑预报法。

超前导坑预报法是根据超前导坑(或正洞)中揭示的地质情况,通过地质理论和作图法预报正洞(或超前导坑)地质条件的方法,包括平行超前导坑法、正洞超前导坑法等,适用于各种地质条件。

预报长度划分及预报方法:长距离预报,预报长度 100 m 以上,可采用地质调查法、地震波反射法及 100 m 以上的超前钻探等;中距离预报,预报长度 30~100 m,可采用地质调查法、弹性波反射法及 30~100 m 超前钻探等;短距高预报,预报长度 30 m 以内,可采用地质调查法、弹性波反射法、地质雷达探测、红外探测及小于 30 m 的超前钻探等。

2)常见地质条件的预报。

① 岩溶预报。

岩溶是可溶性岩石受水体以化学溶蚀为主、机械侵蚀和崩塌为辅的地质应力综合作用,以及由此产生的地质现象的统称。岩溶预报应探明岩溶在路道内的分布位置、规模、充填情况及岩溶水的发育情况,分析其对隧道的危害程度。岩溶预报应以地质调查法为基础,以超前钻探法为主,结合多种物探手段进行综合超前地质预报,并应采用宏观预报指导微观预报、长距离预报指导中段距离预报的方法。

充分收集、分析、利用已有区域的地质和工程地质资料,辅以工程地质补充调绘,查明隧址区工程地质与水文地质条件,指导超前地质预报工作。

根据地质条件,可采用弹性波反射法进行长、中长距离探测,以探明断层等结构面和规模较大、足以被探测的岩溶形态;可采用高分排直流电法、红外探测进行中长、短距离探测,定性探测岩溶水;采用地质雷达进行短距离探测,以查明岩溶位置、规模和形态。

根据地质复杂程度分级、隧道内地质素描、物探异常进行超前地质钻探预报和验证,对于富水岩溶发育地段,超前地质钻探必须连续重叠式进行。超前钻探揭示岩溶后,应适当加密,必要时采用地质雷达及其他物探手段进行短距离的精细探测,配合钻探查清岩溶规模及发育特征。

岩溶发育区必须进行加深炮孔探测。

② 断层预报。

断层预报应探明断层的性质、产状、富水情况、在隧道中的分布位置、断层破碎带的规模、物质组成等,并分析其对隧道的危害程度。

断层预报应以地质调查法为基础,以弹性波反射法探测为主,必要时采用红外探测、高分辨直流电法探测断层带地下水的发育情况及进行超前钻探法验证。

当隧道施工接近规模较大的断层时,多有明显的前兆,可通过地表补充地质调查、洞内地质调查、地表与地下构造相关性分析、断层趋势分析等手段预报断层的分布位置。断层破碎带与周围介质多存在明显的物性差异,可采用弹性波反射法探测破碎带的位置及分布范围。断层为面状结构面,可采用超前钻探法较准确地预报其位置、宽度、物质组成及地下水发育情况等。

③ 煤层瓦斯预报。

煤层瓦斯预报应探明煤层分布位置、煤层厚度,测定瓦斯含量、瓦斯压力、瓦斯涌出量、瓦斯放散初速度、煤的坚固性系数等,判定煤的破坏类型,分析判断煤的自燃及煤层爆炸性、煤与瓦斯突出危险性,评价隧道瓦斯严重程度及对工程的影响,提出技术措施建议等。

煤层瓦斯预报应以地质调查法为基础,以超前钻探法为主,结合多种物探手段进行综合超前地质预报。

a. 根据区域地质资料、工程地质勘查报告、工程地质平面图与纵断面图、煤层地表钻探资料和必要的地表补充调查,通过地质作图进一步核实煤层的位置与厚度等。

b. 采用物探法确定煤层在隧道内的大致位置和厚度。

c. 采用洞内地质素描,利用地层层序、地层厚度、标志层和岩层产状等,通过作图分析确定煤层的里程位置。

d. 接近煤层前,必须对煤层位置进行超前钻探,标定各煤层准确位置,掌握其赋存情况及瓦斯状况。

e. 在煤系地层、压煤地段及其他可能含瓦斯地层开挖施工时,应加强瓦斯检测。瓦斯浓度超过规定指标时,应立即采取措施,确保安全,并上报有关部门,查明瓦斯来源,分析可能带来的危害,制定下一步地质预报工作的方案和措施,并做好瓦斯检测记录存档备案。

④ 涌水、突泥预报。

应探明可能发生涌水、突泥地段的位置、规模、物质组成、水量、水压等,分析评价其对隧道的危害。

涌水、突泥预报应以地质调查法为基础,以超前钻探法为主,结合多种物探手段进行综合超前地质预报。

在可能发生涌水、突泥的地段必须进行超前钻探,且超前钻探必须设有防突装置。各种预报手段的组合不是一成不变的,应以达到预报目的和解决实际问题为宗旨,根据地质条件和各种预报手段的优缺点灵活运用。

(3)隧道超前地质预报方法。

1)地质调查法。

在隧道开挖过程中,由专业地质工程师全程跟踪地质素描工作,通过准确记录开挖揭露段地层岩性、地质构造、结构面产状、地下水出露点位置及出水状态、出水量、煤层、溶洞等,对隧道周边及前方的地质信息进行描述、收集和整理。同时综合各种探测手段获得的地质信息资料,采用作图法、相关性分析法、经验法等,对隧道掌子面前方的工程地质情况进行预测,根据预报成果,针对隧道施工方法、支护参数、安全措施提出建议。

隧道内地质素描包括掌子面地质素描和洞身地质素描。主要内容包括工程地质素描和水文地质素描。

① 工程地质素描内容:

a. 描述地层年代、岩性、层间结合程度、风化程度等。

b. 描述褶皱、断层、节理裂隙特征、岩层产状等,断层的位置、产状、性质,破碎带的宽度、物质成分、含水情况以及与隧道的关系,节理裂隙的组数、产状、间距充填物、延伸长度、张开度及节理面特征、力学性质,分析组合特征、判断岩体完整程度。

c. 有害气体及放射性物质等特殊地质危害存在的情况。

d. 描述人为坑道及岩溶位置、规模、形态特征及所属地层和构造部位,充填物成分、状态,以及与隧道的空间关系。

e. 煤层、含膏盐层、膨胀岩和软土层等特殊地层应单独描述其具体参数。

f. 地应力,包括高地应力显示性标志及其发生部位,如岩爆、软弱夹层挤出、探孔饼状岩心等现象。

g. 应记录塌方部位、方式与规模及其随时间的变化特征,并分析产生塌方的地质原因及其对继续掘进的影响。

② 水文地质素描内容。

a. 地下水的分布、出露形态及围岩的透水性、水量、水压、水温、颜色、泥砂含量测定,以及地下水活动对围岩稳定性的影响,必要时进行长期观测。地下水的出露形态分为渗水、滴水、滴水成线、股水(涌水)、暗河。

b. 水质分析,判定地下水对结构材料的腐蚀性。

c. 出水点和地层岩性、地质构造、岩溶、暗河等的关系分析。

d. 必要时进行地表相关气象、水文观测,判断洞内涌水与地表径流、降雨的关系。

e. 必要时应建立涌突水点地质档案。

③ 围岩稳定性特征及支护情况。

记录不同工程地质、水文地质条件下隧道围岩稳定性、支护方式以及初期支护后的变形情况。对于发生围岩失稳或变形较大的地段,详细分析、描述围岩失稳或变形发生的原因、过程、结果等。

每次爆破开挖后(一般应每天观察 1 次),利用地质素描、照相或摄像技术将观测到的有关情况和现象进行详细记录,观测中如发现异常现象,要详细记录发现的时间、具体的里程位置以及附近测点的各项监测数据。

隧道的掘进应进行连续跟踪编录,绘制隧道(洞)平面地质图,该图重点反映地层岩性、地质界线、断层、节理裂隙、岩脉、岩溶、地下水、结构面产状(走向、倾向、倾角),通过该图的连续编制,结合长、中距离超前地质预报及洞轴线剖面,判断地质情况的变化,以预报掌子面前方可能出现不良地质体的位置及规模。

2)超前地质钻探法。

超前地质钻探法是在掌子面钻若干个深孔或根据需要钻孔取芯,并对钻孔进行地质编录的一种预报方法。它能直观、精确地探测开挖面前方 30~50 m 范围的地层岩性界面、较大节理与构造、富水带、溶蚀通道及地下水等,判断不良地质体的位置及规模,推测地下水的大致富水程度。

① 钻具选用。

为提高钻进速度,减少超前钻探占用开挖工作面的时间,一般采用冲击钻,需取芯的特殊地段采用回转取芯钻。冲击钻钻进速度快,但不能取芯,可通过冲击器的声音、钻速及其变化、岩粉、卡钻情况、钻杆振动情况、冲洗液的颜色及流量变化等探明岩性、岩石强度、岩体完整程度、岩洞、暗河及地下水发育情况等。回转取芯钻钻进速度慢,但钻取的岩心鉴定结果准确可靠,地层变化里程可准确确定,一般只在特殊地层、特殊目的地段、需要精确判定的情况下使用。

② 钻孔布置。

探孔的布置主要根据物探结果和现场实际情况而定。为了更加准确地探明开挖面前方地质情况,一般应采用三角形布置,使钻探成果具有代表性;钻取的岩心须由专业地质人员编号并存放在专门的岩心箱内,以备开挖时对比。

③ 工作要求。

a. 超前钻探过程中,应在现场做好钻探记录,包括钻孔位置、开孔时间、终孔时间、孔深、钻进压力、钻进速度随钻孔深度的变化情况、冲洗液的颜色和流量变化、涌沙、空洞、振动、卡钻位置、突进里程、冲击器声音变化等。

b. 超前钻探过程中应及时鉴定岩心、岩粉,判定岩石名称,对于断层带、溶洞充填物、煤层、代表性岩土等,应拍摄照片备查,并选择代表性岩心整理保存。

c. 在富水地段进行超前钻探时,必须采取防突措施。可安设孔口管和控制网等,确保人员和机械设备安全。

d. 超前钻探法的探测报告内容:工作概况、钻孔探测结果、钻孔柱状图,必要时附以钻孔布置图、代表性岩心照片等。

3)地震波反射法。

地震波反射法也称为隧道地震波法(tunnel seismic prediction,TSP),是利用地震波反射回波进行地质测量的方法。地震波震源采用小药量炸药激发产生,炸药激发在隧道边墙的风钻孔中,通常将 24 个炮孔布置成一条直线。地震波的接收器也安置在孔中,一般左右洞壁各布置一个。地震波在岩石中以球面波形式传播,当地震波遇到弹性波阻抗差异界面(例如断层、岩体破碎带、岩性变化带或岩溶发育带等)时,一部分地震信号反射回来,一部分信号透射进入前方介质继续传播。反射的地震信号被高灵敏度的地震检波器接收,反射信号的传播时间与传播距离成正比,与传播速度成反比,因此通过测量直达波速度、反射回波的时间、波形和强度,可以达到预报隧道掌子面前方地质条件的目的。在一定间隔距离内连续采用上述方法,结合施工地质调查,可以得到隧道围岩的地质力学参数,如动弹性模量、动剪切模量和动泊松比参数等。结合相关的地质资料和施工地质工作,总结预报经验,可以提高预报的准确性。其工作原理见图 6-48。

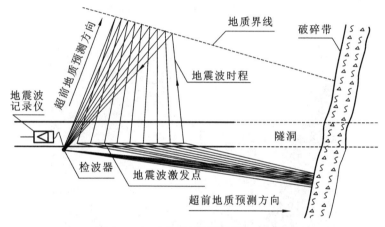

图 6-48 TSP 法地质超前预报工作原理

采用 TSP 技术进行预报使用的仪器为 TSP24/48 型隧道地质超前探测系统,该系统由吉林大学工程技术研究所与铁道部第一勘测设计院、铁道部铁路物探中心合作开发的隧道地质超前探测技术。该系统于 1995 年获得地矿部科技成果二等奖,1996 年再次荣获国家科学技术进步奖三等奖。TSP24/48 系统包括仪器主机、配件和处理软件三部分(图 6-49)。其探测方法是,采用清水耦合,在定向安置孔中安放三分量检波器,记录接收器孔、距离接收器最近的炮孔和隧道掌子面的里程桩号,以及各炮孔间的距离,以上数据填写在"TSP 现场数据记录表"中。爆破孔药量一般控制在 50~100 g,采用计时线炸断的触发方式,在孔中灌满水的条件下激发爆破,按序依次起爆和进行数据采集。工作中对测线布置段至隧道掌子面间的隧道围岩进行地质描述,以利于资料解释。见图 6-50。

现场测试步骤如下:① 系统布置:每次预报时,在隧道左、右壁各布置 1 个接收孔,隧道相邻的洞壁一侧布置 21~24 个爆破孔。接收孔距掌子面 40~50 m,距第一个爆破孔15~20 m。爆破孔间距为 1.5 m 呈直线分布。② 试验数据的采集:在放炮采集信号时,应杜绝周围 300 m 范围内一切施工干扰,自第一炮眼(近接收传感器)激发地震波,记录仪将同时启动并记录地震波信号,分别记录左、右壁传感器的 3 个分量信号。自动存盘

图 6-49　TSP24/48 系统主机及配件

图 6-50　工作布置示意图

记录后,依次在其他炮眼激发地震波,直到最后一炮记录结束,完成野外试验数据的采集。有效激发孔数不少于 20 孔。③ 现场爆破作业必须严格遵照爆破作业有关规程,应由拥有爆破作业资格的专业技术人员负责药包包扎与引爆作业,现场配备必要的爆破安全员以确保爆破安全。

通过 TSP24 软件处理采集的 TSP 数据,获得 P 波、SH 波、SV 波的时间剖面、相关偏移归位剖面等。在成果分析中,以 P 波、SH 波、SV 波的原始记录分析测段岩体的地质条件;以相关偏移归位剖面预报前方岩体地质条件,预报分析推断以 P 波剖面资料为主,结合横波资料综合解释,并遵循以下准则:① 若 S 波反射较 P 波强,则表明岩层含水。② 左右洞壁对比,以激发和接收在同一侧的资料为主。③ 纵横波资料对比,以纵波资料为主。

综合分析隧道左右壁原始记录,分离后的纵横波记录,以及 P 波、SH 波、SV 波的相关偏移归位剖面图。

三分量 P 波和 S 波波形图见图 6-51、图 6-52。

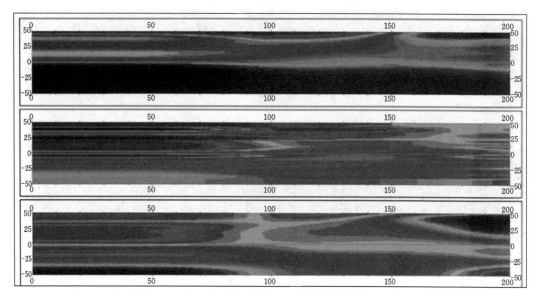

图 6-51　同侧 P 波、S 波波形速度图

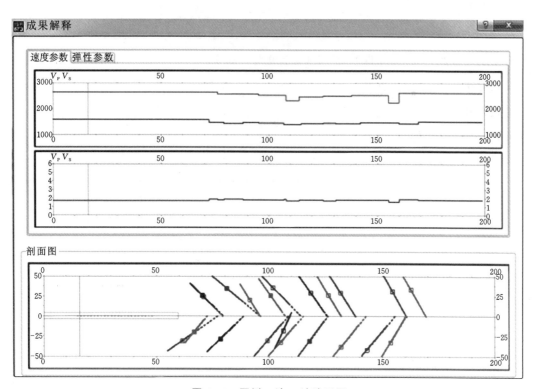

图 6-52　同侧 P 波、S 波波形图

纵波偏移与衰减处理成果图见图 6-53。

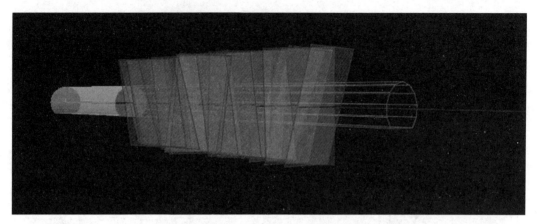

图 6-53　3D 解释成果图

今日学习：_____

今日反省：_____

改进方法：_____

每日心态管理：以下每项做到评 10 分，未做到评 0 分。

爱国守法_____分　　做事认真_____分　　勤奋好学_____分　　体育锻炼_____分

爱与奉献_____分　　克服懒惰_____分　　气质形象_____分　　人格魅力_____分

乐观_____分　　自信_____分

得分_____分　　　　　　　　　签名：_____

第7章 铁路桥梁隧道加固技术

 本章教学目标

● **重点知识目标**

掌握桥梁与隧道病害的成因分析、加固技术原理,并具备实际工程中病害检测、方案设计及复杂环境施工的能力。

1. 掌握桥梁下部结构加固的前提条件:需评估病害严重程度、加固技术可行性及经济性,明确基础冲刷、地基承载力变化等关键影响因素。

2. 熟悉常见病害类型:包括浅基础的冲刷与冻害、桩基础的施工缺陷(如桩底沉渣、钢筋腐蚀)、沉井基础的不均匀沉降等。

3. 了解桥梁加固技术原理,理解扩大基础加固法的适用场景(基础承载力不足或埋深过浅)及施工流程(围堰开挖、新旧基础结合)。

4. 了解隧道病害类型与加固技术,掌握衬砌常见病害成因,如渗漏(防水失效)、开裂(围岩压力不协调)、强度不足(材料或施工问题)等。

5. 熟悉关键加固技术:包括衬砌欠厚拆除重建、脱空注浆、裂缝注浆封闭、渗漏水引排与封堵、钢筋外露防锈处理等。

● **能力目标**

1. 病害检测与评估能力:能通过检测数据判断桥梁基础冲刷深度、地基承载力变化,并评估加固可行性。

2. 加固方案设计与施工控制:能根据桥梁病害类型选择加固方法(如扩大基础或桩基加固),设计施工流程(围堰开挖、锚固钢筋设置)。

3. 掌握隧道衬砌注浆参数调整(压力、浆液配比)、新旧混凝土结合工艺(凿毛处理、防水层修复)等关键施工技术。

4. 特殊环境施工能力:具备水下桥墩修补技术(如围堰排水、水下混凝土封堵)及复杂地质条件下的注浆控制能力(如软弱地层注浆压力调整)。

● **意识形态(素质培养)目标**

1. 教师理论教学和"现代学徒制"教学过程中要融入意识形态等素质教育,培养学生的社会责任感,让他们养成吃苦耐劳、乐于奉献的精神。

2. 通过学徒制教育,培养学生的动手能力和科研创新能力,发掘学生潜意识的自我思考和解决问题的能力。

3. 教师在"现代学徒制"教学和理论教学过程中采用校企角色互换和随机分组"双元制"教学方法,突出学生的主体地位,培养学生独立自主、团结合作的团队意识。

4. 通过学徒和实践教育,能够完成相关材料、结构检测,查阅资料,合理正确使用标准、规范的技能。

5. 在授课过程中结合专业内容、知识点、"现代学徒制"教学项目特点,将意识形态和

素质教育的内容融合在教学环节中。

● **教学组织**

本课程教学组织分为理论教学部分和"现代学徒制"教学两部分,理论教学与学徒制教学课时比例为1∶3,教学过程相互穿插,场景互换,充分依托校企合作、产教对接的方式组织理论和实践教学,突出学生"双元制"学习的主导地位,学徒制教学过程中,教师根据学生个体、在团体中的特色和作用等因素改变教学方法和手段,充分挖掘和发挥个体创新、专业特长等技能的培养。

1.理论教学部分:课堂内或在师徒教学现场、实训基地、施工现场等场景完成,完成铁路桥隧检测与加固基础知识理论内容的讲授,授课方式采用传统教学手段或其他信息化教学手段;以行动导向教学为主导,通过①规划→②组织→③任务→④实施→⑤检查→⑥反馈→⑦评价与考核七个环节进行课堂组织教学。

2."现代学徒制"教学部分:根据既有、新建铁路建设项目和各实训基地情况,将学生分组、分批派入教学现场,由专业师傅指导进行学徒教学,任课教师根据情况深入现场或通过信息平台进行理论指导、考核。

"现代学徒制"教学实施基本流程:①项目选择、任务分配→②规划、组织、准备→③实施→④检查→⑤反馈→⑥评价与考核。

"现代学徒制"教学实现的基本目标:

(1)学生要完成铁路桥隧检测与加固基础知识相关技能的训练。

(2)完成项目教学过程的相关记录,整理出完整的学习资料(总结、创新思路、成果、学习心得)等,通过实践能熟练掌握和理解铁路桥隧检测与加固基础知识的概念。

(3)意识形态等素质教育效果明显。

(4)技能考核合格。

3.理、实比例分配:理论教学30%;"现代学徒制"教学70%。

第一节　铁路桥梁病害加固

一、下部结构加固前提条件及常见病害

桥梁的承载能力是否满足正常营运的需求,不仅与上部结构有关,也与桥梁的下部结构有关。墩、台和基础直接承受上部结构的作用(包括恒载和活载),并将荷载传递给地基。下部结构的状况会直接影响桥梁的承载能力和正常使用,且部分桥梁承载能力的降低和主要病害的产生是下部结构的病害引起的。因此,在桥梁加固改造工作中,对下部结构的加固改造非常重要。本书仅介绍对下部结构病害的加固技术。

1.加固前提条件

桥梁下部结构的承载能力不仅与墩、台自身的完好程度有关,而且往往涉及基底土质与水文等诸多因素,尤其是基础部分,因为其是隐蔽工程,多数处于水下或地下,所以难以直接观察和判断。因此,无论是加固前的检测与病害原因分析、判断,还是具体的加固设计与加固方法,桥梁下部构造的加固改造相对于上部构造来说难度都会更大。所

以,在针对具体的桥梁下部结构实施加固改造前,首先应在对现场检测资料分析与判断的基础上,确定下部构造是否具有加固改造的价值,然后从加固技术和施工工艺上分析能否达到加固改造目的。具备加固改造价值,同时又能实施加固改造施工是加固改造的前提。否则,无论是从技术与安全上,还是经济上,都应考虑拆除桥梁、重建新桥的方案。

加固时应注意墩、台与基础的开裂、移动或转动。若发现此类病害,应仔细分析产生原因及影响。对于跨河桥梁,应检查基础受到的冲刷,分析其对桥梁稳定性的影响,考虑基础的埋置深度是否满足要求,还应考虑桥梁地基土的允许承载力,以及桩底和周边土的支承力和摩擦力的变化因素。应分别对墩、台及基础各部位进行强度、稳定性及裂缝宽度验算,并将已发现的病害考虑进去,然后评定其使用功能及承载力。对于墩、台及基础结构,如果技术状况特别差,难以加固改造,或加固改造的施工工艺复杂、把握不大,且工程经费较高时,则不应考虑加固改造。

2.常见病害

铁路桥梁基础常见病害见表7-1。

表7-1　铁路桥梁基础常见病害

基础类型		常见病害
浅基础	天然地基的浅基础	① 埋置深度浅,易受冲刷而淘空; ② 埋置深度不足,受冻害影响; ③ 地基不稳定,易发生滑移或倾斜
	岩石基础	① 基础置于风化岩层上,风化部分未处理好,经水流冲刷而淘空或悬空; ② 受地震的剪切作用,易产生裂缝
	人工地基基础	因处于软弱地基上,在竖向荷载作用下压实沉陷、基础下沉
桩基础	钻(挖)孔桩	① 施工时桩底淤泥处理不彻底,引起桩基下沉; ② 施工质量不好或受水冲刷、浸蚀而产生空洞、剥落、钢筋外露腐蚀等; ③ 灌注混凝土过程中发生塌孔未作处理,桩身部分脱空; ④ 受外力撞击产生损伤
	管桩基础	承载力不足,基础下沉
沉井基础		① 地基下沉时,基础也常发生轻微下沉; ② 受地基不均匀下沉或桥台台背高填土影响,基础产生滑移、倾斜; ③ 中间层为弱黏土层时,附近施工开挖基坑和填土等因素常使基础变位

二、扩大基础加固法

扩大基础加固法,即扩大桥梁基础底面积的加固方法。此方法适用于基础承载力不足,或基础埋置太浅而墩、台是圬工实体式基础的情况。当地基强度满足要求而病害仅表现为不均匀沉降变形过大时,所需扩大的基础底面积的大小应根据地基变形计算加以选定。在刚性实体式基础周围加石砌圬工或混凝土,以扩大基础的承载面积,如图7-1所示。

扩大基础加固时可按下列程序进行:

(1)在必须加宽的范围内打板桩围堰,若墩、台基础土壤条件较差,应进行必要的加固。

铁道建筑结构检测与加固技术

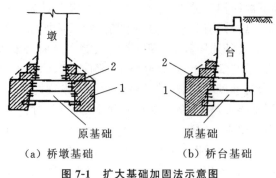

（a）桥墩基础　　　（b）桥台基础

图 7-1　扩大基础加固法示意图

1—扩大基础；2—新旧基础结合

（2）挖出堰内土壤至必要的深度（注意开挖时保证墩、台的安全）。

（3）将堰内的水抽干后，铺砌石块（浆砌），或浇筑混凝土基础。

（4）在原墩、台侧面钻孔井置入锚固钢筋，以使新老结构更好地连接。

（5）立模，浇筑混凝土并养护至设计强度。

对于拱桥，可在桥台两侧加设钢筋混凝土实体耳墙，并将耳墙与原桥台用钢销连接起来，从而达到增大桥台基础面积、提高桥台承载力的目的。加固后耳墙与原桥台连接在一起，因此，该方法既增加了竖向承压面积，又由于耳墙的自重增加了抗水平推力的摩阻力，如图 7-2 所示。当拱脚前有一定的填土时，可在台前加建新的扩大基础，并可将其改建为变截面的拱肋支承到新基础上。新老基础之间用钢销进行连接，有条件时在台前新基础下设法增加短桩，以提高承载力，如图 7-3 所示。

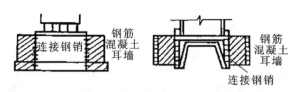

图 7-2　拱桥桥台加设耳墙

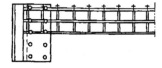

（a）台前扩大基础　　（b）变截面的拱肋支承　　（c）增加短桩

图 7-3　拱桥桥台加固

三、桩基础加固法

桩基础加固法有多种，可在桩基础的周围补加钻孔桩，也可打入预制桩或静压加桩，并扩大原承台让墩台部分荷载传至新桩基上，以此提高基础承载力、增加基础稳定性。加固方法如图 7-4 所示。

对单排架桩式桥墩，采用打桩（或灌注桩）加固时，若原有桩距较大（4～5 倍桩径），可

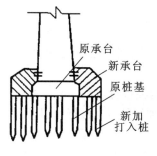

（a）新加打入桩加固

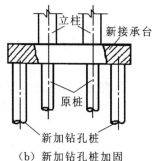

（b）新加钻孔桩加固

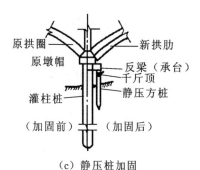

（c）静压桩加固

图 7-4　桩基础加固

在桩间插桩；若原有桩距较小且通航净跨允许缩小，可在原排架两侧增加桩数，成为三排式的墩桩。当在桩间加桩时，要验算原盖梁在加桩顶部能否承受与原来方向相反的弯矩，如可以承受，则需凿除原盖梁并浇筑新盖梁，将新旧桩顶连接成一体；如不能承受，则必须加固原有盖梁或重新浇筑盖梁。加固原有盖梁时，可在盖梁顶部增设钢筋。

当桥台垂直承载力不足时，一般可在台前增加一排桩并浇筑盖梁，以分担上部结构传来的压力。打桩（或钻孔灌注）时可利用原有桥面做脚手架，在桥面上开洞插桩。增浇的盖梁可单独受力，也可与旧桩联系起来，使新旧盖梁、新桩与旧桩共同受力。拱桥桥墩的加桩若受桥下净空影响可采用静压加桩方法进行加固。

该方法的优点是不需要抽水筑坝等水下施工作业，且加固效果显著。缺点是需搭设打桩架（或钻孔架）并开凿桥面，对桥头原有架空线路及陆上、水上交通均有一定的影响。

四、桥台加固方法

桥台加固的方法比较多，主要有减轻桥台台背荷载加固法、加柱（桩）加固法、增厚台身加固法、支承过梁加固法等，详述如下：

（1）减轻荷载加固法：台背上压力大，桥台向桥孔方向位移时可采用此加固法。挖出台背填土后，改换轻质材料回填，减轻桥台台背的负荷，以使桥台稳定。

（2）加柱（桩）加固法：竖向承载力不足时可采用此法。一般可在台前增加一排桩，并浇筑盖梁，以分担上部结构传来的荷载。打桩或钻孔桩时可利用原桥面搭设脚手架，在桥面开洞、插桩，盖梁可单独受力，也可连接旧盖梁共同受力。

（3）增厚台身加固法：梁式桥台背土压力过大，台身强度不足，桥台向桥孔方向位移时采用此法。可挖去台背填土，加厚台身（桥台胸墙），施工时注意确保新旧混凝土结合牢固。

（4）支承过梁加固法：该法主要应用于单跨的小跨径桥梁。可在两桥台基础之间建造支承过梁，以防桥台向跨中位移，如采用钢筋混凝土支承梁或浆翻片石撑板加固，支撑不高于河床。

（5）挡墙支撑杆或挡块加固：该方法适用于因桥台尺寸不足难以承受台背上压力，面向桥孔方向倾斜或滑移的埋置式桥台。可采用挡墙、支撑杆或挡块等形式进行加固，临时抢修亦可用沙袋使桥台稳定。

（6）更换桥台后填土并加过梁加固：为减轻桥后水平压力，需用内摩擦角较大的大颗粒土壤或砌片石、砖石等更换桥台后面填土，同时在台后新增架设过梁。

五、桥墩加固方法

相对桥台,桥墩的加固方法不多,主要有围带加固法、钢筋混凝土套箍加固法和桥墩损坏水下修补加固法等。

(1)围带加固法:墩身发生纵向贯通裂缝可用钢筋混凝土或钢箍进行加固。如因基础不均匀下沉引起自下而上的裂缝,则应先加固基础,再采用灌缝或加箍的方法进行加固。

(2)钢筋混凝土套箍加固法:桥墩损坏严重(如大面积裂缝、破损、风化、剥落)或是粗石与人工砌筑的圬工桥墩,一般可用钢筋混凝土箍"套"加固,其尺寸应能满足通过"套"传递所有荷载或大部分荷载的需要。同时,改造桥墩顶部,浇筑支承于"套"上的新的钢筋混凝土板代替旧的支承垫石,以使"套"与原结构共同工作。

(3)桥墩损坏水下修补加固法:砖石或钢筋混凝土桥墩表层出现缺陷,且桥墩处于常水位下时,可分别根据不同情况采用不同的加固方法。水深在 3 m 以下时,可筑草袋围堰,然后将水抽干。当水难以抽干时则可浇水下混凝土封底后再抽,抽水后以砌石或混凝土填补冲空部位。此种情况的修补,也可不抽水而将钢筋混凝土薄壁套箱围堰下沉到损坏处附近河底,在套箱与桥墩间浇筑水下混凝土以包裹损坏或冲空部位。水深在3 m 以上时,以麻袋装干硬性混凝土,通过潜水作业将袋装混凝土分层填塞冲空部位,并应注意要比原基础宽 0.2～0.4 m。

第二节　铁路隧道病害加固

隧道所处自然环境一般较为复杂,加之设计与施工方面的原因,国内在建及已建的部分隧道都不同程度地出现了一些质量问题,有些甚至是严重问题,其中常见的几类问题如下。

(1)衬砌渗漏。

隧道在施工期间和建成后,一直受地下水的影响,特别是建成后的隧道,更是处在地下水的包围之中。地下水无孔不入,当水压较大、防水工程质量欠佳时,地下水便会通过一定的通道渗入或流入隧道内部,对行车安全以及衬砌结构的稳定构成威胁。

(2)衬砌开裂。

作用在隧道衬砌结构上的压力与隧道围岩的性质、地应力的大小以及施工方法等有关。因为存在许多不确定因素,所以在隧道衬砌结构设计中常存在一定的不准确性,导致结构强度不够或与围岩压力不协调,造成衬砌结构开裂、破坏。然而,工程上出现的衬砌开裂更多则是由于施工管理不当,或是因为衬砌厚度不足。

(3)混凝土强度不足。

混凝土强度不足导致结构承载能力降低,主要表现在三个方面:一是降低结构强度;二是抗裂性能差,如过早地产生宽度较大、数量过多的裂缝;三是构件刚度下降,如变形过大影响正常使用等。

造成混凝土强度不足的常见原因如下:

① 混凝土配合比不当。主要表现在随意套用配合比、用水量过大、水泥用量不足、砂

石计量不准、用错外加剂等方面。

②混凝土施工工艺存在问题。主要表现在混凝土拌制不佳、运输条件差、浇灌方法不当、模板严重漏浆、成型振捣不密实、养护制度不良等方面。

③原材料质量差。主要是水泥质量、骨料质量、拌合水质量、外加剂质量不合格。

④试块管理不善。主要表现在交工试块未经标准养护、试模管理差、不按规定制作试块等方面。

针对以上病害,业界常采用的加固或整治技术如下。

一、衬砌欠厚、脱空加固

1. 衬砌欠厚加固

隧道二次衬砌的实际强度、密实度满足设计但二次衬砌的实际厚度与设计厚度比 $h/h_i < 90\%$ 时,或隧道二次衬砌实际厚度、密实度满足设计但二次衬砌实际强度不足时,均需采用拆换措施整治。

(1)适用范围。

该方法适用于二次衬砌拱部存在局部混凝土欠厚拆除重建,且衬砌背后无空洞、无系统锚杆缺失、无不密实等叠加缺陷,监测稳定无变形的段落。施工前应根据物探及钻孔验证的结果确定缺陷范围。

(2)拆除前准备工作。

拆除二次衬砌时,应在有安全保障措施前提下,先采用切割工艺将边缘切割到位再凿除衬砌混凝土,减少对拆换范围以外衬砌产生扰动破坏。衬砌拆除应采取纵向分段跳槽方式,Ⅱ、Ⅲ级围岩一般每次拆除长度不超过 3 m,Ⅳ、Ⅴ级围岩一般每次拆除长度不超过 1 m。

二次衬砌拆除前,应先对拆除段前后衬砌设置拱墙 20b 型工字钢钢架临时加固,钢架临时加固段长度不少于 5 m,钢架间距 1 m/榀,确保临时钢架与衬砌密贴,拱脚稳固。并于拆除段两侧边墙径向设置一排 ϕ25 砂浆锚杆,长 4.0 m,纵向间距 1.0 m。锚杆与钻孔间隙采用环氧树脂充填密实。锚杆端头槽在锚杆的抗拔力达到设计强度后,先凿出 12 cm×12 cm×8 cm(长×宽×深)楔形孔(孔底长宽尺寸为 15 cm×15 cm),将孔清洗干净后采用膨胀水泥砂浆封堵注浆孔,最后用钢丝刷清理楔形孔周边 20 cm 范围混凝土表面,并涂抹渗透型环氧树脂防水涂料。膨胀剂物理性能指标应符合《混凝土膨胀剂》(GB/T 23439—2017),胶凝材料最少用量(水泥、膨胀剂和掺合料的总量)为 350 kg/m³,膨胀剂掺量不宜大于 15%、小于 10%,水胶比不宜大于 1∶2。

(3)拆除。

拆除旧混凝土后,应将新旧混凝土结合处凿毛并采用高压水冲洗干净。钢筋混凝土二次衬砌按照图 7-5 恢复原设计钢筋布置,并对钢筋进行除锈处理。

于两侧重建二次衬砌脚位置径向设置两排 ϕ25 砂浆锚杆,长 4.0 m,纵向间距 1.0 m,锚杆端头与二次衬砌内侧主筋焊接。锚杆与钻孔间隙采用环氧树脂充填密实。每根锚杆中心线两侧(环向)等距适当位置各植入一根 ϕ6 钎钉,以钎钉为依托于该锚杆两侧各布置一根纵向 ϕ6 钢筋,长度为锚杆中心线两侧各 15 cm(单根总长 30 cm);在纵向筋内该锚杆两侧等距位置再各布置一根环向 ϕ6 钢筋,长度为锚杆中心线两侧各 15 cm(单根总长 30 cm)。钎钉采用 A 级胶锚固,应确保锚固牢固可靠。

施作新的二次衬砌前应铺设防水板及无纺布,并与既有衬砌的防水板焊接良好,搭接宽度不小于 15 cm。防水板的铺设工艺应满足相关规范要求,防止防水板切割二次衬砌。

新旧混凝土接缝应设置止水胶,宽 2 cm,以改善其防水性能。

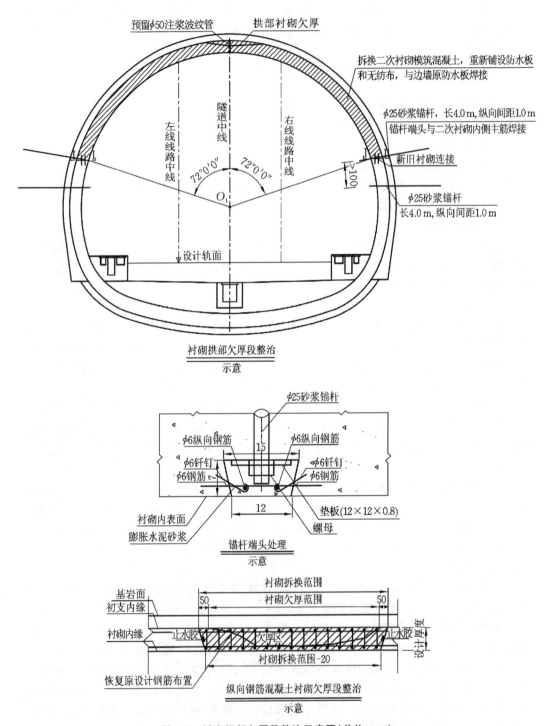

图 7-5　衬砌仰部欠厚段整治示意图(单位:mm)

（4）拆换施工后，用钢丝刷清理新旧混凝土接缝两侧 20 cm 范围内的混凝土表面，并涂抹渗透型环氧树脂防水涂料。

（5）注意事项。

二次衬砌建筑材料采用细石混凝土，混凝土强度等级同原施工图或变更设计衬砌混凝土强度。

拆除段顶部预留 $\phi50$ 注浆波纹管，二次衬砌完成后检查衬砌厚度，强度达到设计要求后，对衬砌背后空洞进行注浆回填密实，注浆要求同原设计，确保二次衬砌与围岩密贴。

拆除前先在整治段及其两侧既有隧道洞内布设监控量测点，监测施工过程中及施工后隧道衬砌及周边围岩状态。

2. 衬砌脱空加固

当初支满足设计要求，由于二次衬砌灌筑时不饱满，导致二次衬砌局部厚度不满足设计要求且与初期支护间存在空洞，但二次衬砌内缘至初期支护之间的空间满足设计二衬厚度需要时，可按以下措施进行整治。

（1）适用范围。

当二次衬砌与初期支护间存在脱空，可采取钻孔注浆方式进行整治，典型断面示意图如图 7-6 所示。该方法适用于隧道二次衬砌实际强度、密实度满足设计，但实际厚度与设计厚度比 $h/h_j \geqslant 80\%$（检测二次衬砌厚度 h / 设计二次衬砌厚度 $h_j \times 100\%$），缺陷部位环向长度或纵向长度均不大于 3 m，围岩较好、衬砌无裂纹及渗水、表观质量良好的地段。

$\phi42$ 钻孔用于衬砌背后压注细石混凝土及填充注浆，以达到补强衬砌及改善衬砌工作环境的效果。

（2）注浆前。

实际施工前应先检测定位，并在施工过程中对空洞范围进行核对、检验。

施工前需对衬砌结构、脱空情况进行验证，掌握详细的衬砌结构及缺陷情况，并对衬砌及脱空情况进行评定，若缺陷段开挖揭示地质条件与设计相符，初期支护满足设计要求，二次衬砌施作时初期支护变形已稳定，二次衬砌混凝土强度满足要求，缺陷处衬砌内缘至初期支护内缘之间的空间满足设计衬砌厚度需要，可采用钻孔注浆补强，若不满足上述条件的脱空缺陷应另行整治。

（3）注浆材料及方法。

对脱空区域先采用 C35 细石混凝土填充再采用水泥砂浆注浆充填空洞。

图 7-6 中孔位布置仅为示意，施作时应根据实际的衬砌厚度缺陷范围和衬砌背后不密实、空洞的大小及范围对钻孔布置进行适当调整。

材料采用 C35 细石混凝土及水泥砂浆，水泥砂浆配合比建议采用 0.8∶1，并通过现场试验进行调整。当地下水为侵蚀性环境时，所用材料应根据侵蚀环境类型采用耐侵蚀浆材。

注浆压力应在 0.2 MPa 以内。当注浆压力达到设计终压并稳定 5 min 以上，吸浆量很少或不吸浆时即可结束该孔注浆。

（4）施工注意事项。

① 注浆前于孔口设置孔口管，注浆过程中，相邻注浆孔应设置孔口塞，以免跑浆。

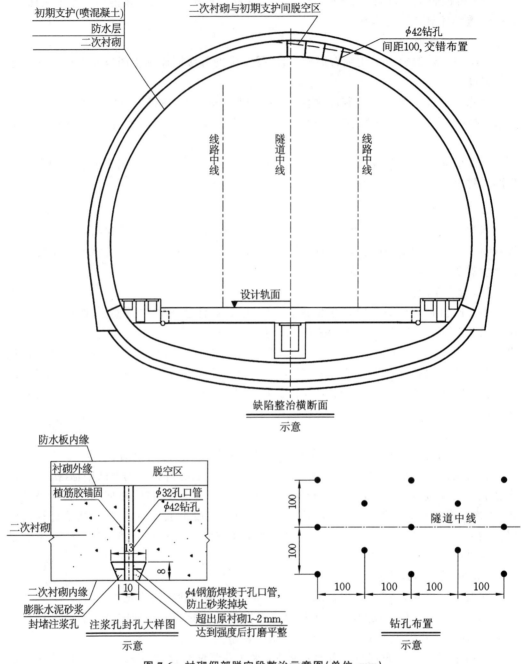

图 7-6　衬砌仰部脱空段整治示意图(单位:mm)

② 施工前应先进行注浆试验,并根据试验结果调整注浆参数。

③ 衬砌背后注浆时隧道纵向应由下坡方向向上坡方向进行;横向应先注边墙孔、两侧孔,再注拱顶孔。

④ 应对钻孔进行编号,钻孔及注浆过程中应对钻孔编号、注浆压力、注浆量等进行详细记录,根据钻孔情况确定注浆钢管长度。

⑤ 注浆过程中应严密观察衬砌状况,若发现衬砌有异常、变形、开裂或既有裂隙有加速发展趋势等,应立即停止注浆,以确保衬砌安全。

⑥ 施工过程中应做到随钻随注,以免跑浆。

⑦ 注浆完成后,应及时采用封堵措施,防止浆块掉落,影响行车安全。

(5)注浆后。

根据记录分析、判断注浆效果,必要时,待注浆达到设计强度后,钻检查孔进行注浆效果检查。若发现注浆不密实或仍有空洞应补钻孔注浆,以确保衬砌背后空洞充填密实。

注浆结束后,先凿出 10 cm×10 cm×8 cm(长×宽×深)楔形孔(孔底长宽尺寸为 13 cm×13 cm),将孔清洗干净后采用膨胀水泥砂浆封堵注浆孔,膨胀剂物理性能指标应符合《混凝土膨胀剂》(GB/T 23439—2017),胶凝材料最少用量(水泥、膨胀剂和掺合料的总量)为 350 kg/m³,膨胀剂掺量不宜大于 15%、小于 10%,水胶比不宜大于 1∶2。

二、衬砌蜂窝麻面加固

对表面蜂窝麻面段二次衬砌厚度、强度进行检测,二次衬砌厚度、强度不足时应按相关措施进行缺陷整治。在二次衬砌厚度、强度能保证结构安全的情况下,对蜂窝麻面观感质量缺陷采用清除松动的砂浆块、混凝土骨料后再将表面打磨平整,并涂刷水泥基渗透结晶型防水材料的整治措施,如图 7-7 所示。

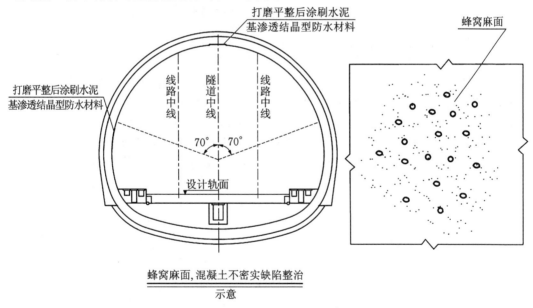

图 7-7　衬砌蜂窝麻面加固示意图

采用机械喷涂方式喷涂水泥基渗透结晶型防水材料,困难地段也可采用人工刮涂的方式,其施工工艺及施作要求如下:

(1)喷涂水泥基渗透结晶型防水材料前应清洁二次衬砌混凝土表面,应确保混凝土表面干净、湿润,但不应有明显的水印。

(2)水泥基渗透结晶型防水材料喷涂后,40 min 开始初凝,8 h 后开始固化,此时应及时喷雾进行养护,但严禁喷水冲刷以防止活性材料流失。养护频率不得小于 35 次/d,养护时间为 3～5 d。

水泥基渗透结晶型防水材料的用量一般为 1～2 kg/m²。采用机械喷涂时,其与水的质量比为 1∶0.5;采用人工刮涂时,其与水的质量比为 1∶0.3。喷涂及刮涂的厚度均为 1～2 mm。

三、施工缝错台缺陷整治

在二次衬砌厚度、强度能保证结构安全的条件下,对错台凸出部分采用手持砂轮打磨平整、圆顺,施工缝错台打磨示意图如图 7-8 所示。

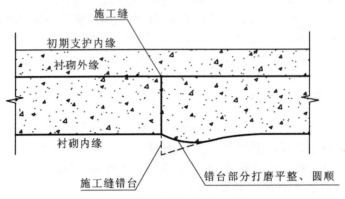

图 7-8　施工缝错台打磨示意图

四、衬砌裂缝缺陷整治

(1) 适用于衬砌裂缝的整治。对于宽度小于 5 mm 的裂缝,采用沿缝凿孔压浆封堵处理;对于宽度大于 5 mm 的裂缝,采用沿缝凿槽,压浆封堵后用环氧砂浆封缝。整治前应对裂缝进行观测,待裂缝发展情况稳定后,再对裂缝进行整治。

(2) 若衬砌后有空洞及围岩情况,裂缝处理应在衬砌后充填注浆、骑缝锚管(杆)施作后进行。裂缝有渗漏水现象时,应在裂缝居中位置打一个穿透衬砌的集中排水孔。

(3) 沿缝凿孔压浆。

① 安装注浆管:首先沿裂缝凿楔形孔,孔口宽度为 5～10 cm,视裂缝大小而定(一般为裂缝宽度+4 cm),孔底宽度大于孔口宽度,孔深 8 cm,凿孔间距 30～50 cm;冲洗干净后埋入 φ10 塑料管,其周围空隙用封缝材料压实固管。注浆管外露 8～10 cm,以便与注浆设备连接。

② 封缝:对所有需要注浆的裂缝,均应涂刷环氧树脂封缝。

③ 压水试验:封缝、砂浆固结后,进行压水试验以检查封缝、固管强度,疏通裂缝,确定压浆参数。压水试验采用颜色鲜明的有色水(其压力维持在 0.4 MPa 左右),测定水压及进水量,作为注浆的依据。

④ 注浆:由裂缝两端向裂缝中部注浆,设集中排水孔且需对其封闭时,集中排水孔在相邻两孔注浆后,顶水注浆。

⑤ 封孔:注浆结束后,用铁丝将注浆管外露部分反转绑扎,待浆液终凝后割除外露部分,以环氧砂浆将孔口抹平,待其固结后沿缝涂一遍环氧树脂。

(4) 沿缝凿槽压浆。

① 沿缝凿槽:沿裂缝长度方向凿倒梯形槽,槽口宽度视裂缝大小而定,为 5～10 cm(一般为缝宽＋4 cm),槽底宽度大于槽口宽度,槽深 8 cm。

② 封缝:正对裂缝按间距 30～50 cm 布置注浆管并采用环氧砂浆封闭嵌缝槽,封缝材料按充填槽深度的一半考虑。

③ 压水试验:封缝、砂浆固结后,进行压水试验以检查封缝、固管强度,疏通裂缝,确定压浆参数。压水试验采用颜色鲜明的有色水(其压力维持在 0.4 MPa 左右),测定水压及进水量,作为注浆的依据。

④ 注浆:由裂缝两端向裂缝中部注浆,设集中排水孔且需对其封闭时,集中排水孔在相邻两孔注浆后,顶水注浆。

⑤ 嵌缝:注浆完毕后,用铁丝将注浆管外露部分反转绑扎,待浆液终凝后,割除外露部分,沿缝采用环氧砂浆压实嵌缝,待其固结后沿缝涂一遍环氧树脂。

(5)建筑材料。

① 封缝材料可视情况采用水泥砂浆、膨胀水泥胶泥、环氧砂浆等,本书以采用环氧砂浆为例。环氧砂浆的配制:将环氧树脂加热熔化后,按比例加入二丁酯搅拌均匀,冷却后加入乙二胺搅拌均匀,然后倒入已混合均匀的水泥和砂中,充分搅拌后即可使用。环氧砂浆应随配随用,其施作时间为 30～40 min。环氧砂浆的配比为 6101 环氧树脂:二丁酯:乙二胺:水泥:砂＝100:15:8:200:500。

② 注浆材料:

a. 无水裂缝采用环氧浆液,有水裂缝采用水溶性聚氨酯浆液。

b. 环氧浆液配比为 6101 环氧树脂:二甲苯:501 号稀释剂:乙二胺＝100:30～40:20:10。将环氧树脂加热熔化后,加入二甲苯及 501 号稀释剂拌匀,冷却后加入乙二胺,搅拌均匀后方可使用。

c.水溶性聚氨酯(SPM 型)浆液采用预聚体现场配制,其浆液建议配比(质量比)如表 7-2 所示。

表 7-2　水溶性聚氨酯浆液的建议配比

预聚体	邻苯二甲酸二丁酯	丙酮	水
1	0.15～0.5	0.5～1	5～10

预聚体加热熔化后,加入相应配比的溶剂即可,该浆液凝胶时间较难控制,应根据工地条件试配,调整其溶剂掺量。

(6)注浆流程。

注浆流程如图 7-9 所示。

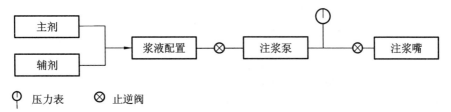

图 7-9　注浆流程图

（7）注浆压力及注浆结束标准。

① 注浆压力应根据裂缝大小、衬砌质量等综合确定，一般为 0.2～0.6 MPa，但一般不超过压水试验压力。

② 结束注浆的标准：当注浆量与预计浆量相差不多，压力较稳定且吸浆量逐渐减小至 0.01 L/min 时，再压注 3～5 min 即可结束注浆。注浆过程中应随时观察压力变化，当压力突然增高时，应立即停止注浆；当压力急剧下降时，应暂停注浆，调整浆液的凝结时间及浆液浓度后继续注浆。

（8）施工注意事项。

① 注浆前检查注浆系统，以保证机具工作正常，管路畅通；注浆后即拆管清洗；作业环境必须符合有关劳动保护的规定。

② 注浆过程中应随时观察进浆量、压力变化及邻孔跑浆情况，以便调整有关参数，保证注浆效果。

③ 所采用的浆液原料均应按相关规定进行质检、储存及使用；严禁使用不合格产品、变质产品。

衬砌裂缝缺陷整治的注浆孔布置、注浆管安装、裂缝嵌补如图 7-10 所示。

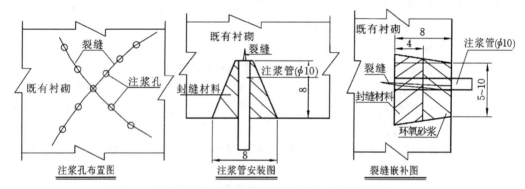

图 7-10　注浆孔布置、注浆管安装、裂缝嵌补示意图（单位：mm）

五、衬砌渗漏水加固

（1）本方法适用于隧道内对水量较小、水流分散而不便引排的拱墙施工缝、衬砌裂缝及个别出水点（面）进行衬砌内部注浆，以封闭水流通道及衬砌裂隙，或使水流相对集中便于引排。

（2）注浆管的设置。

① 本方法按预先引水，而后处理漏水缝，再进行衬砌内部注浆的顺序进行。注浆管均采用环氧砂浆固管封缝，环氧砂浆配比通过现场试验确定。

② 点漏、面漏的注浆管安装方式为钻孔固管，采用冲击电钻或风枪，钻孔直径不小于 3 cm，孔深约为衬砌厚度的 1/3，不得超过衬砌厚度的 1/2，一般控制在 8～10 cm。

③ 点漏：点漏中心注浆管应对准出水点布孔，安装注浆管前，应清洗孔壁上的混凝土残屑，注浆管应紧抵孔底出水点，用封缝固管材料紧密填塞孔管间隙，孔口用铁抹压实抹平。周边注浆管在出水点周边 20～30 cm 范围内设置，安装方式与中心注浆管相同。

④ 面漏：于衬砌表面查找主要漏水点。当漏水点难以用肉眼查找时，可在面上洒干

水泥,最早有湿渍处即为漏水点;针对漏水点打孔,并围绕此孔在漏水面上均匀布孔,孔距一般为 30～50 cm;打孔完毕后,清洗孔壁,用封缝固管材料紧密填塞孔管间隙,随即施作水泥基渗透结晶型防水涂料。

⑤ 缝漏:首先沿缝凿宽 6 cm、深 8 cm 的"V"形槽,槽顶端应正对漏水缝,凿槽后用高压水清洗槽壁,清除槽内泥砂及松动的混凝土块、残屑;根据裂缝水量大小,沿槽按一定间距安设注浆管,并用封缝固管材料紧密填塞槽管间隙,用铁抹压实,注浆管应紧抵漏水缝,其间距在裂缝大、水量大(如施工缝)时为 60～100 cm,裂缝小、水量小时为 30～50 cm。

⑥ 注浆管埋设封缝固定后,其外露部分长度为 8～10 cm,以便与注浆设备管路连接。封缝材料应随拌随抹,每次拌和干料不宜超过 1 kg,缝漏的封缝固定管应不间断一次完成。

⑦ 封缝完成后,待封缝材料固结,对其进行质量检查,渗漏水只能从注浆管内流出,其他部位不得有渗水现象,否则应重新封埋或涂刷环氧树脂进行补救。待达到质量检查的要求后,方可继续作业。

(3) 封缝养护数天,待封缝材料具有一定强度后,进行压水试验,以检查封缝质量及固管强度。疏通裂缝,确定压浆参数,压水试验采用带明显特征的有色水,其压力应维持在 0.4 MPa 左右,试验需详细记录各注浆管的出水时间及水量,试验过程中若出现封缝漏水则应重新进行封补,压水试验应测定水压及进水量,作为注浆的依据。

(4) 注浆材料及浆液配制。

水溶性聚氨酯(SPM)浆液采用预聚体现场配制,具体同"四、衬砌裂缝缺陷整治"。

(5) 注浆流程。

注浆流程同"四、衬砌裂缝缺陷整治"。

(6) 注浆注意事项。

① 输浆管路必须有足够的强度,装拆方便,注浆结束后需立即拆除管路并进行清洗。当采用玻璃与氯化钙溶液双液注浆时,所使用的料桶容器、管路应标明,不得混用。

② 注浆时,所有操作人员必须穿戴必要的劳动保护用品。

③ 浆液凝结时间应根据渗漏水量,水流速度,混凝土缝大小、深度及混凝土壁厚加以调整。一般细小裂缝且无外漏时注浆,其凝结时间要大于压水试验(从进有色水到最远出水孔)的时间,当有外漏,裂缝宽度(如施工缝)、衬砌厚度较小时,浆液凝结时间应小于压水试验的时间。

④ 所采用的浆液原料均应按相关规定及其特征进行品质检验、贮存及使用,严禁采用不合格、变质原料。

⑤ 为保证环氧砂浆与原混凝土结合良好,应在黏结面上先涂一层环氧基液,待基液中的气泡逸出后,再批抹环氧砂浆。环氧砂浆应分层批抹,每层厚度以 0.5 cm 左右为宜,一般不应超过 1.0 cm。

⑥ 注浆过程中应备有水泥、水玻璃或环氧树脂等快速堵漏材料,以及时处理漏浆、跑浆现象。

⑦ 注浆前对整个注浆系统进行全面检查,在确保注浆机具运转正常、管路畅通的情况下,方可注浆。

⑧ 点漏注浆应先注漏水量较小者,后注较大者,具体如图 7-11 所示。

⑨ 垂直裂缝的,施工缝应由下向上依次注浆。

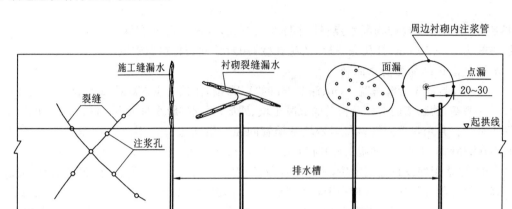

注浆孔布置示意图("○"为注浆孔)

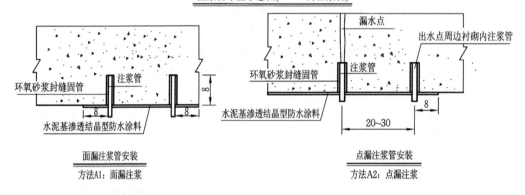

面漏注浆管安装

方法A1：面漏注浆

点漏注浆管安装

方法A2：点漏注浆

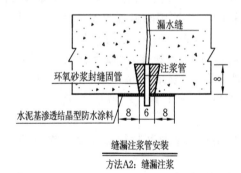

缝漏注浆管安装

方法A2：缝漏注浆

图 7-11　注浆孔布置及面漏、点漏、缝漏注浆管安装示意图(单位：mm)

⑩ 水平或斜裂缝由水量较小端向较大端依次注浆。

⑪ 面漏应由周边管向中心管依次注浆,具体如图 7-12 所示。

⑫ 将注浆系统与注浆嘴联结牢固后,打开排水阀门进行排水。

⑬ 开放注浆系统的全部阀门并起动压浆泵,待浆液从排水阀流出后,关闭排水阀加压进行注浆。

⑭ 采用水溶性聚氨酯浆液时,注浆压力为 0.3~0.4 MPa。在正常情况下,注浆压力一般不超过压水试验。

⑮ 结束注浆的标准：当吸浆量与预先估计的浆液用量相差不多,压力较稳定,且吸浆

量逐渐减少至 0.01 L/min 时,继续压注 3～5 min 即可结束注浆。注浆过程中应随时观察压力变化,若压力突然增高应立刻停止注浆,若压力急剧下降,应暂停该孔注浆,调整浆液的凝结时间及浆液浓度后继续注浆。结束注浆时,立刻打开泄浆阀门,排放管路及混合器内残浆,拆卸并清洗管路。

⑯ 封孔:结束注浆后,用铁丝将注浆管外露部分反转绑扎,待浆液终凝后,割除外露部分,用封缝材料将孔口补平抹光。

六、衬砌钢筋外露加固

(1) 本技术适用于钢筋外露及钢筋保护层厚度不足段落。

(2) 如图 7-12 所示。对一般施工期间遗留外露钢筋头,截断钢筋后打磨光滑即可。对二次衬砌表面钢筋外露及钢筋保护层厚度不足段,需对外露钢筋进行除锈防锈处理后再涂刷防碳化层(水泥基渗透结晶型防水材料)。

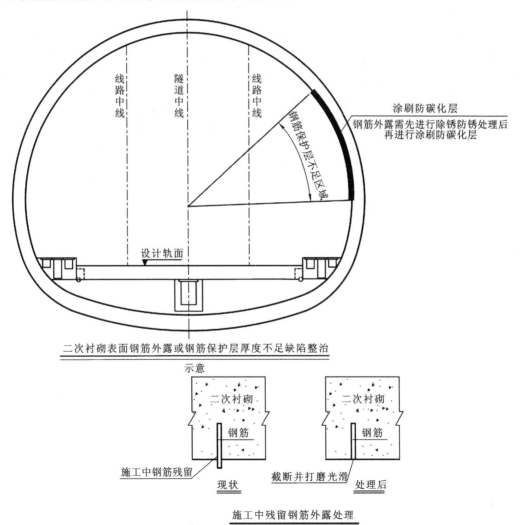

图 7-12 钢筋外露处理示意图

（3）一般采用机械喷涂方式喷涂水泥基渗透结晶型防水材料,困难地段也可采用人工刮涂的方式,其施工工艺及施作要求同"二、衬砌蜂窝麻面加固"。

（4）水泥基渗透结晶型防水材料用量一般为 $1\sim2$ kg/m²;采用机械喷涂时,其与水的质量比为 $1:0.5$,采用人工刮涂时,其与水的质量比为 $1:0.3$,喷涂及刮涂的厚度均为 $1\sim2$ mm。

今日学习： _____		

今日学习：＿＿＿＿＿＿＿＿＿＿＿＿＿＿＿＿＿＿＿＿＿＿＿＿＿＿＿＿＿＿

今日反省：＿＿＿＿＿＿＿＿＿＿＿＿＿＿＿＿＿＿＿＿＿＿＿＿＿＿＿＿＿＿

改进方法：＿＿＿＿＿＿＿＿＿＿＿＿＿＿＿＿＿＿＿＿＿＿＿＿＿＿＿＿＿＿

每日心态管理：以下每项做到评 10 分,未做到评 0 分。

爱国守法＿＿＿＿分	做事认真＿＿＿＿分	勤奋好学＿＿＿＿分	体育锻炼＿＿＿＿分
爱与奉献＿＿＿＿分	克服懒惰＿＿＿＿分	气质形象＿＿＿＿分	人格魅力＿＿＿＿分
乐观＿＿＿＿分	自信＿＿＿＿分		

得分＿＿＿＿分　　　　　　　　签名：＿＿＿＿＿＿＿

第8章　建筑结构鉴定技术

本章教学目标

● **重点知识目标**

1. 危险房屋鉴定程序：掌握危险房屋鉴定的两阶段流程(地基鉴定→基础及上部结构鉴定)和三层次评定方法(构件→楼层→整体)，理解各阶段判定标准。

2. 构件危险性判定标准：熟悉各类结构(砌体、混凝土、木、钢、围护结构)构件的危险因素，如裂缝宽度、变形量、锈蚀程度等具体阈值。

3. 可靠性鉴定分级体系：掌握民用建筑可靠性鉴定的三级层次(构件→子单元→鉴定单元)和四级评级标准(A/B/C/D)，理解安全性、使用性、可靠性的关联性。

4. 特殊场景鉴定要求：了解施工资料缺失房屋的实体质量检测方法(参考 GB 50292—2015 附录 F)及地下工程对邻近建筑影响的鉴定要点(支护变形、地下水控制等)。

● **能力目标**

1. 危险等级综合判定能力：能根据基础危险构件比例($R_f \geqslant 25\%$→D_u级)和楼层危险构件综合比例($R_{si} \geqslant 25\%$→D_u级)进行房屋整体危险性等级评定。

2. 结构检测与分析能力：具备通过现场检测(裂缝观测、材料强度测试)、结构验算(考虑抗力调整系数 Φ)判断构件安全性的技能。

3. 鉴定报告编制能力：能依据规范要求整理调查数据(地质报告、沉降观测记录等)，提出处理建议并形成完整鉴定报告。

4. 适修性评估能力：能根据修复成本与新建造价的比例(如总费用＞新建价的 70%→C_r级)，判断建筑修复的经济合理性。

● **意识形态(素质培养)目标**

1. 教师理论教学和"现代学徒制"教学过程中要融入意识形态等素质教育，培养学生的社会责任感，让他们养成吃苦耐劳、乐于奉献的精神。

2. 通过学徒制教育，培养学生的动手能力和科研创新能力，发掘学生潜意识的自我思考和解决问题的能力。

3. 教师在"现代学徒制"教学和理论教学过程中采用校企角色互换和随机分组"双元制"教学方法，突出学生的主体地位，培养学生独立自主、团结合作的团队意识。

4. 通过学徒和实践教育，能够完成相关材料、结构检测，查阅资料，合理正确使用标准、规范的技能。

5. 在授课过程中结合专业内容、知识点、"现代学徒制"教学项目特点，将意识形态和素质教育的内容融合在教学环节中。

● **教学组织**

本课程教学组织分为理论教学部分和"现代学徒制"教学两部分，理论教学与学徒制

教学课时比例为 1：3，教学过程相互穿插，场景互换，充分依托校企合作、产教对接的方式组织理论和实践教学，突出学生"双元制"学习的主导地位，学徒制教学过程中，教师根据学生个体、在团体中的特色和作用等因素改变教学方法和手段，充分挖掘和发挥个体创新、专业特长等技能的培养。

1. 理论教学部分：课堂内或在师徒教学现场、实训基地、施工现场等场景完成，完成铁路桥隧检测与加固基础知识理论内容的讲授，授课方式采用传统教学手段或其他信息化教学手段；以行动导向教学为主导，通过①规划→②组织→③任务→④实施→⑤检查→⑥反馈→⑦评价与考核七个环节进行课堂组织教学。

2. "现代学徒制"教学部分：根据既有、新建铁路建设项目和各实训基地情况，将学生分组、分批派入教学现场，由专业师傅指导进行学徒教学，任课教师根据情况深入现场或通过信息平台进行理论指导、考核。

"现代学徒制"教学实施基本流程：①项目选择、任务分配→②规划、组织、准备→③实施→④检查→⑤反馈→⑥评价与考核。

"现代学徒制"教学实现的基本目标：

(1) 学生要完成铁路桥隧检测与加固基础知识相关技能的训练。

(2) 完成项目教学过程的相关记录，整理出完整的学习资料(总结、创新思路、成果、学习心得)等，通过实践能熟练掌握和理解铁路桥隧检测与加固基础知识的概念。

(3) 意识形态等素质教育效果明显。

(4) 技能考核合格。

3. 理、实比例分配：理论教学 30％；"现代学徒制"教学 70％。

第一节　危险房屋鉴定技术

一、基本规定

1. 鉴定程序和应用范围

(1) 房屋危险性鉴定应根据委托要求确定鉴定范围和内容。

(2) 鉴定实施前应调查、收集和分析房屋原始资料，并进行现场查勘，制订检测鉴定方案。

(3) 应根据检测鉴定方案对房屋现状进行现场检测，必要时应采用仪器进行测试、结构分析和验算。

(4) 房屋危险性等级应在对调查、查勘、检测、验算的数据资料进行全面分析的基础上进行综合评定。

(5) 应按相关规定出具鉴定报告，提出原则性处理建议。

(6) 适用于高度不超过 100 m 的既有房屋的危险性鉴定。

2. 鉴定方法

(1) 房屋危险性鉴定应根据地基危险性状态和基础及上部结构的危险性等级按如下

两阶段进行综合评定：

① 第一阶段为地基危险性鉴定，评定房屋地基的危险性状态；

② 第二阶段为基础及上部结构危险性鉴定，综合评定房屋的危险性等级。

（2）基础及上部结构危险性鉴定应按如下三层次进行：

① 第一层次为构件危险性鉴定，其等级评定为危险构件和非危险构件两类；

② 第二层次为房屋基础和楼层危险性鉴定，其等级评定为 A_u、B_u、C_u、D_u 四个等级；

③ 第三层次为房屋危险性鉴定，其等级评定为 A、B、C、D 四个等级。

二、地基危险性鉴定

1. 一般规定

（1）地基的危险性鉴定包括地基承载能力、地基沉降、土体位移等内容。

（2）需对地基进行承载力验算时，应通过地质勘察报告等资料来确定地基土层分布及各土层的力学特性，同时宜根据建造时间确定地基承载力提高的影响，地基承载力提高系数可按现行国家标准《建筑抗震鉴定标准》（GB 50023—2009）相应规定取值。

（3）地基危险性鉴定应符合下列规定：

① 可通过分析房屋近期沉降、倾斜观测资料和其上部结构因不均匀沉降引起反应的检查结果进行判定；

② 必要时宜通过地质勘察报告等资料对地基的状态进行分析和判断，缺乏地质勘察资料时，宜补充地质勘察程序。

2. 鉴定方法

（1）当单层或多层房屋地基出现下列现象之一时，应评定为危险状态：

① 当房屋为自然状态时，地基沉降速率连续两个月大于 4 mm/月，且短期内无收敛趋势；当房屋受相邻地下工程施工影响时，地基沉降速率大于 2 mm/天，且短期内无收敛趋势。

② 因地基变形引起砌体结构房屋承重墙体产生宽度大于 10 mm 的单条沉降裂缝，或产生最大裂缝宽度大于 5 mm 的多条平行沉降裂缝，且房屋整体倾斜率大于 1%。

③ 因地基变形引起混凝土结构房屋框架梁、柱开裂，且房屋整体倾斜率大于 1%。

④ 两层及两层以下房屋整体倾斜率超过 3%，三层及三层以上房屋整体倾斜率超过 2%。

⑤ 地基产生滑移，水平位移量大于 10 mm，且仍有继续滑动迹象。

（2）当高层房屋地基出现下列现象之一时，应评定为危险状态：

① 不利于房屋整体稳定性的倾斜率增速连续两个月大于 0.05%/月，且短期内无收敛趋势；

② 上部承重结构构件及连接节点因沉降变形产生裂缝，且房屋的开裂损坏趋势仍在发展；

③ 房屋整体倾斜率超过表 8-1 规定的限值。

表 8-1　高层房屋整体倾斜率限值

房屋高度/m	$24 < H_g \leqslant 60$	$60 < H_g \leqslant 100$
倾斜率/%	0.7	0.5

注：H_g 为自室外地面起的建筑物高度。

三、构件危险性鉴定

1. 一般规定

（1）单个构件的划分应符合下列规定。

① 基础应包括下列内容：

a. 独立基础以一个基础为一个构件；

b. 柱下条形基础以一个柱间的一条轴线为一个构件；

c. 墙下条形基础以一个自然间的一条轴线为一个构件；

d. 带壁柱墙下条形基础按计算单元的划分确定；

e. 单桩以一根为一个构件；

f. 群桩以一个承台及其所含的基桩为一个构件；

g. 筏形基础和箱形基础以一个计算单元为一个构件。

② 墙体应包括下列内容：

a. 砌筑的横墙以一层高、一个自然间的一条轴线为一个构件；

b. 砌筑的纵墙（不带壁柱）以一层高、一个自然间的一条轴线为一个构件；

c. 带壁柱的墙按计算单元的划分确定；

d. 剪力墙按计算单元的划分确定。

③ 柱应包括下列内容：

a. 整截面柱以一层、一根为一个构件；

b. 组合柱以整层、整根（含所有柱肢和缀板）为一个构件。

④ 梁式构件应以一跨、一根为一个构件；若为连续梁时，可取一整根为一个构件。

⑤ 杆（包括支撑）应以仅承受拉力或压力的一根杆为一个构件。

⑥ 板应包括下列内容：

a. 现浇板按计算单元的划分确定；

b. 预制板以梁、墙、屋架等主要构件围合的一个区域为一个构件；

c. 木楼板以一个开间为一个构件。

⑦ 桁架、拱架应以一榀为一个构件。

⑧ 网架、折板和壳应以一个计算单元为一个构件。

⑨ 柔性构件应以两个节点间仅承受拉力的一根连续的索、杆等为一个构件。

（2）结构分析及承载力验算应符合下列规定：

① 结构分析应根据环境对材料、构件和结构性能的影响，以及结构累积损伤影响等

进行；

② 结构构件承载力验算时应按相关规范的计算方法进行,计算时可不计入地震作用,且根据不同建造年代的房屋,其抗力与效应之比的调整系数 Φ 应按表 8-2 取用。

表 8-2　结构构件抗力与效应之比的调整系数 Φ

房屋类型	构件类型			
	砌体构件	混凝土构件	木构件	钢构件
Ⅰ	1.15(1.10)	1.20(1.10)	1.15(1.10)	1.00
Ⅱ	1.05(1.00)	1.10(1.05)	1.05(1.00)	1.00
Ⅲ	1.00	1.00	1.00	1.00

注:1. 房屋类型按建造年代进行分类,Ⅰ类房屋指 1989 年以前建造的房屋,Ⅱ类房屋指 1989—2002 年建造的房屋,Ⅲ类房屋指 2002 年以后建造的房屋;

2. 对楼面活荷载标准值在历次《建筑结构荷载规范》(GB 50009)修订中未调高的试验室、阅览室、会议室、食堂、餐厅等民用建筑及工业建筑,采用括号内数值。

(3) 构件材料强度的标准值应按下列原则确定:

① 当原设计文件有效,且不怀疑结构有严重的性能退化或设计、施工偏差时,可采用原设计的标准值;

② 当实际调查情况不符合本条第 1 款的要求时,应按《建筑结构检测技术标准》(GB/T 50344—2019)的规定进行现场检测确定。

(4) 结构或构件的几何参数应采用实测值,并应计入锈蚀、腐蚀、腐朽、虫蛀、风化、裂缝、缺陷、损伤以及施工偏差等的影响。

(5) 当构件同时符合下列条件时,可直接评定为非危险构件:

① 构件未受结构性改变、修复或用途及使用条件改变的影响;

② 构件无明显的开裂、变形等损坏;

③ 构件工作正常,无安全性问题。

2. 基础构件的危险性鉴定

(1) 基础构件的危险性鉴定应包括基础构件的承载能力、构造与连接、裂缝和变形等内容。

(2) 基础构件的危险性鉴定应符合下列规定:

① 可通过分析房屋近期沉降、倾斜观测资料和其因不均匀沉降引起上部结构反应的检查结果进行判定。判定时,应检查基础与承重砖墙连接处的水平、竖向和斜向阶梯形裂缝状况,基础与框架柱根部连接处的水平裂缝状况,房屋的倾斜位移状况,地基滑移和稳定情况,特殊土质变形和开裂状况等。

② 必要时,宜结合开挖方式对基础构件进行检测,通过验算承载力进行判定。

(3) 当房屋基础构件有下列现象之一时,应评定为危险点。

① 基础构件承载力与其作用效应的比值不满足下式的要求:

$$\frac{R}{\gamma_0 S} \geqslant 0.90 \tag{8-1}$$

式中,R——结构构件承载力;

S——结构构件作用效应;

γ_0——结构构件重要性系数。

② 因基础老化、腐蚀、酥碎、折断导致上部结构出现明显倾斜、位移、裂缝、扭曲等,或基础与上部结构承重构件连接处产生水平、竖向或阶梯形裂缝,且最大裂缝宽度大于 10 mm。

③ 基础已有滑动,水平位移速度连续两个月大于 2 mm/月,且在短期内无收敛趋势。

3. 砌体结构构件的危险性鉴定

(1)砌体结构构件的危险性鉴定应包括承载能力、构造与连接、裂缝和变形等内容。

(2)砌体结构构件检查应包括下列主要内容:

① 查明不同类型构件的构造连接部位状况;

② 查明纵、横墙交接处的斜向或竖向裂缝状况;

③ 查明承重墙体的变形、裂缝和拆改状况;

④ 查明拱脚裂缝和位移状况,以及圈梁和构造柱的完损情况;

⑤ 确定裂缝宽度、长度、深度、走向、数量及分布,并应观测裂缝的发展趋势。

(3)砌体结构构件有下列现象之一者,应评定为危险点。

① 砌体构件承载力与其作用效应的比值,主要构件不满足式(8-2a)的要求,一般构件不满足式(8-2b)的要求。

$$\Phi \frac{R}{\gamma_0 S} \geqslant 0.90 \tag{8-2a}$$

$$\Phi \frac{R}{\gamma_0 S} \geqslant 0.85 \tag{8-2b}$$

式中,Φ——结构构件抗力与效应之比的调整系数,按表 8-2 取值。

② 承重墙或柱因受压产生缝宽大于 1.0 mm、缝长超过层高 1/2 的竖向裂缝,或产生缝长超过层高 1/3 的多条竖向裂缝。

③ 承重墙或柱表面风化、剥落、砂浆粉化等,有效截面削弱超过 15%。

④ 支承梁或屋架端部的墙体或柱截面因局部受压产生多条竖向裂缝,或裂缝宽度已超过 1.0 mm。

⑤ 墙或柱因偏心受压产生水平裂缝。

⑥ 单片墙或柱产生相对于房屋整体的局部倾斜变形大于 7‰,或相邻构件连接处断裂成通缝。

⑦ 墙或柱出现因刚度不足引起挠曲鼓闪等侧弯变形现象,侧弯变形矢高大于 $h/150$(h 表示矢高,即墙或柱侧向偏离原始位置的距离),或在挠曲部位出现水平或交叉裂缝。

⑧ 砖过梁中部产生明显竖向裂缝或端部产生明显斜裂缝,或产生明显的弯曲、下挠变形,或支承过梁的墙体产生受力裂缝。

⑨ 砖筒拱、扁壳、波形筒拱的拱顶沿母线产生裂缝,或拱曲面明显变形,或拱脚明显位移,或拱体拉杆锈蚀严重,或拉杆体系失效。

⑩ 墙体高厚比超过《砌体结构设计规范》(GB 50003—2011)允许高厚比的 1.2 倍。

4. 混凝土结构构件的危险性鉴定

(1)混凝土结构构件的危险性鉴定应包括承载能力、构造与连接、裂缝和变形等内容。

(2)混凝土结构构件检查应包括下列主要内容:

① 查明墙、柱、梁、板及屋架的受力裂缝和钢筋锈蚀状况;

② 查明柱根和柱顶的裂缝状况;

③ 查明屋架倾斜以及支撑系统的稳定性情况。

(3)混凝土结构构件有下列现象之一者,应评定为危险点:

① 混凝土结构构件承载力与其作用效应的比值,主要构件不满足式(8-3a)的要求,一般构件不满足式(8-3b)的要求。

$$\Phi\frac{R}{\gamma_0 S}\geqslant 0.90 \tag{8-3a}$$

$$\Phi\frac{R}{\gamma_0 S}\geqslant 0.85 \tag{8-3b}$$

② 梁、板产生超过 $l_0/150$(l_0 为梁、板跨度)的挠度,且受拉区的裂缝宽度大于 1.0 mm;或梁、板受力主筋处产生横向水平裂缝或斜裂缝,缝宽大于 0.5 mm,板产生宽度大于 1.0 mm 的受拉裂缝。

③ 简支梁、连续梁跨中或中间支座受拉区产生竖向裂缝,其一侧向上或向下延伸达梁高的 2/3 以上,且缝宽大于 1.0 mm,或在支座附近出现剪切斜裂缝。

④ 梁、板主筋的钢筋截面锈损率超过 15%,或混凝土保护层因钢筋锈蚀而严重脱落、露筋。

⑤ 预应力梁、板产生竖向通长裂缝,或端部混凝土松散露筋,或预制板底部出现横向断裂缝或明显下挠变形。

⑥ 现浇板面周边产生裂缝,或板底产生交叉裂缝。

⑦ 压弯构件保护层剥落,主筋多处外露,产生锈蚀;端节点连接松动,且伴有明显的裂缝;柱因受压产生竖向裂缝,保护层剥落,主筋外露,产生锈蚀;或一侧产生水平裂缝,缝宽大于 1.0 mm,另一侧混凝土被压碎,主筋外露,产生锈蚀。

⑧ 柱或墙产生相对于房屋整体的倾斜、位移,其倾斜率超过 10‰,或其侧弯变形矢高大于 $h/300$。

⑨ 构件混凝土有效截面削弱超过 15%,或受力主筋截断超过 10%;柱、墙因主筋锈蚀已导致混凝土保护层严重脱落,或受压区混凝土出现压碎迹象。

⑩ 钢筋混凝土墙中部产生斜裂缝。

⑪ 屋架产生大于 $l_0/200$ 的挠度,且下弦产生横断裂缝,缝宽大于 1.0 mm。

⑫ 屋架的支撑系统失效导致倾斜,其倾斜率大于 20‰。

⑬ 梁、板有效搁置长度小于《混凝土结构设计标准(2024年版)》(GB/T 50010—2010)规定值的70%。

⑭ 悬挑构件受拉区的裂缝宽度大于0.5 mm。

5. 木结构构件的危险性鉴定

(1) 木结构构件的危险性鉴定应包括承载能力、构造与连接、裂缝和变形等内容。

(2) 木结构构件检查应包括下列主要内容:

① 查明腐朽、虫蛀、木材缺陷、节点连接、构造缺陷、下挠变形及偏心失稳情况;

② 查明木屋架端节点受剪面裂缝状况;

③ 查明屋架的平面外变形及屋盖支撑系统稳定性情况。

(3) 木结构构件有下列现象之一者,应评定为危险点:

① 木结构构件承载力与其作用效应的比值,主要构件不满足式(8-4a)的要求,一般构件不满足式(8-4b)的要求。

$$\Phi \frac{R}{\gamma_0 S} \geqslant 0.90 \qquad (8\text{-}4a)$$

$$\Phi \frac{R}{\gamma_0 S} \geqslant 0.85 \qquad (8\text{-}4b)$$

② 连接方式不当,构造有严重缺陷,已导致节点松动变形、滑移、沿剪切面开裂、剪坏或铁件严重锈蚀、松动致使连接失效等损坏。

③ 主梁产生大于$l_0/150$的挠度,或受拉区伴有较严重的材质缺陷。

④ 屋架产生大于$l_0/120$的挠度,或平面外倾斜量超过屋架高度的1/120,或顶部、端部节点产生腐朽或劈裂。

⑤ 檩条、格栅产生大于$l_0/100$的挠度,或入墙木质部位腐朽、虫蛀。

⑥ 木柱侧弯变形,其矢高大于$h/150$,或柱顶劈裂、柱身断裂、柱脚腐朽等受损面积大于原截面的20%。

⑦ 对受拉、受弯、偏心受压和轴心受压构件,其斜纹理或斜裂缝的斜率ρ分别大于7%、10%、15%和20%。

⑧ 存在心腐缺陷的木质构件。

⑨ 受压或受弯木构件干缩裂缝深度超过构件直径的1/2,且裂缝长度超过构件长度的2/3。

6. 钢结构构件的危险性鉴定

(1) 钢结构构件的危险性鉴定应包括承载能力、构造和连接、变形等内容。

(2) 钢结构构件检查应包括下列主要内容:

① 查明各连接节点的焊缝、螺栓、铆钉状况;

② 查明钢柱与梁的连接形式以及支撑杆件、柱脚与基础连接部位的损坏情况;

③ 查明钢屋架杆件弯曲、截面扭曲、节点板弯折状况和钢屋架挠度侧向倾斜等偏差状况。

(3) 钢结构构件有下列现象之一者,应评定为危险点:

① 钢结构构件承载力与其作用效应的比值,主要构件不满足式(8-5a)的要求,一般构件不满足式(8-5b)的要求。

$$\Phi \frac{R}{\gamma_0 S} \geqslant 0.90 \qquad (8\text{-}5a)$$

$$\Phi \frac{R}{\gamma_0 S} \geqslant 0.85 \qquad (8\text{-}5b)$$

② 构件或连接件有裂缝或锐角切口,焊缝、螺栓或铆接有拉开、变形、滑移、松动、剪坏等严重损坏。

③ 连接方式不当,构造有严重缺陷。

④ 受力构件因锈蚀导致截面锈损大于原截面的 10%。

⑤ 梁、板等构件挠度大于 $l_0/250$,或大于 45 mm。

⑥ 实腹梁侧弯矢高大于 $l_0/600$,且有发展迹象。

⑦ 受压构件的长细比大于《钢结构设计标准》(GB 50017—2017)中规定值的 1.2 倍。

⑧ 钢柱顶位移,平面内大于 $h/150$,平面外大于 $h/500$;或大于 40 mm。

⑨ 屋架产生大于 $l_0/250$ 或大于 40 mm 的挠度;屋架支撑系统松动失稳,导致屋架倾斜,倾斜量超过 $h/150$。

7. 围护结构承重构件的危险性鉴定

(1) 围护结构承重构件主要包括围护系统中砌体自承重墙,承担水平荷载的填充墙、门窗洞口过梁、挑梁、雨篷板及女儿墙等。

(2) 围护结构承重构件的危险性鉴定应包括承载能力、构造和连接、变形等内容。

(3) 围护结构承重构件的危险性鉴定,应根据其构件类型按本节"3.砌体结构构件的危险性鉴定"至"6.钢结构构件的危险性鉴定"的相关条款进行评定。

四、房屋危险性鉴定

1. 一般规定

(1) 房屋危险性鉴定应根据被鉴定房屋的结构形式和构造特点,按其危险程度和影响范围进行鉴定。

(2) 房屋危险性鉴定应以幢为鉴定单位。

(3) 房屋基础及楼层危险性鉴定应按下列等级划分:

① A_u 级:无危险点。

② B_u 级:有危险点。

③ C_u 级:局部危险。

④ D_u 级:整体危险。

(4) 房屋危险性鉴定应根据房屋的危险程度按下列等级划分:

① A 级:无危险构件,房屋结构能满足安全使用要求。

② B 级：个别结构构件评定为危险构件，但不影响主体结构安全，基本能满足安全使用要求。

③ C 级：部分承重结构不能满足安全使用要求，房屋局部处于危险状态，构成局部危房。

④ D 级：承重结构已不能满足安全使用要求，房屋整体处于危险状态，构成整幢危房。

2. 综合评定原则

（1）房屋危险性鉴定应以房屋的地基、基础及上部结构构件的危险性程度判定为基础，结合下列因素进行全面分析和综合判断：

① 各危险构件的损伤程度；

② 危险构件在整幢房屋中的重要性、数量和比例；

③ 危险构件相互间的关联作用及对房屋整体稳定性的影响；

④ 周围环境、使用情况和人为因素对房屋结构整体的影响；

⑤ 房屋结构的可修复性。

（2）在地基、基础、上部结构构件危险性呈关联状态时，应结合结构的关联性判定其影响范围。

（3）房屋危险性等级鉴定应符合下列规定：

① 在第一阶段地基危险性鉴定中，当地基评定为危险状态时，应将房屋评定为 D 级；

② 当地基评定为非危险状态时，应在第二阶段鉴定中综合评定房屋基础及上部结构（含地下室）的状况后作出判断。

（4）对传力体系简单的两层及两层以下房屋，可根据危险构件影响范围直接评定其危险性等级。

3. 综合评定方法

（1）基础危险构件综合比例应按下式确定：

$$R_f = n_{df}/n_f \qquad (8-6)$$

式中，R_f——基础危险构件综合比例，％；

n_{df}——基础危险构件数量；

n_f——基础构件数量。

（2）基础层危险性等级判定准则应符合下列规定：

① 当 $R_f = 0$ 时，基础层危险性等级评定为 A_u 级；

② 当 $0 < R_f < 5\%$ 时，基础层危险性等级评定为 B_u 级；

③ 当 $5\% \leqslant R_f < 25\%$ 时，基础层危险性等级评定为 C_u 级；

④ 当 $R_f \geqslant 25\%$ 时，基础层危险性等级评定为 D_u 级。

（3）上部结构（含地下室）各楼层的危险构件综合比例应按下式确定，当本层下任一楼层中竖向承重构件（含基础）评定为危险构件时，本层与该危险构件上下对应位置的竖向构件不论其是否评定为危险构件，均应计入危险构件数量：

$$R_{si} = (3.5n_{dpci} + 2.7n_{dsci} + 1.8n_{dcci} + 2.7n_{dwi} + 1.9n_{drti} + 1.9n_{dpmbi} + 1.4n_{dsmbi}$$

$$+ n_{dsbi} + n_{dsi} + n_{dsmi})/(3.5n_{pci} + 2.7n_{sci} + 1.8n_{cci} + 2.7n_{wi} + 1.9n_{rti}$$

$$+ 1.9n_{pmbi} + 1.4n_{smbi} + n_{sbi} + n_{si} + n_{smi}) \tag{8-7}$$

式中，R_{si}——第 i 层危险构件综合比例，%；

n_{dpci}、n_{dsci}、n_{dcci}、n_{dwi}——第 i 层中柱、边柱、角柱及墙体危险构件数量；

n_{pci}、n_{sci}、n_{cci}、n_{wi}——第 i 层中柱、边柱、角柱及墙体构件数量；

n_{drti}、n_{dpmbi}、n_{dsmbi}——第 i 层屋架、中梁、边梁危险构件数量；

n_{rti}、n_{pmbi}、n_{smbi}——第 i 层屋架、中梁、边梁构件数量；

n_{dsbi}、n_{dsi}——第 i 层次梁、楼(屋)面板危险构件数量；

n_{sbi}、n_{si}——第 i 层次梁、楼(屋)面板构件数量；

n_{dsmi}——第 i 层围护结构危险构件数量；

n_{smi}——第 i 层围护结构构件数量。

(4) 上部结构(含地下室)楼层危险性等级判定应符合下列规定：

① 当 $R_{si}=0$ 时，楼层危险性等级应评定为 A_u 级；

② 当 $0<R_{si}<5\%$ 时，楼层危险性等级应评定为 B_u 级；

③ 当 $5\%\leqslant R_{si}<25\%$ 时，楼层危险性等级应评定为 C_u 级；

④ 当 $R_{si}\geqslant 25\%$ 时，楼层危险性等级应评定为 D_u 级。

(5) 整体结构(含基础、地下室)危险构件综合比例应按下式确定：

$$R = \left(3.5n_{df} + 3.5\sum_{i=1}^{F+B}n_{dpci} + 2.7\sum_{i=1}^{F+B}n_{dsci} + 1.8\sum_{i=1}^{F+B}n_{dcci} + 2.7\sum_{i=1}^{F+B}n_{dwi} + 1.9\sum_{i=1}^{F+B}n_{drti}\right.$$

$$+ 1.9\sum_{i=1}^{F+B}n_{dpmbi} + 1.4\sum_{i=1}^{F+B}n_{dsmbi} + \sum_{i=1}^{F+B}n_{dsbi} + \sum_{i=1}^{F+B}n_{dsi} + \sum_{i=1}^{F+B}n_{dsmi}\right)/\left(3.5n_f + 3.5\sum_{i=1}^{F+B}n_{pci}\right.$$

$$+ 2.7\sum_{i=1}^{F+B}n_{sci} + 1.8\sum_{i=1}^{F+B}n_{cci} + 2.7\sum_{i=1}^{F+B}n_{wi} + 1.9\sum_{i=1}^{F+B}n_{rti} + 1.9\sum_{i=1}^{F+B}n_{pmbi} + 1.4\sum_{i=1}^{F+B}n_{smbi}$$

$$\left.+ \sum_{i=1}^{F+B}n_{sbi} + \sum_{i=1}^{F+B}n_{si} + \sum_{i=1}^{F+B}n_{smi}\right) \tag{8-8}$$

式中，R——整体结构危险构件综合比例；

F——上部结构层数；

B——地下室结构层数。

(6) 房屋危险性等级判定准则应符合下列规定：

① 当 $R=0$，应评定为 A 级。

② 当 $0<R<5\%$，若基础及上部结构各楼层(含地下室)危险性等级不含 D_u 级时，应评定为 B 级，否则应为 C 级。

③ 当 $5\%\leqslant R<25\%$，若基础及上部结构各楼层(含地下室)危险性等级中 D_u 级的层数不超过 $(F+B+f)/3$ 时，应评定为 C 级，否则应为 D 级，f 为基础层数。

④ 当 $R\geqslant 25\%$ 时，应评定为 D 级。

第二节　结构可靠性鉴定

一、一般规定

民用建筑可靠性鉴定应符合表 8-3 中的规定。

表 8-3　民用建筑可靠性鉴定表

序号	类别	适用情况
1	可靠性鉴定	建筑物大修前； 建筑物改造或增容、改建或扩建前； 建筑物改变用途或使用环境前； 建筑物达到设计使用年限拟继续使用时； 遭受灾害或事故时； 存在较严重的质量缺陷或出现较严重的腐蚀、损伤、变形时
2	安全性检查或鉴定	各种应急鉴定； 国家法规规定的房屋安全性统一检查； 临时性房屋需延长使用期限； 使用性鉴定中发现安全问题
3	使用性检查或鉴定	建筑物使用维护的常规检查； 建筑物有较高舒适度要求
4	专项鉴定	结构的维修改造有专门要求时； 结构存在耐久性损伤影响其耐久年限时； 结构存在明显的振动影响时； 结构需进行长期监测时

民用建筑可靠性鉴定的鉴定对象可为整幢建筑或所划分的相对独立的鉴定单元,也可为其中某一子单元或某一构件集。鉴定的目标使用年限,应根据该民用建筑的使用史、当前安全状况和今后维护制度,由建筑产权人和鉴定机构共同商定。对需要采取加固措施的建筑,其目标使用年限应按相关规范确定。

二、鉴定程序及其工作内容

1. 鉴定程序

民用建筑可靠性鉴定应按规定的鉴定程序进行(图 8-1)。

民用建筑可靠性鉴定的目的、范围和内容应根据委托方提出的鉴定原因和要求,经初步调查后确定。

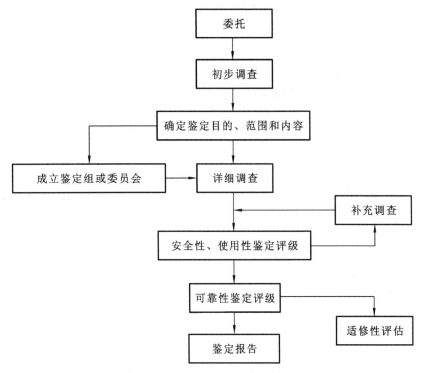

图 8-1　民用建筑可靠性鉴定程序图

2. 初步调查

初步调查宜包括下列基本工作内容。

(1) 查阅图纸资料。包括岩土工程勘察报告、设计计算书、设计变更记录、施工图、施工及施工变更记录、竣工图、竣工质检及包括隐蔽工程验收记录的验收文件、定点观测记录、事故处理报告、维修记录、历次加固改造图纸等。

(2) 查询建筑物历史。包括原始施工、历次修缮、加固、改造、用途变更、使用条件改变以及受灾等情况。

(3) 考察现场。按资料核对实物现状,包括调查建筑物实际使用条件和内外环境、查看已发现的问题、听取有关人员的意见等。

(4) 填写初步调查表,并宜按《民用建筑可靠性鉴定标准》(GB 50292—2015)附录 A 的格式填写。

(5) 制订详细调查计划及检测、试验工作大纲,并提出需由委托方完成的准备工作。

3. 详细调查

详细调查宜根据实际需要选择下列工作内容:

(1) 结构体系基本情况勘察:

① 结构布置及结构形式;

② 圈梁、构造柱、拉结件、支撑或其他抗侧力系统的布置;

③ 结构支承或支座构造,构件及其连接构造;

④ 结构细部尺寸及其他有关的几何参数。

（2）结构使用条件调查核实：

① 结构上的作用（荷载）；

② 建筑物内外环境；

③ 使用史，包括荷载史、灾害史。

（3）地基基础，包括桩基础的调查与检测：

① 场地类别与地基土，包括土层分布及下卧层情况；

② 地基稳定性；

③ 地基变形及其在上部结构中的反应；

④ 地基承载力的近位测试及室内力学性能试验；

⑤ 基础和桩的工作状态评估，当条件许可时，也可针对开裂、腐蚀或其他损坏情况进行开挖检查；

⑥ 其他因素，包括地下水抽降、地基浸水、水质恶化、土壤腐蚀等的影响或作用。

（4）材料性能检测分析：

① 结构构件材料；

② 连接材料；

③ 其他材料。

（5）承重结构检查：

① 构件和连接件的几何参数；

② 构件及其连接的工作情况；

③ 结构支承或支座的工作情况；

④ 建筑物的裂缝及其他损伤的情况；

⑤ 结构的整体牢固性；

⑥ 建筑物侧向位移，包括上部结构倾斜、基础转动和局部变形；

⑦ 结构的动力特性。

（6）围护系统的安全状况和使用功能调查。

（7）易受结构位移、变形影响的管道系统调查。

4. 民用建筑可靠性鉴定评级

（1）民用建筑的可靠性鉴定应按《民用建筑可靠性鉴定标准》（GB 50292—2015）第3.2.5 条划分的层次，以其安全性和使用性的鉴定结果为依据逐层进行。

（2）当不要求给出可靠性等级时，民用建筑各层次的可靠性宜采取直接列出其安全性等级和使用性等级的形式予以表示。

（3）当需要给出民用建筑各层次的可靠性等级时，应根据其安全性和正常使用性的评定结果，按下列规定确定：

① 当该层次安全性等级低于 b_u 级、B_u 级或 B_{su} 级时，应按安全性等级确定。

② 除上述情形外，可按安全性等级和正常使用性等级中较低者确定。

③ 当仅要求鉴定某层次的安全性或使用性时，检查和评级工作可只进行到该层次相应程序规定的步骤。

民用建筑可靠性鉴定评级的层次、等级划分、工作步骤及内容如表 8-4 所示。

表 8-4　民用建筑可靠性鉴定评级的层次、等级划分、工作步骤及内容

层次		一	二		三
层名		构件	子单元		鉴定单元
安全性鉴定	等级	a_u、b_u、c_u、d_u	A_u、B_u、C_u、D_u		A_{su}、B_{su}、C_{su}、D_{su}
	地基基础	—	地基变形评级	地基基础评级	鉴定单元安全性评级
		按同类材料构件各检查项目评定单个基础等级	边坡场地稳定评级		
			地基承载力评级		
	上部承重结构	按承载能力、构造、不适于承载的位移或损伤等检查项目评定单个构件等级	每种构件集评级	上部承重结构评级	
			结构侧向位移评级		
		—	按结构布置、支撑、圈梁、结构间连系等检查项目评定结构整体性等级		
	围护系统承重部分	按上部承重结构检查项目及步骤评定围护系统承重部分各层次安全性等级			
使用性鉴定	等级	a_s、b_s、c_s	A_s、B_s、C_s		A_{ss}、B_{ss}、C_{ss}
	地基基础	—	按上部承重结构和围护系统工作状态评估地基基础等级		鉴定单元正常使用性评级
	上部承重结构	按位移、裂缝、风化、锈蚀等检查项目评定单个构件等级	每种构件集评级	上部承重结构评级	
			结构侧向位移评级		
	围护系统	—	按屋面防水、吊顶、墙、门窗、地下防水及其他防护设施等检查项目评定围护系统功能等级	围护系统评级	
		按上部承重结构检查项目及步骤评定围护系统承重部分各层次使用性等级			
可靠性鉴定	等级	a、b、c、d	A、B、C、D		Ⅰ、Ⅱ、Ⅲ、Ⅳ
	地基基础	以同层次安全性和正常使用性评定结果并列表达,或按本标准规定的原则确定其可靠性等级			鉴定单元可靠性评级
	上部承重结构				
	围护系统				

注：1. 表中地基基础包括桩基和桩。

2. 表中使用性鉴定包括适用性鉴定和耐久性鉴定;对专项鉴定,耐久性等级符号也可按《民用建筑可靠性鉴定标准》(GB 50292—2015)第 2.2.2 条的规定采用。

在民用建筑可靠性鉴定过程中,当发现调查资料不足时,应及时组织补充调查。

5. 适修性评估、耐久年限评估和鉴定报告

民用建筑适修性评估应按每一子单元和鉴定单元分别进行,且评估结果应以不同的适修性等级表示。

民用建筑耐久年限的评估,应按《民用建筑可靠性鉴定标准》(GB 50292—2015)附录 C、附录 D 或附录 E 的规定进行,其鉴定结论宜归在使用性鉴定报告中。

民用建筑可靠性鉴定工作完成后,应提出鉴定报告。

三、鉴定评级标准

民用建筑安全性鉴定评级的各层次分级标准应按表 8-5 的规定采用。

表 8-5　民用建筑安全性鉴定评级的各层次分级标准

层次	鉴定对象	等级	分级标准	处理要求
一	单个构件或其检查项目	a_u	安全性符合《民用建筑可靠性鉴定标准》(GB 50292—2015)对 a_u 级的规定,具有足够的承载能力	不必采取措施
		b_u	安全性略低于《民用建筑可靠性鉴定标准》(GB 50292—2015)对 a_u 级的规定,尚不显著影响承载能力	可不采取措施
		c_u	安全性不符合《民用建筑可靠性鉴定标准》(GB 50292—2015)对 a_u 级的规定,显著影响承载能力	应采取措施
		d_u	安全性不符合《民用建筑可靠性鉴定标准》(GB 50292—2015)对 a_u 级的规定,已严重影响承载能力	必须及时或立即采取措施
二	子单元或子单元中的某种构件集	A_u	安全性符合《民用建筑可靠性鉴定标准》(GB 50292—2015)对 A_u 级的规定,不影响整体承载	可能有个别一般构件应采取措施
		B_u	安全性略低于《民用建筑可靠性鉴定标准》(GB 50292—2015)对 A_u 级的规定,尚不显著影响整体承载	可能有极少数构件应采取措施
		C_u	安全性不符合《民用建筑可靠性鉴定标准》(GB 50292—2015)对 A_u 级的规定,显著影响整体承载	应采取措施,且可能有极少数构件必须立即采取措施
		D_u	安全性极不符合《民用建筑可靠性鉴定标准》(GB 50292—2015)对 A_u 级的规定,严重影响整体承载	必须立即采取措施

层次	鉴定对象	等级	分级标准	处理要求
三	鉴定单元	A_{su}	安全性符合《民用建筑可靠性鉴定标准》(GB 50292—2015)对 A_{su} 级的规定,不影响整体承载	可能有极少数一般构件应采取措施
		B_{su}	安全性略低于《民用建筑可靠性鉴定标准》(GB 50292—2015)对 A_{su} 级的规定,尚不显著影响整体承载	可能有极少数构件应采取措施
		C_{su}	安全性不符合《民用建筑可靠性鉴定标准》(GB 50292—2015)对 A_{su} 级的规定,显著影响整体承载	应采取措施,且可能有极少数构件必须及时采取措施
		D_{su}	安全性严重不符合《民用建筑可靠性鉴定标准》(GB 50292—2015)对 A_{su} 级的规定,严重影响整体承载	必须立即采取措施

注:表中关于"不必采取措施"和"可不采取措施"的规定,仅对安全性鉴定而言,不包括使用性鉴定所要求采取的措施。

民用建筑使用性鉴定评级的各层次分级标准应按表 8-6 的规定采用。

表 8-6　民用建筑使用性鉴定评级的各层次分级标准

层次	鉴定对象	等级	分级标准	处理要求
一	单个构件或其检查项目	a_s	使用性符合《民用建筑可靠性鉴定标准》(GB 50292—2015)对 a_s 级的规定,具有正常的使用功能	不必采取措施
		b_s	使用性略低于《民用建筑可靠性鉴定标准》(GB 50292—2015)对 a_s 级的规定,尚不显著影响使用功能	可不采取措施
		c_s	使用性不符合《民用建筑可靠性鉴定标准》(GB 50292—2015)对 a_s 级的规定,显著影响使用功能	应采取措施
二	子单元或其中某种构件集	A_s	使用性符合《民用建筑可靠性鉴定标准》(GB 50292—2015)对 A_s 级的规定,不影响整体使用功能	可能有极少数一般构件应采取措施
		B_s	使用性略低于《民用建筑可靠性鉴定标准》(GB 50292—2015)对 A_s 级的规定,尚不显著影响整体使用功能	可能有极少数构件应采取措施
		C_s	使用性不符合《民用建筑可靠性鉴定标准》(GB 50292—2015)对 A_s 级的规定,显著影响整体使用功能	应采取措施

续表

层次	鉴定对象	等级	分级标准	处理要求
三	鉴定单元	A_{ss}	使用性符合《民用建筑可靠性鉴定标准》（GB 50292—2015）对 A_{ss} 级的规定，不影响整体使用功能	可能有极少数一般构件应采取措施
		B_{ss}	使用性略低于《民用建筑可靠性鉴定标准》（GB 50292—2015）对 A_{ss} 级的规定，尚不显著影响整体使用功能	可能有极少数构件应采取措施
		C_{ss}	使用性不符合《民用建筑可靠性鉴定标准》（GB 50292—2015）对 A_{ss} 级的规定，显著影响整体使用功能	应采取措施

注：1. 表中关于"不必采取措施"和"可不采取措施"的规定，仅对使用性鉴定而言，不包括安全性鉴定所要求采取的措施；

2. 仅对耐久性问题进行专项鉴定时，表中"使用性"可直接改称为"耐久性"。

民用建筑可靠性鉴定评级的层次、等级划分、工作步骤和内容，应符合下列规定：安全性和正常使用性的鉴定评级，应按构件、子单元和鉴定单元各分三个层次。每一层次分为四个安全性等级和三个使用性等级，并应按表 8-7 的规定从第一层构件开始，逐层进行检查与处理，并应符合下列规定：

① 单个构件应按《民用建筑可靠性鉴定标准》（GB 50292—2015）附录 B 划分，并应根据构件各检查项目评定结果，确定单个构件等级；

② 应根据子单元各检查项目及各构件集的评定结果，确定子单元等级；

③ 应根据各子单元的评定结果，确定鉴定单元等级。

民用建筑可靠性鉴定评级的各层次分级标准应按表 8-7 的规定采用。

表 8-7 民用建筑可靠性鉴定评级的各层次分级标准

层次	鉴定对象	等级	分级标准	处理要求
一	单个构件	a	可靠性符合《民用建筑可靠性鉴定标准》（GB 50292—2015）对 a 级的规定，具有正常的承载功能和使用功能	不必采取措施
		b	可靠性略低于《民用建筑可靠性鉴定标准》（GB 50292—2015）对 a 级的规定，尚不显著影响承载功能和使用功能	可不采取措施
		c	可靠性不符合《民用建筑可靠性鉴定标准》（GB 50292—2015）对 a 级的规定，显著影响承载功能和使用功能	应采取措施
		d	可靠性极不符合《民用建筑可靠性鉴定标准》（GB 50292—2015）对 a 级的规定，已严重影响安全	必须及时或立即采取措施

续表

层次	鉴定对象	等级	分级标准	处理要求
二	子单元或其中的某种构件	A	可靠性符合《民用建筑可靠性鉴定标准》(GB 50292—2015)对 A 级的规定,不影响整体承载功能和使用功能	可能有个别一般构件应采取措施
		B	可靠性略低于《民用建筑可靠性鉴定标准》(GB 50292—2015)对 A 级的规定,但尚不显著影响整体承载功能和使用功能	可能有极少数构件应采取措施
		C	可靠性不符合《民用建筑可靠性鉴定标准》(GB 50292—2015)对 A 级的规定,显著影响整体承载功能和使用功能	应采取措施,且可能有极少数构件必须及时采取措施
		D	可靠性极不符合《民用建筑可靠性鉴定标准》(GB 50292—2015)对 A 级的规定,已严重影响安全	必须及时或立即采取措施
三	鉴定单元	Ⅰ	可靠性符合《民用建筑可靠性鉴定标准》(GB 50292—2015)对 Ⅰ级的规定,不影响整体承载功能和使用功能	可能有极少数一般构件应在安全性或使用性方面采取措施
		Ⅱ	可靠性略低于《民用建筑可靠性鉴定标准》(GB 50292—2015)对 Ⅰ级的规定,尚不显著影响整体承载功能和使用功能	可能有极少数构件应在安全性或使用性方面采取措施
		Ⅲ	可靠性不符合《民用建筑可靠性鉴定标准》(GB 50292—2015)对 Ⅰ级的规定,显著影响整体承载功能和使用功能	应采取措施,且可能有极少数构件必须及时采取措施
		Ⅳ	可靠性极不符合《民用建筑可靠性鉴定标准》(GB 50292—2015)对 Ⅰ级的规定,已严重影响安全	必须及时或立即采取措施

注:《民用建筑可靠性鉴定标准》(GB 50292—2015)对 a 级、A 级及 Ⅰ级的具体分级界限以及对其他各级超出该界限的允许程度,均由该标准第 10 章作出规定。

民用建筑子单元或鉴定单元适修性评定的分级标准应按表 8-8 的规定采用。

表 8-8　民用建筑子单元或鉴定单元适修性评定的分级标准

等级	分级标准
A_r	易修,修后功能可达到现行设计标准的规定;所需总费用远低于新建的造价;适修性好,应予修复
B_r	稍难修,但修后尚能恢复或接近恢复原功能;所需总费用不到新建造价的 70%;适修性尚好,宜予修复
C_r	难修,修后需降低使用功能,或限制使用条件,或所需总费用为新建造价的 70% 以上;适修性差,是否有保留价值,取决于其重要性和使用要求
D_r	该鉴定对象已严重残损,或修后功能极差,已无利用价值,或所需总费用接近甚至超过新建造价,适修性很差;除文物、历史、艺术及纪念性建筑外,宜予拆除重建

四、施工验收资料缺失的房屋结构可靠性鉴定

施工验收资料缺失的房屋结构可靠性鉴定应包括建筑工程基础及上部结构实体质量的检验与评定；当检验难以按现行有关施工质量验收规范执行时，则应进行结构安全性鉴定。

建造在抗震设防区、缺少施工验收资料的房屋结构可靠性鉴定，还应进行抗震鉴定。

施工验收资料缺失的房屋结构实体质量检测和安全与抗震鉴定可按《民用建筑可靠性鉴定标准》(GB 50292—2015)附录 F 的有关规定进行。

五、地下工程施工对邻近建筑安全影响的鉴定

当地下工程施工对邻近建筑的安全可能造成影响时，应进行下列调查、检测和鉴定：

(1) 地下工程支护结构的变形、位移状况及其对邻近建筑安全的影响；

(2) 地下水的控制状况及其失效对邻近建筑安全的影响；

(3) 建筑物的变形、损伤状况及其对结构安全性的影响。

地下工程支护结构和地下水控制措施的安全性鉴定，应符合《建筑地基基础设计规范》(GB 50007—2011)及《建筑地基基础工程施工质量验收标准》(GB 50202—2018)的有关规定。

受地下工程施工影响的建筑的安全性鉴定可按《民用建筑可靠性鉴定标准》(GB 50292—2015)附录 H 的有关规定进行。

今日学习：_____

今日反省：_____

改进方法：_____

每日心态管理：以下每项做到评 10 分，未做到评 0 分。

爱国守法_____分　　做事认真_____分　　勤奋好学_____分　　体育锻炼_____分

爱与奉献_____分　　克服懒惰_____分　　气质形象_____分　　人格魅力_____分

乐观_____分　　自信_____分

得分_____分　　　　　　　　　签名：_____

第9章　建筑抗震加固

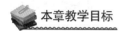 本章教学目标

● **重点知识目标**

1. 掌握建筑结构鉴定标准与加固的有关专业术语和基本知识。

2. 理解地基基础加固设计原则。

3. 掌握纠偏工程设计方法:熟悉迫降法(掏土法、地基应力解除法)、抬升法(锚杆静压桩、坑式静压桩)及综合法的适用条件,掌握回倾速率、沉降量控制标准。

4. 掌握加固施工监测技术,掌握沉降、倾斜、裂缝、水平位移四类监测的布点规则、测量方法及报告编制要求,熟悉监测异常时的应急处理流程。

5. 掌握典型加固技术规范:理解基础补强注浆、扩大基础加固、钢构套加固、钢绞线网—聚合物砂浆面层等技术的工艺参数及质量验收标准。

● **能力目标**

1. 结构安全评估能力:能依据规范对既有建筑进行结构可靠性鉴定,分析倾斜原因并制定鉴定报告。

2. 加固方案设计能力:能根据工程地质条件选择适宜的纠偏方法(如软土地基选用地基应力解除法),设计合理的迫降/抬升参数。

3. 施工过程控制能力及现场问题处置能力:能识别施工中新增裂缝、水平位移等异常情况,及时暂停施工并分析原因。

4. 质量验收评价能力:能通过标准贯入试验、静载荷试验等方法检测注浆加固效果,判断凝固体强度是否达标。

● **意识形态(素质培养)目标**

1. 教师理论教学和"现代学徒制"教学过程中要融入意识形态等素质教育,培养学生的社会责任感,让他们养成吃苦耐劳、乐于奉献的精神。

2. 通过学徒制教育,培养学生的动手能力和科研创新能力,发掘学生潜意识的自我思考和解决问题的能力。

3. 教师在"现代学徒制"教学和理论教学过程中采用校企角色互换和随机分组"双元制"教学方法,突出学生的主体地位,培养学生独立自主、团结合作的团队意识。

4. 通过学徒和实践教育,能够完成相关材料、结构检测,查阅资料,合理正确使用标准、规范的技能。

5. 在授课过程中结合专业内容、知识点、"现代学徒制"教学项目特点,将意识形态和素质教育的内容融合在教学环节中。

● **教学组织**

本课程教学组织分为理论教学部分和"现代学徒制"教学两部分,理论教学与学徒制教学课时比例为1:3,教学过程相互穿插,场景互换,充分依托校企合作、产教对接的方

式组织理论和实践教学,突出学生"双元制"学习的主导地位,学徒制教学过程中,教师根据学生个体、在团体中的特色和作用等因素改变教学方法和手段,充分挖掘和发挥个体创新、专业特长等技能的培养。

1. 理论教学部分:课堂内或在师徒教学现场、实训基地、施工现场等场景完成,完成铁路桥隧检测与加固基础知识理论内容的讲授,授课方式采用传统教学手段或其他信息化教学手段;以行动导向教学为主导,通过①规划→②组织→③任务→④实施→⑤检查→⑥反馈→⑦评价与考核七个环节进行课堂组织教学。

2. "现代学徒制"教学部分:根据既有、新建铁路建设项目和各实训基地情况,将学生分组、分批派入教学现场,由专业师傅指导进行学徒教学,任课教师根据情况深入现场或通过信息平台进行理论指导、考核。

"现代学徒制"教学实施基本流程:①项目选择、任务分配→②规划、组织、准备→③实施→④检查→⑤反馈→⑥评价与考核。

"现代学徒制"教学实现的基本目标:

(1) 学生要完成铁路桥隧检测与加固基础知识相关技能的训练。

(2) 完成项目教学过程的相关记录,整理出完整的学习资料(总结、创新思路、成果、学习心得)等,通过实践能熟练掌握和理解铁路桥隧检测与加固基础知识的概念。

(3) 意识形态等素质教育效果明显。

(4) 技能考核合格。

3. 理、实比例分配:理论教学 30%;"现代学徒制"教学 70%。

第一节　建筑抗震加固方法

一、混凝土结构

(1) 当构件承载力满足正常使用要求时,混凝土结构的抗震加固宜优先选用改变结构体系而不全面加固其构件的方法。

(2) 当需要加固混凝土结构构件时,所选用的加固方法宜符合下列规定:

① 当需要大幅度提高梁柱承载力、改善结构延性时,宜选用外粘(或外包)型钢加固法(亦称钢构套法)或增大截面加固法(亦称现浇混凝土套法)。若仅加固框架柱,后者还可起到提高"强柱弱梁"程度的作用。

② 当需要适当提高结构构件承载力和刚度时,可选用钢丝绳网-聚合物砂浆面层加固法或钢筋网-水泥复合砂浆面层加固法,以减少对建筑使用空间的影响。

③ 当需要解决构件受压混凝土强度严重不足或有严重缺陷的问题时,可选用置换混凝土加固法,若还需进一步提高构件承载力,可配合使用外加预应力加固法。

④ 当原构件质量良好,仅截面偏小或配筋不足时,可考虑选用粘贴纤维复合材或粘贴钢板加固法。

⑤ 当需要加固历史建筑或纪念性建筑的结构构件时,可考虑选用耐久性较好,但造价较高的不锈钢丝绳网片-聚合物砂浆面层加固法或增设支撑的可逆加固法。

⑥ 当需要提高框架结构抗震能力并减少扭转效应时,宜采用增设钢筋混凝土抗震墙或翼墙的加固法,且应处理好基础的承载问题。

二、砌体结构

(1) 砌体结构的抗震加固,应首先对其整体性的构造进行完善和必要的增强。

(2) 当需对砌体结构构件进行抗震加固时,应针对工程实际选用下列加固方法:

① 钢筋网-水泥砂浆(包括水泥复合砂浆)面层加固法,适用于各类砌体墙柱承载力和抗震能力的加固。

② 当需将原墙改造成抗震墙时,宜采用钢筋网-细石混凝土(包括喷射混凝土)面层加固法,必要时可增设钢筋混凝土墙。

③ 当无构造柱或构造柱设置不符合现行设计规范要求时,应增设现浇钢筋混凝土构造柱进行加固;当无圈梁或圈梁设置不符合现行设计规范要求、纵横墙交接处咬槎有明显缺陷或房屋的整体性较差时,应增设封闭的圈梁进行加固。

④ 当需提高砌体柱承载力和抗震能力时,宜采用钢筋混凝土外加层加固法。

⑤ 当需要较大幅度提高砌体柱和窗间墙的承载力和抗震能力时,可采用外包型钢加固法(干式外包钢加固法)。

⑥ 为提高砌体墙的整体稳定性,可采用增设扶壁柱加固法,一般情况下,宜采用钢筋混凝土扶壁柱。

⑦ 对临时性加固或难加固的文物建筑,可采用增设支撑、支架的可逆加固法。

(3) 在砌体结构抗震加固工程中,不宜大量采用造价高的外贴纤维复合材的加固法;不应采用对砌体变形敏感的预应力撑杆加固法。

第二节　钢筋混凝土抗震加固施工

一、增设抗震墙或翼墙

(1) 增设钢筋混凝土抗震墙或翼墙加固房屋时,应符合下列要求。

① 混凝土强度等级不应低于 C20,且不应低于原框架柱的实际混凝土强度等级。

② 墙厚不应小于 140 mm,竖向和横向分布钢筋的最小配筋率均不应小于 0.20%,对于 B、C 类钢筋混凝土房屋,其墙厚和配筋应符合其抗震等级的相应要求。

③ 增设抗震墙后应按框架-抗震墙结构进行抗震分析,增设的混凝土和钢筋的强度均应乘规定的折减系数。加固后抗震墙之间楼、屋盖长宽比的局部影响系数应作相应改变。

(2) 增设钢筋混凝土抗震墙或翼墙的墙体构造应符合下列要求。

① 墙体的竖向和横向分布钢筋应双排布置,且两排钢筋之间的拉结筋间不应大于 600 mm;墙体周边宜设置边缘构件。

② 墙与原有框架可采用锚筋或现浇钢筋混凝土套连接(图 9-1);锚筋可采用 $\phi 10 \sim 12$ 的钢筋,与梁柱边的距离不应小于 30 mm,与梁柱轴线的间距不应大于 300 mm,钢筋

的端应采用胶黏剂锚入梁柱的钻孔内,且埋深不应小于锚筋直径的 10 倍,另一端应与墙体的分布钢筋焊接;现浇钢筋混凝土套与柱的连接应符合《建筑抗震加固技术规程》(JGJ 116—2009)第 6.3.7 条的有关规定,且厚度不应小于 50 mm。

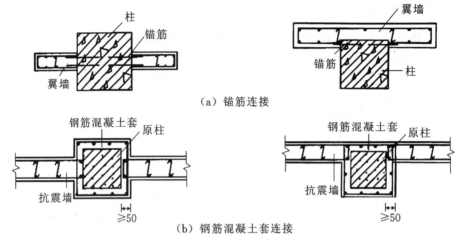

（a）锚筋连接

（b）钢筋混凝土套连接

图 9-1　增设墙与原框架柱的连接（单位:mm）

（3）抗震墙和翼墙的施工应符合下列要求。

① 原有的梁柱表面应凿毛,浇筑混凝土前应清洗并保持湿润,浇筑后应加强养护。

② 锚筋应除锈,锚孔应采用钻孔成形,不得用手凿,孔内应用压缩空气吹净并用水冲洗,注胶应饱满并使锚筋固定牢靠。

二、钢构套加固

（1）采用钢构套加固框架时,应符合下列要求。

① 钢构套加固梁时,纵向角钢、扁钢两端应与柱有可靠连接。

② 钢构套加固柱时,应采取措施使楼板上下的角钢、扁钢可靠连接;顶层的角钢、扁钢应与屋面板可靠连接;底层的角钢、扁钢应与基础锚固。

③ 加固后梁、柱截面抗震验算时,角钢、扁钢应作为纵向钢筋、钢缀板应作为箍筋进行计算,其材料强度应乘规定的折减系数。

（2）采用钢构套加固框架的构造应符合下列要求。

① 钢构套加固梁时,应在梁的阳角外贴角钢,如图 9-2(a)所示,角钢应与钢缀板焊接,钢缀板应穿过楼板形成封闭环形。

② 钢构套加固柱时,应在柱四角外贴角钢,如图 9-2(b)所示,角钢应与外围的钢缀板焊接。

③ 角钢不宜小于∠50×6;钢缀板截面不宜小于 40 mm×4 mm,缀板间距不应大于单肢角钢的截面最小回转半径的 40 倍,且不应大于 400 mm。

④ 钢构套与梁柱混凝土之间应采用胶黏剂黏结。

（3）钢构套的施工应符合下列要求。

① 加固前应卸除或大部分卸除作用在梁上的活荷载。

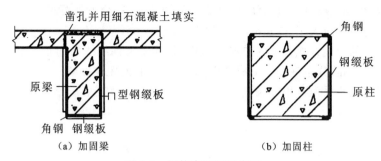

（a）加固梁   （b）加固柱

图 9-2 钢构套加固示意图

② 原有的梁柱表面应清洗干净，缺陷应修补，角部应磨出小圆角。

③ 楼板凿洞时，应避免损伤原有钢筋。

④ 构架的角钢应采用夹具在两个方向夹紧，钢缀板应分段焊接。注胶应在构架焊接完成后进行，胶缝厚度宜控制在 3～5 mm。

⑤ 钢材表面应涂刷防锈漆，或在构架外围抹 25 mm 厚的 1：3 水泥砂浆保护层，也可采用其他具有防腐蚀和防火性能的饰面材料加以保护。

三、钢绞线网-聚合物砂浆面层加固

钢绞线网的受力方式应设计成仅承受拉应力作用。当提高梁的受弯承载力时，钢绞线网应设在梁顶面或底面受拉区[图 9-3(a)]；当提高梁的受剪承载力时，钢绞线网应采用三面围套或四面围套的方式[图 9-3(b)]；当提高柱的受剪承载力时，钢绞线网应采用四面围套的方式[图 9-3(c)]。

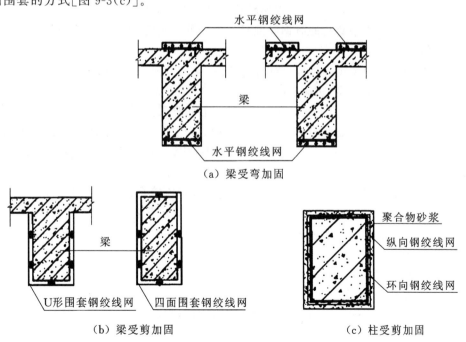

（a）梁受弯加固

（b）梁受剪加固   （c）柱受剪加固

图 9-3 钢绞线网设置示意图

8488

(1) 钢绞线网-聚合物砂浆面层加固梁柱的构造,应符合下列要求:

① 面层的厚度应大于 25 mm,钢绞线保护层厚度不应小于 15 mm。

② 钢绞线网应设计成仅承受单向拉力作用,其受力钢绞线的间距不应小于 20 mm,也不应大于 40 mm;分布钢绞线不应考虑其受力作用,间距在 200~500 mm。

③ 钢绞线网应采用专用金属胀栓固定在构件上,端部胀栓应错开布置,中部胀栓应交错布置,且间距不宜大于 300 mm。

(2) 钢绞线网-聚合物砂浆面层的施工应符合下列要求:

① 加固前应卸除全部或大部分作用在梁上的活荷载。

② 加固的施工顺序和主要注意事项可按《混凝土结构加固设计规范》(GB 50367—2013)第 4.6.1 条的规定执行。

③ 加固时应清除原有抹灰等装修面层,处理至原混凝土结构的坚实面缺陷裸露,应涂刷界面剂后用聚合物砂浆修补,基层处理的边缘应比设计抹灰尺寸外扩 50 mm。

④ 界面剂喷涂施工应与聚合物砂浆抹面施工段配合进行,界面剂应随时搅拌,分布应均匀,不得遗漏被钢绞线网遮挡的基层。

四、增设钢支撑加固

(1) 采用钢支撑加固框架结构时,应符合下列要求。

① 支撑的布置应有利于减少结构沿平面或竖向的不规则性,支撑的间距不应超过框架-抗震墙结构中墙体最大间距的规定。

② 支撑的形式可选择交叉形或人字形,支撑的水平夹角不宜大于 55°。

③ 支撑杆件的长细比和板件的宽厚比应依据设防烈度的不同,按国家标准《建筑抗震设计标准》(GB/T 50011—2010)对钢结构设计的有关规定采用。

④ 支撑可采用钢箍套与原有钢筋混凝土构件可靠连接,并应采取措施将支撑的地震力可靠地传递到基础。

⑤ 新增钢支撑可采用两端铰接的计算简图,且只承担地震作用。

⑥ 钢支撑应采取防腐、防火措施。

(2) 采用消能支撑加固框架结构时,应符合下列要求。

① 消能支撑可根据需要沿结构的两个主轴方向分别设置。消能支撑宜设置在变形较大的位置,其数量和分布应通过综合分析合理确定,并有利于提高整个结构的消能减震能力,形成均匀合理的受力体系。

② 采用消能支撑加固框架结构时,结构抗震验算应符合现行国家标准《建筑抗震设计标准》(GB/T 50011—2010)的相关要求;其中,对 A、B 类钢筋混凝土结构,原构件的材料强度设计值和抗震承载力应按现行国家标准《建筑抗震鉴定标准》(GB 50023—2009)的有关规定采用。

③ 在消能支撑最大出力作用下,消能支撑与主体结构之间的连接部件应在弹性范围内工作,避免整体或局部失稳。

④ 消能支撑与主体结构的连接应符合普通支撑构件与主体结构的连接构造和锚固要求。

⑤ 消能支撑在安装前应按规定进行性能检测,检测的数量应符合相关标准的要求。

五、填充墙加固

砌体墙与框架连接的加固应符合下列要求。

① 墙与柱的连接可增设拉筋加强,如图 9-4(a)所示,拉筋直径可采用 6 mm,其长度不应小于 600 mm,沿柱高的间距不宜大于 600 mm,抗震设防烈度为 8、9 度时或墙高大于 4 m 时,墙半高的拉筋应贯通墙体;拉筋的一端应采用胶黏剂锚入柱的斜孔内,或与锚入柱内的锚栓焊接拉筋的另一端弯折后锚入墙体的灰缝内,并用 1:3 水泥砂浆将墙面抹平。

② 可按上述①的方法增设拉筋加强墙与梁的连接;亦可在墙顶增设钢夹套加强墙与梁的连接,如图 9-4(b)所示;墙长超过层高 2 倍时,在中部宜增设上下拉接的措施。钢夹套的角钢不应小于∠63×6,螺栓不宜少于 2 根,其直径不应小于 12 mm,沿梁轴线方向的间距不宜大于 1.0 m。

③ 加固后按楼层综合抗震能力指数验算时,墙体连接的局部影响系数可取 1.0。

④ 拉筋的锚孔和螺栓孔应采用钻孔成形,不得用手凿;钢夹套的钢材表面应涂刷防锈漆。

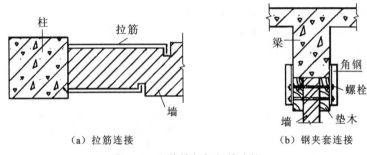

（a）拉筋连接　　　　　　（b）钢夹套连接

图 9-4　砌体墙与框架的连接

第三节　多层砌体结构建筑物抗震加固

一、概述

针对房屋抗震承载力不足、整体性不良、易倒塌部位和明显扭转效应等不同情况,提出了不同的加固方法。

1. 提高抗震承载能力

（1）外加柱加固。在墙体交接处外加现浇钢筋混凝土构造柱加固。柱应与圈梁、拉杆连成整体,或与现浇钢筋混凝土楼盖连接,外加柱必须有相应的基础。

（2）面层或夹板墙加固。在墙体一侧或两侧采用水泥砂浆面层、钢丝网砂浆面层或现浇钢筋混凝土板墙加固。

（3）拆砌式增设。对强度过低的原墙体可拆除重砌,或增设抗震墙,这种加固需先与拆后重建的方案作经济比较。

（4）修补和灌浆。对已开裂墙体可采用压力灌浆修补,对砂浆饱满度差或强度等级过低的墙体可用满墙灌浆加固。此外,还有包角钢镶边加固和增设支撑等加固方法。

2. 加强房屋整体性

(1)当圈梁不符合要求时应再增设圈梁。外墙圈梁一般用现浇钢筋混凝土,内墙圈梁可用钢拉杆或在进深梁端加锚杆。

(2)当纵、横墙连接茬时,可用钢拉杆、锚杆,外加壁柱,以及外加圈梁的方法。

(3)楼面、屋盖梁支承长度不足时,可增设托梁或采用其他有效措施。

3. 加固易倒塌部位及防扭转效应

为防止扭转效应,应优先在薄弱部位增砌砖墙或现浇混凝土墙。应针对具体情况对易倒塌部位采用加固措施,如承重窗间墙太窄可增设钢筋混凝土窗框或采用面层、夹板墙加固,当隔墙无拉结或拉结不牢时,需采取锚固措施。

二、砖房水泥砂浆或钢筋网水泥砂浆面层抗震加固

当砖房的抗震墙承载力不足时,可采用水泥砂浆抹面或配有钢筋网片的水泥砂浆抹面层进行加固(该方法通常称为夹板墙加固法)。该方法目前被广泛应用于砖墙的加固,同时在砖烟囱和水塔的筒壁加固中亦得到应用。对一些低烈度区的空旷房屋、砖柱厂房以及内框架房屋中的砖壁柱亦可采用这种方法加固。砂浆抹面或钢筋网砂浆抹面加固墙体时,采用的砂浆强度等级一般以 M7.5~M15 为宜,砂浆厚度不宜小于 20 mm,钢筋网间距根据计算要求可采用 150~400 mm,钢筋直径可采用 4~6 mm(图 9-5~图 9-8)。

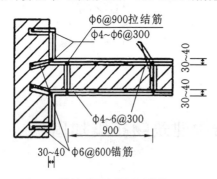

图 9-5 横墙双面加面层(单位:mm)

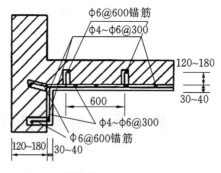

图 9-6 横墙单面加面层(单位:mm)

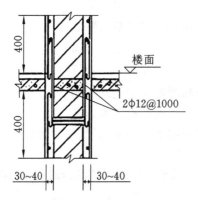

图 9-7 上层墙加固时楼板处做法(单位:mm)

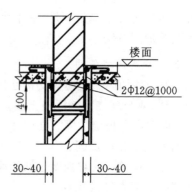

图 9-8 上层墙不加固时楼板处做法(单位:mm)

三、砖房混凝土板墙抗震加固

砖房的混凝土板墙加固类似于钢筋网水泥面层加固,具有较大的灵活性。首先,可根据结构综合抗震能力指数提高程度的不同增设不同数量的混凝土板墙。板墙可设置为单面或双面,甚至可在楼梯间设置封闭的板墙,形成混凝土筒。其次,采用混凝土板墙加固时,可根据业主的意图采用"内加固"或"外加固"方案。当希望保持原有建筑风貌时,可采用"内加固"方案;当需结合抗震加固进行外立面装修时,则可采用以"外加固"为主的方案。

采用混凝土板墙加固可更好地提高砖墙的承载能力,控制墙体裂缝的开展。此外,在板墙四周采用集中配筋形式取代外加柱圈梁和钢拉杆,以提高墙体的延性和变形能力,这种处理方法对建筑外观和内部使用的影响很小。

四、多层砖房外加钢筋混凝土柱抗震加固

一般采用钢筋混凝土柱连同圈梁和钢拉杆一起加固多层砖房。试验研究表明:外加钢筋混凝土柱加固墙体后对墙体的抗剪承载力有一定提高,尤其是推迟了墙体裂缝的出现;能提高墙体的延性和变形能力,对防止结构发生突然倒塌有良好效果。因此,采用外加钢筋混凝土构造柱的加固系统加固砖房是一种比较简单易行而有效的方法,这种方法至今仍被普遍采用,它适合于加固房屋抗震承载力与抗震要求相差在 20% 以内以及整体连接较差的房屋。

1. 外加构造柱设置要求

(1)外加构造柱应在房屋四角、楼梯间和不规则平面转角处设置,并可根据房屋状况在内墙交接处每开间或隔开间布置。

(2)外加构造柱在平面内宜对称,沿高度不得错位,由底层起全部贯通。

(3)外加构造柱应与圈梁、钢拉杆连成封闭系统。

(4)采用外加构造柱增强墙体的抗震能力时,钢拉杆不宜小于 2φ16。在圈梁内的锚固长度应满足受拉钢筋的要求。

(5)内廊房屋的内廊在外加构造柱轴线处无连系梁时,应在内廊两侧的内纵墙增设柱或增设连系梁。

2. 外加柱材料与构造

(1)外加柱的混凝土强度不应低于 C20。

(2)外加柱截面如图 9-9 所示,一般为 300 mm×150 mm[图 9-9(a)]或 240 mm×180 mm 矩形柱,还有扁柱及"L"形柱[图 9-9(b)和图 9-9(c)]等形式。

(3)外加柱纵向筋不宜小于 4φ12,"L"形柱纵向筋宜为 12φ12,在楼、屋盖上下各 500 mm 高度内箍筋应加密,间距不应大于 100 mm。

(4)外加柱与墙体连接,可在楼层 1/3 和 2/3 处同时设置拉结钢筋和销键,也可沿墙高每 500 mm 设置胀管螺栓、压浆锚杆或锚筋。

(5)外加柱应做基础,一般埋深宜与外墙基础埋深相同。当埋深超过 1.5 m 时可采

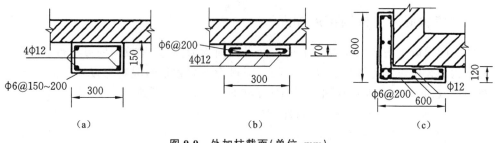

图 9-9 外加柱截面(单位:mm)

用 1.5 m 的埋深(图 9-10),但不得浅于冻结深度。

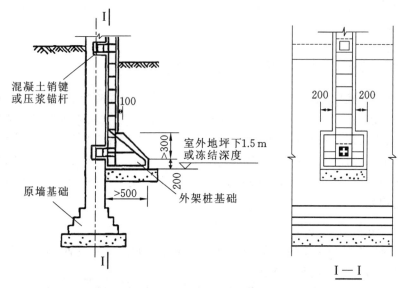

图 9-10 外加柱基础示意图(原墙基埋深大于 1.5 m 时)(单位:mm)

3.外加圈梁及钢拉杆抗震加固

圈梁是保证多层砖房整体性的重要措施。当同时采用外包柱时,亦可保证提高房屋的抗震承载力。抗震加固时对外加圈梁及钢拉杆的要求如下。

(1)圈梁的布置、材料和构造。

① 圈梁布置与抗震设计要求相同,如增设的圈梁宜在楼、屋盖高程的同一平面内闭合,对于圈梁高程变化处应采取局部加强措施。

② 圈梁混凝土强度等级不应小于 C20,其截面不应小于 180 mm×120 mm。

③ 圈梁配筋要求当抗震设防烈度为 7 度区可用 4φ8,抗震设防烈度为 8 度区用 4φ10,箍筋间距不应大于 200 mm。

(2)圈梁与墙体连接。

圈梁与墙体连接的好坏是圈梁能否发挥作用的关键。外加钢筋混凝土圈梁与砖墙的连接应优先采用普通锚栓(图 9-11)或砂浆锚栓(图 9-12),亦可选用胀管螺栓或钢筋混凝土销键。普通锚栓的一端应做成直角弯钩埋入圈梁,另一端用螺帽拧紧;砂浆锚筋布置与钢拉杆的间距和直径有关。一般从距离拉杆 500 mm 处开始设置,锚筋埋深 $L_\mathrm{m}=10d$(d 为钢拉杆直径),孔深 $L_\mathrm{k}=L_\mathrm{m}+10$ mm;胀管螺栓的安装过程如图 9-13 所示。

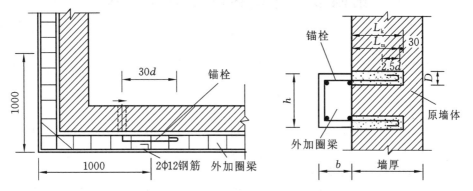

图 9-11　用普通锚栓与墙体连接(单位:mm)　　图 9-12　用砂浆锚栓与墙体连接(单位:mm)

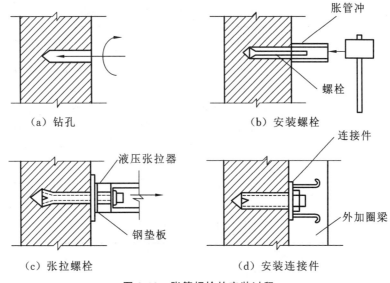

图 9-13　胀管螺栓的安装过程

(3)钢拉杆。

① 布置。代替内墙圈梁的钢拉杆,当每开间有横墙时至少每隔一开间设 2φ12;当多开间有横墙时在横墙处至少设 2φ14。沿内纵墙端部布置的纵向拉杆,其长度不得少于两个开间。

② 锚固。沿横墙布置的钢拉杆,两端应锚入外加柱、圈梁内或与原墙体锚固,对于有外廊房屋,应锚固在外廊内纵墙上。若钢拉杆在增设的圈梁内锚固,则采用长度不小于 $35d$ 的弯钩;亦可加设 80 mm×80 mm×8 mm 的垫板,垫板与墙面的间隙不应小于 50 mm。

③ 钢拉杆与原墙体锚固的钢垫板尺寸、钢拉杆的直径应按《建筑抗震加固技术规程》(JGJ 116—2009)中的有关要求设置。

第四节　建筑纠偏及基础加固

一、建筑纠偏

1.基本规定

(1) 经过检测鉴定和论证,确认有继续使用或保护价值的倾斜建筑物,可进行纠偏处理。

(2) 纠偏指标应符合下列规定:

① 建筑物的纠偏设计和施工验收合格标准应符合表 9-1 的要求;

② 对纠偏合格标准有特殊要求的工程,尚应符合特殊要求。

表 9-1　建筑物的纠偏设计和施工验收合格标准

建筑类型	建筑高度/m	纠偏合格标准
建筑物	$H_g \leqslant 24$	$S_H \leqslant 0.004 H_g$
	$24 < H_g \leqslant 60$	$S_H \leqslant 0.003 H_g$
	$60 < H_g \leqslant 100$	$S_H \leqslant 0.0025 H_g$
	$100 < H_g \leqslant 150$	$S_H \leqslant 0.002 H_g$
构筑物	$H_g \leqslant 20$	$S_H \leqslant 0.008 H_g$
	$20 < H_g \leqslant 50$	$S_H \leqslant 0.005 H_g$
	$50 < H_g \leqslant 100$	$S_H \leqslant 0.004 H_g$
	$100 < H_g \leqslant 150$	$S_H \leqslant 0.003 H_g$

注:1. H_g 为自室外地坪起算的建筑物高度;

2. S_H 为建筑物纠偏顶部水平变位设计控制值。

(3) 纠偏工程应由具有相应资质的专业单位承担,技术方案应经专家论证。

(4) 建筑物纠偏前,应进行现场调查、收集相关资料;设计前应进行检测鉴定;施工前应具备纠偏设计、施工组织设计、监测及应急预案等技术文件。

(5) 纠偏工程应遵循安全、协调、平稳、可控、环保的原则。

(6) 纠偏设计应根据检测鉴定结果及纠偏方法,对上部结构、基础的强度和刚度进行验算;对不满足要求的结构构件,应在纠偏前进行加固补强。

(7) 纠偏工程在纠偏施工过程中和竣工后应进行沉降和倾斜监测。

(8) 古建筑物纠偏不应破坏古建筑物原始风貌,复原应做到修旧如旧。

(9) 纠偏工程的设计与施工不应降低原结构的抗震性能和等级。

2. 检测鉴定

（1）一般规定。

① 建筑物检测鉴定应包括收集相关资料、现场调查、制定检测鉴定方案、检测鉴定和提供检测鉴定报告等步骤。

② 检测鉴定方案应明确检测鉴定工作的目的、内容、方法和范围。

③ 纠偏工程的检测鉴定成果应满足纠偏设计、施工和防复倾加固等相关工作需要。

（2）检测。

① 建筑物检测不应影响结构整体稳定性和安全性，不应加速建筑物的倾斜。

② 应对建筑物沉降、倾斜进行检测；可对建筑物地基和结构进行检测，检测内容根据需要按表 9-2 进行选择。

表 9-2　建筑物检测内容

项目名称		检测内容
沉降和倾斜检测		各点沉降量、最大沉降量、沉降速率，倾斜值和倾斜率
地基和结构检测	地基	地基土的分层分类、含水量、密度、相对密度、液化、孔隙比、压缩性、可塑性、湿陷性、膨胀性、灵敏度和触变性、承载力特征值、地下水位、地基处理情况等
	基础	基础的类型、尺寸、材料强度、配筋情况及裂损情况等
	上部承重结构	结构类型、布置、传力方式、构件尺寸、材料强度、变形与位移、裂缝、配筋情况、钢材锈蚀、构造及连接等
	围护结构	裂缝、变形和位移、构造及连接等

③ 沉降检测与倾斜检测应符合下列要求：

a. 沉降观测点布置应符合现行行业标准《建筑变形测量规范》（JGJ 8—2016）的有关规定；

b. 倾斜观测点布置应能全面反映建筑物主体结构的倾斜特征，宜在建筑物角部、长边中部和倾斜量较大部位的顶部与底部布置；

c. 建筑的整体倾斜检测结果应与基础差异沉降间接确定的倾斜检测结果进行对比。

④ 地基检测应符合下列要求：

a. 地基检测应采用触探测试查明地层的均匀性和对地层进行力学分层，在黏性土、粉土、砂土层内应采用静力触探，在碎石土层内采用圆锥动力触探；

b. 应在分析触探资料的基础上，选择有代表性的孔位和层位取样进行物理力学试验、标准贯入试验、十字板剪切试验；

c. 勘察孔距离基础边缘不宜大于 0.5 m，勘察孔的间距不宜大于 8 m。

⑤ 结构检测应符合现行国家标准《建筑结构检测技术标准》（GB/T 50344—2019）的有关规定。

（3）鉴定。

① 建筑物应根据倾斜值、沉降值和结构现状等检测结果，按现行国家标准《工业建筑

可靠性鉴定标准》(GB 50144—2019)、《民用建筑可靠性鉴定标准》(GB 50292—2015)、《危险房屋鉴定标准》(JGJ 125—2016)进行鉴定。

② 既有结构承载力验算应符合下列规定：

a. 计算模型应符合既有结构受力和构造的实际情况；

b. 对正常设计和施工且结构性能完好的建筑物,结构或构件的材料强度可取原设计值,其他情况应按实际检测结果取值；

c. 结构或构件的几何参数应采用实测值。

③ 建筑物鉴定应按《建筑地基基础设计规范》(GB 50007—2011)验算地基承载力和变形性状。

④ 鉴定报告应明确建筑物产生倾斜的原因。

3. 纠偏设计

(1) 一般规定。

① 纠偏工程设计前,应进行现场踏勘、了解建筑物使用情况、收集相关资料等前期准备工作,掌握下列相关资料和信息：

a. 原设计和施工文件,原岩土工程勘察资料和补充勘察报告,气象资料,地震危险性评价资料；

b. 检测鉴定报告；

c. 使用及改扩建情况；

d. 相邻建筑物的基础类型、结构形式、质量状况和周边地下设施的分布状况、周围环境资料；

e. 与纠偏工程有关的技术标准。

② 纠偏工程设计应包括下列内容：

倾斜建筑物概况、检测与鉴定结论、工程地质与水文地质条件、倾斜原因分析、纠偏目标控制值、纠偏方案比选、纠偏设计、结构加固设计、防复倾加固设计、施工要求、监测点的布置及监测要求等。

③ 纠偏设计应遵循下列原则：

a. 防止结构破坏、过量附加沉降和整体失稳；

b. 确定沉降量(抬升量)和回倾速率的预警值；

c. 考虑纠偏施工对相邻建筑物、地下设施的影响；

d. 根据监测数据,及时调整相关的设计参数。

④ 纠偏设计应按倾斜原因分析、纠偏方案比选、纠偏方法选定、结构加固设计、纠偏施工图设计、纠偏方案动态优化等步骤进行。

⑤ 建筑物纠偏通常采用迫降法、抬升法和综合法等,各种纠偏方法可按《建筑物倾斜纠偏技术规程》(JGJ 270—2012)附录 A 选用。

⑥ 防复倾加固应综合考虑建筑物倾斜原因并结合所采用的纠偏方法进行设计。

(2) 纠偏设计计算。

① 纠偏设计计算应包括下列内容：

a. 确定纠偏设计迫降量或抬升量；

b. 计算倾斜建筑物重心高度、基础底面形心位置和作用于基础底面的荷载值；

c. 验算地基承载力及软弱下卧层承载力；

d. 验算地基变形；

e. 确定纠偏实施部位及相关参数；

f. 进行防复倾加固设计计算。

② 建筑物纠偏需要调整的迫降量或抬升量和残余沉降差值（图 9-14）可按下式计算：

$$S_V = \frac{(S_{Hi} - S_H)b}{H_g}$$

$$a = S'_V - S_V$$

式中，S_V——建筑物纠偏设计迫降量或抬升量，mm；

S'_V——建筑物纠偏前的沉降差值，mm；

S_{Hi}——建筑物纠偏前顶部水平变位值，mm；

S_H——建筑物纠偏顶部水平变位设计控制值，mm；

b——纠偏方向建筑物宽度，mm；

a——残余沉降差值，mm；

H_g——自室外地坪起算的建筑物高度，mm。

③ 作用于基础底面的力矩可按下式计算：

$$M_p = (F_k + G_k) \times e' + M_h$$

式中，M_p——作用于倾斜建筑物基础底面的力矩值，kN·m；

F_k——相应于作用的标准组合时，上部结构传至基础顶面的竖向力值，kN；

G_k——基础自重和基础上的土重标准值，kN；

e'——倾斜建筑物基础合力作用点到基础形心的水平距离，m；

M_h——相应于荷载效应标准组合时，水平荷载作用于基础底面的力矩值，kN·m。

④ 纠偏工程地基承载力验算应按下列公式计算：

a. 基础在偏心荷载作用下，基底最小压力 $P_{kmin} > 0$ 时，基础底面压应力可按下列公式计算：

$$P_k = \frac{F_k + G_k + F_T}{A}$$

$$\begin{cases} P_{kmax} = \frac{F_k + G_k + F_T}{A} + \frac{M_p}{w} \\ P_{kmin} = \frac{F_k + G_k + F_T}{A} - \frac{M_p}{w} \end{cases}$$

式中，P_k——相应于作用的标准组合时，基础底面的平均压力值，kPa；

P_{kmax}——相应于作用的标准组合时，基础底面边缘的最大压力值，kPa；

P_{kmin}——相应于作用的标准组合时，基础底面边缘的最小压力值，kPa；

F_T——纠偏中的施工竖向荷载，kN；

A——基础底面面积，m²；

w——基础底面抵抗矩，m³；

b. 当基础宽度大于 3 m 或埋置深度大于 0.5 m 时，应按照载荷板试验、静力触探和

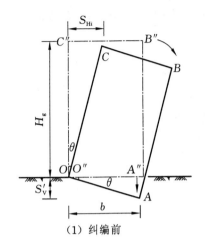

（1）纠编前

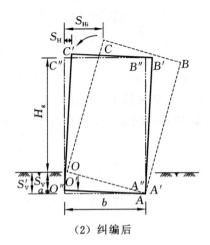

（2）纠编后

（a）迫降法

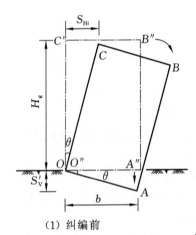

（1）纠编前

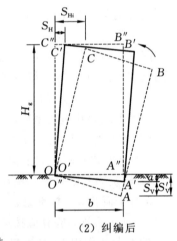

（2）纠编后

（b）抬升法

图 9-14　纠偏迫降或抬升计算示意

工程经验等确定地基承载力特征值，并按下式进行修正：

$$f_a = f_{ak} + \eta_b \gamma (b-3) + \eta_d \gamma_m (d-0.5)$$

式中，f_a——修正后的地基承载力特征值，kPa；

　　　f_{ak}——地基承载力特征值，kPa，宜由补充勘察确定，也可按现行国家标准《建筑地基基础设计规范》(GB 50007—2011)确定；

　　　η_b、η_d——基础宽度和埋深的地基承载力修正系数，按基底下土的类别确定；

　　　γ——基础底面以下土的重度，kN/m³，地下水位以下取有效重度；

　　　γ_m——基础底面以上土的加权平均重度，kN/m³，地下水位以下的土层取有效重度；

　　　b——基础底面宽度，m，当基宽小于 3 m 时按 3 m 取值，大于 6 m 时按 6 m 取值；

　　　d——基础埋置深度，m。

c.基底压力应满足下列公式要求：

轴心受压情况：

$$P_k \leqslant f_a$$

偏心受压情况：

$$P_{kmax} \leqslant 1.2 f_a$$

⑤ 纠偏工程桩基承载力应按现行国家标准《建筑地基基础设计规范》(GB 50007—2011)、《建筑桩基技术规范》(JGJ 94—2008)、《既有建筑地基基础加固技术规范》(JGJ 123—2012)进行验算。

（3）迫降法设计。

① 迫降法主要包括掏土法、地基应力解除法、辐射井射水法、浸水法、降水法、堆载加压法、桩基卸载法等。

② 迫降法纠偏设计应符合下列规定：

a.应确定迫降顺序、位置和范围,确保建筑物整体回倾变位协调；

b.计算迫降后基础沉降量,确定预留沉降值；

c.根据建筑物的结构类型、建筑高度、整体刚度、工程地质条件和水文地质条件等确定回倾速率,顶部控制回倾速率宜在 5~20 mm/d 范围内。

③ 距相邻建筑物或地下设施较近建筑物的纠偏,不应采取浸水法和降水法。

④ 掏土法设计应符合下列规定：

a.掏土法适用于地基土为黏性土、粉土、素填土、淤泥质土和砂性土等的浅埋基础的建筑物纠偏工程。

b.确定取土范围、孔槽位置、孔槽尺寸、取土量、取土顺序、批次、级次等设计参数及防止沉降突变的措施。

c.人工掏土法工作槽槽底高程应不超过基础底板下表面以下 0.8 m；当沿基础边连续掏土时,基础下水平掏土槽的高度不大于 0.4 m,水平掏土深度距建筑物外墙外侧不小于 0.4 m；当沿基础边分条掏土时,分条掏土宽度不宜大于 0.6 m,高度不宜大于 0.3 m,掏土条净间距不宜小于 1.5 m,掏土水平总深度不宜超过基础形心线；基础下水平掏土每次掘进深度不宜大于 0.3 m。

d.钻孔掏土法的孔间距宜取 0.5~1.0 m,孔的直径宜取 0.1~0.2 m,每级钻孔深度宜为 0.5~1.5 m,孔深不宜超过基础形心线；当同一孔位布置多孔时,两孔之间夹角不应小于 15°；当分层布孔时,孔位应呈梅花状布置。

e.确定取土孔槽的回填材料及回填要求。

⑤ 地基应力解除法设计应符合下列规定：

a.地基应力解除法适用于厚度较大软土地基上的浅基础建筑物的纠偏工程；

b.根据建筑物场地的工程地质条件、基础形式、附加应力分布范围、回倾量的要求以及施工机具等,确定钻孔的位置、直径、间距、深度等参数及成孔的顺序、批次,确定取土的顺序、批次、级次；

c.钻孔应设置护筒,护筒超过基底平面以下的埋置深度应不小于 2.0 m；

d.钻孔孔径宜为 0.3~0.4 m,钻孔净间距不宜小于 1.5 m,钻孔距基础边缘不宜小于

0.4 m,不宜大于 20 m,成孔深度不宜小于基底以下 3.0 m。

⑥ 辐射井射水法设计应符合下列规定:

a. 辐射井射水法适用于地基土为黏性土、淤泥质土、粉土、砂性土、填土等的建筑物纠偏工程。

b. 根据建筑物的整体刚度、基础类型、工程地质和水文地质、场地条件、回倾量的要求等因素确定射水井的位置、尺寸、间距、深度以及射水孔的位置、数量和射水方向等参数,并确定射水的顺序、批次、级次。

c. 辐射井应设置在建筑物沉降较小一侧,井外壁距基础边缘不宜小于 0.5 m。

d. 辐射井应进行稳定验算,井的内径不宜小于 1.2 m,混凝土井身的强度等级不应低于 C20,砖强度等级不应低于 MU10,水泥砂浆强度等级不应低于 M5;辐射井应封底,井底至射水孔的距离不宜小于 1.8 m,井底至射水作业平台的距离不宜小于 0.5 m。

e. 射水孔直径宜为 63~110 mm,射水管直径宜为 43~63 mm,射水孔竖向位置布置,距基底不宜小于 0.5 m;地基有换填层时,射水孔距换填层不宜小于 0.3 m。

f. 射水孔长度不宜超过基础形心线,最长不宜大于 20 m,在平面上呈网格状交叉分布,网格面积不宜小于 2 m²。

g. 射水压力宜为 0.5~2 MPa,流量宜为 30~50 L/min,并应根据现场试验性施工调整射水压力及流量。

⑦ 浸水法设计应符合下列规定:

a. 浸水法适用于地基土含水量低于塑限含水量、湿陷系数 δ_{si} 大于 0.05 的湿陷性黄土或填土且基础整体刚度较好的建筑物纠偏工程。

b. 浸水法应先进行现场注水试验,通过试验确定注水流量、流速、压力和湿陷性土层的渗透半径、渗水量等有关设计参数;注水试验孔距倾斜建筑物不宜小于 5 m,试验孔底部应低于基础底面以下 0.5 m;一栋建筑物的注水试验孔不宜少于 3 处。

c. 根据试验确定的设计参数,计算沉降量与回倾速率,明确注水量、流速、压力和浸水深度,确定注水孔的位置、尺寸、间距、深度。

d. 浸水湿陷量可根据土层厚度及土的湿陷性按下式计算:

$$S = \sum_{i=1}^{n} \beta \delta_{si} h_i$$

式中,S—— 浸水湿陷量,mm

δ_{si}—— 第 i 层地基土的湿陷系数;

h_i—— 第 i 层受水浸湿的地基土的厚度,mm;

β—— 基底地基土侧向挤出修正系数,对基底下 0~5 m 深度内取 1.5,对基底下 5~10 m 深度内取 1.0。

e. 注水孔深度应达到湿陷性土层,并低于基础底面以下 0.5 m;当地基土中含有透水性较强的碎石类土层或砂性土层时,注水孔的水位应低于渗水碎石类土层或砂性土层底面高程。

f. 预留停止注水后的滞后沉降量,对于中等湿陷性地基上的条形基础、筏板基础,滞后沉降量宜为纠偏沉降量的 1/12~1/10。

g. 确定注水孔的回填材料及回填要求。

⑧ 降水法设计应符合下列规定：

a. 降水法适用于地下水位较高，可失水固结下沉的粉土、砂性土、黏性土等地基上的浅埋基础或摩擦桩基础且结构刚度较好的建筑物纠偏工程；

b. 应防止对相邻建筑物产生不利影响，当降水井深度范围内有承压水并可能引起相邻建筑物或地下设施沉降时，不得采用降水法；

c. 应进行现场抽水试验，确定水力坡度线、水头降低值、抽水量和影响半径等参数；

d. 确定抽水井和观察井的位置、数量和深度，明确抽水顺序、抽水深度；

e. 降水后水力坡度线不宜超过基础形心线位置；

f. 预留停止抽水后发生的滞后沉降量，滞后沉降量宜为纠偏沉降量的 $1/12 \sim 1/10$；

g. 确定抽水井和观察井的回填材料及回填要求。

⑨ 堆载加压法设计应符合下列规定：

a. 堆载加压法适用于地基土为淤泥、淤泥质土、黏性土、湿陷性土和松散填土等的建筑物纠偏工程；

b. 确定堆载加压的重量、范围、形状、级次及每级堆载的重量和卸载的时间、重量、级次等；

c. 堆载加压宜按外高内低梯形状设计，堆载范围宜从基础外边线起，不宜超过基础形心线；

d. 应验算承受堆载的结构构件的承载力和变形，当承载力和变形不能满足要求时，应对结构进行加固设计。

⑩ 桩基卸载法设计应符合下列规定。

a. 验算原桩基的单桩桩顶竖向力标准值和单桩竖向承载力特征值。

b. 确定卸载部位、卸载方法和卸载桩数，并确定桩基卸载顺序、批次、级次。

c. 应避免桩基失稳和防止建筑物突降。

d. 桩顶卸载法适用于原建筑物采用灌注桩的纠偏工程；桩顶卸载法设计应符合下列规定：

ⅰ. 应计算需要截断的承台下基桩数量和桩基顶部截断的长度，基桩顶部截断长度应大于纠偏设计迫降量。

ⅱ. 应根据断桩顺序、批次，验算截断桩后的承台承载力，当不满足要求时，应进行加固。

ⅲ. 采用托换体系截断承台下的桩基时，应对牛腿、千斤顶和拟截断部位以下的桩等形成的托换体系进行设计（图 9-15）；应验算托换结构体系的正截面受弯承载力、局部受压承载力和斜截面受剪承载力；千斤顶的选型应根据需支承点的竖向荷载值确定，千斤顶工作荷载取其额定工作荷载的 80%，再取安全系数 2.0。

ⅳ. 应进行截断桩的连接节点设计，填充材料宜采用微膨胀混凝土、无收缩灌浆料。

e. 桩身卸载法适用于原建筑物采用摩擦桩或端承摩擦桩纠偏工程；桩身卸载法设计应符合下列规定：

ⅰ. 确定需卸载的每根桩的沉降量；

ⅱ. 确定卸载桩周土的范围与深度；

ⅲ. 可采用射水、取土、浸水等办法降低桩侧摩阻力；

ⅳ. 桩身卸载后宜采用灌注水泥浆或水泥砂浆等回填方式填充桩侧土体，恢复桩身摩擦力。

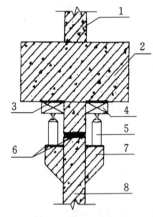

图 9-15 断桩托换体系示意
1—原柱；2—原承台；3—埋件；
4—垫块；5—千斤顶；6—钢垫板；
7—新加牛腿；8—原基桩

（4）抬升法设计。

① 抬升法适用于重量相对较轻的建筑物纠偏工程。

② 抬升法可分为上部结构托梁抬升法、锚杆静压桩抬升法和坑式静压桩抬升法。

③ 建筑物抬升法纠偏设计应符合下列规定：

a. 原基础及其上部结构不满足抬升要求时，应先进行加固设计；

b. 砖混结构建筑物抬升不宜超过 6 层，框架结构建筑物抬升不宜超过 8 层；

c. 抬升托换结构体系的承载力、刚度应符合现行国家标准《混凝土结构设计标准》（GB/T 50010—2010）、《钢结构设计标准》（GB 50017—2017）的规定，并应在平面内连续闭合；

d. 应确定千斤顶的数量、位置和抬升荷载、抬升量等参数；

e. 锚杆静压桩抬升法和坑式静压桩抬升法等带基础抬升后的间隙应采用水泥砂浆或微膨胀混凝土填充，水泥砂浆强度不应低于 M5，混凝土强度不应低于 C15。

④ 抬升法设计计算应符合下列规定：

a. 抬升力应根据纠偏建筑物上部荷载值确定。

b. 抬升点应根据建筑物的结构形式、荷载分布以及千斤顶额定工作荷载确定，砌体结构抬升点间距不宜大于 2.0 m，抬升点数量可按下式估算：

$$n \geqslant k \frac{Q_k}{N_a}$$

式中，n—— 抬升点数量，个；

Q_k—— 建筑物需抬升的竖向荷载标准值，kN；

N_a—— 抬升点的抬升荷载值，kN，取千斤顶额定工作荷载的 80%；

k—— 安全系数，取 2.0。

c. 各点抬升量应按下式计算：

$$\Delta h_i = \frac{l_i}{L} S_v$$

式中，Δh_i—— 计算点 i 抬升量，mm；

l_i—— 转动点（轴）至计算抬升点 i 的水平距离，m；

L—— 转动点（轴）至沉降最大点的水平距离，m；

S_v—— 建筑物纠偏设计抬升量（沉降最大点的抬升量），mm。

⑤ 上部结构托梁抬升法设计应符合下列规定：

a. 砌体结构托梁抬升应在砌体墙下设置托梁或在墙两侧设置夹墙梁形成墙梁体系（图 9-16）；

b. 砌体结构托梁可按倒置弹性地基梁进行设计，其计算跨度为相邻三个支承点的两边缘支点的距离；

c. 砌体结构托梁和框架结构连系梁应在平面内连续闭合，并与原结构可靠连接；

d. 框架结构托梁抬升应在框架结构首层柱设置托换结构体系（图 9-17）；

e. 框架结构的托换结构体系应验算正截面受弯承载力、局部受压承载力和斜截面受剪承载力；

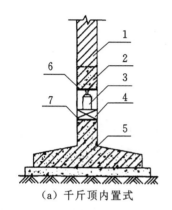
（a）千斤顶内置式

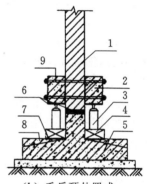
（b）千斤顶外置式

图 9-16　砌体结构托梁抬升

1—墙体；2—钢筋混凝土托梁；3—千斤顶；4—垫块；5—基础；6—钢垫板；7—钢埋件；8—基础新增部分；9—对拉螺栓

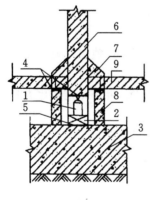
（a）千斤顶内置式

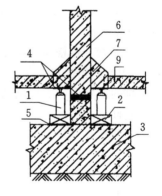
（b）千斤顶外置式

图 9-17　框架结构托梁抬升

1—千斤顶；2—垫块；3—基础；4—钢垫板；5—钢埋件；
6—框架柱；7—新加牛腿；8—支墩；9—钢筋混凝土连梁

f. 应确定砌体开洞和抬升间隙的填充材料和要求；

g. 结构截断处的恢复连接应满足承载力和稳定性要求。

⑥ 锚杆静压桩抬升法设计应符合下列规定：

a. 锚杆静压桩抬升法适用于粉土、粉砂、细砂、黏性土、填土等地基,采用钢筋混凝土基础且上部结构自重较轻的建筑物纠偏工程;

b. 应对建筑物基础的强度和刚度进行验算,当不满足压桩和抬升要求时,应对基础进行加固补强;

c. 应确定桩端持力层的位置,计算单桩竖向承载力和压桩力,最终压桩力取单桩竖向承载力特征值的 2.0 倍;

d. 应确定桩节尺寸、桩身材料和强度、桩节构造和桩节间连接方式;

e. 应设计锚杆直径和锚固长度、反力架和千斤顶等,锚杆锚固长度应为 10～12 倍锚杆直径,并应不小于 300 mm;

f. 应确定压桩孔位置和尺寸,压桩孔孔口每边应比桩截面边长大 50～100 mm,桩顶嵌入建筑物基础承台内长度应不小于 50 mm;

g. 应采取持荷封桩的方式设计封装持荷转换装置,明确封桩要求,锚杆桩与基础钢筋应焊接或加钢板锚固连接,封桩混凝土应采用微膨胀混凝土,强度比原混凝土提高一个等级,且不应低于 C30。

⑦ 坑式静压桩抬升法设计应符合下列规定:

a. 坑式静压桩抬升法适用于黏性土、粉质黏土、湿陷性黄土和人工填土等地基,且地下水位较低,采用钢筋混凝土基础、上部结构自重较轻的建筑物纠偏工程。

b. 应对建筑物基础的强度和刚度进行验算,当不满足压桩和抬升要求时,应对基础进行加固补强。

c. 应确定桩端持力层的位置,计算单桩竖向承载力和压桩力,最终压桩力取单桩竖向承载力特征值的 2.0 倍。

d. 应确定桩截面尺寸和桩长、桩节构造和桩节间连接方式、千斤顶规格型号;预制方桩边长不宜大于 200 mm,混凝土强度等级不宜低于 C30;钢管桩直径不宜小于 219 mm,壁厚不应小于 8 mm。

e. 桩位宜布置在纵横墙基础交接处、承重墙基础的中间、独立基础的中心或四角等部位,不宜布置在门窗洞口等薄弱部位。

f. 根据桩的位置确定工作坑的平面尺寸、深度和坡度,明确开挖顺序并应计算工作坑的边坡稳定性。

g. 千斤顶拆除应采取桩持荷的方式设计持荷转换装置,明确荷载转换和千斤顶拆除要求。

h. 确定基础抬升间隙的填充材料、工作坑的回填材料及回填要求。

(5)综合法设计。

① 综合法适用于建筑物体形较大、基础和工程地质条件较复杂或纠偏难度较大的纠偏工程。

② 综合法应根据建筑物倾斜状况、倾斜原因、结构类型、基础形式、工程地质和水文地质条件、纠偏方法特点及适用性等进行多种纠偏方法比选,选择一种最佳组合,并明确一种或两种主导方法。

③ 选择综合法应考虑所采用的两种及两种以上纠偏方法在实施过程中相互的不利影响。

（6）古建筑物纠偏设计。

① 古建筑物纠偏设计应根据主要倾斜原因、倾斜及裂损状况、地质条件、环境条件等综合选择纠偏加固方案，顶部控制回倾速率宜在 3～8 mm/d 范围内。

② 古建筑物纠偏设计文件除应包括一般纠偏工程设计内容外，尚应包含文物保护、复旧工程等设计内容。

③ 古建筑物纠偏增设或更换构件应具有可逆性。

④ 纠偏方法宜采用迫降法及综合法；当采用抬升法纠偏时，对基础应进行托换加固设计，对结构应进行临时加固设计。

⑤ 非地基基础引起的古建筑物倾斜，纠偏设计应避免对原地基的扰动。

⑥ 地基基础引起的古建筑物倾斜，纠偏作业部位宜选择在地基、基础或结构下部便于隐蔽的部位；对有地宫的古塔，纠偏部位应选择在地宫下的地基中。

⑦ 裂损的古建筑物或倾斜量大的古塔宜先加固后纠偏。

⑧ 木结构古建筑物因局部构件腐朽产生的倾斜，腐朽构件更换与纠偏宜同时进行。

⑨ 位于不稳定斜坡上的古建筑物纠偏，纠偏设计应考虑边坡病害治理和纠偏的相互影响。

⑩ 位于风景名胜区或居民区的古建筑物，纠偏设计应考虑施工机械噪声、粉尘、施工污水等对文物及环境的影响。

⑪ 位于地震区的古建筑物和高耸处的古塔，纠偏设计应考虑抗震、防雷击措施。

⑫ 安全防护系统的设计必须有两种以上的措施保护结构安全，并与应急预案配套形成多重防护体系。

（7）防复倾加固设计。

① 防复倾加固主要包括地基加固法、基础加固法、基础托换法、结构调整法和组合加固法等。

② 建筑物防复倾加固设计应在分析倾斜原因的基础上，按建筑物地基基础设计等级和场地复杂程度、上部结构现状、纠偏目标值、纠偏方法、施工难易程度、技术经济分析等，确定最佳的设计方案。

③ 防复倾加固设计应符合下列规定：

a. 应根据工程地质与水文地质条件、上部结构刚度和基础形式，选择合理的抗复倾结构体系，抗复倾力矩与倾覆力矩的比值宜为 1.1～1.3；

b. 基底合力的作用点宜与基础底面形心重合；

c. 应验算地基基础的承载力与沉降变形，当不满足要求时，应对地基基础进行加固。

④ 高层建筑物或高耸构筑物需设置抗拔桩时，应符合下列规定：

a. 单根抗拔桩所承受的拔力应按下式验算：

$$N_i = \frac{F_k + G_k}{n} - \frac{M_{xk} \cdot y_i}{\sum y_i^2} - \frac{M_{yk} \cdot x_i}{\sum x_i^2}$$

式中，F_k——相应于作用的标准组合时，上部结构传至基础顶面的竖向力值，kN；

　　G_k——基础自重和基础上的土重标准值，kN；

　　M_{xk}、M_{yk}——相应于荷载效应标准组合时，作用于倾斜建筑物基础底面形心的 x、

y 轴的力矩,$kN \cdot m$;

x_i、y_i——第 i 根桩至基础底面形心的 x、y 轴线的距离,m;

N_i——第 i 根桩所承受的拔力,kN。

b. 抗拔锚桩的布置和桩基抗拔承载力特征值应按现行行业标准《建筑桩基技术规范》(JGJ 94—2008)的相关规定确定,并应按下式验算:

$$N_{max} \leqslant kR_t$$

式中,N_{max}——单根桩承受的最大拔力,kN;

R_t——单根桩抗拔承载力特征值,kN;

k——系数,对于荷载标准组合,$k = 1.1$;对于地震作用和荷载标准组合,$k = 1.3$。

c. 当基础不满足抗拔桩抗拉要求时,应对基础进行加固;抗拔桩与原基础应可靠连接。

4. 纠偏施工

(1) 一般规定。

① 建筑物纠偏施工前应进行下列准备工作:

a. 收集和掌握原设计图纸及工程竣工验收文件、岩土工程勘察报告、气象资料、改扩建情况、建筑物检测与鉴定报告、纠偏设计文件及相关标准等;

b. 进行现场踏勘,查明相邻建筑物的基础类型、结构形式、质量状况和周边地下设施的分布状况等;

c. 编制纠偏施工组织设计或施工方案和应急预案,编制和审批应符合现行国家标准《建筑施工组织设计规范》(GB/T 50502—2009) 的相关规定。

② 纠偏工程施工前,应对原建筑物裂损情况进行标识确认,并在纠偏施工过程中进行裂缝变化监测。

③ 纠偏工程施工前,应对可能产生影响的相邻建筑物、地下设施等采取保护措施。

④ 纠偏施工过程中,应分析比较建筑物的纠偏沉降量(抬升量)与回倾量的协调性。

⑤ 纠偏施工过程中,应同步实施防止建筑物产生突沉的措施。

⑥ 纠偏工程应实行信息化施工,根据监测数据、修改后的相关设计参数及要求,调整施工顺序和施工方法。

⑦ 纠偏施工应根据设计的回倾速率设置预警值,达到预警值时,应立即停止施工,并采取控制措施。

⑧ 建筑物纠偏达到设计要求后,应对工作槽、孔和施工破损面等进行回填、封堵和修复。

(2) 迫降法施工。

① 迫降法纠偏应在监测点布设完成并进行初次监测后,方可实施。

② 迫降法纠偏每批每级施工完成后应有一定时间间隔,时间间隔长短根据回倾速率确定;纠偏施工后期,应减缓回倾速率,控制回倾量。

③ 掏土法纠偏施工应符合下列规定:

a. 根据设计文件和施工操作要求,确定辅助工作槽的深度、宽度和坡度及槽边堆土的位置和高度;深度超过 3 m 的工作槽应进行边坡稳定计算;槽底应设排水沟和集水井,槽边应设置截水沟。

b. 掏土孔(槽)的位置、尺寸和角度应满足设计要求,并应进行编号;分条掏土槽位偏差不应大于 10 cm,尺寸偏差不应大于 5 cm;钻孔孔位偏差不应大于 5 cm,角度偏差不应大于 3°。

c. 应先从建筑物沉降量最小的区域开始掏土,隔孔(槽)、分批、分级有序进行,逐步过渡。

d. 应测量每级掏土深度,人工掏土每级掏土深度偏差不应大于 5 cm,钻孔掏土每级掏土深度偏差不应大于 10 cm。

e. 应计量当天每孔(槽)的掏土量,并根据掏土量和纠偏监测数据确定下一步的掏土位置、数量和深度。

④ 地基应力解除法纠偏施工应符合下列规定:

a. 施工时宜采用功率较大的钻孔排泥设备。

b. 钻孔的位置、深度和孔径应满足设计要求,钻孔孔位偏差不应大于 10 cm。

c. 钻孔前应埋置护筒,避开地下管线、设施等,护筒高出地面应不小于 20 cm,并设置防护罩和防下沉措施。

d. 钻孔应先从建筑物沉降量最小的区域开始,隔孔分批成孔,首次钻进深度不应超过护筒以下 3 m。

e. 应确定每批取土排泥的孔位,每级取土排泥深度宜为 0.3 ～ 0.8 m。

f. 纠偏施工结束,应封孔后再拔出护筒。

⑤ 辐射井法纠偏施工应符合下列规定:

a. 辐射井井位、射水孔位置和射水孔角度应符合设计要求,辐射井井位偏差不应大于 20 cm,射水孔应进行编号,射水孔孔位偏差不应大于 3 cm,角度偏差不应大于 3°;射水孔距射水平台不宜小于 1.2 m。

b. 辐射井成井施工应采用支护措施;井口应高出地面不小于 0.2 m,并设置防护设施。

c. 射水孔应设置保护套管,保护套管在基础下的长度不宜小于 20 cm。

d. 射水顺序宜采用隔井射水、隔孔射水。

e. 射水水压和流量应满足设计要求,可根据现场试验性施工调整射水压力和流量。

f. 射水过程中射水管管嘴应伸到孔底;每级射水深度宜为 0.5 ～ 1.0 m。

g. 应计量排出的泥浆量,估算排土量,并确定下一批次的射水孔号和射水深度。

h. 泥浆应集中收集,环保排放。

⑥ 浸水法纠偏施工应符合下列规定:

a. 注水孔位置和深度应符合设计要求,位置偏差不应大于 20 cm,深度偏差不应大于 10 cm,注水孔应进行编号。

b. 注水孔底和注水管四周应设置保护碎石或粗砂,厚度不宜小于 20 cm。

c. 注水量、流速、压力应符合设计要求,可根据现场施工监测结果调整注水量。

d. 应确定各注水孔的注水顺序,注水应隔孔分级注水,每天注水量不应超过该孔注水总量的 10%。

e. 应避免外来水流入注水孔内。

⑦ 降水法纠偏施工应符合下列规定：

a. 降水井井位、深度应准确，井位偏差不宜大于 20 cm，应对降水井进行编号。

b. 打井施工时应保证井壁稳定，泥浆应集中收集，环保排放；井口高出地面应不小于 0.2 m，并应设置防护设施。

c. 抽水顺序应采用隔井抽水，降水水位应符合设计要求，根据现场监测结果进行调整。

d. 水位观测应准确并做好记录，观测井内不得抽水。

⑧ 堆载加压法施工应符合下列规定：

a. 堆载材料选择应遵循就地取材的原则，选择质量较大、易于搬运码放的材料。

b. 堆载前应按设计要求进行结构加固或增设临时支撑，加固材料强度达到设计要求后方可堆载。

c. 堆载应分级进行，每级堆载应从建筑物沉降量最小的区域开始，堆载重量不应超过设计规定的重量，当回倾速率满足设计要求后方可进行下一级堆载。

d. 卸载时间和卸载量应根据监测的回倾情况、沉降量和地基土回弹等因素确定。

⑨ 桩基卸载法施工应符合下列规定：

a. 桩顶卸载法施工应符合下列要求：

ⅰ. 根据卸载部位和操作要求，设计工作坑的位置、尺寸和坡度；

ⅱ. 应保证托换结构插筋与原结构连接牢固，避免破坏原桩内的钢筋；

ⅲ. 在托换体系的材料强度达到设计要求并检查确认托换体系可靠连接后方可进行截桩，截桩时不应产生过大的振动或扰动，并保证截断面平整；

ⅳ. 每批截桩应从建筑物沉降量最小的区域开始，每批截桩数严禁超过设计规定；

ⅴ. 应在截断的桩头上加垫钢板；

ⅵ. 桩顶卸载应分级进行，单级最大沉降量不应大于 10 mm，顶部控制回倾速率不应大于 20 mm/d，每级卸载后应间隔一定时间，当顶部回倾量与本级迫降量协调后方可进行下一级卸载；

ⅶ. 连接节点的钢筋焊接质量应满足《混凝土结构工程施工质量验收规范》(GB 50204—2015)、《钢筋焊接及验收规程》(JGJ 18—2012)和《钢筋焊接接头试验方法标准》(JGJ/T 27—2014)的规定，连接节点的空隙填充应密实。

b. 桩身卸载法施工应符合下列要求：

ⅰ. 桩周土卸载应两侧对称进行，保留一定范围桩周土；

ⅱ. 射水初始阶段对部分桩周土射水，应采用较低的射水压力、较小的射水量和持续较短的射水时间；

ⅲ. 桩身卸载纠偏应分级同步协调进行，每级纠偏时建筑物顶部控制回倾速率不应大于 10 mm/d，每级卸载后应有一定时间间隔；

ⅳ. 根据上次纠偏监测数据确定后续的射水位置、范围、深度和时间；

ⅴ. 纠偏结束后应及时恢复桩身摩擦力，材料回填密实。

（3）抬升法施工。

① 抬升纠偏前应进行沉降观测，地基沉降稳定后方可实施纠偏；应复核每个抬升点的总抬升量和各级抬升量，并作出标记。

② 千斤顶额定工作荷载应根据设计确定，且使用前应进行标定。

③ 托换结构体系应达到设计承载力要求且验收合格后方可进行抬升施工。

④ 抬升过程中，各千斤顶每级的抬升量应严格控制。

⑤ 抬升纠偏施工期间应避开恶劣天气和周围振动环境的影响。

⑥ 上部结构托梁抬升法施工应符合下列规定：

a. 托换结构内纵筋应采用机械连接或焊接，接头位置避开抬升点。

b. 砌体结构托梁施工应分段进行，墙体开洞长度由计算确定；在混凝土强度达到设计强度的 75% 以后进行相邻段托梁施工；夹墙梁应连续施工，在混凝土强度达到设计强度的 100% 以后方可进行对拉螺栓安装。

c. 框架结构断柱时相邻柱不应同时断开，必要时应采取临时加固措施。

d. 对于千斤顶外置抬升，竖向荷载转换到千斤顶后方可进行竖向承重结构的截断施工；对于框架结构千斤顶内置抬升，竖向荷载转换到托换结构后方可进行竖向承重结构的截断施工。

e. 应避免结构局部拆除或截断时对保留结构产生较大的扰动和损伤。

f. 抬升监测点的布设每柱或每抬升处不应少于一点，并在结构截断前完成；截断施工时，应监测墙、柱的竖向变形和托换结构的异常变形。

g. 正式抬升前必须进行一次试抬升。

h. 抬升过程中钢垫板应做到随抬随垫，各层垫块位置应准确，相邻垫块应进行焊接。

i. 抬升应分级进行，单级最大抬升量不应大于 10 mm，每级抬升后应有一定间隔时间，当顶部回倾量与本级抬升量协调后方可进行下一级抬升。

j. 恢复结构连接完成并达到设计强度后方可拆除千斤顶；当框架结构采用千斤顶内置式抬升时，应先对支墩和新加牛腿可靠连接后再拆除千斤顶。

⑦ 锚杆静压桩抬升法施工应符合下列规定：

a. 反力架应与原结构可靠连接，锚杆应进行抗拔力试验。

b. 基础中压桩孔开孔宜采用振动较小的方法，并保证开孔位置、尺寸准确。

c. 桩位平面偏差不应大于 20 mm，单节桩垂直度偏差不应大于 1%，节与节之间应可靠连接。

d. 处于边坡上的建筑物，应避免因压桩挤土效应引起建筑物的水平位移。

e. 压桩应分批进行，相邻桩不应同时施工，当桩压至设计持力层和设计压桩力并持荷不少于 5 min 后方可停止压桩。

f. 在抬升范围的各桩均达到控制压桩力且试抬升合格后方可进行抬升施工。

g. 抬升应分级同步协调进行，单级最大抬升量不应大于 10 mm，每级抬升后应有一定间隔时间，当顶部回倾量与本级抬升量协调后方可进行下一级抬升。

h. 抬升量的监测应每柱或每抬升处不少于一点。

i. 基础与地基土的间隙应填充密实,强度应达到设计要求。

j. 持荷封桩应采用荷载转换装置,荷载完全转换后方可拆除抬升装置,封桩混凝土达到设计强度后方可拆除转换装置。

k. 锚杆静压桩施工除应符合《建筑物倾斜纠偏技术规程》(JGJ 270—2012)的规定外,还应按现行国家标准《既有建筑地基基础加固技术规范》(JGJ 123—2012)执行。

⑧ 坑式静压桩抬升法施工应符合下列规定:

a. 工作坑应跳坑开挖,严禁超挖,开挖后应及时压桩支顶。

b. 压桩桩位偏差不应大于 20 mm,各桩段间应焊接连接。

c. 压桩施工应保证桩的垂直度,单节桩垂直度偏差不应大于 1%,当桩压至设计持力层和设计压桩力并持荷不少于 5 min 后方可停止压桩。

d. 在抬升范围内的各桩均达到最终压桩力后进行一次试抬升,试抬升合格后方可进行抬升施工。

e. 抬升应分级同步协调进行,单级最大抬升量不应大于 10 mm,每级抬升后应有一定间隔时间,当顶部回倾量与本级抬升量协调后方可进行下一级抬升。

f. 撤除抬升千斤顶应控制基础下沉量和桩顶回弹,千斤顶承受的荷载通过转换装置完全转换后方可拆除千斤顶。

g. 基础与地基之间的抬升缝隙应填充密实。

(4) 综合法施工。

① 两种及两种以上纠偏方法组合纠偏施工,应确定各方法的施工顺序和实施时间。

② 迫降法与抬升法组合不宜同时施工,抬升法施工应在基础沉降稳定后进行。

(5) 古建筑物纠偏施工。

① 纠偏施工前应先落实和完善文物保护措施;应在文物专家的指导下,对文物、梁、柱及壁画等进行围挡、包裹、遮盖和妥善保护,并应设专人监护。

② 对需要临时拆除的结构构件,应先从多角度拍照、录像,拆除时应进行编号、登记并按顺序妥善保存。

③ 纠偏施工前应对工人进行文物保护法制教育,施工中若新发现文物古迹,应立即上报文物主管部门,并应停止施工保护好施工现场。

④ 纠偏施工前应完成结构安全保护和施工安全防护,并保证安全防护系统可靠。

⑤ 纠偏施工前应对主要的施工工序、施工工艺和文物保护措施进行试验性实施演练。

⑥ 当古建筑物的倾斜与滑坡、崩塌等地质灾害有关时,应先实施灾害源的治理施工,后进行纠偏施工。

⑦ 监测点的布置和拆除应减少对古建筑物的损伤,拆除后应按原样做好外观复原工作。

⑧ 对有地宫的古塔实施纠偏时,应采取措施防止地下水或施工用水进入地宫。

⑨ 采用抬升法纠偏时,应先对基础进行加固托换,对结构进行临时加固;抬升前应进行试抬升。

⑩ 纠偏施工应严格控制回倾速率,做到回倾缓慢、平稳、协调。

⑪ 纠偏完成后应修复防震、防雷系统,并按原样做好外观复旧工作。

（6）防复倾加固施工。

① 当建筑物沉降未稳定时,应先对沉降较大一侧进行防复倾加固施工;对沉降较小一侧,应在纠偏完成后进行防复倾加固施工。

② 防复倾加固施工应减少对建筑物不均匀沉降的不利影响,严格控制地基附加沉降。

③ 当采用注浆法加固地基时,各种注浆参数应由试验确定,注浆施工应重点控制注浆压力和流量,宜按跳孔间隔由疏到密、先外围后内部的方式进行。

④ 当采用锚杆静压桩进行防复倾加固施工时,压入锚杆桩应隔桩施工,由疏到密进行;建筑物沉降大的一侧采用持荷封桩法,沉降小的一侧直接封桩。

⑤ 对于饱和粉砂、粉土、淤泥土或地下水位较高的地基,防复倾加固成孔时不应采用产生较大振动的机械。

⑥ 防复倾地基加固施工除应符合《建筑物倾斜纠偏技术规程》(JGJ 270—2012)的规定外,还应按现行行业标准《既有建筑地基基础加固技术规范》(JGJ 123—2012)执行。

5. 监测

（1）一般规定。

① 纠偏工程施工前,应制定现场监测方案并布设完成监测点。

② 纠偏工程应对建筑物的倾斜、沉降、裂缝进行监测;水平位移、主要受力构件的应力应变、地下水位、设施与管线变形、地面沉降和相邻建筑物沉降等的监测可选择进行。

③ 沉降监测点、倾斜监测点、水平位移监测点布置应能全面反映建筑物及地基在纠偏过程中的变形特征,并应对监测点采取保护措施。

④ 同一监测项目宜采用两种监测方法,对照检查监测数据;宜采用自动化监测技术。

⑤ 纠偏工程监测频率和监测周期应符合下列规定:

a. 施工过程中的监测应根据施工进度进行,施工前应确定监测初始值。

b. 施工过程中每天监测不应少于两次,每级次纠偏施工监测不应少于一次。

c. 当监测数据达到预警值或监测数据异常时,应立即报告,并加大监测频率或采用自动化监测技术进行实时监测。

d. 纠偏竣工后,建筑物沉降观测时间不应少于 6 个月,重要建筑、软弱地基上的建筑物观测时间不应少于 1 年;第一个月的监测频率应为每 10 天不少于一次,第二、三个月应为每 15 天不少于一次,以后每月不应少于一次。

⑥ 监测应由专人负责,并固定仪器设备;监测仪器设备应能满足观测精度和量程的要求,且应有检定合格标识。

⑦ 每次监测工作结束后,应提供监测记录,监测记录应符合《建筑物倾斜纠偏技术规程》(JGJ 270—2012)附录 B 的规定;竣工后应提供施工期间的监测报告;监测结束后应提供最终监测报告。

⑧ 纠偏监测除应符合《建筑物倾斜纠偏技术规程》(JGJ 270—2012)外,还应符合现行国家标准《工程测量标准》(GB 50026—2020)和《建筑变形测量规范》(JGJ 8—2016)的有关规定。

（2）沉降监测。

① 纠偏工程施工沉降监测应测定建筑物的沉降值，并计算沉降差、沉降速率、倾斜率、回倾速率。

② 纠偏沉降监测等级不应低于二级沉降观测。

③ 沉降监测应设置高程基准点，基准点设置不应少于 3 个；基准点应设置在建筑物和纠偏施工所产生的沉降影响范围以外，位置稳定、易于长期保存的地方，并应进行复测。

④ 沉降监测点布设应能全面反映建筑物及地基变形特征，除满足现行行业标准《建筑变形测量规范》（JGJ 8—2016）的有关规定外，还应按照沿外墙不大于 3 m 间距布设。

⑤ 沉降监测报告内容应包括基准点布置图、沉降监测点布置图、沉降监测成果表、沉降曲线图、沉降监测成果分析与评价。

（3）倾斜监测。

① 建筑物的倾斜监测应测定建筑物顶部监测点相对于底部监测点或上部监测点相对于下部监测点的水平变位值和倾斜方向，并计算建筑物的倾斜率。

② 倾斜监测方法应根据建筑物特点、倾斜情况和监测环境条件等选择、确定。

③ 倾斜监测点宜布置在建筑物的角点和倾斜量较大的部位，并应埋设明显的标志。

④ 倾斜监测报告内容应包括倾斜监测点位布置图、倾斜监测成果表、主体倾斜曲线图、倾斜监测成果分析与评价。

（4）裂缝监测。

① 裂缝监测内容包括裂缝位置、分布、走向、长度、宽度及变化情况。

② 应采用裂缝宽度对比卡、塞尺、裂纹观测仪等监测裂缝宽度，用钢尺度量裂缝长度，用贴石膏块的方法监测裂缝的发展变化。

③ 纠偏工程施工前，应对建筑物原有裂缝进行观测，统一编号并做好记录。

④ 纠偏工程施工过程中，当监测发现原有裂缝发生变化或出现新裂缝时，应停止纠偏施工，分析裂缝产生的原因，评估其对结构安全性的影响程度。

⑤ 裂缝监测报告内容应包括裂缝位置分布图、裂缝观测成果表、裂缝变化曲线图。

（5）水平位移监测。

① 应对靠近边坡地段倾斜建筑物的水平位移和场地滑坡进行监测。

② 水平位移观测点布置应选择在墙角、柱基及裂缝两边。

③ 水平位移监测可选用视准线法、激光准直法、测边角法等方法。

④ 纠偏工程施工过程中，当发生水平位移时，必须停止纠偏施工。

⑤ 水平位移监测报告内容应包括水平位移观测点位布置图、水平位移观测成果表、建筑物水平位移曲线图。

二、基础加固

1. 基本规定

（1）既有建筑地基基础加固前，应对既有建筑地基基础及上部结构进行鉴定。

（2）既有建筑地基基础加固设计应符合下列规定：

① 应验算地基承载力。

② 应计算地基变形。

③ 应验算基础抗弯、抗剪、抗冲切承载力。

④ 受较大水平荷载或位于斜坡上的既有建筑物地基基础加固，以及邻近新建建筑、深基坑开挖、新建地下工程基础埋深大于既有建筑基础埋深并对既有建筑产生影响时，应进行地基稳定性验算。

（3）加固后的既有建筑地基基础使用年限应满足加固后的既有建筑设计使用年限的要求。

（4）纠倾加固、移位加固、托换加固施工过程应设置现场监测系统，监测纠倾变位、移位变位和结构的变形。

（5）既有建筑地基基础加固工程，应在施工期间及使用期间对建筑物进行沉降观测，直至沉降达到稳定为止。

2. 加固方法

（1）基本规定。

① 确定地基基础加固施工方案时，应分析评价施工工艺和方法对既有建筑附加变形的影响。

② 对既有建筑地基基础加固采取的施工方法应保证新、旧基础可靠连接，导坑回填应达到设计密实度要求。

③ 当选用钢管桩等进行既有建筑地基基础加固时，应采取有效的防腐措施或增加钢管腐蚀量壁厚的技术保护措施。

（2）基础补强注浆加固。

① 基础补强注浆加固适用于由不均匀沉降、冻胀或其他原因引起的基础裂损的加固。

② 基础补强注浆加固施工应符合下列规定：

a. 在原基础裂损处钻孔，注浆管直径可为 25 mm，钻孔与水平面的倾角不应小于30°，钻孔孔径不应小于注浆管的直径，钻孔孔距可为 0.5 ~ 1.0 m。

b. 浆液材料可采用水泥浆或改性环氧树脂等，注浆压力可取 0.1 ~ 0.3 MPa。如果浆液不下沉，可逐渐加大压力至 0.6 MPa，浆液在 10 ~ 15 min 内不再下沉，可停止注浆。

c. 单独基础每边钻孔不应少于 2 个；条形基础应沿基础纵向分段施工，每段长度可取1.5 ~ 2.0 m。

（3）扩大基础加固。

① 扩大基础加固包括加大基础底面积法、加深基础法和抬墙梁法等。

② 加大基础底面积法适用于当既有建筑物荷载增加、地基承载力或基础底面积尺寸不满足设计要求，且基础埋置较浅，基础具有扩大条件时的加固，可采用混凝土套或钢筋混凝土套扩大基础底面积。设计时，应采取有效措施，保证新、旧基础的连接牢固和变形协调。

③ 加大基础底面积法的设计和施工应符合下列规定：

a. 当基础承受偏心受压荷载时,可采用不对称加宽基础;当基础承受中心受压荷载时,可采用对称加宽基础。

b. 在灌注混凝土前,应将原基础凿毛和刷洗干净,刷一层高强度等级水泥浆或涂混凝土界面剂,增加新、老混凝土基础的黏结力。

c. 对基础加宽部分,地基上应铺设厚度和材料与原基础垫层相同的夯实垫层。

d. 当采用混凝土套加固时,基础每边加宽后的外形尺寸应符合现行国家标准《建筑地基基础设计规范》(GB 50007—2011)中有关无筋扩展基础或刚性基础台阶宽高比允许值的规定,沿基础高度隔一定距离应设置锚固钢筋。

e. 当采用钢筋混凝土套加固时,基础加宽部分的主筋应与原基础内主筋焊接连接。

f. 对条形基础加宽时,应按长度 1.5 ~ 2.0 m 划分单独区段,并采用分批、分段、间隔施工的方法。

④ 当不宜采用混凝土套或钢筋混凝土套加大基础底面积时,可将原独立基础改成条形基础;将原条形基础改成十字交叉条形基础或筏形基础;将原筏形基础改成箱形基础。

⑤ 加深基础法适用于浅层地基土层可作为持力层,且地下水位较低的基础加固。可增加原基础埋置深度,使基础支承在较好的持力层上。当地下水位较高时,应采取相应的降水或排水措施,同时应分析评价降排水对建筑物的影响。设计时,应考虑原基础能否满足施工要求,必要时应进行基础加固。

⑥ 加深基础的混凝土墩可以设计成间断的或连续的。施工时,应先设置间断的混凝土墩,并在挖掉墩间土后,灌注混凝土形成连续墩式基础。基础加深的施工应按下列步骤进行:

a. 先在贴近既有建筑基础的一侧分批、分段间隔开挖长约 1.2 m、宽约 0.9 m 的竖坑,对坑壁不能直立的砂土或软弱地基应进行坑壁支护,竖坑底面埋深应大于原基础底面埋深 1.5 m。

b. 在原基础底面下,沿横向开挖与基础同宽且深度达到设计持力层深度的基坑。

c. 基础下的坑体应采用现浇混凝土灌注,并在距原基础底面下 200 mm 处停止灌注,待养护 1 d 后,用掺入膨胀剂和速凝剂的干稠水泥砂浆填入基底空隙,并挤实填筑的砂浆。

⑦ 当基础为承重的砖石砌体、钢筋混凝土基础梁时,墙基应跨越两墩之间,如原基础强度不能满足两墩间的跨越,应在坑间设置过梁。

⑧ 对较大的柱基用加深基础法加固时,应将柱基面积划分为几个单元进行加固,一次加固不宜超过基础总面积的 20%,应先从角端处开始施工。

⑨ 抬墙梁法可采用预制的钢筋混凝土梁或钢梁,穿过原房屋基础梁下,置于基础两侧预先做好的钢筋混凝土桩或墩上。抬墙梁的平面位置应避开一层门窗洞口。

(4)锚杆静压桩法。

① 锚杆静压桩法适用于淤泥、淤泥质土、黏性土、粉土、人工填土湿陷性黄土等地基加固。

② 锚杆静压桩设计应符合下列规定:

a. 锚杆静压桩的单桩竖向承载力可通过单桩载荷试验确定；当无试验资料时，可按地区经验确定，也可按现行国家标准《建筑地基基础设计规范》(GB 50007—2011) 和《建筑桩基技术规范》(JGJ 94—2008) 有关规定估算。

b. 压桩孔应布置在墙体的内外两侧或柱子四周。设计桩数应由上部结构荷载及单桩竖向承载力计算确定；施工时，压桩力不得大于该加固部分的结构自重荷载。压桩孔可预留或在扩大基础上由人工或机械开凿，压桩孔的截面形状可做成上小下大的截头锥形，压桩孔洞口的底板、板面应设保护附加钢筋，其孔口每边不宜小于桩截面边长的 50 ~ 100 mm。

c. 当既有建筑基础承载力和刚度不满足压桩要求时，应对基础进行加固补强，或采用新浇筑钢筋混凝土挑梁或抬梁作为压桩承台。

d. 桩身制作除应满足现行行业标准《建筑桩基技术规范》(JGJ 94—2008) 的规定外，还应符合下列规定：

ⅰ. 桩身可采用钢筋混凝土桩、钢管桩、预制管桩、型钢等。

ⅱ. 钢筋混凝土桩宜采用方形，其边长宜为 200 ~ 350 mm；钢管桩直径宜为 100 ~ 600 mm，壁厚宜为 5 ~ 10 mm；预制管桩直径宜为 400 ~ 600 mm，壁厚不宜小于 10 mm。

ⅲ. 每段桩节长度，应根据施工净空高度及机具条件确定，每段桩节长度宜为 1.0 ~ 3.0 m。

ⅳ. 钢筋混凝土桩的主筋配置应根据计算确定，且应满足最小配筋率要求。当方桩截面边长为 200 mm 时，配筋直径不宜少于 10 mm；当边长为 250 mm 时，配筋不宜少于 4φ12；当边长为 300 mm 时，配筋不宜少于 4φ14；当边长为 350 mm 时，配筋不宜少于 4φ16；抗拔桩主筋由计算确定。

ⅴ. 钢筋宜选用 HRB400 及以上，桩身混凝土强度等级不应小于 C30。

ⅵ. 当单桩承载力设计值大于 1500 kN 时，宜选用直径不小于 400 mm 的钢管桩。

ⅶ. 当桩身承受拉应力时，桩节的连接应采用焊接接头；在其他情况下，桩节的连接可采用硫磺胶泥接头或其他方式连接。当采用硫磺胶泥接头连接时桩节两端连接处应设置焊接钢筋网片，一端应预埋插筋，另一端应预留插筋孔和吊装孔；当采用焊接接头时，桩节的两端均应设置预埋连接件。

e. 原基础承台除应满足承载力要求外，还应符合下列规定：

ⅰ. 承台周边至边桩的净距不宜小于 300 mm；

ⅱ. 承台厚度不宜小于 400 mm；

ⅲ. 桩顶嵌入承台内长度应为 50 ~ 100 mm，当桩承受拉力或有特殊要求时，应在桩顶四角增设锚固筋，锚固筋伸入承台内的锚固长度，应满足钢筋锚固要求；

ⅳ. 压桩孔内应采用混凝土强度等级为 C30 或不低于基础强度等级的微膨胀早强混凝土浇筑密实；

ⅴ. 当原基础厚度小于 350 mm 时，压桩孔应采用 2φ16 钢筋交叉焊接于锚杆上，并应在浇筑压桩孔混凝土时，在桩孔顶面以上浇筑桩帽，厚度不得小于 150 mm。

f. 锚杆应根据压桩力大小通过计算确定。锚杆可采用带螺纹锚杆、端头带镦粗锚杆

或带爪肢锚杆,并应符合下列规定:

　　ⅰ.当压桩力小于400 kN时,可采用M24锚杆;当压桩力为400～500 kN时,可采用M27锚杆。

　　ⅱ.锚杆螺栓的锚固深度可采用12～15倍螺栓直径,且不应小于300 mm,锚杆露出承台顶面长度应满足压桩机具要求,且不应小于120 mm。

　　ⅲ.锚杆螺栓在锚杆孔内的胶黏剂可采用植筋胶、环氧砂浆或硫磺胶泥等。

　　ⅳ.锚杆与压桩孔、周围结构及承台边缘的距离不应小于200 mm。

　　③ 锚杆静压桩施工应符合下列规定。

　　a.锚杆静压桩施工前,应做好下列准备工作:

　　ⅰ.清理压桩孔和锚杆孔施工工作面;

　　ⅱ.制作锚杆螺栓和桩节;

　　ⅲ.开凿压桩孔,孔壁凿毛,将原承台钢筋割断后弯起,待压桩后再焊接;

　　ⅳ.开凿锚杆孔,应确保锚杆孔内清洁、干燥后再埋设锚杆,并以胶黏剂加以封固。

　　b.锚杆静压桩施工应符合下列规定:

　　ⅰ.压桩架应保持竖直,锚固螺栓的螺母或锚具应均衡紧固,压桩过程中,应随时拧紧松动的螺母。

　　ⅱ.就位的桩节应保持竖直,使千斤顶、桩节及压桩孔轴线重合,不得采用偏心加压;压桩时,应垫钢板或桩垫,套上钢桩帽后再进行压桩。桩位允许偏差应为±20 mm,桩节垂直度允许偏差应为桩节长度的±1.0%;钢管桩平整度允许偏差应为±2 mm,接桩处的坡口应为45°,焊缝应饱满、无气孔、无杂质,焊缝高度应为$h=t+1$(mm,t 为壁厚)。

　　ⅲ.桩应一次连续压到设计高程。当必须中途停压时,桩端应停留在软弱土层中,且停压的间隔时间不宜超过24 h。

　　ⅳ.压桩施工应对称进行,在同一个独立基础上,不应数台压桩机同时加压施工。

　　ⅴ.焊接接桩前,应对准上、下节桩的垂直轴线,且应清除焊面铁锈后,方可进行满焊施工。

　　ⅵ.采用硫磺胶泥接桩时,其操作施工应按现行国家标准《建筑地基基础工程施工质量验收标准》(GB 50202—2018)执行。

　　ⅶ.可根据静力触探资料,预估最大压桩力选择压桩设备。最大压桩力 $P_{p(z)}$ 和设计最终压桩力 P_p 可分别按下式计算:

$$P_{p(z)} = K_s \cdot P_{s(z)}$$
$$P_p = K_p \cdot R_d$$

式中,$P_{p(z)}$——桩入土深度为 z 时的最大压桩力,kN;

　　　　K_s——换算系数,m²,可根据经验确定;

　　　　$P_{s(z)}$——桩入土深度为 z 时的最大比贯入阻力,kPa;

　　　　P_p——设计最终压桩力,kN;

　　　　K_p——压桩力系数,可根据经验确定,且不宜小于2.0;

　　　　R_d——单桩竖向承载力特征值,kN。

　　ⅷ.桩尖应达到设计深度,压桩力不小于设计单桩承载力1.5倍且持续时间不少于

5 min 时,可终止压桩。

ix. 封桩前,应凿毛和刷洗干净桩顶桩侧表面,并涂混凝土界面剂,压桩孔内封桩应采用 C30 或 C35 微膨胀混凝土,封桩可采用不施加或施加预应力的方法。

④ 锚杆静压桩质量检验应符合下列规定:

a. 最终压桩力与桩压入深度应符合设计要求。

b. 桩帽梁、交叉钢筋及焊接质量应符合设计要求。

c. 桩位允许偏差应为 ±20 mm。

d. 桩节垂直度允许偏差不应大于桩节长度的 1.0%。

e. 钢管桩平整度允许偏差应为 ±2 mm,接桩处的坡口应为 45°,接桩处焊缝应饱满、无气孔、无杂质,焊缝高度应为 $h = t + 1$(mm,t 为壁厚)。

f. 桩身试块强度和封桩混凝土试块强度应符合设计要求。

(5) 树根桩法。

① 树根桩法适用于淤泥、淤泥质土、黏性土、粉土、砂土、碎石土及人工填土等地基的加固。

② 树根桩设计应符合下列规定:

a. 树根桩的直径宜为 150 ~ 400 mm,桩长不宜超过 30 m,桩的布置可采用直桩或网状结构斜桩。

b. 树根桩的单桩竖向承载力可通过单桩载荷试验确定;当无试验资料时,也可按现行国家标准《建筑地基基础设计规范》(GB 50007—2011) 的有关规定估算。

c. 桩身混凝土强度等级不应小于 C20;混凝土细石骨料粒径宜为 10 ~ 25 mm;钢筋笼外径宜小于设计桩径的 40 ~ 60 mm;主筋直径宜为 12 ~ 18 mm;箍筋直径宜为 6 ~ 8 mm,间距宜为 150 ~ 250 mm;主筋不得少于 3 根。桩承受压力作用时,主筋长度不得小于桩长的 2/3;桩承受拉力作用时,桩身应通长配筋;对直径小于 200 mm 的树根桩,宜注水泥砂浆,砂粒粒径不宜大于 0.5 mm。

d. 有施工经验的地区可用钢管代替树根桩中的钢筋笼,并采用压力注浆提高承载力。

e. 树根桩设计时,应对既有建筑的基础进行承载力的验算。当基础不满足承载力要求时,应对原基础进行加固或增设新的桩承台。

f. 网状结构树根桩设计时,可将桩及周围土体视作整体结构进行整体验算,并应对网状结构中的单根树根桩进行内力分析和计算。

g. 网状结构树根桩的整体稳定性,可采用假定滑动面不通过网状结构树根桩的加固体进行计算,有施工经验的地区,可按圆弧滑动法考虑树根桩的抗滑力进行计算。

③ 树根桩法施工应符合下列规定:

a. 桩位允许偏差应为 ±20 mm;直桩垂直度和斜桩倾斜度允许偏差不应大于 1%。

b. 可采用钻机成孔穿过原基础混凝土。在土层中钻孔时,应采用清水或天然地基泥浆护壁;可在孔口附近下一段套管;作为端承桩使用时,钻孔应全桩长下套管。钻孔到设计高程后,清孔至孔口泛清水为止;当土层中有地下水,且成孔困难时,可采用套管跟进成孔或利用套管替代钢筋笼一次成桩。

c. 钢筋笼宜整根吊放。当分节吊放时,若节间钢筋搭接焊缝采用双面焊,搭接长度不得小于 5 倍钢筋直径;若采用单面焊,搭接长度不得小于 10 倍钢筋直径。注浆管应直插到孔底,需二次注浆的树根桩应插两根注浆管,施工时应缩短吊放和焊接时间。

d. 当采用碎石和细石填料时,填料应经过清洗,投入量不应小于计算桩孔体积的90%。填灌时,应同时采用注浆管注水清孔。

e. 注浆材料可采用水泥浆、水泥砂浆或细石混凝土,当采用碎石填灌时,注浆应采用水泥浆。

f. 当采用一次注浆时,泵的最大工作压力不应低于 1.5 MPa。注浆时,起始注浆压力不应小于 1.0 MPa,待浆液经注浆管从孔底压出后,注浆压力可调整为 0.1 ~ 0.3 MPa,浆液泛出孔口时,应停止注浆。当采用二次注浆时,泵的最大工作压力不宜低于 4.0 MPa,且待第一次注浆的浆液初凝时,方可进行第二次注浆。浆液的初凝时间根据水泥品种和外加剂掺量确定,且宜为 45 ~ 100 min。第二次注浆压力宜为 1.0 ~ 3.0 MPa,二次注浆不宜采用水泥砂浆和细石混凝土。

g. 注浆施工时,应采用间隔施工、间歇施工或增加速凝剂掺量等技术措施,防止出现相邻桩冒浆和窜孔现象。

h. 树根桩法施工时桩身不得出现缩颈和塌孔。

i. 拔管后,应立即在桩顶填充碎石,并在桩顶 1 ~ 2 m 范围内补充注浆。

④ 树根桩质量检验应符合下列规定:

a. 每 3 ~ 6 根桩,应留一组试块,并测定试块抗压强度。

b. 应采用载荷试验检验树根桩的竖向承载力,有经验时,可采用动测法检验桩身质量。

(6)坑式静压桩法。

① 坑式静压桩法适用于淤泥、淤泥质土、黏性土、粉土、湿陷性黄土和人工填土且地下水位较低的地基加固。

② 坑式静压桩设计应符合下列规定:

a. 坑式静压桩的单桩承载力,可按现行国家标准《建筑地基基础设计规范》(GB 50007—2011)的有关规定估算。

b. 桩身可采用直径为 100 ~ 600 mm 的开口钢管,或边长为 150 ~ 350 mm 的预制钢筋混凝土方桩,每节桩长可根据既有建筑基础下坑的净空高度和千斤顶的行程确定。

c. 钢管桩管内应满灌混凝土,桩管外宜做防腐处理,桩段之间宜用焊接连接;钢筋混凝土预制桩的上、下桩节之间宜用预埋插筋并采用硫磺胶泥接桩,或采用上、下桩节预埋铁件焊接成桩。

d. 桩的平面布置应根据既有建筑的墙体和基础形式及荷载大小确定,可采用一字形、三角形、正方形或梅花形等布置方式,应避开门窗等墙体薄弱部位,且应设置在结构受力节点位置。

e. 当既有建筑基础承载力不能满足压桩反力时,应对原基础进行加固,增设钢筋混凝土地梁、型钢梁或钢筋混凝土垫块,加强基础结构的承载力和刚度。

③ 坑式静压桩法施工应符合下列规定:

a. 施工时,先在贴近被加固建筑物的一侧开挖竖向工作坑,对砂土或软弱土等地基应进行坑壁支护,并在基础梁、承台梁或直接在基础底面下开挖竖向工作坑。

b. 压桩施工时,应在第一节桩桩顶上安置千斤顶及测力传感器,再驱动千斤顶压桩,每压入一节桩后,再接一节桩。

c. 钢管桩各节的连接处可采用套管接头;当钢管桩较长或土中有障碍物时,需采用焊接接头,整个焊口(包括套管接头)应为满焊;预制钢筋混凝土方桩,桩尖可将主筋合拢焊在桩尖辅助钢筋上,在密实砂和碎石类土中,可在桩尖处包以钢板桩靴,桩与桩间可采用焊接或硫磺胶泥接头。

d. 桩位允许偏差应为 ±20 mm,桩节垂直度允许偏差不应大于桩节长度的 1%。

e. 桩尖到达设计深度后,压桩力不得小于单桩竖向承载力特征值的 2 倍,且持续时间不应少于 5 min。

f. 封桩可采用预应力法或非预应力法施工:

ⅰ. 对钢筋混凝土方桩,压桩达到设计深度后,应采用 C30 微膨胀早强混凝土将桩与原基础浇筑成整体。

ⅱ. 当施加预应力封桩时,可采用型钢支架托换,再浇筑混凝土;对钢管桩,应根据工程要求在钢管内浇筑微膨胀早强混凝土,最后用混凝土将桩与原基础浇筑成整体。

④ 坑式静压桩法质量检验应符合下列规定:

a. 最终压桩力与压桩深度应符合设计要求。

b. 桩材试块强度应符合设计要求。

(7) 注浆加固。

① 注浆加固适用于砂土、粉土、黏性土和人工填土等地基的加固。

② 注浆加固设计前,宜进行室内浆液配比试验和现场注浆试验,确定设计参数和检验施工方法及设备;有施工经验的地区,可按地区经验确定设计参数。

③ 注浆加固设计应符合下列规定:

a. 劈裂注浆加固地基的浆液材料可选用以水泥为主剂的悬浊液,或选用水泥和水玻璃的双液型混合液。防渗堵漏注浆的浆液可选用水玻璃、水玻璃与水泥的混合液或化学浆液,不宜采用对环境有污染的化学浆液。对有地下水流动的地基土层加固,不宜采用单液水泥浆,宜采用双液注浆或其他初凝时间短的速凝配方。压密注浆可选用低坍落度的水泥砂浆,并应设置排水通道。

b. 注浆孔间距应根据现场试验确定,宜为 1.2 ~ 2.0 m;注浆孔可布置在基础内、外侧,基础内注浆后,应采取措施对基础进行封孔。

c. 浆液的初凝时间,应根据地基土质条件和注浆目的确定,砂土地基宜为 5 ~ 20 min,黏性土地基宜为 1 ~ 2 h。

d. 可根据经验公式确定注浆量和注浆有效范围的初步设计。施工图设计前,应通过现场注浆试验确定。在黏性土地基中,浆液注入率宜为 15% ~ 20%。注浆点上的覆盖土厚度不应小于 2.0 m。

e. 劈裂注浆的注浆压力,在砂土中宜为 0.2～0.5 MPa,在黏性土中宜为 0.2～0.3 MPa;对压密注浆,水泥砂浆浆液坍落度宜为 25～75 mm,注浆压力宜为 1.00～7.0 MPa。当采用水泥‑水玻璃双液快凝浆液时,注浆压力不应大于1 MPa。

④ 注浆加固施工应符合下列规定:

a. 施工场地应预先平整,并沿钻孔位置开挖沟槽和集水坑。

b. 注浆施工时,宜采用自动流量和压力记录仪,并应及时对资料进行整理分析。

c. 注浆孔的孔径宜为70~110 mm,垂直度偏差不应大于1%。

d. 花管注浆施工可按下列步骤进行:

ⅰ. 钻机与注浆设备就位;

ⅱ. 钻孔或采用振动法将花管置入土层;

ⅲ. 当采用钻孔法时,应从钻杆内注入封闭泥浆,插入孔径为50 mm的金属花管;

ⅳ. 待封闭泥浆凝固后,移动花管自下向上或自上向下进行注浆。

e. 塑料阀管注浆施工可按下列步骤进行:

ⅰ. 钻机与灌浆设备就位。

ⅱ. 钻孔。

ⅲ. 当钻孔钻到设计深度后,从钻杆内灌入封闭泥浆,或直接采用封闭泥浆钻孔。

ⅳ. 插入塑料单向阀管到设计深度,当注浆孔较深时,阀管中应加入水以减小阀管插入土层时的弯曲。

ⅴ. 待封闭泥浆凝固后,在塑料阀管中插入双向密封注浆芯管,再进行注浆,注浆时,应在设计注浆深度范围内自下而上(或自上而下)移动注浆芯管。

ⅵ. 当使用同一塑料阀管进行反复注浆时,每次注浆完毕后,应用清水冲洗塑料阀管中的残留浆液。对于不宜采用清水冲洗的场地,宜用陶土浆灌满阀管内。

f. 注浆管注浆施工可按下列步骤进行:

ⅰ. 钻机与灌浆设备就位;

ⅱ. 钻孔或采用振动法将金属注浆管压入土层;

ⅲ. 当采用钻孔法时,应从钻杆内灌入封闭泥浆,然后插入金属注浆管;

ⅳ. 待封闭泥浆凝固后(采用钻孔法时),捅去金属管的活络堵头进行注浆,注浆时,应在设计注浆深度范围内,自下而上移动注浆管。

g. 低坍落度砂浆压密注浆施工可按下列步骤进行:

ⅰ. 钻机与灌浆设备就位;

ⅱ. 钻孔或采用振动法将金属注浆管置入土层;

ⅲ. 向底层注入低坍落度水泥砂浆,应在设计注浆深度范围内,自下而上移动注浆管。

h. 封闭泥浆的7 d立方体试块的抗压强度应为0.3~0.5 MPa,浆液黏度应为80~90S。

i. 注浆用水泥的强度等级不宜小于32.5级。

j. 注浆时可掺用粉煤灰,掺入量可为水泥重量的20%~50%。

k. 浆液拌制时,可根据下列情况加入外加剂:

ⅰ. 加速浆体凝固的水玻璃,其模数应为3.0~3.3,水玻璃掺量应通过试验确定,宜为水泥用量的0.5%~3%;

ⅱ. 为提高浆液扩散能力和可泵性,可掺加表面活性剂(或减水剂),其掺加量应通过试验确定;

ⅲ. 为提高浆液均匀性和稳定性、防止固体颗粒离析和沉淀,可掺加膨润土,其掺加量不宜大于水泥用量的 5%;

ⅳ. 可掺加早强剂、微膨胀剂、抗冻剂、缓凝剂等,其掺加量应分别通过试验确定。

l. 注浆用水不得采用 pH 值小于 4 的酸性水或工业废水。

m. 水泥浆的水灰比比值宜为 0.6 ~ 2.0,常用水灰比比值为 1.0。

n. 劈裂注浆的流量宜为 7 ~ 15 L/min。充填型灌浆的流量不宜大于 20 L/min。压密注浆的流量宜为 10 ~ 40 L/min。

o. 注浆管上拔时,宜使用拔管机。塑料阀管注浆时,注浆芯管每次上拔高度应与阀管开孔间距一致,且宜为 330 mm;花管或注浆管注浆时,每次上拔或下钻高度宜为 300 ~ 500 mm;采用砂浆压密注浆,每次上拔高度宜为 400 ~ 600 mm。

p. 浆体应经过搅拌机充分搅拌均匀后,方可开始压注。注浆过程中,应不停缓慢搅拌,搅拌时间不应大于浆液初凝时间。浆液在泵送前,应经过筛网过滤。

q. 在日平均温度低于 5 ℃ 或最低温度低于 −3 ℃ 的条件下注浆时,应在施工现场采取保温措施,确保浆液不冻结。

r. 浆液水温不得超过 35 ℃,且不得将盛浆桶和注浆管路在注浆体静止状态暴露于阳光下,防止浆液凝固。

s. 注浆顺序应根据地基土质条件、现场环境、周边排水条件及注浆目的等确定,并应符合下列规定:

ⅰ. 注浆应采用先外围后内部的跳孔间隔的注浆施工方法,不得采用单向推进的压注方式;

ⅱ. 对有地下水流动的土层注浆,应自水头高的一端开始注浆;

ⅲ. 当注浆范围以外有边界约束条件时,可采用从边界约束远侧往近侧推进的注浆方式,深度方向宜由下向上进行注浆;

ⅳ. 对渗透系数相近的土层注浆,应先注浆封顶,再由下至上进行注浆。

t. 既有建筑地基注浆时,应对既有建筑及其邻近建筑、地下管线和地面的沉降、倾斜、位移和裂缝进行监测,且应采用多孔间隔注浆和缩短浆液凝固时间等技术措施,减少既有建筑基础、地下管线和地面因注浆而产生的附加沉降。

⑤ 注浆加固地基的质量检验应符合下列规定:

a. 注浆检验应在注浆施工结束 28 d 后进行。可用标准贯入试验、静力触探试验、轻便触探试验或静载荷试验对加固地层进行质量检测。对注浆效果的评定,应注重注浆前后数据的比较,并结合建筑物沉降观测结果综合评价注浆效果。

b. 应在加固土的全部深度范围内,每间隔 1.0 m 取样进行室内试验,测定其压缩性、强度或渗透性。

c. 注浆检验点应设在注浆孔之间,检测数量应为注浆孔数的 2% ~ 5%。当检验点合格率小于或等于 80%,或虽大于 80% 但检验点的平均值达不到强度或防渗的设计要求时,应对不合格的注浆区实施重复注浆。

d. 应对注浆凝固体试块进行强度试验。

(8) 石灰桩法。

① 石灰桩法适用于地下水位以下的黏性土、粉土、松散粉细砂、淤泥、淤泥质土、杂填土或饱和黄土等地基加固。对重要工程或地质条件复杂而又缺乏经验的地区,施工前应通过现场试验确定其适用性。

② 石灰桩法加固设计应符合下列规定:

a. 石灰桩桩身材料宜采用生石灰和粉煤灰(火山灰或其他掺合料)。生石灰中氧化钙含量不得低于70%,含粉量不得超过10%,最大块径不得大于50 mm。

b. 石灰桩的配合比(体积比)宜为生石灰:粉煤灰=1:1、1:1.5或1:2。为提高桩身强度,可掺入适量水泥、砂或石屑。

c. 石灰桩桩径应由成孔机具确定。桩距宜为2.5～3.5倍桩径,桩可按三角形或正方形布置。石灰桩地基处理的范围应比基础的宽度加宽1～2排桩,且不小于加固深度的一半。石灰桩桩长应由加固目的和地基土质等决定。

d. 成桩时,石灰桩材料的干密度ρ_d不应小于1.1 t/m³,石灰桩每延米灌灰量可按下式估算:

$$q = \eta_c \cdot \frac{\pi d^2}{4}$$

式中,q—— 石灰桩每延米灌灰量,m³/m;

$\quad\eta_c$—— 充盈系数,可取1.4～1.8,振动管外投料成桩取高值,螺旋钻成桩取低值;

$\quad d$—— 设计桩径,m。

e. 在石灰桩顶部宜铺设200～300 mm厚的石屑或碎石垫层。

f. 复合地基承载力和变形计算应符合现行国家标准《建筑地基处理技术规范》(JGJ 79—2012)的有关规定。

③ 石灰桩施工应符合下列规定:

a. 根据加固设计要求、土质条件、现场条件和机具供应情况,可选用振动成桩法(分管内填料成桩和管外填料成桩)、锤击成桩法、螺旋钻成桩法或洛阳铲成桩法等。桩位中心点的允许偏差不应超过桩距设计值的8%,桩的垂直度允许偏差不应大于桩长的1.5%。

b. 采用振动成桩法和锤击成桩法施工时,应符合下列规定:

i. 采用振动管内填料成桩法时,为防止生石灰膨胀堵住桩管,应加压缩空气装置及空中加料装置,管外填料成桩,应控制每次填料数量及沉管的深度;采用锤击成桩法时,应根据锤击的能量控制分段的填料量和成桩长度。

ii. 桩顶上部空孔部分,应采用3:7灰土或素土填孔封顶。

c. 采用螺旋钻成桩法施工时,应符合下列规定:

i. 根据成孔时电流大小和土质情况,检验场地情况与原勘察报告和设计要求是否相符;

ii. 钻杆达设计要求深度后,提钻检查成孔质量,清除钻杆上的泥土;

iii. 施工过程中,将钻杆沉入孔底,钻杆反转,叶片将填料边搅拌边压入孔底,钻杆被压密的填料逐渐顶起,钻尖升至离地面1.0～1.5 m或预定高程后停止填料,用3:7灰土或素土封顶。

d. 洛阳铲成桩法适用于施工场地狭窄的地基加固工程。洛阳铲成桩直径可为200～

300 mm，每层回填料厚度不宜大于 300 mm，用杆状重锤分层夯实。

e. 施工过程中，应设专人监测成孔及回填料的质量，并做好施工记录。当发现地基土质与勘察资料不符时，应查明情况并采取有效处理措施后，方可继续施工。

f. 当地基土含水量很高时，石灰桩应由外向内或沿地下水流方向施打，且宜采用间隔跳打施工。

④ 石灰桩质量检验应符合下列规定：

a. 施工时，应及时检查施工记录。当发现回填料不足、缩径严重时，应立即采取补救处理措施。

b. 施工过程中，应检查施工现场有无地面隆起异常及漏桩现象，并应按设计要求，抽查桩位、桩距，详细记录，对不符合质量要求的石灰桩，应采取补救处理措施。

c. 质量检验可在施工结束 28 d 后进行。可采用标准贯入、静力触探以及钻孔取样室内试验等检验方法，检测项目应包括桩体和桩间土强度，验算复合地基承载力。

d. 应对重要或大型工程进行复合地基载荷试验。

e. 石灰桩的检验数量不应少于总桩数的 2%，且不得少于 3 根。

（9）其他地基加固方法。

① 旋喷桩适用于处理淤泥、淤泥质土、黏性土、粉土、砂土、黄土、素填土和碎石土等地基。对于砾石粒径过大，含量过多及淤泥、淤泥质土有大量纤维质的腐殖土等，应通过现场试验确定其适用性。

② 灰土挤密桩适用于处理地下水位以上的粉土、黏性土、素填土、杂填土和湿陷性黄土等地基。

③ 水泥土搅拌桩适用于处理正常固结的淤泥与淤泥质土、素填土、软 - 可塑黏性土、松散 - 中密粉细砂、稍密 - 中密粉土、松散 - 稍密中粗砂、饱和黄土等地基。

④ 硅化注浆可分双液硅化法、单液硅化法和无压力单液硅化法。当地基土为渗透系数大于 2.0 m/d 的粗颗粒土时，可采用双液硅化法（水玻璃和氯化钙）；当地基土为渗透系数为 0.1 ~ 2.0 m/d 的湿陷性黄土时，可采用单液硅化法（水玻璃）；对自重湿陷性黄土，宜采用无压力单液硅化法。

⑤ 碱液注浆适用于处理非自重湿陷性黄土地基。

⑥ 人工挖孔混凝土灌注桩适用于地基变形过大或地基承载力不足等情况的基础托换加固。

⑦ 旋喷桩、灰土挤密桩、水泥土搅拌桩、硅化注浆、碱液注浆的设计与施工应符合《建筑地基处理技术规范》(JGJ 79—2012) 的有关规定。人工挖孔混凝土灌注桩的设计与施工应符合现行行业标准《建筑桩基技术规范》(JGJ 94—2008) 的有关规定。

第五节　钢筋混凝土构件抗震鉴定验算

（1）框架梁、柱、抗震墙和连梁，其端部截面组合的剪力设计值应符合下式要求：

$$V \leqslant \frac{1}{\gamma_{Ra}} \cdot 0.2 f_c b h_0$$

式中,V——端部截面组合的剪力设计值,应按《建筑抗震鉴定标准》(GB 50023—2009)附录 D 的规定采用;

f_c——混凝土轴心抗压强度设计值,可按《建筑抗震鉴定标准》(GB 50023—2009)表 A.0.2-2 采用;

b——梁、柱截面宽度或抗震墙墙板厚度;

h_0——截面有效高度,抗震墙可取截面高度;

γ_{Ra}——承载力抗震调整系数。

(2) 框架梁的正截面抗震承载力应按下式计算:

$$M_b \leqslant \frac{1}{\gamma_{Ra}}\left[f_{cm}bx\left(h_0 - \frac{x}{2}\right) + f'_y A'_s(h_0 - a'_s)\right]$$

混凝土受压区高度应按下式计算:

$$f_{cm}bx = f_y A_s - f'_y A'_s$$

式中,M_b——框架梁组合的弯矩设计值,应按《建筑抗震鉴定标准》(GB 50023—2009)附录 D 的规定采用;

f_{cm}——混凝土弯曲抗压强度设计值,按《建筑抗震鉴定标准》(GB 50023—2009)表 A.0.2-2 采用;

f_y、f'_y——受压钢筋屈服强度设计值,按《建筑抗震鉴定标准》(GB 50023—2009)表 A.0.3-2 采用;

A_s、A'_s——受压纵向钢筋截面面积;

a'_s——受压区纵向钢筋合力点至受压区边缘的距离;

x——混凝土受压区高度,一级框架应满足 $x \leqslant 0.25h_0$ 的要求,二、三级框架应满足 $x \leqslant 0.35h_0$ 的要求。

(3) 框架梁的斜截面抗震承载力应按下列公式计算:

$$V_b \leqslant \frac{1}{\gamma_{Ra}}\left(0.056f_c bh_0 + 1.2f_{yv}\frac{A_{sv}}{s}h_0\right)$$

对于集中荷载作用下的框架梁(包括多种荷载,且其中集中荷载对节点边缘产生的剪力值占总剪力值的 75% 以上的情况),其斜截面抗震承载力应按下式计算:

$$V_b \leqslant \frac{1}{\gamma_{Ra}}\left(\frac{0.16}{\lambda + 1.5}f_c bh_0 + f_{yv}\frac{A_{sv}}{s}h_0\right)$$

式中,V_b——框架梁组合的剪力设计值,应按《建筑抗震鉴定标准》(GB 50023—2009)附录 D 的规定采用;

f_{yv}——箍筋的抗拉强度设计值;

A_{sv}——配置在同一截面内箍筋各肢的全部截面面积;

s——箍筋间距;

λ——计算截面的剪跨比。

(4) 偏心受压框架柱、抗震墙的正截面抗震承载力应符合下列规定。

① 正截面抗震承载力应按下列公式验算:

$$N \leqslant \frac{1}{\gamma_{Ra}}(f_{cm}bx + f'_y A'_s - \sigma_s A_s)$$

$$Ne \leqslant \frac{1}{\gamma_{Ra}}\left[f_{cm}bx\left(h_0 - \frac{x}{2}\right) + f'_y A'_s(h_0 - a'_s)\right]$$

$$e = \eta e_i + \frac{h}{2} - a$$

$$e_i = e_0 + 0.12(0.3h_0 - e_0)$$

式中,N—— 组合的轴向压力设计值;

e—— 轴向力作用点至普通受拉钢筋合力点之间的距离;

e_0—— 轴向力对截面重心的偏心距,$e_0 = M/N$;

η—— 偏心受压构件计入挠曲影响的轴向力偏心距增大系数,按现行国家标准《混凝土结构设计标准》(GB/T 50010—2010) 的规定计算;

σ_s—— 纵向钢筋的应力,按本条 ② 的规定采用;

a—— 柱截面长度或抗震墙墙板厚度;

h—— 截面高度。

② 偏心受压框架柱、抗震墙的纵向钢筋的应力计算应符合下列规定:

大偏心受压:

$$\sigma_s = f_y$$

小偏心受压:

$$\sigma_s = \frac{f_y}{\xi_b - 0.8}\left(\frac{x}{h_{0i}} - 0.8\right)$$

$$\xi_b = \frac{0.8}{1 + \frac{f_y}{0.0033E_s}}$$

式中,E_s—— 钢筋的弹性模量,按《建筑抗震鉴定标准》(GB 50023—2009) 表 A.0.4 采用;

h_{0i}—— 第 i 层纵向钢筋截面重心至混凝土受压区边缘的距离。

(5) 偏心受拉框架柱、抗震墙的正截面抗震承载力应符合下列规定。

① 小偏心受拉构件应按下列公式计算:

$$Ne \leqslant \frac{1}{\gamma_{Ra}} f'_y A'_s (h_0 - a'_s)$$

$$Ne' \leqslant \frac{1}{\gamma_{Ra}} f'_y A_s (h_0 - a_s)$$

② 大偏心受拉构件应按下列公式计算:

$$N \leqslant \frac{1}{\gamma_{Ra}}(f_y A_s - f'_y A'_s)$$

$$Ne \leqslant \frac{1}{\gamma_{Ra}}\left[f_{cm}bx\left(h_0 - \frac{x}{2}\right) + f'_y A'_s(h_0 - a'_s)\right]$$

(6) 框架柱的斜截面抗震承载力应按下列公式计算:

$$V_c \leqslant \frac{1}{\gamma_{Ra}}\left(\frac{0.16}{\lambda + 1.5}f_c bh_0 + f_{yv}\frac{A_{sv}}{s}h_0 + 0.056N\right)$$

当框架柱出现拉力时,其斜截面抗震承载力应按下式计算:

$$V_c \leqslant \frac{1}{\gamma_{Ra}}\left(\frac{0.16}{\lambda + 1.5}f_c bh_0 + f_{yv}\frac{A_{sv}}{s}h_0 - 0.16N\right)$$

式中,V_c—— 框架柱组合的剪力设计值,应按《建筑抗震鉴定标准》(GB 50023—2009) 附录 D 的规定采用。

λ——框架柱的计算剪跨比，$\lambda = H_{\mathrm{n}}/2\,h_0$（$H_{\mathrm{n}}$ 为所在楼层的柱净高）；当 $\lambda < 1$ 时，取 $\lambda = 1$；当 $1 \leqslant \lambda \leqslant 3$ 时，按内插法取值；当 $\lambda > 3$ 时，取 $\lambda = 3$。

N——框架柱组合的轴向压力设计值；当 $N > 0.3f_{\mathrm{c}}A$ 时，取 $N = 0.3f_{\mathrm{c}}A$。

（7）抗震墙的斜截面抗震承载力应按下列公式计算：

偏心受压：

$$V_{\mathrm{w}} \leqslant \frac{1}{\gamma_{\mathrm{Ra}}}\left[\frac{1}{\lambda - 0.5}\left(0.04f_{\mathrm{c}}bh_0 + 0.1N\frac{A_{\mathrm{w}}}{A}\right) + 0.8f_{\mathrm{yv}}\frac{A_{\mathrm{sv}}}{s}h_0\right]$$

偏心受拉：

$$V_{\mathrm{w}} \leqslant \frac{1}{\gamma_{\mathrm{Ra}}}\left[\frac{1}{\lambda - 0.5}\left(0.04f_{\mathrm{c}}bh_0 - 0.1N\frac{A_{\mathrm{w}}}{A}\right) + 0.8f_{\mathrm{yv}}\frac{A_{\mathrm{sv}}}{s}h_0\right]$$

式中，V_{w}——抗震墙组合的剪力设计值，应按《建筑抗震鉴定标准》（GB 50023—2009）附录 D 的规定采用。

λ——计算截面处的剪跨比，$\lambda = M/Vh_0$（M、V 分别为组合的剪力设计值的弯矩和剪力）；当 $\lambda < 1.5$ 时，取 $\lambda = 1.5$；当 $1.5 \leqslant \lambda \leqslant 2.2$ 时，按内插法取值；当 $\lambda > 2.2$ 时，取 $\lambda = 2.2$。

A——框架柱横截面面积。

A_{w}——受压纵向钢筋截面面积。

（8）节点核心区组合的剪力设计值应符合下列规定。

① 验算公式：

$$V_j \leqslant \frac{1}{\gamma_{\mathrm{Ra}}}(0.3\eta_j f_{\mathrm{c}}b_j h_j)$$

$$V_j \leqslant \frac{1}{\gamma_{\mathrm{Ra}}}\left(0.1\eta_j f_{\mathrm{c}}b_j h_j + 0.1\eta_j N\frac{b_j}{b_{\mathrm{c}}} + f_{\mathrm{yv}}A_{\mathrm{svj}}\frac{h_{b0} - a'_{\mathrm{s}}}{s}\right)$$

式中，V_j——节点核心区组合的剪力设计值，应按《建筑抗震鉴定标准》（GB 50023—2009）第 D.0.5 条的规定采用；

η_j——交叉梁的约束影响系数，四侧各梁截面宽度不小于该侧柱截面宽度的 1/2，且次梁高度不小于主梁高度的 3/4，可采用 1.5，其他情况均可采用 1.0；

N——对应于组合的剪力设计值的上柱轴向压力，其取值不应大于柱截面面积和混凝土抗压强度设计值乘积的 50%；

f_{yv}——箍筋的抗拉强度设计值；

A_{svj}——核心区验算宽度范围内同一截面验算方向各肢箍筋的总截面面积；

s——箍筋间距；

b_j——节点核心区的截面宽度，按本条 ② 的规定采用；

h_j——节点核心区的截面高度，可采用验算方向的柱截面高度。

γ_{Ra}——承载力抗震调整系数，可采用 0.85。

② 核心区截面宽度应符合下列规定：

a. 当验算方向的梁截面宽度不小于该侧柱截面宽度的 1/2 时，可采用该侧柱截面宽度，当小于时可采用下式结果中的较小值：

$$b_j = b_{\mathrm{b}} + 0.5h_{\mathrm{c}}$$
$$b_j = b_{\mathrm{c}}$$

式中，b_b—— 梁截面宽度；

h_c—— 验算方向的柱截面高度；

b_c—— 验算方向的柱截面宽度。

b. 当梁柱的中线不重合时，核心区的截面宽度可采用 a.中公式和下式计算结果的较小值：

$$b_j = 0.5(b_b + b_c) + 0.25h_c - e$$

式中，e—— 梁与柱中线偏心距。

（9）抗震墙结构框支层楼板的截面抗震验算应符合下列规定。

① 验算公式：

$$V_f \leqslant \frac{1}{\gamma_{Ra}}(0.1f_c b_f t_f)$$

$$V_f \leqslant \frac{1}{\gamma_{Ra}}(0.6f_y A_S)$$

式中，V_f—— 由不落地抗震墙传到落地抗震墙处框支层楼板组合的剪力设计值；

b_f—— 框支层楼板的宽度；

t_f—— 框支层楼板的厚度；

A_S—— 穿过落地抗震墙的框支层楼盖（包括梁和板）的全部钢筋的截面面积；

γ_{Ra}—— 承载力抗震调整系数，可采用 0.85。

② 框支层楼板应采用现浇，厚度不宜小于 180 mm，混凝土强度等级不宜低于 C30，应采用双层双向配筋，且每方向的配筋率不应小于 0.25%。

③ 框支层楼板的边缘和洞口周边应设置边梁，其宽度不宜小于板厚的 2 倍，纵向钢筋配筋率不应小于 1% 且接头宜采用焊接；楼板中钢筋应锚固在边梁内。

④ 当建筑平面较长或不规则或各抗震墙的内力相差较大时，框支层楼板还应验算楼板平面内的受弯承载力，验算时可计入框支层楼板受拉区钢筋与边梁钢筋的共同作用。

今日学习：_____

今日反省：_____

改进方法：_____

每日心态管理：以下每项做到评 10 分，未做到评 0 分。

爱国守法_____分　　做事认真_____分　　勤奋好学_____分　　体育锻炼_____分

爱与奉献_____分　　克服懒惰_____分　　气质形象_____分　　人格魅力_____分

乐观_____分　　自信_____分

得分_____分　　　　　　　　签名：_____

参 考 文 献

[1] 中华人民共和国住房和城乡建设部.建筑结构加固工程施工质量验收规范:GB 50550—2010[S].北京:中国建筑工业出版社,2011.

[2] 中华人民共和国住房和城乡建设部.混凝土结构加固设计规范:GB 50367—2013[S].北京:中国建筑工业出版社,2014.

[3] 中华人民共和国住房和城乡建设部.砌体结构加固设计规范:GB 50702—2011[S].北京:中国计划出版社,2012.

[4] 中华人民共和国住房和城乡建设部.建筑抗震加固技术规程:JGJ 116—2009[S].北京:中国建筑工业出版社,2009.

[5] 中华人民共和国住房和城乡建设部,国家发展和改革委员会.建筑抗震加固建设标准:建标 158—2011[S].北京:中国计划出版社,2012.

[6] 湖南大学,福建省建筑科学研究院.房屋裂缝检测与处理技术规程:CECS 293—2011[S].北京:中国计划出版社,2011.

[7] 中国建筑标准设计研究院.砖混结构加固与修复:15G611[M].北京:中国计划出版社,2015.

[8] 中国建筑标准设计研究院.混凝土结构加固构造:13G311-1[M].北京:中国计划出版社,2013.

[9] 丁绍祥.砌体结构加固工程技术手册[M].武汉:华中科技大学出版社,2008.

[10] 徐有邻,顾祥林,刘刚,等.混凝土结构工程裂缝的判断与处理[M].2 版.北京:中国建筑工业出版社,2016.